U0358637

国家社科基金重大项目"中国古代环境美学史研究"（13&ZD072）最终成果

中国古代环境美学史

两汉魏晋南北朝卷

陈望衡 范明华 —— 主编

张文涛 著

江苏人民出版社

图书在版编目(CIP)数据

中国古代环境美学史. 两汉魏晋南北朝卷 / 陈望衡,
范明华主编;张文涛著. — 南京:江苏人民出版社,
2024.1
ISBN 978-7-214-27205-8

Ⅰ. ①中… Ⅱ. ①陈… ②范… ③张… Ⅲ. ①环境科
学—美学史—中国—汉代②环境科学—美学史—中国—魏
晋南北朝时代 Ⅳ. ①X1-05

中国版本图书馆 CIP 数据核字(2022)第 082891 号

中国古代环境美学史
陈望衡　范明华　主编
两汉魏晋南北朝卷
张文涛　著

项 目 统 筹　康海源　胡海弘
责 任 编 辑　张　文
装 帧 设 计　潇　枫
责 任 监 制　王　娟
出 版 发 行　江苏人民出版社
地　　　址　南京市湖南路 1 号 A 楼,邮编:210009
照　　　排　江苏凤凰制版有限公司
印　　　刷　南京爱德印刷有限公司
开　　　本　652 毫米×960 毫米　1/16
印　　　张　172.75　插页 28
字　　　数　2300 千字
版　　　次　2024 年 1 月第 1 版
印　　　次　2024 年 1 月第 1 次印刷
标 准 书 号　ISBN 978-7-214-27205-8
定　　　价　880.00 元(全七册)
(江苏人民出版社图书凡印装错误可向承印厂调换)

总序:中国古代环境美学思想体系

　　中国古代有着丰富而又深刻的环境美学思想,这思想可以追溯到距今约七八千年的新石器时代,而其奠基则主要在距今2 000多年的先秦时代,其中春秋战国时代的"百家争鸣"对于中国古代环境美学思想的形成起了重要的作用。汉、唐、宋、明、清是中国历史上存在时间较长的朝代,它们于中国环境美学的建构与完善分别起着重要的作用。大体上,汉代主要体现在家国意识的建构上,唐代主要体现为山水审美意识的拓展与提升,宋代主要为新的城市观念的建构,明代主要为园林思想的成熟,清代主要为中国古代环境美学的总结以及向近代环境美学的过渡。探查中国古代环境美学的发展历程,我们认为中国古代有一个完整的环境美学思想体系。

一、汉语"环境"一词考辨

　　中国自远古起,就有环境思想,但"环境"这一概念产生得比较晚。构成环境一词的"环"与"境",其出现时间则要早得多。

　　"环"字最早出现于金文中,写法不一。[①]《说文解字》把"环"归入

---

① 方述鑫等编:《甲骨金文字典》,成都:巴蜀书社1993年版,第23页。

"玉"部,称"环,璧也","从玉,睘声",《绎史》将"环"图示为◎。可见,"环"是璧的一种,指圆形的、中间有圆孔的玉器,孔的直径和周边的宽度相等。环是古代一种重要礼器。《王度记》云:"大夫俟放于郊三年,得环乃还,得玦乃去。""环"和"玦"(环形有缺口的玉)成为大夫能否得恩宠的信号。周朝设官职"环人",《周礼·夏官司马》云:"环人,下士六人,史二人,徒十有二人。"

离开讲礼的场合,"环"则显出其他的含义。

第一,从"环"的圆形生发出"环形"(圆形及类圆形)、"环绕"之义。《庄子·齐物论》云:"枢始得其环中,以应无穷。"《庄子·大宗师》亦云:"其妻子环而泣之。"又,《汉书·高帝纪》有语:"章邯复振,守濮阳,环水。"

第二,与"环绕"相近,"环"有"包围"义。《吕氏春秋·仲秋纪·爱士》有"晋人已环缪公之车矣"语。

第三,"环"有"旋转"义。《茶经·五之煮》说:"以竹策环激汤心。"

第四,"环"有起点与终点重合即无起点亦无终点义。《史记·田单列传》云:"奇正还相生,如环之无端。"《荀子·王制》云:"始则终,终则始,若环之无端也。"没有了起点与终点之别,"环"又发展出"连续不断"之义,如《阅微草堂笔记·如是我闻》有"奇计环生"语。

第五,从"环"外在形象的完满生发出"周全""遍通""周密"等义。《楚辞·天问》有"环理天下"语,此处的"环"有"周全"义;《文心雕龙·风骨》云"思不环周",又,《文心雕龙·明诗》云"六义环深",此两处的"环"均有"周密"义。

"环"与其他字组合,还会产生新义,如《韩非子·五蠹》"自环者谓之私",王先慎《诸子集成·韩非子集解》中引《说文解字》认为此"环"与"营"相通。

《说文解字》释"境"为"疆也。从土,竟声,经典通用竟"。何谓疆?界也。何谓界?画也。《后汉书·史弼传》云,古代先王"疆理天下,画界分境,水土异齐,风俗不同",可见"境"的意思是"划(画)出的边界"。围绕着边界,"境"生发出不同的意思。

第一,就边界本身而言,"境"释为"疆界"。《史记·晋世家》:"(晋)秦接境。"《春秋繁露·玉英》:"妇人无出境之事。"《韩非子·存韩》:"窥兵于境上而未名所之。"《礼记·曲礼下》:"大夫、士去国,逾竟(境),为坛位,乡(向)国而哭。"《史记·孝文本纪》:"匈奴并暴边境,多杀吏民。"对"边境",《国语》有一生动比喻,其《楚语》曰:"夫边境者,国之尾也。""境"还可析出细貌,如《资治通鉴·梁纪五》云:"魏敕怀朔都督简锐骑二千护送阿那瑰达境首。"境首,犹言边境也。

第二,把边界当作一条线,就相关话语者所持立场而论,边界的两边就有了不同的归属地,分出"境内"和"境外"。《礼记·祭统》云:"诸侯之祭也,与竟内乐之。"《史记·卫青霍去病列传》云:"以臣之尊宠而不敢自擅专诛于境外。""境"的"内""外"之别给人造成一种亲疏有别之感,边界成了时刻提醒人们危机将临的警戒线。

第三,不管"境内""境外",都是指"地方"。《论衡·书虚》:"共五千里之境,同四海之内。"《桃花源记》:"率妻子邑人来此绝境,不复出焉。"这"地方"由东、西、南、北来圈定,称为"四境"。《淮南子·道应训》:"诚有其志,则四境之内皆得其利矣。"

第四,"境"也与"环"一样,其义从有形的地方拓展到精神之域。《淮南子》有诸多这样的用法,如《原道训》:"夫心者……驰骋于是非之境。"《俶真训》:"定于死生之境,而通于荣辱之理";"若夫无秋毫之微,芦苻之厚,四达无境"。《修务训》:"观始卒之端,见无外之境。"

最早把"境"的概念引入艺术理论中的是东汉学者蔡邕。他的论书著作《九势》云:"此名九势,得之虽无师授,亦能妙合古人,须翰墨功多,即造妙境耳。"

"境"与其他词义合作形成的语域,朝着诗学维度拓展,则产生了"意境"和"境界"。这两个语词不仅在诗论中,而且在画论、书论、文论中都成为评判作品是否达到最高水平的标准。"境界"还可指人生修炼达到精神通达的程度。

最早使用"意境"评诗的是唐代诗人王昌龄,传为其所作的《诗格》二卷中有"诗有三境"论,其中第三境即为"意境"。王昌龄还创"境象"概念,他在论第一境"物境"时说:"处身于境,视境于心,莹然掌中,然后用思,了然境象。"这"境象"与"意境"同义。

"境"从"身境"(物境)到"象境"(意境)的拓展,可以看作"境"在历史文化中,其精神因素不断增强的一个缩影。有学者认为,"境"从"实境"到"虚境",在精神审美因素上的提升与佛教有关。佛教著名的"六境"说根据不同的对象分出六种识境(色、声、香、味、触、法)。佛学意义上"境"更多地偏向"境界"的含义。

"境界",同样经过了从外在物理空间到内在精神空间的变化过程。汉代郑玄在《诗·大雅·江汉》"于疆于理"句下笺云:"正其境界,修其分理。"当中"境界"指"地方"。魏晋南北朝时期,佛学把"境界"引入精神领域,如《无量寿经》说"比丘白佛,斯义弘深,非我境界",此处"境界"指的就是内在修炼所达到的程度。

真正在审美意义上使用"境界"概念的是近代的王国维。他的《人间词话》试图以"境界"为核心概念来把握中国古代诗词的主要精神。"境界"成为艺术之本,亦成为艺术美乃至美之所在。

"环境"是晚出词,据资料库显示,先秦至民国的文献中,"环""境"组合使用大致有200多处。而在隋朝之前,"环境"用例至今没有发现。因此大致可以推断,"环境"最早可能出现在唐朝,进一步缩小范围,可认定在唐朝中后期。唐朝段文昌(773—835年)《平淮西碑》有"王师获金爵之赏,环境蒙优复之恩"。又,《唐大诏令集》卷一一八《令镇州行营兵马各守疆界诏》(下诏时间为大和年间)有"今但环境设备,使之不能侵轶,须以岁月,自当诛除。此所谓不战之功,不劳而定也"。此处的"环境"亦须作动宾短语理解,有"环绕某处全境"之意,不是合成词。

由上可见,唐代"环境"作为"地区"的用例还不太固定。宋代"环境"概念使用要多一些,且趋向于表示某个地区或地带。如北宋《新唐书·王凝传》曰:"时江南环境为盗区,凝以强弩拒采石。"(《新唐书》完成于嘉祐五年,即公元 1060 年。)与此差不多同时的《黄州重建门记》曰:"环境之内,皆若家视。"(作者郑獬自叙本文完成于治平三年,即公元 1066 年。)吕南公(1047—1086 年)《上运使郎中书》曰:"使环境之俗,欢荣戴赖,如倚父母。"上述"环境"都指环绕某处之全境。

康熙时的《佩文韵府》《骈字类编》中举"环境"这一条目时都有个例句:"诸军环境,不得妄加杀戮。"引自《文苑英华·讨凤翔郑注德音》。《文苑英华》编纂于太平兴国七年至雍熙三年(982—986 年),其所撷取的《讨凤翔郑注德音》一文来自唐代的"德音"(诏书的一种)。这样一来,"环境"的出现似乎要推到唐代。但仔细推敲"诸军环境"这句话,如把"环境"当成"某地"看,与"诸军"意思搭配不上。那么"诸军环境"该作何解呢? 直接查《唐大诏令集·讨凤翔郑注德音》,其文字却是"诸军还境,不得妄加杀戮",显然意思就较为清楚,"诸军还境"意为"各路军队回到凤翔这个地方"。古汉语"环"与"还"意义相通,《文苑英华》的写法是允许的,而清代的字书在收集"环境"这一词条时有些草率。即使唐代的说法成立,所引的例子也可能是孤证,况且《文苑英华》以及《唐大诏令集》都编定于宋代,因此,可以推定,"环境"用以指称地区,应是从北宋开始的。

有了北宋的发端,南宋使用"环境"一词就较为便当。南宋熊克《中兴小纪》卷四云:"时河东环境为盗区。"范浚《徐忠壮传》亦云:"当是时,河东环境,为敌区独。"都用了"河东环境",意思也一样。李曾伯《帅广条陈五事奏》有"蛮傜环境,动生猜疑"。"环境"也见于诗作,李纲《闻建寇逼境携家将由乐沙县以如剑浦》:"纷然群盗起,环境暗锋镝。"刘克庄《送邹莆田》:"租符环境少,花判入人深。"

此后,元、明、清的文献均有"环境"的用例。从以上考证大致可以看出,在古文文本中,"环境"的使用不是太普遍,严格地说,它还没有形成一个概念,其内涵与外延都不够确定。只有到了近代,"环境"才真正成为概念。

作为概念的"环境",其意义已经远不止于"地区"义,具有一定的人文内涵,凸显了地区与人生存发展的某种关系。鲁迅在《孤独者》中说:"后来的坏,如你平日所攻击的坏,那是环境教坏的。"这"环境"的用法就与此前时代的用法完全不同。显然,将这里的"环境"解释成地区、地带就完全不妥。

到了当代,由于人与自然的关系成为生存的一大问题,人们的环境意识进一步加强:一是从自然科学的维度,创建了各种环境科学,如环境化学、环境物理学、环境生物学、环境土壤学、环境工程学等;二是开拓出"社会环境"概念,相应地创建了社会环境科学;三是从生态学维度,创建生态环境科学,生态问题不仅涉及自然问题,也涉及人文问题,因此,出现了诸多具有交叉性、边缘性的生态环境科学,如环境哲学、环境伦理学、环境美学等。

梳理中国文化视野下"环境"语词及概念的发生与发展过程,对于我们研究古代的环境美学思想是很有必要的:

第一,要区别"环境"语词与"环境思想"。虽然"环境"语词在中国文化视野中晚出,但不说明中国古代的环境思想晚出。中国古代的环境思想具有两种形态:一种是感性的物质的形态,另一种是概念形态。而概念是需要用语词来代表的。中国古代与环境相关的概念很多,主要有天、地、天地、自然、山水、山河、江山、田园、家园、国家等,这些概念各自指称古代环境思想中的某个部分。也就是说,中国古代的环境思想,包括环境美学思想,更多不是通过"环境"这一概念,而是通过天地、山水、家园等概念表达出来的。

第二,"环境"这一语词,作为概念来使用时,在中国古代更多指自然环境,而不是指社会环境。"社会"当然有"环境"义,但是,在中国传统文化中,"社会"主要是作为政治学—社会学的范畴来使用的。研究中国古代的环境思想,应该以自然环境为主要研究对象。更兼,虽然自然环境文化通常被视为物质文化,但是,中国文化中的物质文化均具有深厚的精神内涵。换句话说,中国文化中的自然均为文化的自然,因此,研究中国古代的自然环境,不仅不能忽视其文化内涵,而且需要将其作为自然环境的灵魂来看待。

第三,基于"环境"由"环"与"境"构成,这两个概念的含义均不同情况地渗入"环境"概念,成为"环境"概念的内涵成分。

"环"作为独立的概念,不仅重视范围与边界,而且重视中心。受此影响,中国环境思想的中心概念与边界概念都非常重要,中国古代有"大九州"之说,《史记·孟子荀卿列传》载:"(邹衍)以为儒者所谓中国者,于天下乃八十一分居其一分耳。中国名曰赤县神州。赤县神州内自有九州,禹之序九州是也,不得为州数。中国外如赤县神州者九,乃所谓九州也。于是,有裨海环之,人民禽兽莫能相通者,如一区中者,乃为一州。如此者九,乃有大瀛海环其外,天地之际焉。""大九州"说强调中国是九州之中心,另外也强调九州外有大瀛海包围着。

"境"为域,此域虽也有"地域"义,但自唐开始,"境"越来越多地指精神之域,因此,它主要是一个文化概念,包含丰富的哲学、宗教、美学内容。"境"成为"环境"一词的重要构成部分后,将它的这一特质也带入"环境"概念,因此,研究中国古代的环境思想,不能不注意它的文化内涵、精神内涵。

第四,"环境"概念具有时代的变异性、承续性和发展性。尽管中国古代的环境概念与现代的环境概念不同,这种不同显示出环境概念的变异性,但是,古今环境思想更具有承续性。我们今天在使用天地、山水等古代的环境概念时,是在一定程度上接受了它们的古义的。当然,这其中也渗入了新的时代内容。这说明"环境"概念具有时代的发展性。

二、中国古代的"环境"概念系统

中国古代虽然没有"环境"这一语词,但有环境思想,而且还有类似"环境"的概念。这些概念大致可以分为两类:居室环境概念和自然环境概念。基于人们对环境的认识主要是指对自然环境的认识,加之居室类环境如都市、宫殿等所涉及的问题远不止于环境,且那些问题似比环境问题更重要,因此,讨论环境问题,一般将重点放在自然环境上。中国古代有关自然环境的概念主要有天地(天)、山水、山河(河山、江山)、家国(社稷、家园)、仙境(桃花源、瀛壶)等。

(一) 天地(天)

"天地"在古汉语中最初是分开来用的,出现很早。甲骨文中有"天"字,画作正面站立的人: 。人的头上有一四边形的圈,表示头顶的空间。已发现的甲骨文中没有"地"字,金文中有。《说文解字》释"天":"颠也,至高无上,从一大。"释"地":"元气初分,轻清阳为天,重浊阴为地,万物所陈列也。从土,也声。"最早将"天"与"地"合在一起且赋予其深刻哲学含义的是《周易》。《周易》的《经》部分,天、地是分用的;其《传》部分,既有分用,也有合用。分用的天有时相当于天地。合用的天、地则形成一个概念,相当于现今的"自然"。

作为宇宙的全称,"天地"概念更多用"天"来代替。这样做,是为了凸显天的至高性。

天地的性质有五:第一,天地是与人相对的,基本上属于物质的概念,但有精神性。第二,天地广大悉备。《中庸》认为天地无穷大,它说:"今夫天,斯昭昭之多;及其无穷也,日月星辰系焉,万物覆焉。今夫地,一撮土之多;及其广厚,载华岳而不重,振河海而不泄,万物载焉。"(第二十六章)第三,天地是万物的母体。这句话一是指天地生万物。《周易·系辞下》云:"天地之大德曰生。"二是指天地养万物。《周易·颐卦·象辞》云:"天地养万物。"第四,宇宙运动的规律为天地之道。《庄子》将天地之道概括成"正",说要"乘天地之正"(《逍遥游》)。《中庸》说:"天地之道,博也,厚也,高也,明也,悠也,久也。"(第二十六章)第五,天地具有神性。

自古以来,中华民族给予天地以崇高的礼赞。这种礼赞大体上有两种情况:其一,赞美天地兼赞美天道。《庄子》云"天地有大美而不言",此天地既是物质性的自然界,又是精神性的天道——自然规律。于是,"天地有大美"既说自然界有大美,又说自然规律有大美。其二,赞美天地兼赞美天工。如《淮南子·泰族训》云:"天地所包,阴阳所呕,雨露所濡,化生万物。瑶碧玉珠,翡翠玳瑁,文采明朗,润泽若濡,摩而不玩,久而不渝,奚仲不能旅,鲁般不能造,此之谓大巧。"这种"大巧"即天工。

天地如此伟大如此美,就不仅成为人膜拜的对象,还成为人效法的对象,于是,就有了天人相合的理论。

《周易·乾卦·文言》云:"夫'大人'者,与天地合其德,与日月合其明,与四时合其序,与鬼神合其吉凶,先天而天弗违,后天而奉天时。"与天地相合,意义重大,不仅可以获得平安,获得成功,而且可以获得"大乐"。《乐记·乐论》云"大乐与天地同和",而与天地同和的快乐,《庄子》称之为"天乐",天乐为"至乐"。《庄子·至乐》云"至乐无乐"。之所以称之为无乐,是因为它是天之乐,天无所谓乐与不乐。人能达此境界必然"通于万物"(《庄子·天道》),而能通于万物,人真就与天地合一了。因此,人与天合,不仅具有实践上遵循规律的意义,而且还具有精神上通达天道的意义。

(二)山水

"天地"主要是哲学概念,而"山水"则主要是美学概念。作为美学概念的"山水"发轫于先秦。孔子云"知者乐水,仁者乐山"(《论语·雍也》),这水与山成为乐的对象,说明它们已进入审美领域了。

山与水合成一个概念,应该是在魏晋。此时出现了以山水为题材的诗歌和画作,后人名之为山水诗、山水画,应该说,在这个时候,山水就成为一个美学概念,它不再指称自然形势,而专指自然美本体。东晋的谢灵运是中国第一位山水诗诗人。他的名篇《石壁精舍还湖中作》用到了"山水":"昏旦变气候,山水含清晖。"东晋另一位文学家左思的《招隐(其一)》亦用到了"山水",云:"非必丝与竹,山水有清音。"

"山水"与"天地"存在着内在联系。天地是宇宙概念,山水是宇宙的一部分,将山水归于天地,是不错的,但一般不这样做。在天地与山水这两个概念间,人们的关注点是它们不同的意义。从总体上来说,天地是哲学概念,而山水是美学概念。言天地,总离不开言本,人们认为天地是人之本、万物之本。言山水,总离不开言美,人们认为山水具有最大、最高的美,并且认为它是人工美之母、之师。天地虽然兼有物质与精神、具象与抽象两个方面的意义,但是由于它在时空上的无穷性,人们更多地从精神上、从抽象意义上去理解它。而山水则不是这样。虽然它也兼有物质与精神、具象与抽象两个方面的意义,但人们更看重的是它的物质的、具象的意义。相较于天地,山水具体得多,感性得多,亲和得多。如果说天地给予人的更多是理,是启示,那么,山水给予人的更多是美,是快乐。

"山水"与"自然"也存在着内在联系。自然,就其作为性质来说,它说的是性质中的一种——本性。凡物均有其本性,不只是自然物有本性,人也有本性。所以,自然不是自然物。自然,也作为物来理解。作为物,名之曰自然物,自然物的根本性质是非人工性。山水属于自然物。自然物的价值可以从两个方面来理解:一方面,自然物具有对自身及对整个自然界的价值,其中包括生态价值;另一方面,它也具有对人的价值,是这种价值让它接受人的评价、利用。山水的价值,也有这两个方面,但是,山水作为美学概念,凸显的是审美价值。因此,言及山水,我们几乎完全忽视其对自身的及对整个自然界的价值。

相较于"风景"概念,"山水"又抽象得多。可以这样说,山水,当其进入人的审美视界就成为风景。我们通常也将风景说为"景观",其实,风景只是景观中的一种——自然景观。

中国的自然环境审美早在先秦就有萌芽,但一直没有一个合适的概念来描述它。"山水"的出现,意味着自然环境审美独立了。

中国的山水意识,有一个发展的过程。大体上,先秦时注重以山水"比德",至魏晋南北朝注重山水"畅神",由"比德"到"畅神",明显体现出山水审美的自觉性的出现。郭熙在《林泉高致》中探寻君子爱山水的缘由,云:"君子之所以爱夫山水者,其旨安在?丘园养素,所常处也;泉石啸傲,所常乐也;渔樵隐逸,所常适也;猿鹤飞鸣,所常观也。"明确将山水与人的关系归于人之"常处""常乐""常适""常观"。如果说"常处""常适"涉及居住,那么,这"常乐""常观"就属于审美了。

关于山水画，郭熙说："世之笃论，谓山水有可行者，有可望者，有可游者，有可居者。画凡至此，皆入妙品。但可行可望，不如可居可游之为得。"（《林泉高致·山水训》）这说明，在中国人的心目中，山水，不管是现实山水还是画中山水，都具有家园感，山水是环境的概念。

（三）山河（河山、江山）

中国传统文化中，除了"山水"这样倾向于表达纯审美意象的概念，还有一些注重在审美中凸显国家意识的环境概念，主要有"山河""江山""河山"等。

南北朝的文学家庾信在《哀江南赋序》中用到"山河"概念，文云："孙策以天下为三分，众才一旅；项籍用江东之子弟，人惟八千，遂乃分裂山河，宰割天下。岂有百万义师，一朝卷甲，芟夷斩伐，如草木焉？"这里的"山河"指国土，也指国家。《世说新语·言语》也这样用"山河"概念，文曰："过江诸人，每至美日，辄相邀新亭，藉卉饮宴。周侯中坐而叹曰：'风景不殊，正自有山河之异！'皆相视流泪。"

与"山河"概念相类似的有"江山"。《世说新语·言语》中有一段文字："袁彦伯为谢安南司马，都下诸人送至濑乡。将别，既自凄惘，叹曰：'江山辽落，居然有万里之势！'"这里的"江山"从字面上看，似是赞美自然风景，但这不是一般意义上的自然风景，而是祖国、国家、国土等意义上的自然风景，江山成为祖国、国家、国土以及国家主权等意义的代名词。

"河山"原是黄河与华山的合称。《史记·天官书第五》："及秦并吞三晋、燕、代，自河山以南者中国。"这里的"河"指黄河，"山"指华山。但后来，河山用来指称祖国、国家、国土以及国家主权。《史记·赵世家》："燕、秦谋王之河山，间三百里而通矣。"这里的"河山"指国土。

山河、江山、河山等概念虽然能指称祖国、国家、国土、国家主权等，但一般不能在文中替换成这样的概念，主要是因为山河、江山、河山等概念除具有祖国、国家、国土、国家主权等意义外，还具有审美的意义，其审美特性为壮美、崇高。一般来说，在国家遭受外族入侵的形势下，人们多用山河、江山、河山来指称祖国、国家、国土及国家主权。南宋诗词用这类概念最多,显示出深厚的忧患意识和昂扬的爱国主义情感。

（四）家国（社稷、田园）

很难说"家国"是环境概念,但是在一定的语境下,可以将其看作环境概念。

"家国"是"家"与"国"的组合。分别开来,它们各是一种社会形态,将它们合为一体,意在强调它们的血缘关系,国是家的组合体,家是国的构成单元。家国既是实体存在,也是一种思想、情怀。"家国"概念系统主要有两个系列。

第一,由"地"到"社稷"等概念构成的"国家"系列。

《周易·乾卦·象辞》云:"大哉乾元,万物资始。"《坤卦·象辞》云:"至哉坤元,万物资生。""乾元"指天,"坤元"指地。这里,"始"是生命之始,"生"是生命之成。生命之成,重在养。坤,作为地,最为重要的功能是养育生命。《说卦》说:"坤也者,地也,万物皆致养焉。"养物的前提是载物。《周易·坤卦·象辞》说:"坤厚载物。"正是因为地能载物,故地"德合无疆。含弘光大,品物咸亨",如此,地就成为万物之母。

从这些表述来看,虽然是天与地共同作用生物,但地的作用更为人所看重。这种情况的出现,与农业社会有重要关系。农业社会虽然重视天象,但更重视大地。基于农业,让人顶礼膜拜的"大地"演化成了更让人感到亲和的"土地"。

大地是哲学化的概念,土地是功利化的概念。先秦古籍中,大地哲学主要集中在《周易》,土地功利则主要集中在《周礼》。《周礼·地官司徒第二》云"以土会之法,辨五地之物生","五地"指山林、川泽、丘陵、坟衍、原隰。土地功利,基础是农业,延伸则是政治,其中核心是国家、国土、国家主权。

正是因为土地有这样重要的功利,所以土地就成为祭祀的对象。于是,一个标志祭地的概念——"社"产生了。"社"与"稷"相联系,《孝经》云:"稷者,五谷之长。……故立稷而祭之。"社稷本来指两种祭礼,但此后引申出国家的意义,成为国家的另一称呼。

第二,由田园、园田、农家、田家等构成的"家园"系列。

这套概念系列衍生出了中国重要的诗歌流派——田园诗。田园诗产生的土壤是农业文明,浇灌它苗壮成长的雨露是环境审美。《诗经》中有诸多描绘农家生活的诗,应被视为田园诗的滥觞,但作为诗派,田园诗应该说是陶渊明开创的。田园诗在唐朝已相当兴盛,大诗人王维就写过诸多田园诗,如《山居秋暝》《桃源行》《辋川闲居赠裴秀才迪》《田园乐》《鸟鸣涧》《渭川田家》《田家》《新晴晚望》等。宋代田园诗写作蔚然成风。虽然田园诗也描写了农家生活的艰辛和官家对农民的压迫,具有揭示社会黑暗的价值,但是,田园诗的主体是展现田园风光之美,这无疑是最具农业文明特色的环境之美。

国家也好,家园也好,它们都由具有一定疆域的土地来承载。中华民族具有深刻的土地情结,这种情结与家国情怀复合在一起,具有极为丰富的文化内涵,成为中华民族的重要传统。

(五)仙境(桃花源、瀛壶)

中华民族理想的人物是神仙,神仙生活的地方为仙境。

神仙是自由的,可以说居无定所,但还是有相对比较固定的生活场所。神仙的居住场所大体上可以分为三类:一、天宫龙宫等;二、昆仑山、海上三神山等;三、桃花源之类。三类场所,第一类完全是虚幻的,人无法达到,值得我们重视的是二、三类,它们就在红尘中,诸多寻仙的人千方百计要寻找的就是这类仙境。

仙境中的风景极为优美,反映出中华民族崇尚自然美的传统。美好的自然风景总是以生态优良为首位,因而所有的仙境中人与动物均和谐相处。

仙境常被人们用来作为园林建设的理想范式。最早将海上仙山引入园林的是秦始皇,据《元和郡县图志》卷一:"兰池陂,即秦之兰池也,在县东二十五里。初,始皇引渭水为池。东西二百丈,南北二十里,筑为蓬莱山。刻石为鲸鱼,长二百丈。"以后的各个朝代都情况不一地将各种仙境引入园林,"一池三神山"更是成为园林建设的一种范式,沿用至今。计成的《园冶》描绘了理想的园林。他认为理想的园林应具有仙境的品格:"莫言世上无仙,斯住世之瀛壶也。"(《卷三·掇山》)"漏层阴而藏阁,迎先月以登台。拍起云流,觞飞霞伫。何如缑岭,堪偕子晋吹箫。欲拟瑶池,若待穆王待宴。寻闲是福,知享既仙。"(《卷一·相地》)

仙境基本性质是在人间又超人间。在人间,指适合人居;超人间,指它具有人间不可能具有的优秀品质——快乐,长寿,没有苦难。

陶渊明的《桃花源记》描写的桃花源是仙境的典范。桃花源人本生活在世俗社会中,只是因为逃避战乱才迁到这里,与世隔绝,从而"不知有汉,无论魏晋"。他们的长相、穿着与世俗之人没有什么不同,"男女衣着,悉如外人",但他们"黄发垂髫,并怡然自乐"。桃花源与世俗社会也没有什么不同,"阡陌交通,鸡犬相闻"。如果要找出什么不同,那就是和谐,就是宁静,就是快乐,就是长寿。

仙境作为中华民族的环境理想,是中华民族建设现实生活环境的指导,具有重要的意义。

三、中国古代环境意识的基础:农业文明

中国古代有关环境问题的思考与实践由来已久,溯其源,可达史前。史前人类早期的生产方式是渔猎,基本上是在相对固定的地域或地区生活,或是依赖着一片草原,或是依赖着一片山林,或是依赖着一片水域。渔猎的地区能够让人对这片土地产生一定的亲和感、依赖感,但是不够稳定,因为渔猎生产受资源的影响,人们不得不经常性地迁徙。而农业则不同。农业需要固守一片田园,年复一年地耕作、经营。对这块土地每年都要有投入,只有这样,才能有所收获。与之相关,农业需要定居。除非有不可抗拒的原因,农民一般不会迁移。从事农业的人们在相对比较固定的土地上一代又一代地生产着,生活着,发展着。环境的意识,从本质上来说,就产生在农业这种生产方式之中。

考古发现,距今约 12 000 年前的湖南道县玉蟾岩遗址就有稻谷的遗

存,这属于旧石器时代向新石器时代过渡的时期。此外,在江西万年仙人洞遗址和湖南澧县彭头山遗址,也发现了史前人类种植水稻的证据,这两处遗址距今均约 9 000 年。在距今约 6 000 年(属新石器时代早期)的浙江余姚河姆渡遗址,考古学家发现了大量稻谷、谷壳、稻秆和稻叶堆积,最厚处达一米。在气候干燥的黄河地区,史前人类也早早进入了农耕时代。甘肃秦安大地湾遗址,就发现了炭化黍,距今约 8 000 年。这些史实证明中华民族很早就在创造着农业文明,而环境意识包括环境的审美意识就建构在农业文明的创造之中。

中国古代的环境意识,在农业文明的基础上,向着两个方面展开:

第一,家园意识。

谈环境经常要涉及的概念是自然。自然,只有当与人相关的时候,它才成为人的自然。人的自然首先是或者基本上是物质的自然。物质的自然,对于人的意义主要是两个,一是资源,二是环境。从理论与实践上来说,前者侧重于人的生产资料与生活资料的获取,后者则侧重于人身体上和心灵上的安顿。作为身体与心灵安顿之所的环境通常被称为"家园"。

农业生产的主要场所为田野,日出而作、日落而息的农业生产中,生产地与生活地一般不会分隔得太远,生产区与居住区总是挨着的,这两者共同构成了人们的家园。家园是环境问题的核心,环境审美的本质即是家园感。

农业生产是家庭产生的物质基础。渔猎生产中,人的合作不是生产必需的前提,即便有合作,这种合作也未必需要以家庭为单位。而农业生产是必须合作的,理想的生产单位是家庭。一般来说,男人从事较为繁重的田园劳作,女人则主要从事畜养和采集的劳动。有了孩子后,一般来说,男孩是父亲的帮手,女孩则是母亲的帮手。

在中华民族,一夫一妻的家庭究竟产生于何时,还是一个正在研究的课题,从理论上说,应该是农业社会。考古发现,西安半坡仰韶文化遗址存有大量房屋基址,房子分方形、圆形两类,面积不等,绝大多数屋子

面积在 12—20 平方米。这正是对偶家庭所居住的屋子。严文明先生认
为,半坡居民有 300—600 人,分为三级,最低级为对偶家庭,住 12 平方
米左右的小屋子,数座小屋与中型屋子(面积 20—40 平方米)组成一个
大家庭或家族,若干个大家庭组成氏族公社,三五个氏族公社组成胞族
公社。① 考古发现,半坡人已经以农业为主要的生产方式了。可以说,中
华民族最早的家庭就是应农业生产之需而建立的,并稳固地成为社会的
基本单位。甲骨文中的"家",上为屋顶形,有覆盖的意义;下为豕,即猪。
"家"字的创造明显表现出农业文明的影响。

中华民族最早的国家形态应是由氏族公社构成的胞族公社,胞族公
社的首长就是族长,因此,以胞族公社为基本性质的国家实际上就是放
大的家。炎帝部落与黄帝部落在实现合并之前都是胞族公社,其合并
后,性质有了变化,成为胞族公社的联盟。

尽管由胞族公社联盟所构成的国在性质上与家有了区别,但社会的
基本单位仍然是家。重要的还不是家这样的单位的存在,而是家观念一
直是社会的主导观念,血缘关系一直被视为社会的基本关系,这和儒家
学说有着重要关系。进入文明社会后,儒家试图为社会制定行事规则。
儒家的基本立场是家观念。儒家建构的公民道德,其基础是正确处理家
庭人员的关系。家庭人员之间的良性关系建立在等级和友爱两重原则
的基础之上,而等级与友爱均以血缘亲疏为最高原则。儒家将这套家庭
伦理观念推及社会,建立社会伦理,于是国就是放大的家,君主是全国人
民共同的家长,而全国人民均是这个大家庭中的成员。

家意识的扩大即为国意识,国意识的缩小就是家意识。儒家经典
《大学》云:"欲治其国者,先齐其家。""家齐而后国治。"齐家是治国之先,
这"先"不仅具先后义,而且具习用义,就是说,齐家是治国的演习或者说
练习,治国是齐家之后的大用。如此说来,治国与齐家在基本原则与方

① 参见严文明《仰韶房屋和聚落形态研究》,《仰韶文化研究》,北京:文物出版社 1989 年版,第
180—242 页。

式上是相通的。

中国文化中有两个重要概念——"国家"和"家国"。言"国家"，实际上说的是"国"，但要以"家"托着；言"家国"，虽然是既说"家"又说"国"，但是以"家"为先或者说为前的。不管是"国家"概念还是"家国"概念，"家"与"国"均密切联系，不可分割。

中华民族的环境意识具有强烈的家国情怀。这是中华民族环境意识包括环境审美意识的重要特质。这种特质的产生与中华民族以农为本的生产方式以及因此建构的家国意识有着重要关系。

第二，天人关系。

环境问题说到底还是天人关系问题。天人关系应该是人类共同的问题。天人关系中的"天"具有多义性，它可以理解成自然界，可以理解成上天的意旨、鬼神的意旨乃至不可知的命运等。从环境美学的维度来看，这"天"，只能理解成自然，但不能把所有自然现象都理解成环境，只有与人的生存、生活相关的那部分自然，可以被看作环境。

中国文化的以农为本，在很大程度上影响着中国人的天人关系。农业的基本性质是代自然司职，基于此，农业文明中的天人关系有两种形态：

其一，人与第一自然的关系。第一自然是人还不能对它施加影响的自然，而它可以对人的生产、生活产生影响。以人代自然司职为基本性质的农业，本就融会在自然活动的体系中，比如，春天，是万物生长的时节，也是播种农作物的时节。可以说，农作物及畜养物，都与自然共生，既如此，农业全面地接受着大自然的影响，包括有利的影响和不利的影响。对于这种影响，人们非常敏感。从农业功利的维度，人们形成了对于自然现象相对固定的审美观念。就天象景观来说，风调雨顺的景观是美的，狂风暴雨的景观就被认为是丑的。杜甫诗云："好雨知时节，当春乃发生。随风潜入夜，润物细无声。"（《春夜喜雨》）这"雨"好是因为"润物"。就大地景观来说，膏壤沃野、新绿满眼，是美的；不毛之地、荒寒之地，就是丑的。虽然在自然景观的审美过程中，人们不一定都会想到农业,但潜意识中,农业功利已成为衡量自然景观美丑的重要标尺。或者说,农业功利意识早就化为中华民族的集体无意识。

其二,人与第二自然的关系。第二自然是人工创造的自然。对于人工创造的自然,人类对它们具有极为真挚深厚的情感。农业文明中第二自然的整体形象为田园。田园中既有庄稼、牲畜等人造的自然物,也有人造的自然活动,它们共同构成一种田园景观。这种田园景观成为农业环境审美的重要对象。与之相关,田园诗以及田园散文在中国文学体系中占有重要地位。中华民族其乐融融的天伦之乐以及耕读传家的传统都建立在田园生活的基础上。正是因为如此,中国古代环境美学的一大特点就是重视田园环境的审美。

中国人的环境观念虽然在很大程度上受到以农为本的影响,但亦不受其约束。中国人的世界观既有务实的一面,又有务虚的一面;既有执着的一面,又有超越的一面。表现在环境审美上,则是既重功利——潜意识中的农业功利,又重超越——主要是对物质功利包括农业功利的超越。陶渊明在这方面很有代表性。他的《读山海经(其一)》云:

> 孟夏草木长,绕屋树扶疏。众鸟欣有托,吾亦爱吾庐。既耕亦已种,时还读我书。穷巷隔深辙,颇回故人车。欢然酌春酒,摘我园中蔬。微雨从东来,好风与之俱。泛览周王传,流观山海图。俯仰终宇宙,不乐复何如!

诗中的景观审美明显具有田园风味,功利性也是有的,如"欢然酌春酒,摘我园中蔬";但是,当说到"微雨从东来,好风与之俱"就已经实现超越了。诗人更多体会到的不是功利,而是自然风物与人身心合一的美妙,最后诗人上升到哲学的高度——"俯仰终宇宙,不乐复何如!"

陶渊明是一位具有多重身份的诗人。首先,他是农民,农作物长得好不好,直接关系着生存,因此,他在意"种豆南山下,草盛豆苗稀。晨兴理荒秽,带月荷锄归。道狭草木长,夕露沾我衣。衣沾不足惜,但使愿无违"[《归园田居(其三)》]。但是,他不只是农民,他还是诗人,因此,他能够说:"翩翩飞鸟,息我庭柯。敛翩闲止,好声相和。"(《停云》)更重要的是,他是哲学家,他能超越一切功利,实现与自然之间心灵的对话:"结庐在人境,而无车马喧。问君何能尔? 心远地自偏。采菊东篱下,悠然见南山。山气日夕嘉,飞鸟相与还。此还有真意,欲辩已忘言。"[《饮酒(其五)》]

以农为本,说的只是经济基础,审美与经济基础是存在联系的,但是这种联系更多是间接的、隐晦的、精神的、超越的。基于此,虽然中华民族对于自然环境的审美的根基是农业,但其表现方式是多元的、丰富多彩的。

四、中国古代环境美学理论体系(一):天人关系

如从黄帝时代算起,中华民族拥有五千年的文明,这文明中包含对环境美学问题的深层思考,形成了相当完善的理论系统。环境理论体系首先是环境哲学,环境美学是环境哲学的组成部分。环境哲学的核心问题是人天关系论。

(一)环境哲学中的天人关系

虽然人天关系不等于人与自然的关系,但人与自然的关系无疑是人天关系的主体。长期以来,中华民族对此问题有着诸多深刻的思考,大体上可以分为三个方面。

1. 天人合一论

张岱年先生说:"中国哲学有一个根本思想,即'天人合一',认为天人本来合一,而人生最高理想,是自觉地达到天人合一之境界。"①天人合一,有诸多理论。首先它涉及"天"的概念,天有自然义、本性义、天道(理)义、造物神义、鬼魅义,还有不可知义。其次,"合"亦有多种含义,有唯物主义的解释,也有唯心主义的解释,比如董仲舒的天人感应论,完全是唯心主义的。最后,这"合一"的"一",究竟是天,还是人,并不定于一

---

① 张岱年:《中国哲学大纲——中国哲学问题史》,北京:昆仑出版社 2010 年版,第 6 页。

尊。为了强调天的权威性,天人合一,这"一"就是天;为了凸显人的主体性,天人合一,这"一"就是人。比如张载的"为天地立心"说,也是天人合一。在张载看来,天地只是物质,并无精神,而人有灵性、有心性。他的"为天地立心"说,实质是让自然为人造福,凸显的是人的主体性。他并不否定自然规律的客观性,也不反对遵循自然规律办事,只是在这一语境中他不强调这一点。

天人合一论的精华是自然的客观性与人的主体性的统一。《周易·革卦》说:"汤武革命,顺乎天而应乎人。"顺乎天,顺的是天理;应乎人,应的是人心。这句话也许是中国古代天人合一思想的最佳表达。

天人合一论最有思想性的观点,是老子的"道法自然"说。其全句为"人法地,地法天,天法道,道法自然"(《老子》第二十五章)。这种表述,是有深意的。"人法地"的"地",是指大地。人的确只能效法或师法自然——特别是与人共同生活在大地上的自然物——进行创造。"地法天"的"天"不是指与大地相对的天空,而是指整个宇宙。作为部分的地,理所当然应服从整体的天。"法天",服从天,遵循天。那么,"天"又应服从、遵循什么呢?老子说是"道"。道即规律。宇宙,即天,它的运行是有序的,有规律的。"道"从何来,又是什么?老子认为道就在事物本身,道不是别的,就是事物之本然/本质,也就是自然——自然而然。本然是外在形态,本质是内在核心,自然而然是存在方式。作为宇宙整体的"天",究其本,是道的存在。人生活在地上,法地而生;地作为天的一部分,法天而存;天作为宇宙整体,循道而行;而道不是别的,就是事物自身的存在,包括它的内在本质与外在形态。说到底,人作为宇宙的一部分,其存在也应"法自然"。"法自然",于人而言,即是尊重人自身的自然,同时也尊重人以外的他物的自然,包括环境的自然,实现两种自然的统一。只有这样,人才能生存,才能发展。老子的"道法自然"具有深刻的人与环境和谐论以及生态和谐论思想。

2. 天人相分论

与天人合一论相对立的是天人相分论。持此论者,最早是荀子。他说"天行有常,不为尧存,不为桀亡。应之以治则吉,应之以乱则凶",强调要"明于天人之分"。(《荀子·天论》)庄子反对"以人灭天",对于治马高手伯乐残害马的天性的种种作为予以猛烈抨击,他尖锐地嘲讽鲁侯"以己养养鸟"导致鸟"三日而死"的愚蠢做法(《庄子·至乐》)。高度重视民生的管子也谈天人相分,他的立论多侧重于生产与生活。管子认为"天不变其常,地不易其则,春秋冬夏不更其节,古今一也"(《管子·形势》),强调"天"即自然规律是客观的、不变的,人必须法天、遵天,"凡有地牧民者,务在四时,守在仓廪"(《管子·牧民》)。管子还谈到环境建设,说要"因天材,就地利,故城郭不必中规矩,道路不必中准绳"(《管子·乘马》),一切从实际出发,尊重自然。

天人相分是客观存在的,不需要人为,而天人合一,需要人为。只有承认天人相分,并且努力认识进而把握天地之道、实践天地之道,才能实现天人合一。天人相分的观点,中国历代均有人在谈,如唐代有刘禹锡的"天人交相胜"说、柳宗元的"天人不相预"说。宋明理学虽更多地谈天人合一,但首先肯定的还是天人相分,是在肯定天人相分的前提下强调天人合一。

3. 天人相参论

《周易》提出天人地"三才"说。"三才"说的伟大价值在于彰显人在宇宙中的地位。人不仅居于天地之中,而且参与天地的创造。《中庸》更是明确提出,人"可以赞天地之化育","与天地参"(第二十二章)。

人"与天地参",有两种理解。按天人相分论,是天做天的事,人做人事,人不去干扰天地的运行。荀子说:"天有其时,地有其财,人有其治,夫是之谓能参。"(《荀子·天论》)按天人合一论,则是人一方面尊重天,循天而行;另一方面运乎心,逐利而行。天理与人利实现统一,天理为真,人利为善,两者的统一为美。

(二)环境建设与环境审美中的天人关系

中国古代的天人关系哲学是中国人的思维法则,也是中国人环境建设的指导思想。

中国人的环境建设开始于筑巢而居。《韩非子》云："上古之世,人民少而禽兽众,人民不胜禽兽虫蛇。有圣人作,构木为巢以避群害,而民悦之,使王天下,号之曰有巢氏。"(《韩非子·五蠹》)有巢氏的时代是巢居开始的时代,这个时代对于初民审美意识的生发具有极其重要的意义。居,是生存第一义。动物的居住,大体上有两种:一种基本上是利用自然环境,将就一个居住场所;另一种则是利用自然物质,建设一个居住场所。前者的特点是"就",后者的特点是"建"。人类的居住场所,原来主要是"就",比如,住在山洞里,为穴居。当人类觉得这种居住场所不理想,想自己动手盖一个屋子的时候,建筑就产生了。

从目前的考古发现来看,在旧石器时代,人类居住在洞穴里。而到了新石器时代,人类才开始建造属于自己的屋子,这距今大约一万年。

有两类建筑是值得格外注意的。一类是部落举行祭祀或集会的大房子,在距今 7 000—5 000 年的仰韶文化时期已有。在仰韶村遗址,考古人员发现一座面积在 130 平方米以上的大屋子;在半坡遗址,发现一座面积近 160 平方米的大房子;又在西坡遗址,发现一座面积竟达 516 平方米的房子。这更大的房屋,结构复杂,四周设有回廊,为四阿式建筑。我们有理由猜想,这大房子是部落最高首领举行重大活动的地方,相当于故宫中的太和殿。这样的建筑发现让建筑与礼制结上了关系,意义巨大。

另一类建筑为园林。园林的出现比较晚,考古发现,夏代、商代是有园林的。据甲骨卜辞记载,这样的园林,其功能是多元的,包括狩猎功能、种植功能、豢养功能,还有休闲观景等功能。这最后一项功能,我们可以将它概括为审美功能。此后的发展中,园林的狩猎功能、种植功能、豢养功能消失,园林成为人们的另一住所,这另一住所的最大好处是景观美丽,人们在这里可以放松身心,尽情地欣赏美景、宴饮欢乐。园林的审美功能日益凸显,成为园林的主导功能。园林,本来不是艺术,但因为审美功能成为园林的主导功能,而跻身艺术。如果要说这艺术与其他艺术有什么不同,那就是这艺术还保留着物质功能——可居。于是,园林成为艺术中唯一兼有物质功能的特殊存在。

城市是人类居住相对集中的地方,是一定区域内的政治中心、经济中心、交通中心和文化中心。城市出现得很早,距今约 6 000 年的凌家滩遗址出土了许多精美的玉器,其中有玉龙、玉冠饰、玉鹰、玉钺等只有部落首领及贵族才能拥有的玉器,专家认为,这个地方很可能就是古代的一座城市。无疑,城市是当时当地最为优越的生活环境。优越的生活必然不只是物质上富足,还包括精神上富足,而精神上富足,其最高层次无疑是审美。

就是在建设优秀的生活环境的过程中,人们逐渐形成了一些环境审美意识。这些意识,一方面是环境哲学的具体展开,另一方面,又是环境建设的理论指导。在中华民族长达五千年的环境建设实践中,有一些环境审美意识是最值得重视的。

1. 人为主体

环境建设中,人为主体。环境与自然不一样。自然可以与人不相干,而环境则不能没有人。人于环境不是被动的,而是可以按自己的需要选择并建设环境。前文谈到,环境于人的第一要义是居住,不是所有的自然环境都适合人居住,就是适合人居住的环境,其品位也有高下之别。这里就有一个人选地的问题。柳宗元在他的散文中说起一件逸事:潭州地方官杨中丞为名士戴简选了一块风景不错的好地建造住宅。在柳宗元看来,戴氏算是找到一块与他的心志相符的好地了,而这块好地也算是找对了主人,两者可说是惺惺相惜。于是,他说:"地虽胜,得人焉而居之,则山若增而高,水若辟而广,堂不待饰而已奂矣。"(《潭州杨中丞作东池戴氏堂记》)在审美关系中,物与人两个方面,柳宗元更看重的是人。在《邕州柳中丞作马退山茅亭记》中,他明确地说:"美不自美,因人而彰。"

人的主体性是环境审美的第一原则。主体性原则既表现在对自然的尊重上,也表现在对人的需要(包括审美需要)的充分考虑上。

2. 观天法地

环境建设中人的主体性突出体现在观天法地上。

观天法地有两个方面的意义：一、自然基础。天指天气，地指地理，二者都关涉到人的生存与发展问题。《周礼·考工记》就记载了营建都城时匠人对地形与日影的测量情况："匠人建国，水地以县，置臬以县，视以景。为规，识日出之景与日入之景，昼参诸日中之景，夜考之极星，以正朝夕。"二、礼制需要。中国人的环境建设重视礼制。都城是皇帝所居的地方，对于天象的观察尤其重要。皇帝居住的正殿应对应天上的紫微星。长安正是这样的："正紫宫于未央，表峣阙于闾阖。疏龙首以抗殿，状巍峨以岌嶪。"按张衡《西京赋》的说法，西汉的都城长安与刘邦还有一种特殊的关系："自我高祖之始入也，五纬相汁以旅于东井。"这是说"五纬"即金木水火土五星"相汁"（和谐），并列于"东井"（即井宿）。

3. 重视因借

中国的环境建设强调尊重自然。计成提出园林建设"因借"说，"因"的、"借"的均是自然："因者：随基势之高下，体形之端正，碍木删桠，泉流石注，互相借资；宜亭斯亭，宜榭斯榭，不妨偏径，顿置婉转，斯谓'精而合宜'者也。借者：园虽别内外，得景则无拘远近，晴峦耸秀，绀宇凌空；极目所至，俗则屏之，嘉则收之，不分町疃，尽为烟景，斯所谓'巧而得体'者也。"（《园冶·兴造论》）"因借"理论不仅适用于园林，也适用于一切环境建设。

4. 宛自天开

虽然总体上中国的环境建设以老子的"道法自然"说为最高指导思想，强调尊重自然格局、以自然为师，但是，也不是一味拜倒在自然的脚下，毫无作为。如《周易》的"三才"说，《中庸》的"与天地参"说。特别是荀子，其建立在"天人相分"哲学基础上的"有物"说，更是宣扬人的主体精神，强调向自然索取："大天而思之，孰与物畜而制之？从天而颂之，孰与制天命而用之？望时而待之，孰与应时而使之？因物而多之，孰与骋能而化之？"（《荀子·天论》）荀子的"骋能而化之"是对"道法自然"说的重要补充。事实上，中国的环境建设所持的建设理念正是"道法自然"与"骋能而化之"的统一。计成说园林"虽由人作，宛自天开"，堪为对这统一的精彩表述。

"宛自天开"既是对天工最高的赞美，也是对人工最高的赞美。除此以外，中国人的园林学说中还有"与造化争妙"（李格非《洛阳名园记·李氏仁丰园》）的观念。这与中国绘画理论中"画如江山""江山如画"的说法完全一致。"画如江山"，江山至美；"江山如画"，画又成最高之美了。概括起来，我们可以这样表述：天工至尊，人工至贵。

5. 遵礼守制

中国文化的礼制精神可以追溯到史前，史前的彩陶、玉器就是礼器。进入文明时代后，夏、商两朝均有礼制的建构，只是不完善。到周朝，主政的周公花大气力构建礼制。从《周礼》一书，我们可以看出周朝的礼制是何等的完备！儒家知识分子极力鼓吹礼制。自汉代始，以礼治国成为中国数千年治国的基本方略。礼制对中国人生活的影响是广泛而又深刻的，不独在政治中，也在环境建设之中。《周礼·考工记》就明确地说匠人营建国都是有礼制规定的："匠人营国，方九里，旁三门。国中九经九纬，经涂九轨，左祖右社，面朝后市……"礼制虽然渐有变异，但基本上是有承传的，像宫殿建筑群的设置，"左祖右社，面朝后市"被一直贯彻下来，没有改变。

中国古代环境建设的礼制有一个核心的东西，就是等级制。这种等级制在统治者看来归属于天理，也就是说，人间的秩序是对应着天上的秩序的，因而它具有神圣性，不可违背。这种等级制好不好，不是我们在这里要讨论的问题。从审美的维度来看这种等级制，我们只能说，它营造了一种秩序，这种秩序经过礼制制定者或维护者的阐述，显出它的庄严与神圣。于是，中国的宫殿建筑因这种秩序表现出一种美——崇高之美。这种崇高感，恰如张衡《西京赋》所言："惟帝王之神丽，惧尊卑之不殊。"

中国礼制的等级制不仅表现为由百姓到天子的递升体系，也体现为天子居中、臣民拱卫的体系，因此，在中国古代的环境建设中，中轴线是非常重要的，因其体现了礼制的尊严。而于审美来说，中轴线的设置的确创造了一种美——"中"之美。审美意义上的"中",具有稳定感、平衡感。人体具有中轴线,脊柱就是中轴,大体上两边对称。在中国,中之美不仅具有人体学的依据,还具有文化意义:中国自称中国,认为自己居世界地理之中,同时也是世界文化之中心,因此,中之美在中国特别受到青睐。

6. 活用风水

风水分为阳宅风水与阴宅风水,阳宅风水讲如何选择居住地,阴宅风水讲如何选择墓地。两者其实相通之处很多,基本原理一样。认真地研究风水的内容,迷信与科学兼而有之。从科学角度言之,它是中国最古老的建筑环境学、环境美学的萌芽。从迷信角度言之,它是中国古老的巫术文化的遗绪。而在哲学思想上,它是中国古老的天人合一论在地理学上的集中体现。

中国最古老的诗歌总集《诗经》中有关于相地的记载。《诗经·大雅·公刘》详细地描述了周人的祖先公刘率众迁居豳地的过程。公刘择地,注意到了这样几个方面:一、根据地的向阳向阴,辨别地气的冷暖,选择温暖的地方居住;二、根据地势的高低,选择干燥平坦的地方居住;三、根据山林情况,选择靠山的地方居住。从此诗的描绘来看,公刘择地既考虑到了实用价值又考虑到了审美价值。这些考虑可以视为中国风水学的萌芽。

中国风水学中的择地,虽然看起来很神秘,但其实不外乎两个标准,一是实用,二是美观。二者在风水学上是统一的。只要到通常视为风水好的地方去看看,不难发现,所谓风水好,好就好在对人的生存有利,对事业的发展有利,对审美的观赏有利,这三者缺一不可。

中国风水学,其实质是生命哲学,好的风水主要在于它有生命的意味或者说"生气"。《黄帝宅经》云:"宅以形势为身体,以泉水为血脉,以土地为皮肉,以草木为毛发,以舍屋为衣服,以门户为冠带,若得如斯,是事严雅,乃为上吉。"在中国风水学看来,美与善是统一的,就是说,凡风水好的地方均是风景美好的地方。《黄帝宅经》云:"《三元经》云:地善即苗茂,宅吉即人荣。又云:人之福者,喻如美貌之人。宅之吉者,如丑陋之子得好衣裳,神彩尤添一半。若命薄宅恶,即如丑人更又衣弊,如何堪也。"

中国人的哲学是面向未来的。为了今后的幸福,也为了子孙后代的幸福,甚至为了那不可知的来世的幸福,中国人用了一切办法,甚至包括相地这样的办法,来为自己以及死去的亲人寻找一个合适的长眠之地。风水学从本质上来说,是中国人特有的未来学。

风水学存在着道与术两个方面的内容。它的道主要是中国古代以阴阳为核心的哲学思想、天人合一思想、礼制思想。它的术则有重地形的"峦头"说和重推算的"理气"说。

风水学内容丰富,合理的、不合理的,乃至迷信的东西都有。它也存在理解与运用上的问题。事实上,古人运用风水理论就存在着诸多差别,宜具体问题具体分析,不可笼统论之。自古以来,关于风水学的争议不断,但其一直拥有旺盛的生命力。不管到底应对风水学作何评价,它的影响是客观存在的。今天我们有责任对它做深入的研究与分析。当代,最重要的是领会它的精神,是活用。

五、中国古代环境美学理论体系(二):家国情怀

环境美学的本质为家园感。在中国,家园感分为两个层次:一是家居,二是国居。家居与国居具有一体性,从而显示出一种情怀——家国情怀。

(一)中国古代环境美学中的家园意识

家园感,集中体现在以"居"为基础的生活之中。《说文解字》释"家":"家,居也。"中国传统文化中的"居",根据居住场所可分为城居、乡居、园居、山居等,根据居住的质量则可分为安居、和居、雅居、乐居四个层次。对于环境美学来说,我们关注的主要是居住的质量。中国古代环境美学理论体系的核心是家居意识,具体来说,有以下五个方面。

1. 安居
先秦诸子对于"安居"都非常重视,儒家最为突出。安居主要指人的

生命财产的保全。安或不安,一是取决于自然,二是取决于社会。对于来自自然的原因,因为诸多因素不可知,所以,诸子谈得不多,谈得多的,主要是社会的平安。社会的平安首先是政治上的,其中最重要的是没有战乱。孔子于此深有体会,他说:"危邦不入,乱邦不居。天下有道则见,无道则隐。"(《论语·泰伯》)逃避战乱,固然不失为明智之举,但反对战乱,消弭战乱的根源,更是儒家积极去做的。老子也是主张"安其居"的,他坚决反对战争,义正词严地警告统治者:"民不畏死,奈何以死惧之?"(《老子》第七十四章)社会的动乱不仅来自国与国之间的争夺杀戮,也来自统治者对人民的严酷的压迫与剥削。儒家主张仁政,反对苛政,意在让人民安居。中国古人所有关于安居的言论闪耀着人道主义的光芒。

2. 和居

和居,同样是侧重于社会上人与人之间的和谐。儒家于这方面贡献尤其突出。儒家认为和居的根本是尊礼重道:"有子曰:礼之用,和为贵。先王之道,斯为美。"(《论语·学而》)墨子主张以爱治国,他说:"诸侯相爱,则不野战;家主相爱,则不相篡;人与人相爱,则不相贼;君臣相爱,则惠忠;父子相爱,则慈孝;兄弟相爱,则和调。天下之人皆相爱,强不执弱,众不劫寡,富不侮贫,贵不敖贱,诈不欺愚。凡天下祸篡怨恨,可使毋起者,以相爱生也。"(《墨子·兼爱中》)墨子与孔子的和居思想都具有乌托邦的色彩,但精神非常可贵。

3. 雅居

雅居,源推隐士生活。中国的隐士文化源远流长,可追溯到商代的叔齐伯夷,而真正成为一种文化可能是在汉代。南齐文人孔稚珪作《北山移文》揭露隐士周颙"假步于山扃""情投于魏阙"的虚伪,可见此时"隐"已经成为重要的社会现象了。隐士过着仙人般自由自在的生活,充分享受着山林泉石之乐。

欧阳修说"举天下之至美与其乐,有不得兼焉者多矣"(《有美堂记》),有两种乐——"富贵者之乐"和"山林者之乐"(《浮槎山水记》)难以兼得。这实际上说的是隐士生活与仕宦生活难以兼得。然而,就不能想办法吗?办法是有的,那就是建别业。官员的正宅一般设在官衙的后部,由于与官衙相连,受到诸多限制,风景不佳是最大的缺点。别业一般建在郊外风景优美之处,官员于办公之余或退休之后在此生活,则可以尽享"山林者之乐"。另外,还可以在此读书、弹琴、会友、宴饮,尽享文人的生活。别业起于汉末,兴盛于唐,最著名的别业为王维的辋川别业。可以说,别业开私家园林的先河。

私家园林的生活是真正的雅居生活。《园冶》说园林中的生活"顿开尘外想,拟入画中行","尘外想"即隐士情怀,"画中行"即游山玩水,无疑,这就是雅居了。当然,雅居生活不只是"画中行",还有文人们醉心的其他生活,如弹琴吹箫、写诗作画等。文震亨的《长物志》描写园林中室庐、花木、水石、禽鱼、书画、几榻、器具、位置、衣饰、舟车、蔬果、香茗等种种设施,无不透出清雅高洁的情调。

雅居兼"山林者之乐"与"富贵者之乐"两种乐,又添加上文人情调,其环境之雅洁与人物之清高融为一体,如文震亨所说:"门庭雅洁,室庐清靓,亭台具旷士之怀,斋阁有幽人之致。"(《长物志·室庐》)雅居是中国知识分子理想的生活方式,与之相应,园林也就成为他们理想的生活环境。

4. 乐居

乐居,是中华民族最高的生活追求。它有两种哲学来源,一种是道家哲学。道家哲学认为,人生最大的问题是处理人与自然的关系,而处理好这一关系的关键,是"法自然"。这其中具有一定的生态和谐的意味,一是老子所说的"为无为",强调本色生存;二是为了保护资源,对动物要有一定的关爱,不可竭泽而渔;三是在审美层面,强调人与自然的和谐,如辛弃疾所说的"我见青山多妩媚,料青山、见我应如是。情与貌,略相似",又如计成所说的"鹤声送来枕上""鸥盟同结矶边"。

另一种是儒家哲学。儒家哲学认为,人生最大的快乐是仁爱相处,其中统治者与被统治者的仁爱相处最难,也最重要。为此,儒家提出礼乐治国,以礼区别等级,保证统治者的利益;以乐和同人心,削减阶级对立。孟子提出"与民同乐"论,他的"乐民之乐者,民亦乐其乐。忧民之忧者,民亦忧其忧"(《孟子·梁惠王下》)成为几千年来儒家津津乐道的经典。

理学是综合了儒道释三家思想而以儒学为主干的思想学说,对于乐居,亦有着诸多言论,这些言论相对集中在关于"颜子之乐"的讨论之中。《论语》中的颜子,生活极端贫困,然而,生活得很快乐。为什么能这样? 显然是精神在起作用,也就是说,他生活在一种精神世界里,是这种精神让他快乐。这精神是什么? 有的说是"仁",有的说是"天地"。凡此等等,均说明,乐居最重要的是要具有一种高尚的精神境界,对于现实有一定的超越。回到环境问题,人能不能乐居,关键是能不能与环境建构起一种良性关系,人在这种关系中实现精神上的提升与超越。

5. 耕读传家

"耕读传家"是中国儒家知识分子重要的精神传统,此传统发源于先秦,成熟于清代中期。左宗棠、曾国藩堪谓此中代表,这两位清朝中兴大臣,均有过一段时间家乡务农、躬耕田野、课读子孙的经历。因为这样一种传统是在农村培养的,对于农村的建设具有重要的意义,所以我们才将它归入环境美学范围。笔者曾经在广西富川县农村做过调查,清朝时凡是大一点的村子均有自办的书院,书院遗址大多尚存。

"耕读传家"中"耕""读"二字是值得深究的。"耕",凸显中国文化以农为本的传统。治国以农为本,治家也以农为本,乃至立身也以农为本。"读"在中国有着独特的意义,读书不只是一般的学习知识,而是"学成文武艺,货与帝王家",即为国家效劳。

(二)中国古代环境美学中的国家意识

中国人的环境意识不仅具有浓郁的家园情怀,而且具有强烈的国家意识,特别是中国意识。其表现主要是:

1. 昆仑崇拜

中国人的环境观具有深厚的国家意识,这意识可以追溯到黄帝时代,突出体现是与黄帝相关的昆仑崇拜。昆仑在中国人的心目中,有着至高无上的地位。此山西起帕米尔高原，横贯新疆、西藏间，向东延伸到青海境内，全长 2 500 公里。被誉为中国母亲河的黄河、长江，其源头水系均可追溯到这里。从地理上讲，以它为主干的青藏高原是中国山河的脊梁，西高东低的格局对中国的气候乃至农业生产、中国人的生活、中国的城乡布局起着决定性的影响。因此，中国的风水学将昆仑看作中国龙脉之源。

尽管昆仑对于中华民族的生存具有重大的意义，但它成为中华民族的第一自然崇拜的根本原因还不在这里。昆仑之所以成为中华民族的第一自然崇拜，是因为昆仑是中华民族始祖黄帝最初生活的地方。《山海经·西山经》云："西南四百里，曰昆仑之丘，是实惟帝之下都。"这段记载说昆仑之丘为"帝之下都"，"帝"指谁？历史学家许顺湛说是黄帝："帝之下都即黄帝宫，其地望在昆仑丘。"①

2. "中国"概念

战国时邹衍提出"大九州"说，将全世界分为八十一州，中国为其中一州，称赤县神州。于是，"中国"的概念就有了着落。司马迁接受此种说法。他在《史记·五帝本纪》中说："尧崩，三年之丧毕……舜曰'天也'，夫而后之中国践天子位焉。""中国"这一概念在中国古籍中多有出现，一般来说，它不指具体的朝代（政权），而指以汉族为主体的中华民族所生活的这块固有的土地，因此，它主要是国土概念，同时也指在这块土地上建立的国家。

"中国"这一概念中用了"中"，体现出中华民族对于自己的国土、自己的国家的珍爱。在中华文化中，"中"不仅指空间意义上的居中，而且还有正确、恰当、核心、领导等多种美好的内涵。此外，按中国传统文化的理念，"中"就是"礼"。"《周礼·疏》引云：'礼者，所以均中国也。'"《白虎通义·礼乐》云："先王推行道德，调和阴阳，覆被夷狄，故夷狄安乐，来朝中国，于是作乐乐之。"可见，用今天的概念来解读，"礼"就是文明。

---

① 许顺湛：《五帝时代研究》，郑州：中州古籍出版社 2005 年版，第 60 页。

"中国"这一概念就是礼仪之邦、文明之邦。

3. "华夏"概念

中国又称夏、华、①华夏②、诸夏③。这跟中国古代部族三集团有关,三集团为华夏集团、苗蛮集团、东夷集团。华夏集团主要由炎帝部落与黄帝部落构成,两个部落之间曾发生过战争,后来实现了统一,建立了联盟。华夏集团与东夷集团、苗蛮集团也发生过战争,最后也实现了统一。按《山海经》中的说法,三大集团还存在着血缘关系,而且均可以追溯到黄帝,为黄帝的后人。虽然《山海经》具有神话色彩,不是信史,但其中透露的信息告诉我们,主要生活在昆仑山一带、黄河流域、长江流域的史前人类之间是有着各种联系的,考古发现也证明了这一点。历史学家徐旭生认为"到春秋时期,三族的同化已经快完全成功,原来的差别已经快完全忘掉",由于华夏集团"是三集团中最重要的集团","所以它就此成了我们中国全族的代表"。④

中国大地上存在着诸多民族,大家之所以认同"中国"概念,不仅是因为上面所说的种族上具有一定的血缘关系,而且是因为在长期的相处之中,诸民族的文化相互交融,达到彼此认同,以儒家为主体的汉民族文化成为中华民族文化的核心。

"夏""华"均是美好的词。"中国有礼仪之大,故称夏;有服章之美,谓之华。"(孔颖达《春秋左传正义》)将中国称为华夏,是中华民族对自己民族、国家、国土的赞美。蔡邕《郭有道碑文》云:"考览六经,探综图纬,周流华夏,随集帝学。"这"周流华夏"的意思是巡视中国美好的土地,因此,华夏不仅指中华民族、中国,还指中国的国土。

中国传统文化一方面讲"夷夏之辨",坚持夏文化优秀论(这自然有大民族主义之嫌),另一方面也讲"夷夏一体"。孟子提出"用夏变夷",主

---

① 《左传·定公十年》:"裔不谋夏,夷不乱华。"
② 《左传·襄公二十六年》:"楚失华夏。"
③ 《左传·僖公二十一年》:"以服事诸夏。"
④ 徐旭生:《中国古史的传说时代》,北京:文物出版社 1985 年版,第 40 页。

张以先进的夏文化改变落后的夷文化。而实际上夏文化也不断地学习夷文化中先进的东西，战国时始于赵国的"胡服骑射"就是一例。唐代，胡文化源源不绝地进入中原地区，成就了唐文化的博大与丰富。宋、元、明、清，夏文化与夷文化基本上就没有差别了。

应该说，世界上不论哪一个民族，其环境美学观念中均有家情怀和国情怀，但是，可以说没有哪一个民族能像中华民族这样，家情怀与国情怀达到如此高度的融会：国是放大的家，家是微型的国；国之本在家，家之主在国；国存家可存，国破家必亡。中国五千年来，虽政权有更迭，但基本国土没有变过，因此，家园、国土、国家，在中国文化中，其意义具有最大的叠合性。按中国文化，爱家不爱国是不可想象的，爱家必爱国，而爱国必爱国土。

中国古代的环境美学具有浓重、深刻的家国情怀，这是中国古代环境美学的本质性特点。

六、中国古代环境美学理论体系（三）：准生态意识

科学的生态系统知识，中国古代应该是没有的，但这不等于说古人就没有生态意识。在长期与自然打交道的过程中，古人已经感到人与物之间存在着一种内在的联系，这种联系让人认识到，要想在这个世界上生活得好，就必须兼顾物的利益。人与物，不能是敌对的关系，而应该是友朋的关系。于是，准生态系统的意识产生了。这些意识大致可以归结为两个方面。

（一）中国古代环境美学中的物人共生观念

对于物与人的关系，中国古代有着极为可贵的物人共生观念。主要体现在如下一些命题上。

1. 尽物之性

中国文化中有着朴素的生态观念。《中庸》说："唯天下至诚，为能尽其性。能尽其性，则能尽人之性。能尽人之性，则能尽物之性。能尽物之性，则可以赞天地之化育。"（第二十二章）将人之性与物之性作为一个

系统来考虑,并且认为它们的利益是一致的,这种思想明显体现出原始的生态意识,难能可贵。

2. 民胞物与

"民胞物与"是北宋哲学家张载在《西铭》中提出来的。原话是:"民吾同胞,物吾与也。"前一句是说如何处理人与人之间的关系:应将民看作同胞兄弟,既是同胞兄弟,就具有血缘关系,需要彼此关照。后一句是说人与物的关系,强调人与物是朋友、同事的关系,不仅共存于世界,而且共同创造事业。

"物吾与也"中的"与"有两义:

一为"相与"义。"物吾与也"即是说物是人的朋友。将物看作人的朋友,以待友之道来处理人与物的关系,说明人与物是平等的,人要尊重物,包括尊重物的利益。计成的《园冶》,说到园林景物时,云:"好鸟要朋,群麋偕侣。槛逗几番花信,门湾一带溪流。竹里通幽,松寮隐僻。送涛声而郁郁,起鹤舞而翩翩。"(《相地》)这是一种人与物和谐相处的景观,非常动人。

二为"参与"义。"物吾与也"即是说物是人的同事。人与物共同生存在这个世界上,共同从事生命的创造。这意味着人与物存在着生态关系:人与物共处于生态系统之中,为命运共同体。

3. 公天下之物

"公天下之物"是《列子》提出来的。《列子·杨朱》云:"身固生之主,物亦养之主。虽全生,不可有其身;虽不去物,不可有其物。有其物,有其身,是横私天下之身,横私天下之物。不横私天下之身,不横私天下物者,其唯圣人乎!公天下之身,公天下之物,其唯至人矣!此之谓至人者也。"《列子》认为,人是生命,要发展;物"亦养之主",要滋养。人的发展,追求"全生";物的滋养,同样追求"全生"。人要"全生",会损害物的利益;同样,物要"全生",会损害人的利益。怎么办?《列子》提出既"不横私天下之身",也"不横私天下物",让人与物各自受到一定的利益限制,同时又各自能得到一定的发展。这就是"公天下之身""公天下之物",其实质是生态公正。

4. 天下为公

"天下"这一概念,在中国古籍中出现得很多。天下,既可以指国家的天下,也可以是社会的天下,还可以是人与物共同拥有的天下。上述《列子》所谈的"天下"是人与物共同拥有的天下,即宇宙。而儒家经典《礼记》侧重于从社会的维度来谈"天下",《礼记·礼运》说:"大道之行也,天下为公。选贤与能,讲信修睦。故人不独亲其亲,不独子其子,使老有所终,壮有所用,幼有所长,矜寡孤独废疾者皆有所养。男有分,女有归。货恶其弃于地也,不必藏于己;力恶其不出于身也,不必为己。"如果说《列子》谈天下,突出的是自然生态公正,那么,《礼记》谈天下突出的则是社会生态公正。社会生态公正的关键是人各在其位、各尽其职、各得其利,即"老有所终,壮有所用,幼有所长,矜寡孤独废疾者皆有所养。男有分,女有归"。

(二)中国古代环境美学中的资源保护意识

中国古代的环境保护意识与资源保护意识是合一的,主要表现为以下三种观念。

1. 网开一面

《周易·比卦》说:"王用三驱,失前禽,邑人不戒,吉。"朱熹对此的解释是:"天子不合围,开一面之网,来者不拒,去者不追。"周朝对于保护资源有着明确的规定:"凡田猎者受令焉。禁麛卵者,与其毒矢射者。""山虞掌山林之政令,物为之厉,而为之守禁。仲冬斩阳木,仲夏斩阴木。凡服耜,斩季材,以时入之。令万民时斩材,有期日。凡邦工入山林而抡材,不禁。春秋之斩木,不入禁。凡窃木者,有刑罚。"(《周礼·地官司徒第二》)当然,虽有这样的要求,是不是做到了,那是另一回事。事实上,在古代,对动物进行灭绝性屠杀的事时有发生。张衡在《西京赋》中就痛斥过这种行为:"泽虞是滥,何有春秋?摘澼瀣,搜川渎。布九罭,设罜麗。摷昆鲕,殄水族……上无逸飞,下无遗走。攫胎拾卵,蚳蝝尽取。取乐今日,遑恤我后!"中国古代对于生态的保护,虽然为的是人的利益,但实际上兼顾了生态的利益。有必要指出的是,这种保护,主要是出于对资源的爱惜,还不能说是为了生态环境,只是客观上起到了保护环境的作用。

2. 珍惜天物

中国的环境保护思想还体现在对物的珍惜上。古人将浪费资源和劳动成果的行为称为"暴殄天物"。唐代李绅的《悯农》诗云:"春种一粒粟,秋收万颗子。四海无闲田,农夫犹饿死。/锄禾日当午,汗滴禾下土。谁知盘中餐,粒粒皆辛苦。"这诗已经成为蒙学经典。珍惜天物,虽然目的不是保护生态,但起到了保护生态的作用。

3. 见素抱朴

崇尚朴素生活,在中国有两个源头。一是道家的道德哲学。老子主张"见素抱朴"。"素",没有染色的丝;"朴",没有雕琢的木。两者均用来借指本色。"见素抱朴",用来说做人,即要求人按照人性的基本需要来生活。这样做为的是养生,但反对奢华,有珍惜财物的意义,而珍惜财物的客观效果是保护生态。

另一源头是儒家的伦理学说——崇尚节俭。它的意义是多方面的,主要是政治方面。贞观元年,唐太宗想营造新的宫殿,但最后放弃了,他对臣下说:"自古帝王凡有兴造,必须贵顺物情。……朕今欲造一殿,材木已具,远想秦皇之事,遂不复作也。"不仅如此,他还说:"自王公以下,第宅、车服、婚娶、丧葬,准品秩不合服用者,宜一切禁断。"(《贞观政要·论俭约》)尽管唐太宗主要是从政治上考虑问题的,但不浪费、少奢华,对于资源和环境的保护还是很有意义的。

七、结　语

中国古代的环境美学是中国人在自己的生产实践与生活实践中创立的。这一历史可以追溯到史前。在进入文明时代之始,曾有过以大禹为首的华夏部落联盟与特大洪水斗争的伟大事迹。正是这场漫长的、最终以人类胜利告终的斗争,让"九州攸同,四奥既居,九山栞旅,九川涤原,九泽既陂,四海会同"(《史记·夏本纪》),中华民族美好的生活环境由此奠定,而治水的诸多经验也成为中华民族环境思想的重要组成部分。由于时代久远,我们只能凭现存的祖国山河,凭有限的文字记载,想象那场气壮山河的斗争如何再造山河。中华民族长期以农立国,以地为本,以水为命,以家国为据,以和谐为贵,以道德为理,以天地为尊,以动植物为友,以安居为福,以乐天为境。所有这些,是中国人基本的生活状态。中国古代的环境美学思想就寄寓在这种生活状态之中,并且是这种生活状态的经验总结。虽然由古到今,中国人的生活状况已经发生了巨大的变化,但是中国人的文化心理仍然保持着诸多传统的基因。更重要的是,中国人所面对的一些关涉环境的主要问题并没有发生根本性的变化,如何处理好人与自然的关系、文明与生态的关系、个人与社会的关系、家与国的关系、国与世界的关系,仍然困扰着当代的中国人。从中国古代环境思想中寻找美学智慧,以更好地处理当代环境问题,其意义之重大不言而喻。

值得特别提及的是,当代全球正在建设的生态文明与农业文明有着重要的血缘关系。如果说生态文明是工业文明批判性的发展,那么,可以说生态文明是农业文明蜕化性的回归。生态文明建设,核心是处理好环境问题,实现文明与生态的协调发展,共生共荣。这方面,农业文明会给我们诸多有益的启迪。有着五千年农业文明的中国,为我们准备了智慧的宝库,值得我们深入发掘、认真学习。

陈望衡

目　录

引　论

　　两汉魏晋南北朝时期是中国古代环境美学的发生期,它循着先秦思想萌芽期所开拓的可能性并依照世俗权力规范路径发展起来。先秦作为中国古代文化形成的"轴心时代",思想家没有受到太多外来的束缚,对世界充满了各种好奇心,凭借着朴素的动机和经验思考,散发出一种原初的创造力,思想局面有着向各种世界面相伸展的潜在可能性。从后来历史看,这种可能性更为清楚,特别是受到外来势力冲击而看到异域文化有着自身文化所缺乏的特点时,有人便会回过头去从思想根源上找到自身文化曾经有过的相同观念,以此来为之辩解,从而增强本民族的文化自豪感。此类行为虽片面,但从思想本源处寻找世界发生的多样可能性在方法上是完全可行的,应该说凡是能称为文化者类似思路皆行得通。虽如此,文化发生之时其面相的多样性并不表明每种走向都可以有所发展,能成为文化特色的都是本文化中特别有活力的那部分元素发展的结果。它们之所以能超越其他元素脱颖而出,缘于人们求存的需要。

　　人类早期生产力水平极为低下,物资匮乏,生产活动环境的选择完全受制于地质形成期的自然条件。当时地球上的这一块深厚黄土层给进入农耕期的初民带来了极大的便利,因此在此形成的民族与黄土地结下了不解之缘,后来"安土重迁""爱家爱国"的传统皆可认为是由此情结造成的。可是黄土地上流淌的黄河水带给人们的却不都是好处,其季节性的泛滥造成了沿岸年复一年的灾难。人们几千年来还是一直坚守在这块土地上。水是生存的必需品,但它又是持续的威胁,这使人们在心理上产生了一种难以消除的恐惧,与对黄土地的爱恋结合在一起,最终积淀成中华民族一个极为重要的文化特色,即由"厌水喜土"构成的以焦虑为主调的集体心理结构,影响着整个族群在生产生活上的决策。

出于生存的需要,从黄河两岸辐射开去的族群很早就懂得协调应付自然灾害的好处,"和合"成为他们思想的核心主题。源起于先秦的诸子争鸣,各家各有自家特色,唯有主张"中庸"的儒家最能迎合这一生存主题,成为最大的赢家。在漫长的应对恶劣生存环境的过程中,占据着整体和谐理性的集体文化心理的焦虑一定意义上反而成了刺激抗争的动力,加上大面积的耕种以及温带气候养活的大量人口,最终在这块土地形成了幅员广阔、人口众多的"大一统"局面。

中国古代思想以儒家为核心,其知识范围决定了古代中国人所理解的世界范围。出于求存的目的,与生活需求无关的知识皆要摒弃,凡是人死后、天之外等问题都不加以探究,一切围绕着"实用知识"展开。这种从经验中来、仅为了求存而设置的知识范围,所蕴含的逻辑构架的大小极为有限,它在认识人的外在世界以及内在世界方面都不能够借助完整逻辑的力量进行全面而又深入的认知。

环境美学史主要研究古人对环境的认识以及审美在时间纵向维度上的发展进程。环境在范围上可认为与世界等一,中国古代的世界认识程度决定了古代中国人对环境认识的深度和广度。与世界的构成一样,环境以人为参照系可分为外在环境和内在环境。外在环境主要指自然环境和社会环境,内在环境则指人的心境。一种文化所蕴含的思想对内外环境的认识在同种价值的逻辑进路上有同步性,先秦诸子奠定的思想方法受生存的焦虑结构影响,对外物的认识仅维持在认清其实用性的层次,如面对某一自然对象,其动用的语言、思维到感官仅满足于捕捉对象的基本事实即转移到功利层面的考虑。这样导致的结果是对对象本身的完整性的认知严重不足,物性未能得到充分重视,外在环境的构造在片面的维度上进行;与之相应,内在环境也得不到全面的认识和建构。集中表达这两个方面的概念是偏向外在环境的"象"和关注内在心境的"意"。

"象"和"意"通过"言"来表达,今人知道古人的思想主要也是通过作为"言"的古代典籍。表达"言""意""象"三个概念最集中的经典是《周易》和《庄子》。"象",像也,它很好地表达了古人对环境的看法,对环境中的各要素只要有一个简单的把握就足以维持整个存活过程。模糊粗糙但又有很多可塑性,是先秦时期人们对外在环境的认识以及自身所建造的环境的总体特点。

汉初,百废待兴,统治者吸取秦朝失败教训,采用一套宽松的环境修治政策。他们从历史上的思想中寻找根据,黄老之学"无为而治"的主张成为其治国的首选策略。从刘邦开始,几代汉朝皇帝都实行"休养生息",对内轻徭薄赋,对外和亲安抚,一时出现了"文景之治"的良好局面,被战争破坏的环境得到了很好的修复,一个幅员辽阔、人口众多的帝国屹立在世界东方。一方面,汉代人热爱狩猎,崇尚武力,敢于拓殖疆土,大规模向西北移民,"宜西北万里"(汉镜铭文)成为当时社会的一大潮流。另一方面,气候温暖,森林和草地茂密,到处是牛马羊骡,人们也很重视"安居乐业"(《后汉书·仲长统传》)。"安居"成为汉代人很重要的生活信念,在史书中可看到"君子独安居"(《汉书·武五子传》)、"安居则以制猛兽而备非常"(《汉书·吾丘寿王传》)、"稀有安居时"(《汉书·循吏传》)、"安居则寄之内政"(《后汉书·荀淑传》)、"赖得皇甫兮复安居"(《后汉书·皇甫嵩传》)等说法。社会生活趋于稳定,以农耕和畜牧经济为主,包括渔业、林业、矿业及其他多种经济结构的经济形态走向成熟,借助交通和商业的发展,在中央集权的统一调配下,各大经济区互通互助,具备了抵御多种灾变的能力,创造了空前的物质成就。有了强大的力量,统治者法天象地,建立起恢宏繁复的宫殿群落。在整个庞大的建筑群中,置设有高台、明堂、辟雍、驰道等富有特色的空间造型,以体现经天纬地、包裹古今、笼络四方的精神意象。即使修建陵墓，其石雕简朴古拙、画像饱满灵动，无不充满了张力和生气，体现出壮志豪迈、积极进取的帝国心态。

秦始皇"焚书坑儒"，毁灭了先秦以来的大部分文化成果。汉初恢复了稳定的社会局面以后，除中央集团以一国之力来复兴古代文化外，一批在分封国土上的有识之士也组织起来编纂和利用古代典籍，其中的主要代表是以淮南王刘安为首的知识集体创作的《淮南子》。《淮南子》综合了当时人所能得到的知识，提出了"大环境"观。首先，《淮南子》继承了前人的观点，主张"天圆地方，道在中央""天分九野，地设六合"的天地观。其次，天地之间的重要中介是联络天地的柱子——昆仑山，昆仑山在人们心中极为奇特，它既指向实际的山脉，又是想象中的神山，是两者的混合物。再其次，《淮南子》介绍了各地的风土民情，从中可以看出它有一种地理决定论的思想方式，以致固化了环境的内容，看不到汉代当时的环境特征。此外，受阴阳五行观的影响，《淮南子》阐明了心境与五种环境的失衡和调适方法，完善了当时人们对环境的认知。

进入汉武帝时期，帝国空前强大，汉武帝进行了一系列的环境拓殖和大工程建设。在西北部，多次打败匈奴，在当地屯兵移民，进行大开发，并开拓丝绸之路，沟通了亚欧大陆两端；往南方，占领了百越的大部分土地；往西南方，招降了夜郎等几个小国；在东北部，征服了卫满朝鲜。这些征战，大大扩大了帝国的版图和影响力。对天空，汉武帝也充满了想象力，不断进行求仙活动并建造高楼，希冀长生不老或死后可以升天以延续帝王生活。

自从秦朝建立，中原大地有了一个统一的中央集权大国，修筑长城是这种统一意志在环境建造上的集中标志。汉承秦制，大时代有大工程，汉武帝扩建了秦时的长城，修建了集园林和宫殿于一体的上林苑，并在上林苑中挖掘了兼有军事、日用、商业、景观等功能的昆明池。

有帝国扩张的现实，就有思想文化上相应的理论建设，原先各具特色的秦、楚、齐、鲁等各区域文化经过长期的碰撞、融合，逐渐形成了统一的汉文化,其突出标志是儒学正统地位的确立与儒学成为配合专制统治的思想意识形态。董仲舒的《春秋繁露》就是这方面的代表著作。深受阴阳五行思想的影响,又兼有《淮南子》百科全书式的大环境观,《春秋繁露》以立法者的身份,对天地进行全面程序化的"大配伍"。其中最重要的是规范了世俗政权的秩序,建构了一套礼制环境,使之具有了更为精致的政治文明美。

　　源自先秦的阴阳(《周易》)和五行学说(《尚书·洪范》、邹衍"五德终始说")为儒学所吸收,进一步合流为阴阳五行说,整个宇宙被描述为"天地之气,合而为一,分为阴阳,判为四时,列为五行"(《春秋繁露·五行相生》)。在阴阳特性分判清楚的前提下,五行之金、木、水、火、土从最基本的时空要素开始对天、地、人三才进行多方位、多角度的配置,使整个宇宙呈现为一个结构严密、层次清晰、富有节律感的美妙系统。在这个宇宙图式中,人和天地互感互动,道德行为良好,会生成一个秩序井然、风调雨顺的人间;道德风气败坏,则天地会出现各种自然灾异来惩罚人间。这一解释系统较好地避开了远古时代把世间发生的一切完全归于天意的思想习惯,虽然当中充斥着各种经验比附、神秘揣测的成分,但它显示出人能从天那里夺取一部分意志,从而使得这个世界有了某种可把握的由秩序显示出的必然性特点。君主德性的好坏直接影响到民间的前景,这样,为保住其千秋帝业,君王的生活就不敢随意妄为,权力的专制一定意义上就有了约束,环境也间接地得到了保护。君王尚且如此,天下臣民更不能随便到大自然中滥砍滥伐、肆意捕掠烧杀。

　　中国古代文明以农耕生产为主,重农主义一直是思想的主流。从西汉初年的《论贵粟疏》到东汉的《盐铁论》,士大夫以政论方式全面论证和强调了农业的重要性,描述了五谷丰登带给黎民大众的幸福生活图景。与之相关,农书也得到了重视与传播。至今传世的中国第一部农书——《氾胜之书》,准确记录了中原大部分地区农业生产环境的主要特征,对时令、土壤、区田法的利用以及耕作中要注意的事项都做了恰当的介绍,甚至还推广多种经营,向商品经济延伸,成为农书中的经典。为了使生产、生活有本可依,汉代继承了《礼记·月令》的做法,出现了《四时月令》《四民月令》等类似政令的书籍,按一年十二个月的顺序规定每月农业活动的内容,为世人掌握生产及生活节律提供了可以遵循的范本。

自西汉儒学被奉为国家意识形态以后,其阴阳五行学说被一部分儒生和术士利用,与逐渐兴盛起来的道教和佛教中的神秘思想配合,发展出一门随意图解和解释当权者意志的所谓谶纬学。在国家决策方面,《白虎通义》从董仲舒处习得了一套处理社会秩序的固化规则,为政治环境设计了能为后世永远遵循的"三纲六纪"。这种学说对现实任意比附,自然就滋生出了一批似真似幻的对象,从而嫁接出了一个现实外的虚拟环境。在人文环境的建造中,虚拟环境尤其体现了人类创造性的一面,它可以存在于人类的精神世界,不必有实体环境与之对应,它最大限度地安置了人们的心灵居所,实现了人们的某种自由需求。作为虚拟环境,有一部分被实现出来有了实体存在,成了名副其实的人文环境。受谶纬影响出现的最重要的虚拟环境设计是一批吉祥图案和一个幸福的身后世界,民间出现的大量《瑞应图》和画像石,就是这方面美好愿念的外化景象。

出现偏颇的环境设计,相应地,就有一股制衡的力量以克服其片面性,王充的《论衡》即是在东汉谶纬盛行的背景下以批判的面目出现的。《论衡》在方法上提倡实证的路线,反对虚幻的比附,一定意义上有纠偏的功效,但也打击了人们在奇境异域上的创造性。如排除"道"的视域的参与,人们受天生好奇心的驱动对自然的观照就较接近科学求知的方式,这一维度集中表现在宇宙观方面。到汉代,人们对天地这一环境的整体认识在前人"盖天说"(《周髀算经》等)的基础上提出了"浑天说",科学家张衡就是这方面的代表。

综上所述,汉代的环境美学受实用观念的主导,人们主要停留于对有用环境的认识和利用,虽然有一部分虚拟环境的出现,但仍属功利需要,整体上还未能提升到对环境的自觉欣赏和审美。

魏晋南北朝时期,社会大变动,出现了历史上最长的混乱时期。世俗界朝代更迭频仍,从秦汉建立起来的专制政治屡经变动将社会生活带向两种走向:在政权短暂的统一时间内,人们的思想、言行受到超乎寻常的钳制;在统一政权的真空时期,却又出现了社会心理的极度涣散,人们从专制的恐慌走向虚无的绝望。这两种极端心理的波动,同样导致人们对环境的看法产生深刻的变化。思想活动的自身惯性有其必然走向诉求的冲动,可中国古代文化表达这种倾向的话语又没有形成独立的主体,因而就难以出现与其他权力相抗衡的力量,面对极权,有思想的士人的首选方式就是回避其锋芒,忌谈现实问题,一时自觉或不自觉地就汇成了一股谈玄论虚的时代思潮。玄学的出现,最直接的来源是道家的"贵无"思想,汉代从印度传入的佛教"谈空"也是玄学重要的话语。经玄学,"空""无"的合流找到了其现实基础,可同时"道"在玄学中也失去了其原创时所展示出来的鲜活的力度,佛学谈"空"时所搭起的"逻辑"框架(如因明学)也被玄学忽视。玄学对道家和佛教的吸收主要就在于两家思想对神性维度的重视,特别是编织神性话语能成为其实现许多意图从而在心理上得到变相满足的文化场所,更是其执着于这种表现方式的原因。玄学既无暇去拓展道家式的思想空间,也不愿如佛教似的去建立一个来生的理想国度,其天马行空的话语背后却是充斥着各种现实考虑的情怀。以这种眼光去看外在对象,其观出的环境即带有更具个人本体的情感意味。他们在可控的环境中建筑园囿,纵情山水,从而发现了环境的美。整个进程从内、外环境看具有同步性。在对内在心境的拓展上,应时代需求出现的玄学从先秦偏向"道"的层面下降到"有""无"关系的讨论,不管"贵无"论还是"崇有"说都借助大量事实来证明其学说的正确性,这样,他们就必须涉及经验世界中的"物",也就导致了人们对外在环境中的"物"的事实方面投入了更多的关注。外在环境的"物"与内在环境的"情"在观念中属于同一层次,有了对"物性"特别是超出实用方面的感知,也就为"情"的释放提供了合法的条件。反之亦然。逃避社会、回归自然的有识之士,其内心郁闷的排遣必然靠更多清晰的物象来表达,这就必然把先秦被"道"抑制住的"物象"解放出来,从而发现了物的审美特性。这样,先秦最有力概括内、外环境的"意""象"关系就为"物""情"关系所掩盖。

最能表达"物""情"关系的文化产品是田园诗和山水诗。代表性的田园诗人陶渊明不但有很多描摹物象及相应情感的诗篇,他对自身生活环境的诗化,也使他成为古代乡村环境的第一个发现者。他庆幸自己能逃离官场"复得还自然",从车马喧嚣的闹市中"归园田居",其居处东篱种菊,面朝南山,周遭种植榆、柳、桃、李,时有鸡鸣狗吠。陶渊明在"山气日夕佳,飞鸟相与还"的农村风景中获得无穷的趣味,他将这种生活环境视为家园。陶渊明的"归园田居"的突出特点是农业生产、乡村生活与自然审美的统一。这种审美观上承《诗经》中"国风"的传统,下启唐宋田园诗派,整合儒道两家思想,成为中国古代知识分子的重要精神家园。在魏晋之前,人们观照环境虽也涉及情感,但大多限于阴阳五行化的情感类型,没有更具个人化的表现,环境的完整含义也就没能被展示出来。在"以玄对山水"(孙绰《庚亮碑》)的视野下,人们发现山水不但可以"澄怀味像"(宗炳《历代名画记》)、"铺采摛文,体物写志"(《文心雕龙·诠赋》),而且"极视听之娱"(王羲之《兰亭集序》)、"质有而趣灵"(宗炳《历代名画记》)、"有清音"(左思《招隐诗》),依"性分之所适"(谢灵运《游名山志》),可以从山水中找到"知己"("山水有灵,亦当惊知己。"——《水经注·江水》),甚至在真切地观照自然对象的基础上,还可以在自然中创造人工自然,"山石之上,自然有文"(《水经注·河水》)。山水诗的代表诗人是谢灵运,谢灵运的诗中有一部分写及远游,此类山水诗描述了很多动态中的异域环境,是魏晋南北朝时期自然环境发现中的一大特色。

道家偏重于"形而上"的思想在汉代末年被"形而下"化为道教,魏晋时期道教大为盛行。道教修炼的道观选择在远离尘嚣的山林之中,由此建立了一种自然和人工建筑交融起来并显出清静无为状态的环境。当然,更突出的是在观念上受道家"问道""崇虚"以及先秦"敬神""事鬼"思想的影响,道教描述出一个迥异于人间的神奇世界,这就在中国古代文化中突现了不同于生活环境、自然环境以及阴阳五行化的程式化环境外的另一种环境，即神仙环境。有了神仙环境，中国人有了更多升华超越的可能，也使这个世界愈发浪漫和富有美感。

这一时期的造园建筑也与时代观念相符。应佛教、道教活动的需求，此时修筑了大量佛塔寺庙，寺庙之多在历史上是空前的，南北朝时期甚至出现"舍宅为寺"的现象，对中国佛教建筑民族化产生了重大影响。大多数寺庙都建有园林，为仕途、人生失意者提供"幽居""嘉遁"。由于时代动乱，宫苑建筑不可能造在山林之中，只能建在都城之内，规模缩小，没有了狩猎、生产等内容，为了娱乐模拟了大量自然山水，园景变得雅致细腻。战争使北方许多大户南迁，所到之处同样大兴土木，以致在江南一带私家园林纷纷出现。与淡泊名利的"隐居"不同，魏晋南北朝名门望族注重的是"隐逸"，在繁华中建立假借的"山居"。汉代那种象征性的稚拙壶形的海上神山已不见，代之而修的是重楼芳榭、花林曲池，人们在这种生活环境中获得伪装的安宁。

王充在《论衡》中批驳阳居中的"图宅术"和搬迁时的"太岁禁忌"，可见汉代已有较成熟的风水学。到魏晋时期，出现了中国现有的第一部风水名著——《葬书》，虽偏重阴居，可基本思想与阳居相通。《葬书》首次归纳出了与人有关的居住处须"藏风纳水"，这一基本主题展开为"前朱雀，后玄武，左青龙，右白虎"。其构造过程对于选址的水源、水质、藏风、纳气、采光、土壤、生物和人文等因素十分讲究，实际上形成了一种理想的人居环境模式。风水思想的确立，把最具中国特色的思维方式——阴阳五行的实际运用推到了极致，其营造的环境除了经过自然科学的合理性考验，还具有道德劝诫和美化身心的功能，风水环境可以说是中国环境美学的一个重要对象。

第一章　黄老之学与环境修治

公元前221年,秦国彻底消灭六国,统一华夏,建立了中央集权制的秦朝。秦行暴政,很快天下大乱,至公元前207年,以刘邦为首的汉军接受了秦王子婴的投降,西汉建立。汉虽基本上承继秦制,但在建国之初,为进一步巩固王朝的统治,当权者注重吸取秦亡的历史教训,废除苛刻的秦法,并实施了一系列有利于发展生产、安定百姓的措施,至文景时,出现了战国以来少有的天下太平的景象,史称"文景之治"。

第一节　环境修治的政策措施

从战国始,长期战火不断、民不聊生,秦朝的统一虽然带来了短暂的政治稳定局面,可秦政实行法家的统治术,防民如防盗,以致秦时百姓得不到片刻的安宁,终于导致各地军民的造反,最终以刘邦为首的军事集团获得了最后的胜利。刘邦及其重臣大多来自底层,历经八年的反秦战争、楚汉相争,他们深晓百姓的疾苦,以及百姓反抗压迫、剥削的力量,因此西汉王朝在职官制度和全国政区的设置上沿用秦制,在与民生更为切近的律法礼仪上则采取了与秦朝截然不同的做法,从而获得了天下百姓的支持,逐渐呈现欣欣向荣的局面。

把天下当成一个大环境来看,其中的构成可分三个层次,即自然环境、人文环境和心境。① 这种分法与常说的"天、地、人"所对应的环境稍有出入。一般可把天、地纳入自然环境,而人的部分则包括人文环境和心境。但也不尽然,由于古代文字含义的模糊性,天和地也并不纯属自然,它们也有人文的含义。这样,在具体使用这些概念时,只能依据具体语境使用不同的含义。须指出的是,人文环境与人的物质活动关系最大,在其形成过程中起最大影响作用的是国家的政策。汉初统治者对老百姓实行"休养生息",在其他环境变化不大的情况下,无疑对天下这个大环境的形成起了重大的作用,而能促成统治者形成如此决策的动因在于其核心思想的认定上。

一、兴黄老之学,思想环境的复兴

战国末年,秦始皇采用韩非子、李斯的法家学说,确定"以法为教""以吏为师"的治国方略,为征服六国发挥了重大作用。但法家治民"严而少恩",思想方法缺少灵活性,在战争时期其恐吓手段会奏效,一旦用来治国,从决策到行动单一性的弊端就暴露无遗。如追溯秦王朝最终的覆灭原因,恐很大部分可归于法家这种不得人心的统治方式。

汉朝初年,为不重蹈秦的覆辙,统治者进行了一番关于秦亡的讨论。② 《汉书·曹参传》记载:"天下初定……参尽召长老诸先生,问所以安集百姓。而齐故请儒以百数,言人人殊,参未知所定。"遇有重大国事,上下不敢轻举妄动,时时以史为鉴。匈奴单于曾轻侮吕后,樊哙请求发

---

① 古人按"天、地、人"区分出三种环境,《孙子兵法》中有要赢得战争须有"天时、地利、人和"的说法。《管子》则针对农业生产提出"三度"说:"上度之天祥,下度之地宜,中度之人顺,此所谓三度。"《淮南子》纳入"参伍"之"参",言:"乃立明堂之朝,行明堂之令,以调阴阳之气,以和四时之节,以辟疾病之灾。俯视地理,以制度量,察陵陆水泽肥墩高下之宜,立事生财,以除饥寒之患。中考乎人德,以制礼乐,行仁义之道,以治人伦而除暴乱之祸。乃澄列金木水火土之性,故立父子之亲而成家;别清浊五音六律相生之数,以立君臣之义而成国;察四时季孟之序,以立长幼之礼而成官。此之谓参。"显然,《淮南子》对三种环境的表述更为丰富。
② 汉初的著名成果有陆贾的《新语》,文帝时有贾谊的《过秦论》《治安策》,贾山的《至言》,这些著作都对秦亡的经验教训作了总结。

兵攻打匈奴,季布以为樊哙此举极端危险,他说:"秦以事胡,陈胜等起,今疮痍未瘳,哙又面谀,欲摇动天下。"(《汉书·季布传》)

儒学在汉朝初年曾试图进入当权者的视野,为此与道家发生争执,①司马迁说:"世之学老子者则绌儒学,儒学亦绌老子。"(《史记·老子列传》)论争的结果是儒学落败。最高统治层大多出身草莽,不习惯儒学的那套繁文缛节。汉高祖刘邦见儒生动辄大骂"竖儒",甚至以溲溺儒冠,司马迁明确说"沛公不好儒"(《史记·郦食其列传》),原因是"(天下)乃公居马上而得之,安事《诗》《书》"(《史记·陆贾列传》)。加上刘邦周围的一批大臣如陈平辈学的是黄老之术,②儒生更是没有进阶的时机。直接以儒生的身份去见刘邦的,大多没有好下场。擅长《诗经》的申公,曾在刘邦过山东时率众弟子"见高祖于鲁南宫"(《史记·儒林列传》),结果无功而回。著名的儒者叔孙通,开始以儒服见刘邦时,被刘邦嫌恶,只好改变饰服,穿楚制的短衣,才得到"汉王喜"(《史记·叔孙通列传》)。从历史的进程看,儒学在汉初还找不到其发挥作用的位置。

这样,凭着一种常识的判断,从历史上出现的显学中启用与法家截然相反的黄老思想"无为而为"的统治方法也就成了一种顺理成章的事。《汉书·曹参传》载,在争论学儒无果的情况下,"闻胶西有盖公……盖公为言治道贵清静而民自定,推此类具言之。……其治要用黄老术,故相齐九年,齐国安集";结果,曹参继萧何为相国三年,获得了很高的成就,"百姓歌之曰:'萧何为法,讲若画一;曹参代之,守而勿失。载其清靖,民以宁一'"。在这种思想的主导下,又有了明显的治国成效,统治阶层一度读黄帝、老子成风,如《史记·外戚世家》说:"窦太后好黄帝、老子言,

---

① 《史记·辕固生列传》就集中记载代表儒家的辕固生与代表道家的黄生的争论以及被代表黄老之学的窦太后责罪之事。
② "(陈平)少时家贫,好读书,治黄帝、老子之术。"(《汉书·陈平传》)

帝及太子、诸窦,不得不读黄帝、老子,尊其术。"①把黄帝和老子合称,在当代的考古发掘中也有明显的证据:长沙马王堆汉墓出土的一批帛书中,被称为《经法》的黄帝书和《老子》一书就合抄在一起。

老子的思想已充分表达"守静""贵柔"之义,汉人之所以要加上黄帝,除了两者学说的相似,更是为了增加权威性和说服力。在《汉书·艺文志》中,属道家类、和《老子》放在一起且与黄帝有关的书,主要有《黄帝四经》《黄帝铭》《黄帝君臣》《杂黄帝》《力牧》《黄帝相》等。《隋书·经籍志》说:"汉时诸子,道书之流有三十七家,大旨皆去健羡,处冲虚而已,无上天官符箓之事。其黄帝四篇,老子二篇,最得深旨。""清静无为"能"治民",在《老子》第三十九、四十五章和五十七章中出现的"天清""地宁""清静为天下正""我无为而民自化""我好静而民自正"等说法无疑启发了统治者。在知识界,受道家影响,汉代有了新发展,作为新道家的代表,陆贾的《新语》大受欢迎。《新语》指出秦政"有为""多为"的弊端,即:"法逾滋而奸逾炽,兵马益设而敌人逾多。秦非不欲为治,然失之者,乃举措暴众而用刑太极故也。"(《新语·无为》)

二、轻徭薄税,经济环境的调整

《新语》这种著作大行其道,表明整个统治层在处理民生诸多问题上有广泛共识。从另一角度讲,黄老之学之所以能被统治者接受,实际上与汉初最高统治者刘邦在起事以后所发布的政令以及其已获得的相应绩效有关。据《汉书·高帝纪》记载,刘邦早在入关时,就对支持他的蜀、汉百姓免租税两年,参与关中作战者,则全家免徭役一年。这些政策极大地争取了民心并鼓励了士气,为汉军争取最后胜利起了关键的作用。

---

① 窦太后是汉初好黄老的典型代表。《史记·儒林列传》记载:"窦太后好老子书,召辕固生问老子书,固曰:'此是家人言耳。'太后怒曰:'安得司空城旦书乎?'乃使固入圈刺豕。……豕应手而倒。太后默然,无以复罪,罢之。"又,《史记·魏其武安列传》记载:"太后好黄老之言,而魏其、武安、赵绾、王臧等,务隆推儒术,贬道家言,是以窦太后滋不说魏其等。……乃罢逐赵绾、王臧等……魏其、武安由此以侯家居。"

战争刚一结束,天下百废待兴,为了恢复社会各方面秩序和进一步巩固政权,刘邦在全国范围内颁布了一系列发展生产的措施:

(1)高祖五年(前202年),西都洛阳,夏五月,"兵皆罢归家"(《汉书·高帝纪下》,下同),战争已结束,遣送军人回家发展生产,一举两得。

(2)"诸侯子在关中者,复之十二岁,其归者半之。""诸侯子"即入关灭秦的战国时东方诸侯国人,愿意留在关中继续生活的,可免除徭役12年,如回家的则只免徭役6年。

(3)恢复秦时百姓的田宅。"民前或相聚保山泽,不书名数,今天下已定,令各归其县,复故爵田宅,吏以文法教训辨告,勿笞辱。"

(4)原先因贫穷自卖为奴的,恢复其平民身份。"民以饥饿自卖为人奴婢者,皆免为庶人。"

(5)推行军功爵制,按功劳分封田宅。"军吏卒会赦,其亡罪而亡爵及不满大夫者,皆赐爵为大夫。故大夫以上赐爵各一级,其七大夫以上,皆令食邑,非七大夫以下,皆复其身及户,勿事。"

此外,高祖七年(前200年),针对战争导致人口锐减的情况,规定凡增添丁口者可免徭役二年;十二年(前195年)二月,诏告天下减少赋敛;税收方面,高祖实行十五税一。

这些经济措施,与民休息,有效扭转了秦暴政下社会矛盾尖锐的局面,为汉朝走向富强奠定了坚实的基础。

三、节俭治礼,政治文明美

"休养生息"的核心意思就是汉初统治者不再像秦王朝那样残酷压迫、剥削老百姓,而是实行宽松的政策,激发老百姓发展生产的信心,给他们更多的实惠,从而形成了双赢的局面,新兴的政权也进一步得到了巩固。与此相应,统治层的生活也不像秦朝那样穷奢极欲,而是主张节俭。汉高祖就曾下诏减免进贡中央的贡物:"欲省赋甚。今献未有程,吏或多赋以为献,而诸侯王尤多,民疾之。令诸侯王、通侯常以十月朝献,及郡各以其口数率,人岁六十三钱,以给献费。"(《汉书·高帝纪下》)最具代表性的是文帝在位期间,宫室苑囿、车骑服御都无增益。针对官俸与民给的紧张关系,汉文帝就曾感慨:"将百官之奉养或费,无用之事或多与? 何其民食之寡乏也?"①汉文帝想建一露台,因要花十金(约等于十个中等人家的家产),而最终取消。文帝在免除各地进献方面更为彻底,他曾说:"鸾旗在前,属车在后。吉行日五十里,师行三十里,朕乘千里之马,独先安之。"于是还马与道里费,而下诏曰:"朕不受献也,其令四方毋求来献。"②之后,宣帝在节约宫中开支方面也作了许多努力,他把宫中乐人遣送到田间务农:"农者,兴德之本也。今岁不登,已遣使者振贷困乏。其令太官损膳省宰,乐府减乐人,使归就农业。"③元帝也深深体恤百姓疾苦,尽量减少宫中的费用,诏书中说:"间者阴阳不调,黎民饥寒,无以保治,惟德浅薄,不足以充入旧贯之居。其令诸宫馆希御幸者勿缮治,太仆减谷食马,水衡省肉食兽。"④宫中的修缮常常动用大量人力物力,占去大量农作时间,因此减少这方面的活动,有利于安民兴业。

汉初这种与黄老思想相符的"无为而治"的政治并非"一无所为"、放任自流,而是建立制度,《史记》记载:"汉兴,萧何次律令,韩信申军法,张苍为章程,叔孙通定礼仪。"⑤萧何在参考秦法的基础上,作著名的《九章律》,成为汉朝制定法律的根据。韩信删原先182家兵法为35家,使军法变得更为简明。张苍为汉朝重新制定度量衡,历法则沿用秦朝以十月为岁首的《颛顼历》。律法章程对整个国家秩序的正常运作关系重大,相比之下,礼仪不太实用,叔孙通起先就不受刘邦及其部下的欢迎。可是随着社会秩序的稳定和物质生活的提高,"仓廪实而知礼节",政治文明的完善逐渐提到议事日程,刘邦开始重用叔孙通,让他为国家各种重大活动制定礼仪,从而营造了一套礼制环境。

---

① 林虑、楼昉辑录:《两汉诏令》卷四。
② 同上。
③ 同上书,卷八。
④ 同上书,卷九。
⑤ 司马迁:《史记》,北京:中华书局1999年版,第2507页。

　　叔孙通先用他的弟子和招募来的人进行朝仪的预演,他们在野外用绵索围了一个圈,插上茅草当作君臣的座次,模拟仪礼的排练。一个月后,请刘邦去观礼,刘邦认为效果不错,要求大臣们依样操练。汉七年(前200年)十月(即正月),长安举行长乐宫落成典礼,大臣们都去祝贺。天刚亮,文武官员按等级次序先后被引进殿。殿内早已排好车队,布置了兵器,并且升起了旗帜。随着一声令下,殿下的数百个郎中列队整齐排列在台阶两旁,随后功臣、王侯、将军和军吏向东方站立,而以丞相为主的文官们则向西站立。等一切都安排妥当,皇帝才坐着他专用的辇车出场,他身边的侍从拿着旗帜示意,然后领着诸侯王以下至六百石的官员按照次序向皇帝朝贺。臣子都一改以往狂呼乱叫的习气,肃然起来。等行礼结束,又按照严格的礼法在殿上摆酒。那些地位较高的大臣叩伏在席上,然后按爵位的高低一个个起身轮流向刘邦祝酒。君臣酒过九巡,谒者喊:"停!"大家安静有序地退出。整个朝会过程大家都忌惮一旦犯错就会被管纠察的御史赶出的规定,因此没有出现喧哗失礼现象。刘邦说:"我到今日才知道做皇帝的尊贵啊!"①

　　刘邦的这种喟叹,自有缘由。在他即位之初,仪礼同样是叔孙通所定,可是在举行登基仪式过程中(汉五年,即前202年),"群臣饮酒争功,醉或妄呼,拔剑击柱"②,很没体统,刘邦极为担心。这一乱象,贾谊在《治安策》中从服饰的角度也曾指出,他说:"今民卖僮者,为之绣衣丝履偏诸缘,内之闲中,是古天子后服,所以庙而不宴者也,而庶人得以衣婢妾。白縠之表,薄纨之里,以偏诸,美者黼绣,是古天子之服,今富人大贾嘉会召客者以被墙。"沿用了孔子当年批评季氏僭越礼仪的思路。刘邦任用叔孙通,经过两年的整顿,政治运作开始变得井然有序,大臣逐渐抛弃当初草莽英雄的习气,熟稔了在另一种政治氛围下该具备的言行举止。这一转变,预示了统治者从"马上夺天下"到"下马治天下"工作重心的转

---

① 刘邦此叹原文为"吾乃今日知为皇帝之贵也",见《史记·叔孙通列传》。
② 司马迁:《史记》,第2101页。

移,也预示了整个社会生活的稳定和有序局面的到来。从刘邦的感慨中,可以看出仪式在政治生活中不是可有可无的,它除给人一种仪式的赏心悦目外,更重要的是满足了当权者彰显权力的欲望。权力不只是表现为上级对下级的发号施令,很多时候是借助仪式的铺排来展现的。权力欲越强烈的统治者,仪式感也越突出,有时为达到某种梦幻痴迷的效果,不惜花费大量人力物力来展示。秦始皇到达权力巅峰时,凡遇节日、重大活动以及出行时,就极为注重参与的车队、人数、装饰以及运作环节等诸因素形成的庞大场面来彰显他个人权威的存在。

四、《论贵粟疏》描绘"岁美民乐"的途径

西汉立国思想以及政治秩序的建立,在初期就有一个明确的目的,即维护整个帝国物质基础的稳定。从先秦开始,人们就认识到提供物质基础的活动是农耕生产。随着"休养生息"的初见成效和帝国统治的逐渐巩固,对一切物质活动都围绕农业生产而展开的认知也更为成熟,而这一识见就集中体现在《论贵粟疏》之中。①

晁错向文帝献《论贵粟疏》的直接原因,是随着农业的发展,粮价降低,每石粟仅值十余钱,相比之下,商业活动却十分活跃,这种情况严重地影响了农民生产的积极性。因此,强调社会生产的重要性,调整民生发展方向,成为当务之急。

在开篇,晁错对社会生产环境进行调整的思路直达问题本质,他认为君主的决策是解决问题的关键,对百姓生活的提高意义重大,是"开其资财之道",这也是整个古代社会环境美学的核心思想之所在。君主拥有影响人文环境变化最大的话语权,所以对君主进言,可取得事半功倍的效果。若上疏能为君主所接纳,则不吝多说些与其国运长治久安相关的话。

---

① 汉初对农业生产的重要性认识几乎很普遍,《淮南子》也强调农业"以为天下先"(《齐俗训》),"食者,民之本也"(《主术训》),"衣食之道,必始于耕织,万民之所公见也"(《主术训》)。"贵粟"的思想也很常见,早在战国,《管子》就有"夫富国多粟生于农,故先王贵之"的论述,实际上也是重视农业的一种说法。

基于此,晁错指出,"粟者,王者大用,政之本务",粮食作为生存的根本,也是为政者务必时时关注的首要问题。而摆在当权者面前的现实则不容乐观,晁错向文帝指出,最值得担心的事是:在天下太平又没有出现连年水灾旱灾的情况下,老百姓的粮食还是积蓄不足的现状。以一个五口之家的农户为例,全家能参加劳动的不超过二人,能耕作的土地不超过百亩,一年辛劳下来,收成只有百石左右。除了正常的开支,人情交往、生老病死、各种赋税,加起来所有费用都要从农业收成中支出。稍有意外,全家生活即陷入困境。相比之下,商人囤积居奇,投机倒把,不用像农夫那样辛苦,却能获得丰厚的利润,利用商业赚来的财富转而兼并土地,直接导致农民无处安身,家破人亡。

针对这种情况,晁错指出当今的迫切任务是"使民务农",而要老百姓专心务农,则必须"贵粟","贵粟之道,在于使民以粟为赏罚",把重视粮食与最切身的利益联系在一起。凡交出粮食的百姓可以"拜爵"或"除罪",其中"拜爵"这条途径更为重要和适用,它鼓励富人交出多余的粮食给国家,这样,政府有了足够的库存可资使用,就会减轻贫穷百姓的赋税,这就叫"损有余而补不足";与此同时,民间由于没有了多余的粮食,商人无从流通,也就从根源上断绝了此类活动的可能性。

最后,晁错以极为诚恳的语气向文帝保证,如能依照他疏中所献决策进行,从最远的疆域算起,边塞士兵的粮食问题就能得到解决;边塞积蓄粮食足够使用五年,就可以转而在各地郡县开始贮存粮食,等到郡县的积粮足够使用一年,就可以下诏书免收百姓的土地税。这样,皇上的恩泽犹如雨露一样真正普降到了每个百姓的身上,老百姓也就能更加勤于务农,到时就能实现"民不困乏,天下安宁""岁孰且美,则民大富乐"的局面。

晁错所绘的"天下富乐"图,极为简明地指出了传统中国作为农业社会所必须关注的核心问题,即与老百姓生存密切相关的粮食生产,其丰足或匮乏直接影响到国运,因此,负责任的君主应该认真对付。对稳定的粮食生产起威胁作用的是商业活动,故必须加以抑制。晁错深深感到商业活动在社会生活中的优势,身为生意人,整年不事田间生产,不受风吹雨打,却有机会获得丰厚的利润。世人竞相追逐的金银珠玉,其实用价值事实上就是在商业交易中凸显的,金银珠玉携带起来远远比农作物本身来得轻巧灵活,一物在握,人们就可以到处游荡而不受饥寒威胁。此外,金银珠玉还可以作为观赏物件,让人赏心悦目,再加上其资源稀少且不可再生,必然成为人们趋之若鹜之物。晁错出于现状的考虑,提出"重农抑商""贵五谷而贱玉石"的主张,阻止人们欲望的自然延伸,对保护农业文明有一定的意义,可视为一种小农意识。晁错所举出的五口之家,是从其运作失衡的状态来描述,如从相反的角度看,可推知汉代一般农户的幸福图式,即粮仓衣裳丰足、人情往来顺遂、能应对天灾人祸、老幼有所养育,这就够了,无需太过奢求。

晁错的重农策略产生了功效,文帝就曾亲自参加籍田大典以示重视生产,当然这种主张能大行其道更深层次的原因在于迎合了社会历史和现实的基础。

第二节　环境修治的具体实践

汉初国力尚弱、政权未稳,除安定国内的民心以外,处理好四邻的关系也是一项重要的工作。在各种具体环境之间,存在大量信息能量交流:安宁的边境能促成国内各种环境建设;国内强大,则能进一步巩固边疆。从秦朝开始,最明显的威胁来自北地大漠的匈奴。从历史上看,匈奴与中原诸国的冲突由来已久。匈奴兴起于战国时代,秦、赵、燕三国与之相邻。作为游牧民族,匈奴行动极为灵活且骁勇善战,不时骚扰边境,由于当时中原强势,匈奴未酿成大患。秦统一之后,秦始皇以"亡秦者胡"为由,"使蒙恬将十万之众北击胡,悉收河南地。因河为塞,筑四十四县城临河,徙适戍以充之"。[1] 经此一役,匈奴故地多为秦所有,向北退却

---

[1] 司马迁:《史记》,北京:中华书局 1959 年版,第 2886 页。

七百余里,乃至"不敢南下而牧马"①。之后,秦以暴政致群雄纷争,天下大乱,"诸侯畔秦,中国扰乱,诸秦所徙适戍边者皆复去,于是匈奴得宽,复稍度河南,与中国界于故塞"②。这样,匈奴有了新的机会入侵中原。

至汉初,西北气候持续温暖湿润,牧草丰饶,养就了成群的牛马,军队达数十万之众,匈奴发展到了全盛时期。他们虽逐水草而居,但整体上游移不定,从教化已久的中原大地眼光看,属野蛮不守信义的乌合之众,甚至被称为"猃狁、荤粥"。对于北方少数民族的侵害,《诗经》记载:"靡室靡家,猃狁之故。……岂不日戒,猃狁孔棘!"一般来说,历代朝廷对付匈奴的主要方法是恩威并用。针对汉初这种特定的时期,统治者采用的措施主要是与匈奴修好。

一、和亲匈奴,北边环境的修复

秦二世元年(前 209 年),弑父自立的匈奴冒顿单于先示弱后乘机灭了东胡,又在西面击走月氏,紧接着征服了楼兰、乌孙、呼揭等西域大部分地区。然后向北又控制了浑窳、屈射等国,向南则利用秦末中原战火不断的时机,吞并了楼烦及白羊河南王管辖之地,收复了在秦时被蒙恬占领的河套以南地区,"悉复收秦所使蒙恬所夺匈奴地者,与汉关故河南塞,至朝那、肤施,遂侵燕、代"③。匈奴一时成了北方最强的民族。

值得注意的是,冒顿时期,匈奴人有明显的疆土意识。先前在东胡强盛时,强迫匈奴割地,冒顿单于就称"地者,国之本也,奈何予之"④,显示出对主权疆域的高度重视。这种领土意识在匈奴内部依然受重视,他们对各势力集团的领地范围进行了明确划分,各守其土,"诸左王将居东方,直上谷以东,接秽貉、朝鲜。右王将居西方,直上郡以西,接氐、羌。

---

① 司马迁:《史记》,北京:中华书局 1959 年版,第 280 页。
② 同上书,第 2889 页。
③ 同上书,第 2889—2990 页。
④ 同上书,第 2887 页。

而单于庭直代、云中。各有分地,逐水草移徙"①。显然,匈奴的疆土认知水平比秦时有了显著的提升,同时也反观出在汉朝,疆土的战略意义和现实意义在国家作出重大决策时的影响日益明显,甚至成为决定性因素。

汉高祖七年(前 200 年)冬,匈奴人的大军攻至晋阳,汉兵予以反击。冒顿用计诱使汉兵履险境,致使统帅刘邦在白登山受困七天。两年后,刘邦派刘敬与匈奴订立和亲盟约。从此开启了战斗外另一种与匈奴相处的模式,即以婚姻为纽带互通有无从而获得共惠共赢。

吕后时,冒顿写信侮辱吕后,大将樊哙主战,而中郎将季布则主和。吕后采纳季布的意见,忍辱与匈奴继续修好。

文帝时,冒顿之子老上单于继位,文帝派遣宗室公主远嫁给老上单于,不料作为护送使者的宦官中行说竟然投降了匈奴,致使汉朝与匈奴持续很长时间的友好关系被破坏,文帝虽多次致信老上表明互守传统和平相处的信用,但还是出现了冲突。最大的一次战斗发生在文帝十四年(前 166 年)冬,匈奴彻底消灭了在西域的宿敌月氏国,力量大增,老上单于随后挥师十四万直达彭阳,其先头部队纵火焚烧了大汉的回中宫,前哨铁骑直逼长安。汉文帝进行反击,单于留塞内月余才去。此后,双方又有几次冲突,汉文帝总是以防御为主,同时又与匈奴保持书信、和亲渠道的畅通,几十年间,汉朝与匈奴的国计民生没因出现战斗而导致过分惨烈的破坏。

景帝时,汉朝又三次连续与匈奴和亲通好,虽在景帝六年(前 151 年)、后元二年(前 142 年)发生匈奴入侵雁门等地事,但并没有引起大规模战争,这就为汉初中原经济得到持续发展提供了保证。

二、安抚南越,南边环境的修复

与紧张的汉匈关系相比,汉初南部边疆形势较为缓和。南方诸夷力

———————

① 班固:《汉书》,北京:中华书局 1962 年版,第 3751 页。

量较弱,难以对中原政权形成实质性威胁,因此西汉初期统治者对南北边疆表现出截然不同的应对策略。对于匈奴,采取"无为而治",以最大容忍度来勉力维持相安无事的局面;对在帝国内部的南疆,则表现出"复古"倾向,避开了秦朝"海内为郡县"的行政区划分体系,转而构建郡国并行的行政体制。

汉朝的南面边境主要与南越王赵佗有关。据《史记》记载,赵佗祖籍真定,秦朝时任龙川县令,秦亡后自立为南越武王。公元前196年,汉高祖派陆贾封赵佗为南越王。吕后专权期间,因禁止铁器南运,南越地与长沙王国接壤,赵佗怀疑是长沙王捣鬼,就自立为南越武帝,为泄恨遂发兵攻打长沙王国。吕后派汉军反击,因中原兵不熟悉南国水土,无功而返。赵佗顺势控制南方万余里土地,力量足够与汉朝抗衡。

文帝即位后,除了向各方表达通好之意,特地写了一封态度谦和、措辞诚恳的书信向赵佗示好,劝赵佗以大局为重,愿双方能重归于好。受文帝诚意感染,赵佗表示将去除帝号重新向汉朝称臣。景帝时期,南越仍继续定期派使者到汉宫朝觐。终文景两代,南越一直是汉朝的藩属,这种稳定的关系使汉初的南方边境各方面都得到了发展。

第三节 环境修治的初步成效

汉初政权未稳,国力尚弱,南北边境最重要的势力——匈奴和南越乘机侵扰中原大地。为了应对这两大对手,不管是通过战争还是和平的方式,汉朝的当权者及其献策者开始正视南北这两大板块的环境状况。[①]换言之,也正因为有了当权者的关注,边疆的环境才得到了重视。

人们从神话中得到的对北方的认知是不太实用的。所谓北极,"自九穷夏晦之极,北至令正之谷",那里严寒冰冻、雪雹霜霰不断,储存有大量水源,属颛顼、玄冥管辖之处(《淮南子·时则训》)。除了气候寒冷恶

[①] 晁错《守边劝农疏》的视角即借秦时"北攻胡貉""南攻扬粤"起论。

劣,与真正和汉人有联系的北方关系不大。在史书中,汉代的决策者主要把北方当成畜牧之地。《史记·匈奴列传》则说塞外"随畜牧而转移","逐水草迁徙,毋城郭常处耕田之业","其畜之所多则马、牛、羊,其奇畜则橐驼、驴、骡、駃騠、騊駼、驒騱"。《汉书·地理志》也认识到北地的这种宜畜牧的特色,说:"自武威以西,本匈奴昆邪王、休屠王地……习俗颇殊,地广民稀,水草宜畜牧,故凉州之畜为天下饶。"北方还有一个特点就是多风沙。《盐铁论·轻重第十四》说:"边郡山居谷处,阴阳不和,寒冻裂地,冲风飘卤,沙石凝积,地势无所宜。"《盐铁论·备胡第三十八》又说:"匈奴处沙漠之中,生不食之地,天所贱而弃之,无坛宇之居,男女之别,以广野为闾里,以穹庐为家室,衣皮蒙毛,食肉饮血,会市行,牧竖居,如中国之麋鹿耳。"《盐铁论·论功第五十二》说得更为具体:"匈奴无城廓之守,沟池之固,修戟强弩之用,仓廪府库之积,上无义法,下无文理,君臣嫚易,上下无礼,织柳为室,旃廗为盖。素弧骨镞,马不粟食。内则备不足畏,外则礼不足称。"《汉书·匈奴传下》对漠北的认识是把它当作阴山山脉的对立面来看的,书中先说阴山山脉(处于大漠以南,长城以北的高原地带)"东西千余里,草木茂盛,多禽兽",而匈奴所在的漠北则"幕北地平,少草木,多大沙","胡地沙卤,多乏水草"。

文帝时,晁错就匈奴扰边问题,先后上书陈述他的应对策略。他从前朝传闻获知,"夫胡貉之地,积阴之处也,木皮三寸,冰厚六尺,食肉而饮酪,其人密理,鸟兽毳毛,其性能寒"。这种自然特性,使得胡人"非有城郭田宅之归居,如飞鸟走兽于广野,美草甘水则止,草尽水竭则移",而且经常窥视,如发现守卫人少,则立即发兵骚扰边民,由于路途遥远,朝廷救也不是不救也不是,弄得边疆百姓苦不堪言。(《汉书·晁错传》)在秦代,李斯早就指出了这一"鸡肋"特征,他说:"夫匈奴无城郭之居,委积之守,迁徙鸟举","得其地不足以为利也,遇其民不可役而守也"。[1] 在《言兵事书》中,为了得出"以夷制夷"的论点,晁错从技术要求出发,看出

----

[1] 司马迁:《史记》,北京:中华书局 1999 年版,第 2256 页。

了三种匈奴有利的形势,即"上下山阪,出入溪涧""险道倾仄,且驰且射"和"风雨疲劳,饥渴不困",综合起来可以得出:匈奴人常年出入于险要崎岖、忽山忽水的复杂地形,因此练就了吃苦耐劳、不惧风雨的特性;相比于汉人,胡人具有极强的游动性,以致"易扰边"①,所以,汉军最好不要用人海战术,而是用生存环境与匈奴相近的义渠几个少数民族去对付,才能得到事半功倍的效果。匈奴作为北方民族,晁错对其的描述比较客观,而在《淮南子》中,整个北方人被概括为"其人蠢愚",形骸上也很奇特,"其人翁形短颈,大肩下尻,窍通于阴,骨干属焉,黑色主肾"。② 当然,《淮南子》作为当时少有的"百科全书",对北方的记载也有可取之处,如在地理物产上的看法就比较符合当时人的普遍认识,说:"北方幽晦不明,天之所闭也,寒水之所积也,蛰虫之所伏也……禽兽而寿;其地宜菽,多犬马。"③这与晁错对"胡貉之地"的认识相似。

为进一步巩固边防,晁错向汉文帝建议"募民相徙,以实塞下"。首先,从经济上考虑,选调"远方之卒"每年要更换,不如出台优惠条件直接征用边疆居民,当然,这是"屯田所以省馈饷"的思路的延续。其次,政治思想上要求"下吏诚能称厚惠,奉明法,存恤所徙之老弱,善遇其壮士,和辑其心而勿侵刻,使先至者安乐而不思故乡,则贫民相募而劝往矣"。再其次,在取得"人和"的前提下,迁徙的人口要获得"地利",则须做到"相其阴阳之和,尝其水泉之味,审其土地之宜,观其草木之饶,然后营邑立城,制里割宅,通田作之道,正阡陌之界"。落实到居所的具体设计,则"先为筑室,家有一堂二内,门户之闭,置器物焉,民至有所居,作有所用,此民所以轻去故乡而劝之新邑也。为置医巫,以救疾病,以修祭祀,男女有昏,生死相恤,坟墓相从,种树畜长,室屋完安"。④ 在居住区当中安排

---

① 后来的《盐铁论·备胡第三十八》也持类似看法,认为匈奴"内无室宇之守,外无田畴之积,随美草甘水而驱牧,匈奴不变业,而中国以骚动矣。风合而云解,就之则亡,击之则散,未可一世而举也"。

② 刘文典:《淮南鸿烈集解》(上),北京:中华书局,1958年,第145—146页。

③ 同上。

④ 班固:《汉书》,北京:中华书局1999年版,第1755页。

巫医,极为重要,它保障了屯边军民身心的健康,再加上屋前屋后种上树木,饲养家畜,一定能使得"民乐其处"从而有"长居之心"。除了相"阴阳",土地是否肥沃也是劝说人们移居极为重要的条件,在主父偃与公孙弘有关军事屯田的争论中,主父偃即以"朔方地肥饶……广中国,灭胡之本也"①为由获得了汉武帝"立朔方郡"的支持。

晁错为边区军民设置的单一"安居"模式主要是以他所熟悉的中原大地的民居现状为参照底本。考虑到这是一个特殊的"戍边"群体,在组织上他进一步加强了其军事意图,他说:

> 臣又闻古之制边县以备敌也,使五家为伍,伍有长;十长一里,里有假士;四里一连,连有假五百;十连一邑,邑有假候:皆择其邑之贤材有护,习地形知民心者,居则习民于射法,出则教民于应敌。故卒伍成于内,则军正定于外。服习以成,勿令迁徙,幼则同游,长则共事。夜战声相知,则足以相救;昼战目相见,则足以相识;欢爱之心,足以相死。如此而劝以厚赏,威以重罚,则前死不还踵矣。所徙之民非壮有材力,但费衣粮,不可用也;虽有材力,不得良吏,犹亡功也。②

这种战斗团体,完全是急功就利而设,其目的并不是全面关照人们的乐居生活,愿意在此生活的人,大多是出于无奈。但其又与纯粹的军事屯田不同,它嫁接了生活起居方式,使得整个组织具有更强大的韧性。

至于南方,给人的第一印象是炎热潮湿。按照当时神话中的记载,南方最远的地方从北向户算起,穿过颛顼国,到炎热风火吹袭之地,属赤帝、祝融管辖之地,共一万二千里。《淮南子》对整个南方概括为"阳气之所积,暑湿居之,其人修形兑上,大口决眦,窍通于耳,血脉属焉,赤色主心,早壮而夭;其地宜稻,多兕象"③。其中的"暑湿"和"宜稻"较为准确地指出了南方的特点。

---

① 司马迁:《史记》,第 2261 页。
② 班固:《汉书》,第 1754—1756 页。
③ 刘文典:《淮南鸿烈集解》(上),第 145 页。

避开神话的想象,从汉代人的实际眼光看,针对岭南,晁错说:"扬粤之地少阴多阳,其人疏理,鸟兽希毛,其性能暑。"①

南海郡尉任嚣从当地人的角度描述了南海郡立国的有利地形,他说:"番禺负山险阻,南北东西数千里,颇有中国人相辅,此亦一州之主,可为国。"②此依山傍海之势,清代陈恭尹在广州吟镇海楼时极为精当地概括为"五岭北来峰在地,九州南尽水浮天"(《九日登镇海楼》)。由此能较为详细了解南海诸郡(如珠崖、儋耳郡)在汉武帝元封元年(前 110 年)时的生产、生活情况:

> 民皆服布如单被,穿中央为贯头。男子耕农,种禾稻纻麻,女子桑蚕织绩。亡马与虎,民有五畜,山多麈麖。兵则矛、盾、刀,木弓弩,竹矢,或骨为镞。③

在南越接受汉王朝的管辖后,除岭南贡物外,汉越之间开始了贸易,中原地区获得了更多南越的特产,丰富了中原人民的生活,南越也得到了来自中原地区的发展农耕所必需的工具,如金铁、田器及马、牛、羊等,有利于南越国的经济发展。

此外,当时的统治者以岭南为起点开始向海外开辟新的航道,以促进海上贸易的发展。《汉书·地理志》载:"有译长,属黄门,与应募者俱入海,市明珠、璧流离、奇石异物,赍黄金杂缯而往。"④黄门是少府的属官,通过翻译人员(译长)与海外诸国(如都元国、黄支国等)交易奇珍异宝,供上层统治者享用,一定意义上也说明了汉朝与域外环境的交流。

汉朝地理环境的拓展在物理空间上为整个中华民族后来的大版图确立了坚实的基础,与思想环境的"大一统"整合为一体,成为中华民族各种环境有交汇可能并形成自身特色的开端。

---

① 班固:《汉书》,第 1752 页。
② 同上书,第 2839—2840 页。
③ 同上书,第 1330 页。
④ 同上。

第二章　《淮南子》的环境美学思想

《淮南子》又称《淮南鸿烈》，作为汉初的一部大作品，其涉及知识范围极为庞杂。早在东汉，高诱就已注意到这一特点，在《淮南子注·叙目》中说："言其大也，则焘天载地；说其细也，则沦于无垠；及古今治乱存亡祸福，世间诡异瑰奇之事。"

从环境美学的角度看，《淮南子》从观念形态上集中了汉人对世界整体可能的看法，它代表了当时人们理解世界的最高水平。其具体内容可分为三个部分：一是对整个自然环境的一般看法，二是处理生存环境时的一般原则，三是作者所处的现实中新出现的环境问题及其应对办法。

第一节　天地环境的知识构造

《淮南子》的主要思想来源是道家。它的首篇《原道训》表明其主旨，总命名为"道"："夫道者，覆天载地，廓四方，柝八极，高不可际，深不可测，包裹天地，禀授无形。原流泉浡，冲而徐盈；混混滑滑，浊而徐清。故植之而塞于天地，横之而弥于四海，施之无穷而无所朝夕。舒之幎于六合，卷之不盈于一握。约而能张，幽而能明，弱而能强，柔而能

27

刚。横四维而含阴阳,纮宇宙而章三光。"①

一、逻辑铺排

先秦诸子皆论道,然而最鲜明地把道当成核心范畴的学说当数道家。辨明归于道家的标志在于"以柔克刚"说,《淮南子》多处提到老子的这一道论,高诱《淮南子注·叙目》就说:"其旨近老子,淡泊无为,蹈虚守静。"道,在先秦经过其他诸子的阐发以及后来文化流变中对其意义的进一步诠释,成了中国文化的核心概念。古人论道,大多像《原道训》开篇所言,世界上所有存在物及其运动过程皆可归入道,换言之,道即一切;人们能想能说能做以及其反面——不能想不能说不能做,皆属于道,道与万事万物共始终。道家的表现方式更为简约,即所谓"道生一,一生二,二生三,三生万物",万物又复归于道。人们要表达任何事情都必须从道说起:首先,这个世界的布设,从天上的日月星辰到地上的山川动植物,都因为有道才能存在。从空间上看,混沌、两维、四方、六合、八方、万端以及有形、无形等说法皆因道才能得以显形;时间上,始终、开端、有限、无限、有尽、无穷等语词皆因道的赋予才能有意义。

用高诱的话说,《淮南子》"其义也著,其文也富,物事之类,无所不载",以致高诱认为当时学者如不学《淮南子》,"则不知大道之深"。

《淮南子·俶真训》受《庄子·齐物论》的启发,开篇有一段较为纯粹的逻辑推衍过程。它以"始""未始""有""无"展开,其文曰:"有始者,有未始有有始者,有未始有夫未始有有始者。有有者,有无者,有未始有有无者,有未始有夫未始有有无者。"②这一思路虽短,但在古人对思维空间的拓展中已属罕见。以此格式继续推进,即能发展出一套属于中国文化的逻辑构造。在西方,从古希腊哲学就开创了一套逻各斯传统,整个世界的发生过程都可以用逻辑格式来表达,黑格尔的逻辑学就是这方面的

---

① 刘文典:《淮南鸿烈集解》(上),第1页。
② 同上书,第44页。

集大成者。可在中国古代，这种思想势头只出现在开端阶段，如《俶真训》此类篇章，接下来的文字不再进行抽象的推理，而是向经验求助，以形象化的方式逐一解释什么叫作"有始""有未始有有始"等。后面的文句唯一可贵的是在说及"有""无"时又引进了《庄子·知北游》中的相关说法，探讨"有""无"孰先孰后的问题。从《庄子·知北游》中光耀与无有两个人的问答可得知，"有无"的层次不如"无无"来得高深，也就是说，"无"最接近于"道"，"无"先于"有"存在，"无"为"有"之母。此思想至魏晋的王弼发展到极致，也成为中国古代文化的一个思想特色，这与西方逻辑学以"纯有"作为逻辑起点的思路不同。

二、经验配置

在有形的世界构造中，天地的生成是个重要开端。在天地还没成形的时候，存在物是混沌一派，《淮南子》称为"太昭"。当中布满一股有边际的气，气之"清阳者薄靡而为天，重浊者凝滞而为地……天先成而地后定……天道曰圆，地道曰方。方者主幽，圆者主明"①。

上天分为中央和八方，并称为九野，由九千九百九十九条边相交而成，距离地面五亿万里，主要有五星、八风、二十八宿、五官、六府、紫宫、太微、轩辕、咸池、四守、天阿。这种赋义行为似乎简单，但在汉代已代表了天文学的最高水平，它依照对天象的观察对天进行了分野，并与人间的四季更替进行搭配，细致之处应用很多阴阳五行学的术数进行计算，在天圆地方的总体格局中，将天象与人间生产活动进行了有序的联系，从而使两者产生了互动的可能。把天拟人化，使之有了天意，最终能承接天意的人就落在了人间帝王的身上，《天文训》高诱注就指出："文者，象也。天先垂文，象日月五星及彗孛，皆谓以谴告一人。"这样，描述出天的模样以及阐明天的意图，其实质是为了整理出这个世界的秩序并且给帝王提供统治的参考图式。

---

① 刘文典：《淮南鸿烈集解》（上），第 79—80 页。

参照人间宫殿，《淮南子》设想了天宫的模样，其中，太微垣属于天帝的庭院，紫宫为天帝的居室，轩辕则是后妃们的寝宫，天神的苑囿叫咸池，大臣进入天庭的门户称为天阿，紫宫、轩辕、咸池和天阿是用来守护天帝的处所，并且主管赏罚。

其中，对一天时间的描述极为生动。一天最早时间称为晨明，这个节点太阳从东方旸谷起床，在咸池洗过了澡，经过扶桑树。然后，拂过扶桑枝头，开始了一天的行程，此时即为后来人熟悉的黎明。太阳到达曲阿山时，在时间上称为旦明。到水泽曾泉，太阳暂停下来用早点，预示着人间可以出工了。之后到达桑野这个地方，太阳用午餐，但正午还没到。只有到了衡阳山顶，才接近正午。之后到了南方的昆吾山，太阳升上了中天。到鸟次时，略向西偏。晚饭时间到了悲谷，称为哺时。到西边的女纪时，太阳开始西沉。傍晚时间，到达渊虞。快隐没时，到达连石山。到了悲泉，一天的行程将尽，于是卸车息马，暂时把车悬挂起来。太阳慢步来到虞渊，已是黄昏时候。再到蒙谷，就是定昏。最后，太阳安歇在虞水水边，余晖照着蒙谷高崖，一天总算结束了。这样，太阳每天行经地上九大州，在七个地方停留，行程超过五亿万七千三百零九里。从另一个角度看，一天也大致可以划分为早晨、白昼、黄昏和夜晚四个阶段。

时间在西方经典物理学中与空间一起构成存在和变化的基本要素，空间被抽象化为一个空框结构，时间则成了一种线状的不断延伸的、可丈量运动距离的刻度。而《淮南子》把时间的运动描述为一种境域的推进，蕴含着时空不可分开的思想，当然一定程度上也模糊了时空的界线，不利于对时空的进一步研究，因为时间和空间毕竟是两种不同的存在。

天地相交的可能性在于阴阳之气的相互作用，《淮南子·天文训》指出："天地以设，分而为阴阳。阳生于阴，阴生于阳。阴阳相错，四维乃通。或死或生，万物乃成。"《地形训》开篇对地形进行了一个总体的概括，其文曰："地形之所载，六合之间，四极之内，照之以日月，经之以星辰，纪之以四时，要之以太岁。天地之间，九州八极，土有九山，山有九塞，泽有九薮，风有八等，水有六品。"在这些布局中，九州的概念比较重要,它使"中国"有了某种结构,对"中国"观念在文化心理的定位起了加深的作用。九州有两个含义:一指神州(中国)内的九个州,《尚书·禹贡》记为冀、豫、扬、兖、徐、梁、青、荆、雍州。《尔雅·释地》《周礼·夏官·职方氏》的说法稍有不同。《吕氏春秋·有始览》与《尚书·禹贡》只一州之别,前者有幽州而无梁州。二指含神州在内的九个州,即一般所说的"大九州",每个州的含义与今天通行的"五大洲"中的"洲"相近。"大九州"虽是虚构,但每个州在古人的心目中是自然存在的,而"神州"内的"小九州"则"不得为州数"(《史记·孟子荀卿列传》),是人为划分的结果。《淮南子·地形训》对"小九州"的记述颇为完整:"何谓九州?东南神州曰农土,正南次州曰沃土,西南戎州曰滔土,正西弇州曰并土,正中冀州曰中土,西北台州曰肥土,正北沸州曰成土,东北薄州曰隐土,正东阳州曰申土。"①由在此列出名字的九州合成一个大州,州际之间"乃有大瀛海环其外,天地之际焉"。这种更大的州也有九个,没有再具体加以命名,这第二次推出的九州就是所谓"大九州"。

三重九州世界,整个世界平面式展开,依照由近而远、从中央到四方的思路来铺设整个"大九州"。从这种以一个地方为中心按一定单位拼贴扩大而成的机械式理解,虽看不出天的维度在此格局中的位置,但还是可推测出其所归属的天地观为"盖天"说。古代著名的"盖天"说主张"天圆如张盖,地方如棋局"。"大九州"布置的结果就像一个方形的棋局,配套而成的天犹如一顶圆形的盖子。在这种视野下,"大九州"呈现出一种平寂的状态,缺少相对的动态的生成性面相。"大九州"有一个已被先定了的核心地理观念,即认为世界有个中心,又被称为中原地带,居住于此的人拥有文明,讲究礼制,如出离这个中心就会逐渐遁入野蛮状态,最终到达世界边缘则完全冥化为上古的荒芜。空间上的远方折射出

①《河图·括地象》所记,与《淮南子·地形训》略有不同:"东南神州曰晨土,正南印州曰深土,西南戎州曰滔土,正西弇州曰开土,正中冀州曰白土,西北柱州曰肥土,正北玄州曰成土,东北咸州曰隐土,正东扬州曰信土。"(《后汉书·张衡传》李贤等注引)两相比较,虽有所不同,但大体一致。

时间上的远古初貌。华夏之外,蛮夷狄戎,或被发文身、没有火食,或衣羽穴居、茹毛饮血。《山海经》大部分内容记载的就是这种有着神仙名字、模样半人半兽的怪异景象。人们对不熟悉的地域一般都没有好感,这些异类要被纳入共同体,在中国古代文明观念中即是要有道德礼仪的教化。当初这个文明中心的确立也是因为出了能感召四方的道德圣贤。《尚书·禹贡》开篇说:"禹别九州,随山浚川,任土作贡。"明显表达了功德的这一作用。在中央集权还没建立的时代,九州百姓愿意纳贡,即源于禹治水有功所产生的德性力量;当然,百姓心存善念,已被驯服,也是整个政制得以顺利运作的另一要素。

三、天地中柱

昆仑山,在古籍中常叫作"昆仑丘",《淮南子·地形训》称之为"昆仑虚",它的出名源于大禹治水。相传大禹挖昆仑山的土来填低洼地时,意外发现了昆仑山的美丽景致。山中竟有九层重叠之城,城的高度为一万一千里,厚度达一百一十四丈二尺六寸。山上长年生长着木禾,可食用,高三十五尺。木禾四面长着名贵树木,东边生长着琅玕、沙棠,西边有玉树、珠树、璇树、不死树,南边长着绛树,北边长着瑶树、碧树。山的旁边设有四百四十道门,每座门宽九纯(一纯长度是一丈五尺),门与门之间相距四里。西北角的门边挖有九口深井,护井的栏杆用玉石砌成。北边的门则敞开着,以利于接纳不周风。旋室、倾宫、悬圃、樊桐和凉风五个天池,都在通天的阊阖门里面。天池的水源源不断地从黄泉渗出来,绕着城墙转三圈后又回到源头处,这种水人们称为白水,喝了即能长生不死。

从昆仑山往上攀登,就可见到凉风山。登上凉风山,人就可以达到永生不死的境地。继续往上登,到了悬圃山,人就能拥有呼风唤雨的更高本事。再往上登,即到了梦寐以求的天庭。天庭,天帝所居之处,能到天庭的人都成了神仙。正因如此,昆仑山也就成了天帝下都。

至此,昆仑山在人们心目中的地位为何如此重要才真正显示出来,原来它是联络天地的途径。据顾颉刚先生辨析，人们对昆仑山在真实地理上的认识可分为两期：先秦典籍主要指阳城析城山，汉以后指青海一带的于阗山（昆仑山脉）。《山海经》中的昆仑山极富神话色彩，此书说它位于"西海之南，流沙之滨，赤水之后，黑水之前"（《大荒西经》），又有所谓"昆仑之虚，方圆八百里，高万仞。上有木禾，长五寻，大五围。面有九井，以玉为槛。面有九门，门有开明兽守之，百神之所在。在八隅之岩，赤水之际，非仁羿莫能上冈之岩"（《海内西经》）。当然很多神圣化的过程还是以真实存在的某一方面作为根据。比如山的外形，昆仑山傲立于群山之中，犹如一根柱子通向上天，人们就把它当作天柱。① 它与北斗星相对应，又可称为璇玑玉衡。② 在风水学中，昆仑山是中华龙脉的最早范式。它的龙头是圣王坪，龙的躯干称为峤山（尖而高的山脊），龙的中央在瑶池，龙尾则是当初黄帝祭天悟道的轩辕台。传说伏羲在昆仑山考察天象，推演出太极八卦，晨考日出造六峜（六峜，在古籍中仅见于《管子》，有人释为"六法"，即八卦的一种运用方法），制定出八个节气来指导农耕生产，又制定婚丧之礼，从而建立了太皞部落，成了中华文明的始祖。另一个与昆仑山关系密切的神话人物是西王母。《山海经·大荒西经》记载西王母穴处昆仑之丘，西王母的形象则是"其状如人，豹尾虎齿而善啸，蓬发戴胜，是司天之厉及五残"（《西山经》）。道教的很多事件与她有关。

　　昆仑山的这种联络天地的中介地位，使得天地的互动更为自然可信。③ 人们对天庭的设想大体上以人间皇家宫殿园林为原型，但从气势、规模和功能上更加别出心裁，尽量以夸张的手法来渲染整个环境的独特性，以突出天的崇高地位。也正因为有了昆仑山，天意到达人间其说服力进一步增强。这样，一般所说的天人合一并不是隔空用力，而是中间

---

① 《龙鱼河图》说："昆仑山，天中柱也。"东方朔《神异经》曰："昆仑有铜柱焉，其高入天，所谓天柱也。"
② 东方朔《海内十洲记》云："昆仑，上通璇玑。"
③ 关于感应关系，《淮南子》也认为天地之远是不能阻隔同类相应的，如"同气相动，不可以为远"（《说山训》）。

有一个实体在传输能量,经过这个环节的有效作用,天地的结合也就更加紧密。

有趣的是,《淮南子》以二皇(伏羲、神农)作为叙述的焦点来表现其得道时的环境效应。[①] 二皇掌握了道的根本,从而"其德优天地而和阴阳,节四时而调五行,呴喻覆育,万物群生,润于草木,浸于金石,禽兽硕大,毫毛润泽,羽翼奋也,角觡生也,兽胎不殰,鸟卵不毈,父无丧子之忧,兄无哭弟之哀,童子不孤,妇人不孀,虹蜺不出,贼星不行,含德之所致也"[②]。人得道称为"德",二皇站在大地中央,以精神和天下万物变化结合,来安抚天下百姓,从而演化出了一幅幸福美满的生活画面。引文中后一部分以否定性的话语来表达,可以理解为要是不得道,就会有否定词后面所指出的不幸后果的降临。《淮南子·泰族训》写到圣人遵循自然的法则,就能感动上天,使得"景星见,黄龙下,祥凤至,醴泉出,嘉谷生,河不满溢,海不溶波"。正如《诗经》所言:"怀柔百神,及河峤岳。"(《诗经·周颂·清庙之什》)反之,如逆天暴物,就可能出现"日月薄蚀,五星失行,四时干乖,昼冥宵光,山崩川涸,冬雷夏霜"[③]的可怕局面。人和天的互动是如何发生的? 这是一个神秘的问题,古人针对此类可能性是直接给出答案,没有加以论证。但遵循道家的"法自然"思想原则,《淮南子》给这种在心性方面的发生规定为"不可以智巧为也,不可以筋力致也",即排除了人为性通达大道的可能。既不能证明又在某些方面加以强行规定,却在古代文典表述中大行其道,说明它已作为一种惯性扎根于人们的文化心理之中。其中所说到的"达道圣贤"主要指向的对象就是人间的君王,因为只有借助拥有权力的人才能产生呼风唤雨的效果。由于这种"天人相通"思维定性寄托了美好的愿望,即使其逻辑上说不

---

① 寄托于某一得道圣贤的心性活动则能引发环境效应,是《淮南子》的一大思维特点,如《泰族训》引《礼记》有"高宗谅闇,三年不言,四海之内寂然无声;一言声然,大动天下",又如《天文训》有"人主之情,上通于天",等等,这也是中国古代文化的重要特色。
② 刘文典:《淮南鸿烈集解》(上),第3页。
③ 刘文典:《淮南鸿烈集解》(下),第664页。

通,也能为成长于中国古代文化环境的人们所接受和传播。

四、心境顺生

那些得道的人在精神上获得了极大的自由,《淮南子》进一步把它形象化:这些人以天为盖,以地为车,以四时为马,以阴阳来驾驭,乘着白云,一直到了九霄以后,阵容大变,得道之人有了法力,可以命雨师在前边洒水,令风伯在后面清扫,以雷为车轮,用电作鞭子,或缓步徐行,或急速飞奔,向上漫游到极为幽深之处,向下则能穿过无边的大门,随心所欲,遍览各处。整个过程有个核心意念,就是要让心理调整在"恬然无思,澹然无虑"的状态之中,换言之,能做到安静淡泊,就能与天地共存。这种境随心生,就是庄子所谓"逍遥游"以及悟道时通过"坐忘"形成"心斋"的过程,老子则称之为"涤除""玄鉴"。

出现喜怒以及其他的心境必须有一定的生活根据,否则就会出现问题。"夫喜怒者,道之邪也;忧悲者,德之失也;好憎者,心之过也;嗜欲者,性之累也。"(《淮南子·原道训》)俞樾认为"忧悲"应改为"忧乐",人如果喜怒无常、忧乐反复又好憎太多,往往就会胀破心境,灾祸即至。心境的调和,与"仁义礼乐"整个系统相关,当然也与大环境相关,"体道者不专在于我,亦有系于世者矣"(《淮南子·俶真训》)。圣人若生不逢时也枉然,单枪匹马也成不了事。《淮南子》深受道家思想影响,认为世人讲究仁义道德是衰世缺乏仁义道德的缘故。提倡"仁"的直接原因在于人多物少,为生存人们你争我夺,以致相互之间怨恨丛生,为避免起纷争,社会就出现"仁"的呼声试图来平息冲突。社会之大,并不是所有人都心怀仁厚之心,那些不仁的人心生机诈巧智,结党营私,泯灭天性,对此,只有借助"义"来制止这种偏狭。异性接触容易相互吸引引发情欲冲动,如不把群居男女隔开,就可能发生淫乱行为,这时就要以"礼"来制约。人的感情如果无节制宣泄就会危及生命,不能控制就会失调,此时就要起用"乐"来进行疏导调和。这样,从外境到内境、从社会到个人的失衡状态就得到了调整。把整个过程拆分开,对最终落实到的情感问题,可集中抽出加以考察,首先把它当作整个心境的代表,如心境坏了,对它进行治疗的直接办法是音乐调适。当然,这个方法还不够,较好的办法是同时考虑到外境,将"仁义礼"一起考虑进去,才能把心境调顺。心境和适,就可从小到大导致世界的和谐。

从更大的范围看,"仁义礼乐"仅是"救败"之途,而非"通治之至"。"夫仁者,所以救争也;义者,所以救失也;礼者,所以救淫也;乐者,所以救忧也。"①这样,要真正回归到本真状态,就要走上"道德之途"。用"道"来安定天下,人心就会回到当初的那种天真无邪境界,以至天人感应,阴阳调适,万物生长,财物富足。人们没有了贪欲好争之心,"仁义"也就失去了用途。用德来匡扶天下,人们便会变得质朴无华,眼睛不会被美色迷惑,耳朵也不会被淫荡声干扰。眼前有西施、毛嫱那样的美人走过,有德之人也不会为之所动;为他们表演《掉羽》《武象》这类动人的乐舞,他们也能始终保持平静的心态,不会因之荒淫放荡,做出有伤风化的事。由此可看出,以德治人心,礼乐也失去了用途。因为相较之下,道最为根本,通晓道之神明,德就没用了;以德来净化人之心,仁义也同样没了用处;懂得了仁义有救失这一关键作用,礼乐就不值得制定了。

《淮南子·本经训》集中谈及人们极为常见的三种感情——喜、哀、怒。它们的产生,都发生在一个动态的过程之中。"凡人之性,心和欲得则乐,乐斯动,动斯蹈,蹈斯荡,荡斯歌,歌斯舞,歌舞节则禽兽跳矣。人之性,心有忧丧则悲,悲则哀,哀斯愤,愤斯怒,怒斯动,动则手足不静。人之性,有侵犯则怒,怒则血充,血充则气激,气激则发怒,发怒则有所释憾矣。"喜乐伴随着歌舞,"乐(le)"与"乐(yue)"相通,蕴含着《乐记》(或《乐论》)所倡导的"诗、乐、舞"三位一体的习惯说法。由忧丧引发的"悲哀"最终导致的"手足不静"既通向"喜"之动感,也联结上了"怒"。"怒"的释放,则指明了三种情感的共同归途,即它们(也适用所有情感)都不会止于某种状态,都会有所转移或从内向外宣泄而出。与此三种感情的

---

① 许匡一译注:《淮南子全译》,贵阳:贵州人民出版社 1993 年版,第 417 页。

发生过程相对应,人们将之仪式化:"钟鼓管箫,干戚羽旄,所以饰喜也;衰绖苴杖,哭踊有节,所以饰哀也;兵革羽旄,金鼓斧钺,所以饰怒也。必有其质,乃为之文。"①仪式化的过程就是艺术形象化的过程,即为三种属于"质"方面的情感(喜、哀、怒)赋予了虚拟表现方式的"文",每一类别的"文"都由一些器物的排列来展示。"喜"由乐器类来表现,"哀"由祭礼时的用品来引发,"怒"则由一些容易联想到征战的兵器来承担,这些物件都与一定的生活情境和文化内涵相关联。

第二节 因地制宜的环境策略

《淮南子·泰族训》的标题"泰"指"大","族"指"聚集",合称意为"大全道理的总概括"。其开篇即从最基本的天地现象进行描述,其文曰:"天设日月,列星辰,调阴阳,张四时,日以暴之,夜以息之,风以干之,雨露以濡之。"万物从生到死,这些最自然的发生过程,看不见有什么力量在暗中起支配作用。在古汉语中,"天"起码有两个意思,一个是天地对举时物理意义上的"天",另一个是文中开头出现的"天",指的是能开辟天地的上天。上天隐藏在有形天地变化的背后,作为无形的存在,它引发了"物长"到"物亡"整个过程的各种可能性,但本身并不显露出任何痕迹,使一切显得自然而然。这种现象称为"神明",其实就是"道"的另一说法,从其具有生死予夺的权力看,最后暗指的对象是人间的帝王。这也就透露出文章的写作意图在于向统治者出谋献策,期待文章所写内容能得到重视,研究者就认为刘安此书是献给汉武帝的。针对写作时的历史现状,《淮南子》以"道论"来建构全书也符合汉初当权者的思想路线。

一、与水土相宜的物产

针对全国各地的自然条件,有其相宜的物产,当时人所形成的共识

---

① 许匡一译注:《淮南子全译》,第440页。

大致有:"白水宜玉,黑水宜砥,青水宜碧,赤水宜丹,黄水宜金,清水宜龟。汾水蒙浊而宜麻,沸水通和而宜麦,河水中浊而宜菽,洛水轻利而宜禾,渭水多力而宜黍,汉水重安而宜竹,江水肥仁而宜稻,平土之人慧而宜五谷。"①

依照方位的不同,从纯自然的角度,《淮南子》记下当时人们认为最美好的产物。其文说:"东方之美者,有医毋闾之珣玗琪焉。东南方之美者,有会稽之竹箭焉。南方之美者,有梁山之犀象焉。西南方之美者,有华山之金石焉。西方之美者,有霍山之珠玉焉。西北方之美者,有昆仑之球琳琅玕焉。北方之美者,有幽都之筋角焉。东北方之美者,有斥山之文皮焉。中央之美者,有岱岳以生五谷桑麻,鱼盐出焉。"②在这九个完整方位的排列中,中央部分出产的物种特别引人注目,"中央之极……五谷之所宜"③。中央在五行方位中属土,上文所谓"平土之人慧而宜五谷",与此处句意相通。

五谷属生活必需品,其他地方的产品不是宝石,就是异物,用今天的眼光看,中央之外的这些自然物比较具有观赏性,不是为了生存功利而被人重视,更多是为了"美"。中央与四周的不同隐约暗示中原与蛮夷的习惯性区分:文明的中原人较注重实用性的产物,"野蛮"人则关注那些不切实际的东西。依照美的超越特性来衡量,蛮夷更具有审美的眼光。当然这种评判的话语出自中原人,"野蛮"人以不太实用而只为愉悦的东西为美,只是一种猜测。诚然,把真正"美"的东西赋予野蛮人不是文明人之所愿,他们认为真正的美属于"五谷桑麻"。至于中原地区把各地的好东西罗列出来,除了文本相传的习惯,四夷之美仅列入耳目之乐,这是一种被视为低等的爱好。

---

① 许匡一译注:《淮南子全译》,第246页。
② 同上书,第238页。
③ 同上书,第316页。

二、一方水土养一方人

无论东西南北中,其地理、属人及宜种的物产,共同形成了有机的整体,如:"东方,川谷之所注,日月之所出。其人兑形小头,隆鼻大口,鸢肩企行;窍通于目,筋气属焉,苍色主肝;长大早知而不寿。其地宜麦,多虎豹。南方,阳气之所积,暑湿居之,其人修形兑上,大口决眦;窍通于耳,血脉属焉,赤色主心;早壮而夭。其地宜稻,多兕象。西方高土,川谷出焉,日月入焉。其人面末偻,修颈印行,窍通于鼻,皮革属焉,白色主肺;勇敢不仁。其地宜黍,多旄犀。北方幽晦不明,天之所闭也,寒水之所积也,蛰虫之所伏也。其人翕形短颈,大肩下尻;窍通于阴,骨干属焉,黑色主肾;其人蠢愚,禽兽而寿。其地宜菽,多犬马。中央四达,风气之所通,雨露之所会也。其人大面短颐,美须恶肥;窍通于口,肤肉属焉,黄色主胃;慧圣而好治。其地宜禾,多牛羊及六畜。"[1]这些概括可能不是太准确,但它的意义在于所使用的分类方法,给人们理解空间方位提供了某种方便法门。同时,把身体、地理、物产,甚至人的德性都合在一起促成一个共生的系统,蕴含了广义上的生态主张。

人与环境的关系,粗略可分为"坚土人刚,弱土人肥;垆土人大,沙土人细;息土人美,耗土人丑"[2]。什么样的水土就养育什么样的人,"食水者善游能寒,食土者无心而慧,食木者多力而奰,食草者善走而愚,食叶者有丝而蛾,食肉者勇敢而悍,食气者神明而寿,食谷者知慧而夭。不食者不死而神"[3]。这些说法更多是阴阳五行之理推衍的结果,以经验作为支撑,但逻辑上不太严谨。相比之下,从天地自然万物的生长自有其本性来立论,说"山居木栖,巢枝穴藏,水潜陆行,各得其所宁焉"[4],在道理上比较说得通。圣人正是基于这种判断,在遵循自然特性的基础上来改

---

① 许匡一译注:《淮南子全译》,第247页。
② 同上书,第239页。
③ 同上书,第239—240页。
④ 同上书,第1183页。

造环境:"禹凿龙门,辟伊阙,决江濬河,东注之海,因水之流也。后稷垦草发菑,粪土树谷,使五种各得其宜,因地之势也。"①《淮南子·原道训》说:"因天地之自然。"当然,只靠自然还不够,还要"上因天时,下尽地财,中用人力"(《淮南子·主术训》),按本性所呈现出的"规律"办事,在某一场所适合做的事,在另一场合不一定适合,相互之间不能窜用。优秀的木匠不能用他的工具来砍斫金属,同样的,灵巧的冶炼工匠也不能用他的炉子来熔铸木材。

老百姓作为人,也自有其本性。圣人依照人天生有情欲的需求,制定出婚姻礼节;相应地,针对人又有饮食的本性,制定了宴飨过程必须遵守的礼仪;人有喜乐的本性,就制作了钟鼓管弦来宣泄这种情感;有人去世了,其亲人自然产生悲哀之情,圣人同样为此制定了一套服孝哭丧的礼节。人的这些本性都是先天的存在,它们蕴含着各种心理能量,在后天各种生活的遭际中,会得到加强或削弱,但不管它们的表现方式如何,宣泄本身有其合法性,所以人类社会一定要提供相应的渠道,使这些内在的能量得到释放,礼仪就是为这些目的而设置的。某些情感表现过激时,礼还有一个纠偏的功能。儒家所涉及的礼,"经礼三百,仪礼三千",极为繁复,几乎囊括了世俗活动的方方面面。礼仪的展示,涉及人的身体动作、语言表达、服饰以及周遭布局,因此,整个礼的展现可理解为一个环境的生成过程。

不管是自然还是人类社会,作为具体对象的动植物和人都有其本性的存在,"因地制宜"仅是对农业生产顺应外在自然而言,若要应对整个大环境,须扩大为"调天地之气,顺万物之宜"②,与人的世界有关的各要素都要因势利导,共同营造出一个和谐的环境。

---

① 许匡一译注:《淮南子全译》,第1187页。
② 同上书,第1194页。

第三节 反对五遁的环境意识

《淮南子·本经训》开篇先简单勾勒出"治世"时整个环境的大致特征,然后较详细描述"乱世"的多重环境的表现,特别是对环境失衡进行分类,这在古代文献中是一个特例。

一、顺境与逆境

不管是"治世"还是"衰世",《本经训》都从作为权力核心的帝王说起,但文本中这一称呼是缺省的,仅可从文意中补充。"治世"最好的标本当然是远古的时代,那时"圣人"与"王者"合一,称为"圣王",作为道德和权力最佳的结合体,圣王顺随自然,让万物保持其天性,依照其本来的面目去发展。圣王的内在精神富有德性,言语简约,举止符合法度,心胸开阔不虚伪,办事前不用问卦占卜来挑选黄道吉日,遭遇外在对象急剧变动时,以静制动。他的身体与天地相通,精神意会合于阴阳,身心与四季变化协调统一,故苍天施恩泽于万物,大地提供沃土来养育众生,风雨不施暴虐,日月朗照,五星循正轨运行。在这样的太平盛世,传说中的凤凰、麒麟纷纷呈现人间,耆草、龟甲显现贞兆,甘霖遍洒人间,竹实满,流黄出,朱草生,机诈巧伪之心无从产生。

可是到了"衰世",圣王已不在。当权者大肆掠夺自然,驱使百姓开山凿石挖取金玉用来雕刻成装饰品,扒开蚌蛤摘取珍珠,熔化铜铁铸造各种器皿,砍伐树木筑建楼台,钻燧石取火种,焚烧林木猎杀禽兽,放干池沼捕捞鱼虾,以致新生命眼看要诞生,如草木刚发芽,鸟雀刚下蛋,兽类正怀胎,即遭到扼杀,这样,万物正常繁衍生长受阻,人类也受到影响。为了存活,人们滋生机心巧智,积土成山,在山上居住,给农田施肥种植五谷,在地上打井取水,疏通水道筑建堤坝谋取水利,修建城池作为坚固的屏障,诱捕野兽来驯养成家畜。更有甚者,当权者在修建高楼大厦的同时,还精心构筑各种装饰,屋檐的边板、屋门的植木、屋椽的端头,处处都刻上花纹草木图案。这些装饰物的枝条,有的修长舒展,有的婉转盘曲,它们联缀着艳丽的荷花、碧绿的荷叶、紫色的菱角,各种形象参差错落,屈伸自如,姿态万千,鲜艳夺目。面对着这些巧夺天工的饰物,即使公输、王尔那样的能工巧匠再世也会自叹不如。在这些远远大出基本需求的欲望驱动下,自然资源遭到进一步的破坏:本来长青不败的松柏美竹,竟在万物竞长的夏季凋落枯死;浩荡奔流不息的长江、黄河和三川(泾水、渭河、洛水)也干涸断流;商郊牧野出现怪兽夷羊,蝗虫遮天蔽日;苍天久不降雨,大地干旱龟裂;长出勾爪、尖牙、利距趾的凶禽怪兽到处作恶,残害生命。老百姓无家可归,饥寒而死者比比皆是。

从"盛世"向"衰世"的蜕变,可看出主要是由两大因素造成的:一是人比其他动物多出的机心巧智在作祟,二是与这种狡诈之心互为表里的欲望的膨胀。人为的因素越多,环境也就被破坏得越严重。应该说,在满足基本的需求范围内适当地发挥改造自然的力量,对人来说,有一定的生存伦理的合法性。后来儒家大力提倡"存天理,灭人欲",就是要人们克服超出基本需求的欲望,就《淮南子》而言,最希望解决的问题是保护生态。

二、五种失衡环境

环境的失衡也可以从五行的角度来概括,称为"五遁"。"遁"在原文中与"流"合称为"流遁",按高诱的解释:"流,放也;遁,逸也。"可见,"遁"的意思指"安逸","五遁"就是"五种放纵的生活方式"。对此问题,《淮南子·本经训》首先给出了一个总判断,它说:"凡乱之所由生者,皆在流遁。"然后进行分类,"流遁"的出现有五种情形,分别是:

第一种:"大构驾,兴宫室,延楼栈道,鸡栖井干,标林欘栌,以相支持,木巧之饰,盘纡刻俨,嬴镂雕琢,诡文回波,淌游瀷淢,菱杅绦抱,芒繁乱泽,巧伪纷挐,以相摧错,此遁于木也。"[1]"木遁"的核心表现在于使用

---

[1] 许匡一译注:《淮南子全译》,第 434 页。

木质构造出建筑的梁柱斗拱,并精雕细刻出各种栩栩如生的形象,这些能赏心悦目但没什么实用性的艺术品只是为了迎合部分人的趣味,并不是为了适应居住环境的需求,大大超出了心性的边际。

第二种:"凿污池之深,肆畛崖之远,来溪谷之流,饰曲岸之际,积牒旋石,以纯修碕,抑减怒濑,以扬激波,曲拂邅回,以像湡浯,益树莲菱,以食鳖鱼,鸿鹄鹔鹴,稻粱饶余,龙舟鹢首,浮吹以娱,此遁于水也。"①"水遁"突出强调,世间贵族为了享受,胡乱挖掘沟池,从远处引水,破坏水资源,肆意装饰水景和游舟,成为破坏水环境的主要因素。

第三种:"高筑城郭,设树险阻,崇台榭之隆,侈苑囿之大,以穷要妙之望,魏阙之高,上际青云,大厦曾加,拟于昆仑,修为墙垣,甬道相连,残高增下,积土为山,接径历远,直道夷险,终日驰骛而无迹蹈之患,此遁于土也。""土遁"主要表现为超出实际需求的大兴土木。

第四种:"大钟鼎,美重器,华虫疏镂,以相缪紾,寝兕伏虎,蟠龙连组,焜昱错眩,照耀辉煌,偃寒寥纠,曲成文章,雕琢之饰,锻锡文铙,乍晦乍明,抑微灭瑕,霜文沈居,若篁簬篨,缠锦经穴,似数而疏,此遁于金也。""金遁"则是为了耳目之娱,极尽器皿的制造和装饰。

这四种"流遁"表面上看似乎涉及很多对象,事实上思路完全相同,都集中描述了当权者的奢侈贪欲之心对环境造成的破坏。

第五种:"煎熬焚炙,调齐和之适,以穷荆吴甘酸之变,焚林而猎,烧燎大木,鼓橐吹埵,以销铜铁,靡流坚锻,无厌足目,山无峻干,林无柘梓,燎木以为炭,燔草而为灰,野莽白素,不得其时,上掩天光,下珍地财,此遁于火也。""火遁"与前四类稍有不同,更直接地指出了人类对山林的破坏,"不得其时",触及到整合环境的结构要素。

最后,论者进一步指出,"此五者,一足以亡天下矣"。以天下兴亡来强调克服"五遁"的重要性,无疑对当政者有巨大的警醒作用。至于能解决这五种偏颇的具体办法,《淮南子》认为古时的明堂建筑无疑是一个很

---

① 许匡一译注:《淮南子全译》,第434—435页。

好的纠偏方案。明堂的体式规模只求上能遮接雨雪雾露,下能防潮抗湿,四面能挡风,其大小够处理政事文书和行礼,静穆时能祭天帝、礼鬼神就行了。有了这种环境氛围,来往的人衣裳不精剪缝制,冠冕不求修饰,一切都彰显了俭朴的风范。明堂"土事不文,木工不斫,金器不镂"①,对"木遁""土遁"和"金遁"的抵制极为明显。

《淮南子》的"要略"是作者的自序,在这篇序言中,作者明确表示写作目的在于"备""帝王之道",即为帝王提供治术。

作者时刻不忘"论道"与"言事"结合,其写作心理清楚:"言道而不言事,则无以与世浮沉;言事而不言道,则无以与化游息。"相比之下,言道的部分较多,言事方面特别是涉及当时正发生的事几乎不予记载。关于环境问题,《淮南子》中只是谈及"天""地""人""心"四境的一般情况,描述出正反两方面的常见模式,不具体涉及某一生活环境的兴衰得失。从"论道"与"言事"的关系看,它的意图很清楚:掌握了一般规律,具体的事件依照道理行事就可以了,不用再特意列出。即使举出了历史上有名的事件,也是以带有示范性的形式出现的。有趣的是,对环境而言,能真正吸引后人的是古代人所处的当时当地的模样及其发生过程,但在大多数古籍中,这种极为具体的描绘被当作没意义的事情而予以忽略。

---

① 许匡一译注:《淮南子全译》,第438页。

第三章 独尊儒学与环境扩张

经过汉初几十年的休整,国力逐渐加强,汉武帝刘彻雄才大略,在位期间(前141—前87年),实行了一系列不同于前朝的政策措施,在政治、经济、文化各方面都有创举,大大推进了国家的强盛。在思想上,汉武帝不再拘守于"无为而治",而是主动进取,形成了具有强大凝聚力的"罢黜百家,独尊儒术"思想;在统治方面,采取法家的严刑苛法和玩弄权谋以驭下,由于有儒学的仁义思想作幌子,取得了相得益彰的效果;为搜罗人才,汉武帝实行郡国岁举贤良制,有了制度的保障,大批具有某种才能或德性的"茂才""贤能"纷纷涌入朝廷为国家效力,为汉朝的繁荣作出了重大的贡献;与"举贤良"相呼应,汉武帝进一步"明教化",以劝勉、训诫的方式把儒家伦理推行到老百姓的日常生活之中,形成与整个王朝步伐一致的社会风气;在经济上,汉武帝实施均输平准、盐铁官营和统一货币等重大举措,大力打击了各地豪强的势力,使中央拥有了更多财力物力,所以有记载说:"汉兴七十余年之间,国家无事,非遇水旱之灾,民则人给家足,都鄙廪庾皆满,而府库余货财。京师之钱累巨万,贯朽而不可校。太仓之粟陈陈相因,充溢露积于外,至腐败不可食。众庶街巷有马,阡陌之间成群,而乘字牝者傧而不得聚会。守闾阎者食粱肉,为吏者长子孙,居官者以为姓号。"(《史记·平准书》)这"人给家足"、府库丰满、一派升平景象的描写，正是汉武帝时候，与汉初的"民无藏盖""将相或乘牛车"形成鲜明对比。汉武帝时期这一系列重大的变化，在环境效应上可以重建明堂为表征。

明堂有多种含义，汉武帝特别重视的是它给人带来一种追慕古代圣贤及其功业的暗示。明堂之制，据《礼记·明堂位》，明确起自周公朝见诸侯之所，周公因不是正王，为避嫌疑才于明堂行其职责，可是据《明堂·月令说》："明堂高三丈，东西九仞，南北七筵，上圆下方，四堂十二室，室四户八牖，其宫方三百步，在近郊三十里。"①可见明堂规模自不一般。在明堂上，"天子负斧依，南乡而立。三公，中阶之前，北面东上。诸侯之位，阼阶之东，西面北上。诸伯之国，西阶之西，东面北上。诸子之国，门东，北面东上。诸男之国，门西，北面东上。九夷之国，东门之外，西面北上。八蛮之国，南门之外，北面东上。六戎之国，西门之外，东面南上。五狄之国，北门之外，南面东上。九采之国，应门之外，北面东上。四塞，世告至"②。明堂之制，表面看是一处所，可它俯瞰天下，呈现出"万国衣冠拜冕旒"的气势，象征着整个帝国的力量和决心。汉武帝启用赵绾、王臧等儒者为公卿，在城南建起了用于皇帝朝见诸侯的重要场所——明堂。

汉武帝时，汉帝国的力量，从观念到各种制度，体现了一种日益集中的趋势，逐渐出现了汉族的称呼。吕振羽说："华族自前汉的武帝、宣帝以后，便开始叫汉族。"③这汉族族称的认同感和稳定性经受了历史的考验。这一切与"独尊儒术"的统一性话语相应和。而儒家思想在具体的布设方面，其程序用的是阴阳五行。在明堂的设置中，君主依四时的变化而采取不同的坐向来主事，其根据即是阴阳五行之理。"汉代

①《十三经注疏》整理委员会：《十三经注疏·礼记正义》，北京：北京大学出版社 1999 年版，第930 页。
② 同上书，第 932 页。
③ 吕振羽：《中国民族简史》，上海：生活·读书·新知三联书店 1950 年版，第 19 页。

人思想的主干,是阴阳五行。"①从能固定化为一种程序的过程看,这是一个帝国富有力量的表现,可一旦进入到统一的模式中,又有了一种僵化的危险。但是对处于上升期的帝国来说,加上汉武帝个人气质的推动,其恣肆激荡之气力又是一般的框架所难以束缚的。

唐宋以前,"环"与"境"单表,各为独立的词。环境主要可用"境"来代替。汉代"境"尚无"环绕"义,但已有在某种界限下被框定之义。东汉刘熙《释名》曰:"景,境也。"可见,"境"通"景"。"景"作为单字词,其字义来自有光的"日",自然地,"日"也就带出了"天"。《释名》释"天"为"高远",其光照晃晃然亦广远,所达处有境限。与"境"最为相关的"景"之一,即是作为日影的"晷","晷,规也,如规画也"(《释名》)。从"晷"的角度也可以看出生成的"景"或"境",它们在汉代人的理解中皆与"天"的存在相关。集中表达在"天"的视域下获得光影游戏所生成的"环境",当然,环境由与"天"相对的"地"来承载。"地",《释名》放在紧接"天"的条目后,把它释为:"地者,底也。其体底下,载万物也;亦言谛也。"可见,"天"所引发的意义最终由"地"聚簇而成并得以晓示("谛",义指"可了解")。天地,除了有形的空间,古人还在其中设想出了神仙居所,从而使环境具有了精神含义。

上述诸种意义的拓展大致代表了汉代对多种环境理解的可能性。自然环境如没有人的参与将是一个自足的生态系统,但这是一种不可能存在的理想状态。有了人类社会,自然环境必然会被拉出它那种自生成的惯性,这种出离对自然来说就是一定意义上的超越。人类社会对环境的改造样式皆出自其内在的思想模型,人为环境是人的特定的主观意图的对象化,一个人为环境就是一个工具化的制品,虽然与精神性更强的产品如艺术品相比,其反映思想的敏锐度较弱,作为一个大时代的环境变化其波动性更小,但同样可看出其思想走向。在整个文化框架之中,环境营造大致能与其观念相符合。如出现某些不一样的境遇,即可认定

---

① 顾颉刚:《秦汉的方士和儒生》,上海:上海古籍出版社 2005 年版,第 1 页。

为在原有基础上产生了与自身不一样的超越因素。

第一节　边疆大开发

依儒家由"中国"所辐射出的"天下"观念,中国外的诸国按照文明程度的不同,可划分出远近、亲疏之别。汉代在汉武帝前后,对蛮夷之地,一般采取怀柔政策。较为典型的如宣帝神爵四年(前58年),匈奴大乱,汉人认为正是乘机剿灭之的大好时机,可大鸿胪萧望却持异议,他说:"春秋,晋士匄兴兵侵齐,闻齐侯卒而还,君子大其不伐丧,以为恩足以服孝子,义足以动诸侯。前单于慕化和亲,夷狄莫不闻矣。不幸为贼臣所杀。而今伐之,是乘乱而幸灾也。兵不以义动,恐劳而无功。宜遣使者吊问,辅其微弱,救其灾患,四夷闻之,咸贵中国之仁义。若遂蒙恩得复其位,必称臣服,从此德义之盛也。"[1]这方法倒奏效,后来果然有呼韩邪单于归顺。萧望以"德义"服邻,不愧深谙《孙子兵法》中的"不战而屈人之兵"的谋略。但此举背后,其德性不是建立在双方平等的基础上,所得到的功效暴露出来的是一种赤裸裸的狡计。即使会有诸多伪善之嫌疑,这在历史上却被列为可以接受的通例。

怀柔政策也有另一种变体,事件同样发生在武帝之后。汉元帝初元元年(前48年),南越珠崖郡山南县反叛,有人主张举兵平乱,待诏贾捐之从经义上找根据,认为在《尚书·禹贡》里注明,尧、舜、禹三圣所管辖的地方尚不足三千里,四方夷狄愿来归化可以接受,不归化也不勉强。秦始皇不听圣人教训,一心拓殖疆土,以致基业溃败。珠崖只不过是一个小岛,满是毒草蛇虫,又欠教化,不值得兴师动众。他最后的看法是:"本非冠带之国,《禹贡》所不及,《春秋》所不理,皆可便宜废之,无以为。"[2]结果元帝采纳了他的建议,废了珠崖郡,当地百姓愿意归附可以接纳,不愿意的也不强求。

---

① 荀悦:《汉纪》,北京:中华书局2002年版,第349页。
② 同上书,第376页。

按照贾捐之的说法,当时的海南岛就不能算是中国的一部分。如一切都以经书中的说法为准绳,固守在《禹贡》所划定的疆域,那么所谓中国就可能从古至今一直局限在黄河下游地区,但历史证明并非如此。贾捐之的观念具有典型性,事实上在他的这种深层观念中并不认为蛮荒之地与中国无关,而是根深蒂固地相信它们就是中国的一部分,只是对于一个庞大帝国来说可有可无,视其作用大小随时都可以收编回来。朝贡国如在礼仪上愿意承认中国的核心地位,从中央帝国属地多分出去一部分为其所有也没关系。可是也有注重中央帝国疆域大小并且有力量去获取的帝王,历史上较为著名的就有秦皇汉武。把秦皇汉武在拓殖方面合称,古已有之,唐太宗李世民就说过:"近代平一天下,拓定边方者,惟秦皇、汉武。"(《贞观政要·贡赋》)

汉武帝对外拓殖边疆极为频繁,他"东灭朝鲜,西定冉、駹,南擒百越,北挫强胡,追匈奴以广北州"[1],使得汉帝国的郡、国的数量不断增加。前135—前189年,开西南夷,设置犍为、牂柯、汶山、武都、越巂、沈黎、益州七郡;前121年,汉名将卫青击败匈奴,收复了陇西、北地、上郡北部和河南地,并在河南地设置朔方、五原二郡(即秦朝九原郡),云中、雁门二郡以及北部二郡也得以收复;同年,汉将霍去病出击据守在河西走廊的匈奴,在当地设酒泉郡,到前67年,先后又增设武威、张掖、敦煌三郡,统称河西四郡,连同在湟水流域的金城郡(前81年设),合称河西五郡;前111年,征南越,在其境内设南海、苍梧、合浦、郁林、交趾、日南、九真七郡;前110年,在海南岛上设儋耳、珠崖二郡;前108年,出兵今朝鲜半岛中北部,在其境内设乐浪、玄菟、真番、临屯四郡。这样,西汉时的郡国数量"迄于孝平,凡郡国一百三,县邑千三百一十四,道三十二,侯国二百四十一。……汉极盛矣"[2]。

---

[1]《诸子集成·盐铁论》,长沙:岳麓书社1996年版,第52页。
[2] 班固:《汉书》,第1309页。

一、西北部大移民

秦代开始移民实边,这一行动到汉代得到了进一步大规模的充实和实施。

开发边疆并不是一种简单的经济行为,它往往伴随复杂的政治因素,特别是与军事上的考虑有关。秦汉时期西北部的匈奴是对中央帝国构成威胁的主要外部力量,从秦始皇开始就不断实施对匈奴的征讨。秦始皇曾派大将蒙恬率十万之众,击败东胡,并移民在那里筑城池,实行军事屯田。到了西汉初期,由于国力尚弱,且为了更好地休养生息,对匈奴采取了和亲政策。但为全局考虑,已从非军事方面实施对付匈奴之策。晁错最先从战略意义上对此问题进行理论概括,他向汉文帝献策,力陈徙民实边的诸多好处。汉文帝听取了晁错的建议,在黄土高原开发宜农地区。到汉武帝时期,国家实力大增。到了元光六年(前129年),汉武帝发动了长达30年的战争,其中以元朔二年(前127年)、元狩二年(前121年)和元狩四年由卫青、霍去病带领的战役最为关键。汉帝国在征战中解除了长安的威胁,几次胜仗把匈奴人驱逐回漠北,从而巩固了河套地区的势力,在原先浑邪王、休屠王的辖地陆续设立酒泉、武威、张掖、敦煌四郡。汉得河西四郡地,一举两得,在隔断了匈奴人与羌人的联系的同时,又打通了内地与西域的直接交通,所谓"初置四郡,以通西域,鬲绝南羌、匈奴"①。汉军占领了自朔方以西至张掖、居延海的大片土地,开渠屯田。为了充分利用这些新增的土地,政府从其他地方迁移了大量人口作为劳力来发展生产,巩固边防。当时全国人口不到4 000万,在汉武帝在位期间,大规模向西北边疆迁移人口就有7次,②人数达到200万以上,可见汉武帝对西北问题的重视。屯田分为军屯和民屯,元狩四年(前

---

① 班固:《汉书》,第1313页。
② 较著名的有:元朔二年(前127年),募民徙朔方十万口(《史记·平准书》);元狩三年(前120年),徙贫民于关以西及充朔方以南新秦中七十万口(《汉书·武帝纪》);元狩五年(前118年),徙天下奸猾吏民于边(《汉书·晁错传》)。

119年），卫青、霍去病远征漠北时，朔方以西则用军屯、朔方以东则用民屯，戍边的军人与移居的百姓一样也从事农耕，《盐铁论·和亲》曰："介胄而耕耘，鉏耰而候望。"

内地移民基于自身的习惯，自然地将中原地区较为发达的生产方式带到了边疆，对当地的经济发展有巨大的促进作用。从甘肃武威磨嘴子48号汉墓出土的西汉时木牛犁模型以及内蒙古和林格尔的汉墓壁画牛耕图推知，牛耕方式在当地已得到推广。与牛耕相联系，水利事业也得到了重视。如《汉书·沟洫志》说："用事者争言水利，朔方、西河、河西、酒泉皆引河及川谷以溉田。"《汉书·地理志下》记敦煌郡冥安县"南籍端水出南羌中，西北入其泽，溉民田"。又，龙勒县"氐置水出南羌中，东北入泽，溉民田"。《史记·匈奴列传》记："匈奴远遁，而幕南无王庭。汉度河自朔方以西至令居，往往通渠置田，官吏卒五六万人，稍蚕食，地接匈奴以北。"[①]"稍蚕食"指出有了水利的方便，畜牧区不断地变成农耕地，两种生产方式的分界线也逐渐北移。施肥方面，《氾胜之书》所说的"务粪泽"在居延汉简中得到了证实，如"□以九月旦始运粪"（简73.30）。此外，居延汉简还记有"代田仓"，可能是中原地区"代田法"推广的结果。有了较为先进的技术支持，有些时候边疆生活状态还超过内地，《汉书·地理志下》记载："保边塞，二千石治之，咸以兵马为务；酒礼之会，上下通焉，吏民相亲。是以其俗风雨时节，谷价常贱，少盗贼，有和气之应，贤于内郡。此政宽厚，吏不苛刻之所致也。"

当然在经济发展、边防巩固的另一面，当地的生态环境遭到了破坏，据《汉书·赵充国传》记载，汉武帝一次"伐林木六万余枚"，本来屯田区靠近沙漠带的林木已很稀少，遭受此类砍伐，荒漠化更为严重。屯田区、城堡和烽燧三项工程，可认为是西汉北方边境上的政治、军事据点，也是中原地区经济、文化向外传播的中转站，对于匈奴以及其他相邻各游牧

---

① "往往通渠置田，官吏卒五六万人"，或断作"往往通渠置田官，吏卒五六万人"。

民族的发展,也产生了一定的影响。① 但这些人为建筑特别是军事设施严重破坏了当地的生态。考古学者景爱曾对居延边塞的戍守和屯田现象作过详细的分析。他从相关资料推导出古代弱水沿岸曾有较好的森林植被,胡杨和红柳作为极耐旱的植物,是林木的主要构成。汉时,驻军在弱水两岸修起了一道道烽燧,烽燧之外又构建了塞墙,这些军防设施共同组成了居延塞。整个防御工程的建设中,要耗费大量森林资源。考古人员在城障(如破城子)和烽燧的遗迹中,仍可以发现木材的残余,就很能说明此类问题。森林植被的消失引起了荒漠化,透过额济纳河东岸沙丘的形成就可看出这种生态系统失衡以后引起的反应。现在额济纳河沿岸是戈壁沙漠景观,它的沙漠化就是从汉代开始的。在薄薄的沙砾下面,人们发现黄土层,而在黄土层之下则是厚厚的沙砾层。"当地的主风向是西北风,全年的平均风速为 4.2 米/秒,春季平均风速为 4.8 米/秒,年平均八级以上大风 37 次,持续 52 天,年平均沙暴日数 21 天。而年平均降水量只有 41.3 毫米。年平均蒸发量 3 706 毫米,蒸发量为降水量的 90 倍。在此情况下,黄土层一旦遭到破坏,地下的沙砾便在烈风的作用下飞扬移动。掘土方堆烽燧、建塞墙挖沟壕以及修筑城障等项活动,都要破坏黄土层,导致地下沙砾露出,被暴露出来的沙砾顺西北风向东南移动,恰与额济纳河道呈垂直相交的状态。由于河东岸处于迎风坡,便具有沙障的作用,风沙在此产生涡流现象,纷纷下落堆积形成沙丘。日久天长,流沙的堆积越来越多,最后便在河的东岸形成了连绵不断的沙丘。"②

大量移民和戍卒、屯田兵,在西北荒漠的原野上开辟耕地,垦殖发展,"宜西北万里"(汉镜铭文)成为当时社会迁徙的一大潮流。那时人们酷爱狩猎,崇尚武力,敢于拓殖疆土。由于气候的原因,汉代的自然环境非常好,据历史地理学研究,在汉代,全球气候正从一个漫长的温暖期向寒冷期转变,但整体上气候暖和,温带植被北移,导致北方大地到处是牛

---

① 参见翦伯赞主编《中国史纲要》(上册),北京:人民出版社 1983 年版,第 152 页。
② 景爱:《额济纳河下游环境变迁的考察》,《中国历史地理论丛》1994 年第 1 期。

马羊骡,出现了"渭川千亩竹""齐鲁千亩桑麻"(《史记·货殖列传》)的壮观景象,并且有了"安居乐业"(《后汉书·仲长统传》)的生活信念。中原的生产技术和先进文化在边地传播开来,农业生产的繁荣带来环境的新景观。

二、开辟丝绸之路

今人对西域的认识主要始于公元前 2 世纪左右,当时西域有 36 个互不统属的小国。西域可以天山为界,天山以北的准噶尔草原有且弥、乌孙等国;天山以南、昆仑山以北的塔里木盆地属另一部分,又可细分为南道诸国和北道诸国。北道诸国中,疏勒、龟兹、焉耆、车师等较大。南道诸国则有于阗、莎车、楼兰等。

为增强对西北边疆的统治,汉武帝分别于建元三年(前 138 年)和元狩四年(前 119 年)两次派遣张骞出使西域。由于使者活动范围较为灵活,其在不断的开拓奋进中,无意中开辟了后代人所称颂的"丝绸之路"。

第一次,汉武帝任命张骞为中郎将,率领三百多随员,携带大批金币、丝帛以及牛羊向西域进发。张骞到达乌孙后,虽未到达原定目的地,但到达大宛、康居、月氏、大夏等国。

元鼎二年(前 115 年),张骞踏上归程,乌孙派使者几十人随同一起到了长安。自此,丝绸之路正式开通。据《汉书·西域传》记载:"自玉门、阳关出西域有两道。从鄯善傍南山北,波河西行至莎车,为南道。南道西逾葱岭,则出大月氏、安息。自车师前王廷随北山,波河西行至疏勒,为北道。北道西逾葱岭,则出大宛、康居、奄蔡、焉耆。"

元封三年(前 108 年),汉武帝命令赵破奴率领大军进攻楼兰、车师。为巩固成果,在酒泉至玉门关一带设立多处亭障,作为供应粮草的驿站和边防的哨所。

太初元年(前 104 年),汉武帝派李广利出征大宛。击败大宛后,西域的交通更加通顺。之后朝廷又在楼兰、渠犁、轮台等地设校尉管理屯田,这是汉在西域最早设置的军事和行政机构,实际上西域已经正式纳入中华版图。

公元 1 世纪,东汉明帝派班超进一步经营"丝绸之路",班超派甘英西行一直到地中海东岸。这次出行,总共到达 50 多个国家。

在历史上,汉帝国首次将目光投向了更远的疆域,即今人所说的"有了世界视野"。其派出的使者陆续到达了大宛、大月氏、康居、大夏、于阗、安息(波斯)、身毒(即印度)、奄蔡(在咸海与里海间)、条支(在今伊朗西南部布什尔港附近)、犁靬(通常认为此名泛指古罗马帝国,且是位于埃及的托勒密王国都城亚历山大的缩译,汉使到达最远的地方)等地,客观上联络起了欧亚非三地的商业往来。在商品交换中,汉朝输出的主要货物是丝绸,换入的有大宛的汗血马、明珠、文甲等稀奇物。相传如今常见的葡萄、菠菜、胡椒、胡桃、西瓜等蔬果,就是从这条道路输入的。

"丝绸之路"的开辟,为整个封闭的农业环境与其他地区的交流提供了重要的窗口,除物质上的交流之外,还有文化甚至思想上的碰撞,对丰富整个中华生态圈起到了不可估量的作用。

三、修筑长城

秦汉是中国古代社会修筑长城的重要时期。战国至秦朝已有修建长城的记录,但所修长城在现存长城以北千里之外,与后世社会历史发展关系不大。

秦长城自秦始皇始建,它利用了战国长城的基础,动用了大量劳力,向外拓展。秦长城"因地形,用制险塞,起临洮,至辽东,延袤万余里"[①],汉长城更长,"自敦煌至辽东,万一千五百余里,乘塞列燧"[②]。而汉武帝所修建的西段长城,大约自额济纳旗的苏古诺尔湖畔起,沿额济纳河东岸至甘肃金塔县的北大河畔,西循北山山地南麓,经敦煌疏勒河畔,至玉门关为止。作为一条战略防御线,长城与农耕区和畜牧区的分界线大致

---

① 司马迁:《史记》,第 1995 页。
② 班固:《汉书》,第 2247 页。

重合。《史记·货殖列传》曾对几大经济区进行划分："夫山西饶材、竹、谷、纑、旄、玉石；山东多鱼、盐、漆、丝、声色；江南出楠、梓、姜、桂、金、锡、连、丹沙、犀、玳瑁、珠玑、齿革；龙门、碣石北多马、牛、羊、旃裘、筋角；铜、铁则千里往往山出棋置：此其大较也。皆中国人民所喜好，谣俗被服饮食奉生送死之具也。"①其中，"龙门、碣石北多马、牛、羊、旃裘、筋角"指的就是畜牧业为主要生产方式的西北地区。当然这种情况不是绝对的，匈奴活动地区也有谷物种植。《史记·卫将军骠骑列传》记有："汉军左校捕虏言单于未昏而去，汉军因发轻骑夜追之，大将军军因随其后。匈奴兵亦散走。迟明，行二百余里，不得单于，颇捕斩首虏万余级，遂至窴颜山赵信城，得匈奴积粟食军。军留一日而还，悉烧其城余粟以归。"《汉书·匈奴传》也有："会连雨雪数月，畜产死，人民疫病，谷稼不熟。"颜师古注："北方早寒，虽不宜禾稷，匈奴中亦种黍穄。"相应地，长城以内也兼有两种生产方式。除以种植为主要生产方式外，《史记·匈奴列传》记匈奴人入塞内，"见畜布野而无人牧者"，《韩长孺列传》亦记匈奴人"徒见畜牧于野，不见一人"。《汉书·叙传上》记楼烦"马牛羊数千群"。边疆战事频仍，据《汉书·地理志下》的记载，长城以内养马的军事基地有北地郡灵州的河奇苑、号非苑，归德的堵苑、白马苑，郁郅的天封苑，西河郡鸿门的天封苑等。此外，在辽东郡襄平设有"牧师官"，这也表明畜牧业的存在。当然，长城内的百姓往往是农耕和畜牧并重。《后汉书·马援传》就把两种生产方式列在一起，说"处田牧，至有牛马羊数千头，谷数万斛"。从总体上说，虽然畜牧业易于致富，官府也给予指导、保护和资金支持，但畜牧业的前期投入较大，短期内又难以收到效益，以致长城边民长期以农耕为主。而这一点又可联系到当初建筑长城的意图之一，即试图把原来黄河流域的农耕区以及自然条件较差但尚适合经营种植业的边境一带圈进来，以长城为屏障向北拓展耕种区，而只有沿着草原毗邻的地

---

① 司马迁：《史记》，第 2461 页。

带变成农耕区,边防才能更有保证。① 汉武帝之后,阴山以北的长城一直是作为汉军边疆驻防之地。公元前 33 年,匈奴呼韩邪单于款塞,亲自入朝,迎娶王昭君,服从汉朝中央领导,并愿留居光禄塞下。作为善意回应,汉中央也从光禄撤兵,于是长期作为军事界线的长城变成了南北各族人民友好往来的纽带。

从秦皇到汉武,修筑长城表面上看是抵御外族且带有防卫含义的标志,对西北部的拓殖也可看作扩大疆域的需求,但更重要的还是在于长城已经成了天下体系是否稳定的尺度。特别是在古代社会,北方的平原是一个危险可能无限延伸的领域,南面由于大海和山陵的阻隔引不起相关的担忧,因此秦汉帝国的力量注重向北部倾斜。虽然南方在武帝时期也得到了较大的开发,闽越地、西南夷都进入汉帝国的版图,但始终不是统治者考虑的重心。即使同样是在北部,西北部成了征战和拓殖的重心,而东北部在汉武帝时期虽也有几次征服朝鲜的战事,可由于其濒海以及地域的限制,并未于此投入太多精力。

历史上长城的增建和损毁,以及对其不断的修补和延伸,形成了一个奇特的现象,就是从东北到西南出现的"长城的走向与 15 英寸降雨量线基本一致"(黄仁宇的发现)。这种吻合无形中划出两个文明形态:在生产方式上,长城西北方向以畜牧业为主,长城东南方向以农业为主。正如《史记》所言,"长城以北,引弓之国,受命单于;长城以内,冠带之室,朕亦制之"②。在景观上,一边是森林、农田、屋舍,人口众多,生活稳定;另一边是草原、游牧、毡房,人烟稀少,自由驰骋。

第二节 帝国大景观

汉武帝在汉代帝王中作为少有的"雄才大略"者(班固《汉书》中的评

① 参见王敏瑚《我国历史上农耕区的向北扩展》,《中国地理论丛》第 1 期,西安:陕西人民出版社 1981 年版。
② 司马迁:《史记》,北京:中华书局 1959 年版,第 2902 页。

价），在观念和帝国建制上皆有某种"冒险""出格"的表现。其中的原因，除了个人"天资高，志向大，足以有为"（朱熹《朱子语类》评武帝语），还与楚汉文化一脉相承有关。汉虽承秦制，可汉起于楚地，刘邦、项羽各自队伍的核心成员都来自楚国地区，项羽被围，"四面皆楚歌"；刘邦衣锦还乡高唱《大风歌》；西汉宫廷中始终以展楚声为主导……这些都说明汉代观念中对南方楚地有明显的继承性和连续性。① 相对于占主流的北方文化，略处边缘的楚地固有的观念因受压制而在挣扎的过程中显现出其独有的活力。这种活力，即使整个帝国的观念阵地已被儒术占领，也不能完全压制住。儒家主张仁政，不提倡武力争霸，可在汉武帝统治的大部分时期内皆未遵循。楚地的神话世界与齐鲁传说相结合，在武帝时期促成民间求神成仙的活动，从庙宇殿堂到民间建筑，都大兴冲天式的楼台，从精神世界到环境布设，均开始出现新的趋势。

一、追慕仙境

早期从华夏东北部以实际行动寻求精神超升的是秦始皇。最早鼓吹这一学说的是战国时地处海边的燕、齐方士。当秦始皇巡狩到海上时，不少方士乘机怂恿他寻仙问药。始皇先后派出韩终、徐福去寻不死之药，虽皆无果而终，这种愿念却一直启发着后来者。

汉武帝一生深信神仙之说，据《汉书·武帝纪》载，自元狩元年至后元二年（前122—前87年），他外出祠神、巡行、封禅共29次，其中远程出巡、祭祀达13次。其中最重要的两次是：元封元年（前110年）的东巡，先封泰山，后沿渤海边到有"神岳"之名的碣石而还，历时四个多月，使这一带沿海地区的求仙活动时隔百年又死灰复燃；元封五年（前105年），从冬十月开始至春四月封泰山而还，历时五个月。他每次外出祭祀巡行，都带着大队人马，沿途官府动员众多吏民修路、献礼、迎送，耗费了无数民力、财力、物力。此外，武帝搞的求仙活动，比秦始皇名堂还多，除召

① 参见李泽厚《美的历程》，合肥：安徽文艺出版社1994年版，第72页。

鬼神、候神外，还听信方士李少君之言，炼起了丹砂。李少君的理由是："丹砂可化为黄金，黄金成以面礼饮食器则益寿，益寿而海中蓬莱仙者可见。"①这种服丹药羽化成仙的途径，确实对汉武帝有极大的诱惑，以致其大力躬身践行，产生了巨大的浪费。

神仙为人所羡慕，源于其能给人带来"人之所无"以及"人之所不能"。远古神话中，住着"神人""至人""化人"的华胥古国、终北古国、古莽之国以及龙伯之国，皆是古人想象的最早的仙境。在道教的描述中，神仙的居所称为"福地洞天"。《正统道藏》收录的《桓真人升仙记》对神仙胜境的描绘极为典型，说那里有失去时间流动之"长年光景"和"不夜山川"；宫阙壮丽，"宝盖层台，四时明媚"；园囿精美，"桃树花芳，千年一谢"，珍禽祥兽毕现。这种外境的布设似乎遥远，但经书提醒人们，仙境可以在"方寸两眉"即内境之中。修习内境，能搅动人身中三万六千精光神和一万二千魂魄神，使二仪四象、八卦九宫、昆仑方壶、诸天宫阙等无不毕至，并与天地混同。内境修成后即自然通向外境，最终达到诸境合一、万物圆融浑成的大道。

神仙有各种凡人所不具有的本事。据《神仙传》记载，武帝时，淮南王刘安曾遇称为"八公"的八位神仙，刚见面时这些仙人形容枯槁，但瞬间"立成童幼之状"，一下子就征服了淮南王。八公"各能吹嘘风雨，震动雷电，倾天骇地，回日驻流，役使鬼神，鞭挞魔魅，出入水火，移易山川，变化之事，无所不能"②。更重要的是在关键时刻，刘安骨肉三百余人同时"鸡犬升天"，避免了灭门之祸。但此等故事，毕竟都是虚构的。找遍人间，真正的仙人难遇，直接的仙境难觅，有人就站出来宣称掌握了通达之途，此等人称为方士。武帝重用神仙方士，给他们大量赏赐，仅给方士栾大的赏赐，一次就有十万金，并封他为五利将军、天道将军、地道将军、乐通侯，甚至将卫长公主嫁给了他。方士与儒生虽都算是读书人，可具体

①《二十四史全译·史记》，上海：汉语大辞典出版社2004年版，第172页。
②胡守为校释：《神仙传校释》，北京：中华书局2010年版，第201页。

主张不一样。儒家内心敬畏鬼神,不曰"怪、力、乱、神",更不会在行为上有所动作。儒家注重现世有限人生的过程,不追求不切实际的长生不老,也不主张把今生与来世促成一个因果系列。而从汉武帝重视神仙之说,可看出其"独尊儒术"的边界是宽松的,或者说搞不清方士与儒生的区别,秦始皇"焚书坑儒",就把得罪他的方士与儒生当作同一对象一并活埋。就神仙学说与儒学结合起来看,追求不死的人生就是对儒学所范定的一生的有限超越。这种可能性,在《庄子》中也已存在。庄子对"六合之外"存而不论的同时,也追求那种"吸风饮露,游乎四海之外"的"真人"。汉武帝因信神仙而重用方士,晚年受巫蛊之惑而误杀太子刘据,酿造了一系列的惨案,对自己的妄为,汉武帝《罪己诏》承认:"朕即位以来,所为狂悖。"可见,神仙之说虽虚幻,但也会产生实际的现世功效,甚至导致悲剧。

汉武帝之后,王莽也曾进行大张旗鼓的求仙活动。经过帝王的有力推崇,蓬莱仙话在人们心目中扎下了根。

仅流传至今的汉画像石中就有很多表现神仙的画面。如其中一块画像石,可看出画分四层,"第一层是诸神骑着有翼的龙在云中飞行。第二层自左而右,口中嘘气的是风伯,坐在车上击鼓的是雷公,抱着瓮瓶的是雨师,四个龙头下垂的环形是虹霓,虹上面拿着鞭子的是电女,虹下面拿着锤凿的是雷神击人"①。秦汉士人亦受其影响,在游仙诗和汉大赋中,留下了大量涉及仙境的诗句。如张衡失意时也会很自然遁入到那个自适的世界来寻求安慰。他在《思玄赋》中写道:"登蓬莱而容与兮……留瀛洲而采芝兮,聊且以乎长生。"《归田赋》又曰:"感老氏之遗诫,将回驾乎蓬庐。"又如郭璞在《游仙诗》直言:"朱门何足荣,未若托蓬莱。"受屈原《楚辞》影响,贾谊的《惜誓》赞叹仙境确实能解决许多现实困难,可到底还是认为"念我长生而久仙兮,不如反余之故乡"。同样受屈原的启发,庄忌《哀时命》也表达要"下垂钓于溪谷兮,上要求于仙者",在仙境中

---

① 常任侠编:《汉代绘画选集》,北京:朝花美术出版社 1956 年版,第 4 页。

与古代著名仙人赤松和王侨为友。

秦皇汉武作为帝王对蓬莱仙境的向往,使得"海中三神山"以及更多的神仙想象进入到"百姓日用而不知"的普遍生活观念中,并对整个历史文化心理产生了深远的影响。他们多次沿海东巡,引起了人们对海洋环境的关注,同样成了显著的历史文化现象。

二、建造楼台

秦皇汉武这种大肆的求仙活动,除往东北部海上方向寻找仙人住处外,一个更直观的想法就是人造仙境以得到某种替代式的满足,为此,秦始皇在长安引渭水筑起蓬莱、瀛洲,同样地,汉武帝在太液池建造蓬莱,在昆明池仿造了"海上三神山"。还有一种做法就是立体式地向天上靠近,汉代流传着白日升天之说,看来虚无缥缈的天宇更是寻找神仙的好去处,因此,从平地建造多层楼台也成了急于成仙的当权者的一种热情。方士为此还特意替武帝找到了根据,公孙卿曰:"神仙好楼居,不及高显,神终不降也。"[1]《史记》记载得更具体,他说:"仙人可见,而上往常遽,以故不见。今陛下可为观,如缑氏城,置脯枣,神人宜可致。且仙人好楼居。"(《史记·孝武本纪》)于是汉武帝命在长安建造蜚廉观和桂观,在甘泉则建造益寿观和延寿观,使公孙卿持天子符节在上面设立供具,迎候神人。又作通天台,台下设置祭祀礼具,用来招仙人、神人。

《汉武故事》集中记载了诸多楼观的高度,书中说武帝"于长安作蜚帘观,于甘泉作延寿观,高二十丈。又筑通天台于甘泉,去地百余丈,望云雨,悉在其下。春至泰山,还作道山宫,以为高灵馆。又起建章宫,为千门万户,其东凤阙,高二十丈。其西唐中,广数十里。其北太液池,池中有渐台,高三十丈。池中又作三山,以象蓬莱、方丈、瀛洲,刻金石为鱼龙禽兽之属。其南方有玉堂璧门大鸟之属,玉堂基与未央前殿等去地十二丈,阶陛咸以玉为之,铸铜凤皇,高五丈,饰以黄金,栖屋上。又作神明

---

① 何清谷校注:《三辅黄图校注》,西安:三秦出版社 2006 年版,第 385 页。

台井干楼,高五十余丈,皆作悬阁,辇道相属焉"①。

武帝对登高成仙的说法深信不疑,其在上林苑中建造的菫帝观(《三辅黄图》称为飞廉观,高四十丈)等,整个建筑有山有水,有形有景,且注重虚实相生的效果,以此来打破人间与仙境的界限,人们可以在此浮想联翩,心游九天之上,飘飘然似乎能与仙人同行。这些高耸入云的楼阁,是前代未曾有过的高层建筑物。

江苏沛县栖山石椁墓出土的西汉末年有关西王母的楼居画像,在楼身之外又描绘了马首蛇身、人首蛇身、鸟首人身等之类的神灵前来拜谒西王母的景象,直接反映出了"神仙好高楼"的汉人心理习俗,同时也表明"好楼居"的观念已逐渐向民间渗透。

楼房的大量出现,是在东汉。古诗云:"西北有高楼,上与浮云齐。交疏结绮窗,阿阁三重阶。"上所好者,下必甚焉。从汉墓中出土的陶楼及汉画像石中众多的楼房形象,可知民间也兴造楼之风。东汉中晚期陶质明器与画像砖中,塔楼形象也较多。一般为两层或三层,最高达七层。且楼台之上往往有西王母、东王公与玉兔的形象,真切地反映出时人向往仙境的心态。在追求高的同时,汉人也不忘在横向空间上赋予楼房变化。例如在甘肃武威和江苏句容出土的陶楼模型,其高度有五层,楼房的各层之间有楼梯相连,既可以加固建筑,又使飞扬的高楼有了更多的变化。在扬州邗江汉墓出土的楼房模型中,有一个由整木刳成的楼梯,共有 15 档道,旁边还雕有扶手。此外,勾栏也已具备,望柱也多加装饰。这一时期各地豪强大族建造的坞壁也多配备有高楼,明显是用于防御。但不管楼房建造的目的如何,汉代楼房营构的出现,都多少掺杂着出离地面升向天宇以求得神仙的心理因素。

中国古代建筑整体都趋向于"依山傍形"而建,较注重平面空间具有风水意义的搭配关系,向天空寻求能安置身心的愿念不明显。相比之下,基督教文化影响下的西方建筑则更注重向天空延伸,以满足灵魂与

---

① 转引自鲁迅《古小说钩沉》,《鲁迅全集》(第 8 卷),北京:人民出版社 1973 年版,第 465—466 页。

上帝沟通的愿望。在西方传统社会,最高的建筑就是教堂。教堂通过螺旋式尖顶和玫瑰式窗花,能瞬间把走进教堂的人的俗世位置瓦解,使之产生升腾的超越感。汉武帝掀起的这股造楼热,同样具有追求精神自由的意义,只是没有宗教目的论的引导,这种趋势带有某种盲目性,在历史长河中也形成不了主流。

强烈的心理需求刺激了建筑技术的进步,反之,建筑技术的突破又为这种心理满足提供了可能性。秦汉是我国建筑的一个发展高峰。中国古代建筑总体上以木构架为主要特色。这种木结构的起源,可以追溯到夏代,当时这种房屋结构形式已很普遍,但尚是土木混合结构。从秦朝咸阳一号宫殿 6 室、7 室遗址看,在壁柱上置枋梁,再根据室内跨度架设大梁,梁上密集排列不规则的方形断面肋木,木料及施工过程均比较考究,木结构在建筑中逐渐占据主导地位,房屋的升腾感增强,但宫室的基本结构体系仍为单层建筑,占地面积大,尺度不高。至汉代,抬梁式架构中的大梁常用跨度才基本定型。西汉宫殿陵寝建筑遗址中,杜陵东陵门、闽越国"东冶"城宫室所见之大梁跨度一般在 7 米左右;未央宫前殿等大型宫殿建筑,其主梁的跨度估计在 10 米左右。随着木结构技术的发展,梁柱构架的稳定性提高,东汉时期,"原来以土结构为核心的土木混合结构向以木结构为骨干的土木混合结构转化。最终舍弃了大夯土台——墉,而直接在地面建造宫殿群"①。夯土为台筑宫殿的突破,表明要"美宫室"必须借助于"高台榭"的传统营建模式已产生了重大变化。木结构不像笨拙的土堆,视觉上生出轻盈的美,技术的进步使人们在营造环境时有了更多自由的飞扬感。

三、营建上林苑

秦国的上林苑于秦迁都咸阳后逐渐开始兴建。秦始皇营作体量巨大的阿房宫于"渭南上林苑中",可见当时上林苑的范围之大。秦汉之

---

① 杨鸿勋:《宫殿考古通论》,北京:紫禁城出版社 2001 年版,第 319 页。

际，"秦宫室皆已烧残破"(《资治通鉴·汉纪》)，秦的苑园也随之废弃，所以"汉王如陕……故秦苑囿园池，令民得田之"(《汉书·高帝纪上》)。刘邦此举，当时是作为争取民心、安抚三秦地区的一项措施。西汉立国后，苑囿便恢复了它供皇帝游乐的功能。汉文帝曾与窦皇后、慎夫人一起游上林(《汉书·爰盎传》)，又曾登虎圈，问上林尉苑中禽兽有多少(《汉书·张释之传》)，说明苑中养有各种动物。

汉武帝建元三年(前138年)开始大举扩建上林苑。《三辅黄图》曰：上林苑"《汉书》云'东南至蓝田宜春(今长安曲汀池一带——引者注，下同)、鼎湖(今蓝田县南原)、御宿(今长安县南)、昆吾(今蓝田县东北)，旁南山而西，至长杨(今周至县东南)、五柞，北绕黄山(今兴平县马嵬镇北)，濒渭水而东。周袤三百里。'离宫七十所，皆容千乘万骑"。《汉书·扬雄传》与其文字基本相同："武帝广开上林，南至宜春、鼎湖、御宿、昆吾，旁南山而西，至长杨、五柞，北绕黄山、濒渭而东，周袤数百里。"《汉宫殿疏》谓上林苑"方三百四十里"。西汉上林苑规模与气势为历代皇家园林之最。

此期上林苑的特色有：

一是范围广阔，宫苑巨大。上林苑中宫观台殿名目繁多，诸文献记载数目基本一致。如《后汉书》李贤等注引《三辅黄图》曰："上林有建章、承光等十一宫，平乐、兰观等二十五，凡三十六所。"《长安志》引《关中记》则谓："上林苑宫十二，观三十五。"班固《西都赋》记载上林苑有"离宫别馆，二十六所"。《三辅黄图》也载上林苑有36所离宫别馆，其中11座离宫、25座别馆。

为数众多的宫、观，均为皇帝游乐时的憩身之所。从远望观、燕升观、观象观的名称看，均为高大的宫观。宣宫则因"宣帝晓音律，常于此度曲，因以名宫"(《三辅黄图》)。飞廉观造于武帝元封二年(前109年)。武帝信方士之言，据说"飞廉，神禽，能致风气"，因而以铜铸出一种"身似鹿、头如雀，有角而蛇尾，文如豹"的神禽形象，立于观上，所以叫飞廉观。飞廉在东汉时被专门移入洛阳宫殿，可见其影响。

二是富于山林野趣,恢宏大气。上林苑中的离宫别馆均坐落于自然山林之间,大气磅礴,与天地融为一体。司马相如《上林赋》载:"于是乎离宫别馆,弥山跨谷,高廊四注,重坐曲阁。"宫殿的屋顶及椽头多以玉璧为饰,寓意天人合一。最为独特之处有"醴泉涌于清室,通川过乎中庭",这是山林之中离宫所独有的情趣。

三是荟萃四方动植物精华,异彩纷呈。上林苑地域广阔,山林陂地密布。汉武帝扩建之时,又是国力鼎盛的时期。上林苑中不仅有各地进贡的花木,随着汉武帝四面出击,异域的奇花异木、珍禽异兽也源源不断地运送至上林苑。《西京杂记》卷一载:"初修上林苑,群臣远方各献名果异树。"远方所贡以及各郡国所献的珍奇花木移栽其中,更增加了上林苑的神秘色彩。西汉后期的大学者刘歆曾从上林令虞渊手中得到一份"朝臣所上草木名,约二千多种",后遗失,其凭记忆列出一份果木名单,其中:

李树较多,有 15 种:紫李、绿李、朱李、黄李、颜渊李(出鲁)、羌李、燕李、蛮李、候李等。

梨有 10 种:紫梨、大谷梨、紫条梨、细叶梨、青梨(实大)、芳梨(实小)、金叶梨(出自琅琊王野家,为太守王唐所献)、瀚海梨(出于瀚海之北,耐旱,不枯)、东王梨(出自海中)等。

桃树有 10 种:金城桃、樱桃、秦桃、霜桃(霜下可食)、胡桃(出西域)、含桃等。

枣树有 7 种:堂枣、玉门枣、赤心枣、西王枣(出于昆仑山)等。

梅树也有 7 种:紫叶梅、丽枝梅、同心梅、朱梅、燕梅、猴梅等。

棠树有 4 种:赤棠、沙棠等。

杏树只有 2 种:文杏(材质有文采)、蓬莱杏(东郭都尉于吉所献,一枝杂五色六出,传说是仙人所食)。

此外还有栗树 4 种,以及桐树、枇杷树、橙树、石榴树、槐树、桂树、蜀漆树、枫树等。刘歆所见所忆仅为上林苑中果木的一部分,已有如此之多。其中如秦桃等应为长安当地的果树,而西域、西南巴蜀、北方燕地、东方鲁地均有果木在此生长,可见西汉皇家园林的园艺栽培已具有很高的水准。司马相如《上林赋》中载:上林苑中的橘、橙、枇杷、枣、杨梅、樱桃、葡萄、荔枝"罗乎后宫,列乎北园";各种树木"长千仞,大连抱……被山缘谷"。《三辅黄图》亦载:上林苑中有扶荔宫,据说是元鼎六年(前111年)破南越所起,"以植所得奇草异木",如菖蒲、山姜、桂、龙眼、荔枝、槟榔、橄榄、柑橘之类。据考证,扶荔宫不在上林苑,而在距长安城四百余里的冯翊夏阳县。① 但这些果木移栽至上林苑也是可能的。从上林苑众多的果树来看,汉代的确气候温暖,不少水果后世仅见于南方。

上林苑中有无数飞禽走兽"栖息乎其间,长啸哀鸣,翩幡互经"。《西都赋》称:"其中乃有九真之麟,大宛之马,黄支之犀,条枝之鸟。逾昆仑,越巨海,殊方异类,至三万里。"天然的河流、自然植被,与四方移栽至此、经精心培育的奇花异木,在上林苑中相映生辉,珍禽异兽各得其趣。

作为唯一的皇家园林,上林苑还无条件地掠夺私家园林的资源。汉代的私人园林不多,西汉前期长安茂陵袁广汉的园林是一个特例,《西京杂记》载:

> 茂陵富人袁广汉,藏镪巨万,家僮八九百人。于北邙下筑园,东西四里,南北五里。激流水注其内。构石为山,高十余丈,连延数里。养白鹦鹉、紫鸳鸯、牦牛、青兕,奇禽怪兽,委积其间。积沙为洲屿,激水为波潮,其中致江鸥、海鸥,孕雏产鷇,延漫林池,奇树异草,靡不具植。屋皆徘徊连属,重阁修廊,行之,移晷不能遍也。后广汉有罪诛,没入官园,鸟兽树木,皆移植上林苑中。

"北邙山下"的这座"东西四里,南北五里"的私家园林在西汉非常有特色:一是注溪为景,更加开阔;二是构石为景,汉园林中的山体绝大多数为土山,极少见到石山,何况是"高十余丈,连延数里"的石山,自然气势不凡;三是引活水,营造水景,积沙为州,激流水波其内;四是有珍禽异

---

① 刘敦桢主编:《中国古代建筑史》,北京:中国建筑工业出版社1984年版,第415页。

兽;五是有名贵苗木;六是亭台楼阁众多。袁广汉这座精致的极具特色的园林被没收充官,汉代富商得到教训,不敢再轻易掷金于此类营建。

上林苑的宫殿为皇帝的行食所在地,皇帝所用毕竟有限,因而平时后妃们也因种种原因留居其中。如成帝许皇后被废时就在上林苑中的昭阳宫居住一年多,后又徙处林光宫中的长定宫。哀帝时许美人也曾居上林苑。

上林苑在汉武帝时最为壮观,司马相如正值盛世作赋,一篇《上林赋》使秦汉上林苑长期为后世所传颂。作为休闲游乐之所,上林苑风景优美,宫观众多,是炫耀国威的场所,因此皇帝常在此安排政治活动,接待来朝使者,如汉宣帝曾在平乐观接待匈奴使者及其他客人,匈奴首领也曾住上林苑中的蒲陶。

四、开凿昆明池

上林苑中有不少水池,其中以昆明池最为著名。作为人工湖,昆明池大大增加了上林苑的占地面积,在汉武时期与西部长城、各处高楼大厦一样,都属大帝国的大工程。

据《史记·平准书》记载,汉武帝元狩三年(前120年),"故吏皆适令伐棘上林,作昆明池",绕池水以"列观环之"。《汉书·武帝纪》也记有元狩三年"发谪吏穿昆明池"。为什么叫"昆明池"?原因是当初"汉使求身毒国,而为昆明所闭。今欲伐之,故作昆明池象之,以习水战"(颜师古注)。《西京杂记》也说:"武帝作昆明池,欲伐昆明夷,教习水战。"可见昆明池是为讨伐西南诸国仿滇池而作。池的大小,《西京杂记》记载"池周回四十里"。《三辅黄图》卷四《池沼》记有:"《三辅旧事》曰:'昆明池地三百三十二顷,中有戈船各十数,楼船百艘。'"《西都赋》谓:"临乎昆明之池,左牵牛而右织女,似云汉之无涯。"可见昆明池的规模极为宏大。特别引人注目的是湖中用来操练的"楼船",《汉书·食货志下》载:汉武帝"治楼船,高十余丈,旗帜加其上,甚壮"。据考古工作者现场考据:"在池内一些砖厂取土形成的断崖上观察到一条条'U'形沟槽,沟槽内填满淤泥。这些沟槽有一定的宽度和走向,深度也较一般池底深得多,它们应是专门为像'楼船'这些吃水较深的大船修建的航道。"①

昆明池的开掘原本作为训练水军之用,"欲与滇王战"(司马贞《索隐》),没打成,重修后与南越打了一战,但服务战事毕竟是短暂的,作为一个水利工程,它还具有另一方面的作用,即能为漕运和农田提供水源。《史记·河渠书》:"是时郑当时为大农,言曰:'异时关东漕粟从渭中上,度六月而罢,而漕水道九百余里,时有难处。引渭穿渠起长安,并南山下,至河三百余里,径,易漕,度可令三月罢;而渠下民田万余顷,又可得以溉田:此损漕省卒,而益肥关中之地,得谷。'天子以为然,令齐人水工徐伯表,悉发卒数万人穿漕渠,三岁而通。通,以漕,大便利。其后漕稍多,而渠下之民颇得以溉田矣。"漕渠在汉代是每年能运数百万石粮食的大运河,它的水源就是昆明池。《水经注·渭水》:"渭水东合昆明故渠,渠上承昆明池东口,东迳河池陂北,亦曰女观陂。又东合沈水,亦曰漕渠。"经过一些渠道的连接,漕渠与昆明池构成了一个庞大的水利系统。在漕运得以保障的前提下,农田也得到了灌溉,一举两得。当然它也为日常用水提供水源,作为长安城西南的总蓄水库,满足了城内外各殿区的用水需要。

此外,昆明池另一实用价值还表现在"于上戏养鱼,鱼给诸陵庙祭祀,余付长安市卖之"(《西京杂记》)。

池中环境优雅,有灵波殿,皆以桂为殿柱,风来自香。还有不同于楼船的龙船,武帝"常令宫女泛舟池中,张凤盖,建华旗,作棹歌,杂以鼓吹,帝御豫章临观焉。"(《三辅故事》)

张衡《西京赋》:"乃有昆明灵沼,黑水玄沚,周以金堤,树以柳杞。"有了水和树,就引来了水中生物和飞鸟。《西京赋》又说:"其中则有鼋鼍巨鳖,鳣鲤鱮鲖。鲔鲵鲿鲨,修额短项,大口折鼻,诡类殊种。鸟则鹔鹴鸹

---

① 中国社会科学院考古研究所汉长安城工作队:《西安市汉唐昆明池遗址的钻探与试掘简报》,《考古》2006 年第 10 期。

鹑,鴐鹅鸿鹍。上春候来,季秋就温。南翔衡阳,北栖雁门。奋隼归凫,
沸卉轩翚。众形殊声,不可胜论。"班固《西都赋》也写道:"昆明之池……
茂树荫蔚,芳草被堤。兰茝发色,晔晔猗猗。若摛锦布绣,烛燿乎其陂。
鸟则玄鹤白鹭,黄鹄䴔鹳。鸧鸹鸨鶂,凫鹥鸿雁。朝发河海,夕宿江汉。
沉浮往来,云集雾散。"班固、张衡等文学家在赋中的渲染,说明昆明池已
经从实用性上升到了值得人们用心去体验的审美性。由于其意义变得
重要,甚至开始把它类比为天宇,称"似云汉""日月是乎出入"(《西京
赋》),"日月丽天,出入乎东西,且似汤谷,夕似虞渊"(潘岳《西征赋》)。
这种描述除了言其广大,更多的是给予了它某种精神的崇高性,在实际
生活效应上,成为"上林苑重要的游览区"①。

　　汉武帝时期的这些大工程、大项目,形成了大时代的大景观,在整个
中国古代社会,能有如此的环境创造力,较为少见。

---

① 何清谷:《三辅黄图校注》,第 238 页。

第四章　《春秋繁露》的环境美学思想

汉武帝作为汉帝国强盛时期的权力代表,他的力量除了表现在拓展疆域和统治臣民上,还在于更集中地统一了思想。之前,秦始皇在思想上"独尊法家"。思想的集中,给行为带来了方便和经济,可是也扼杀了其他思想的存在空间,给整个思想生态带来了不利的结果。汉武帝在"举贤良"中,发现董仲舒的治国对策符合国情,开始重用董仲舒,为后来儒家思想的意识形态化提供了前提条件。"独尊儒术"本质上是权力专制的结果,但这种因果关联仅是一个形式标志,为什么会选中儒家是问题的关键。相比于其他思想,儒家更符合古代中国的世俗伦常,在思维的可塑性上也具有更大的弹性空间。从汉初开始,以孙叔通为代表的儒生就积极地参与政治,其主张上显示出来的"有为的礼治"随着国力的加强也逐渐纳入统治者的视野,当时机成熟时,两者一拍即合,汉帝国就出现了权力和思想的两个高峰,两者互为表里。可以说,董仲舒就是思想界的汉武帝。

董仲舒的思想主要反映在《春秋繁露》一书中。作为儒生,董仲舒精于治《春秋》,他认为"春秋之道,博而要,详而反一"。写作《春秋繁露》就是通过"博要""详一"的关系来提炼出"春秋经"的精华,即像圣人一样"见端而知本,精之至也,得一而应万类之治也"(《春秋繁露·天道施》)。当然它又有强烈的现实指向,目的就是为统治者控制整个世界提供心法。相比于前人思想,由于占据后起的优势,它在思维方式上具有更大的视角和抽象性,很多问题也得以深化,包括把儒家的"中和"心法贯穿到阴阳五行布设世界程序的各个方面,使心性秘术得到了具体化。同样,阴阳五行也由于有了"中和"的制约而得到了规避。

相比于《淮南子》的庞杂和博学,《春秋繁露》更注重对所涉问题的提炼和精细化。与环境美学相关的是,董仲舒在程序化环境的阐述上试图提出某种具有更普遍化的模型。

第一节　礼制环境的精致化

由于汉朝统治者出身草莽,通过造反得到的政权缺乏事理根据的支持,因此从刘邦开始,汉朝政权的合法性就是几代统治者的心病。虽然刘邦已懂得"夺天下"与"治天下"有不同的政治理念,并且从礼制方面给政治实施过程披上了儒家那一套讲究排场的外衣,但毕竟还在初创阶段,各方面都较为粗糙。到了汉武帝,随着国力的增强,统治基础的问题再度成为时代的课题,在诸多给当权者的谋策中,董仲舒的答案成为最佳选择。董仲舒从"春秋经"中获得历史经验,对这种时代的变革给予合理化说明。

春秋之道,对于世事要求善于"奉天法古""讥异常",所以即使有智心巧手的人,如果不继承先王的法则,就不能平天下,但是又不能完全守先王之制。如何处理这当中的冲突呢?董仲舒指出:"今所谓新王必改制者,非改其道,非变其理"[1],"道之大原出于天,天不变,道亦不变"[2]。具体表现在"大纲,人伦道理,政治教化,习俗文义"不能变,要变的仅是居处、称号、正朔、服色这些能体现新君主的尊显的名号,"故王者有改制之名,无易道之实"。[3] 但道也不是不能变的,要看天命。比如,"禹继舜,

---

[1] 苏舆:《春秋繁露义证》,北京:中华书局 1992 年版,第 17 页。

[2] 班固:《汉书》,第 1915 页。

[3] 苏舆:《春秋繁露义证》,第 19 页。

舜继尧,三圣相受而守一道"。三代圣王,因循继统,从容中道,王道条贯,故不言其所损益,因此说"天不变,道亦不变"。三代之后,情况不同,夏桀殷纣,逆天暴物,殷之继夏,周之继殷,是继乱世而治,天命改变了,王道也要变化。"由是观之,继治世者其道同,继乱世者其道变。"三代所守道一,故天不变道也不变,圣王继乱世,则"扫除其迹而悉去之","今汉继秦之后,如朽木、粪墙",必解而更张之,必变而更化之。董仲舒认为,汉得天下以来,常欲善治,而至今不可善治者,"失之于当更化而不更化也"。要汉武帝"退而更化",其中最重要的一个改制就是改正朔,为政治的合法性作论证,它的理论根据来自"五德"学说。

"五德"是五行表现在天道、人事的另一称呼。它按古史帝系分别配以五种不同的德性,从中来说明世道变迁的规律。在邹衍时期,"五德各以所胜为行"(《史记集解》引如淳语),这一"五行相胜"的顺序按《文选·魏都赋》唐李贤注引《七略》说:"邹子有《终始五德》,从所不胜:土德后木德继之,金德次之,火德次之,水德次之。"帝系一般从黄帝(土德)算起,但在后代世俗权谋运作中,如何配德性常有各种篡改,此不详述。五德的真正运作在于"深观阴阳消息",把五德的转移和阴阳消长相互结合才能观其奥秘。而邹衍常常通过"怪迂之变"来印证,每每"符应若兹",从孔子以来为圣人所诟病的"機祥度制",在邹衍的表演中竟然出现"王公大人初见其术,惧然顾化",正因如此,邹衍本人也一度"以阴阳主运显于诸侯",成为风云人物。《史记》说:"自齐威、宣之时,驺子之徒论著终始五德之运。及秦帝而齐人奏之,故始皇采用之。"[1]秦帝国运用五德终始说的表现在向国人宣布"秦变周"为"水德之时",依据水德定制,"更命河曰'德水',以冬十月为年首,色上黑,度以六为名,音上大吕,事统上法"(《史记·封禅书》)。从此,五德学说成为历代帝王说明其权力合法性、国运盛衰的理论依据。它在说明帝运方面又称为三统说,董仲舒的《三代改制质文》将"三统"与"四法"(夏、商、质、文)构成十二代始终,进一步

---

[1] 司马迁:《史记》,第1170页。

把阴阳五行复杂化。

邹衍所开启的以术数反映真实并积极入世的学派风格在汉代董仲舒的身上得到了集中体现,从《春秋繁露》中我们还可以找出因失传而看不到的邹衍阴阳五行具体铺陈万物的大致面目。

一、"三统说",政治秩序的合法化

"三统说"是阴阳五行在政制的表现形态,这一学说集中表述在《三代改制质文》。三统说是一种认为历史朝代必须按照黑统、白统和赤统三统依次循环更替的学说,凡是异姓受命而王都必须改正朔。由于正朔时间不同,物萌之时的颜色各异,与此三正相对应,也就有了黑、白、赤三色。具体而言,黑统以寅月(一月)为正月,色尚黑;白统以丑月(十二月)为正月,色尚白;赤统以子月(十一月)为正月,色尚赤。因此,"三统"又称"三统三正"。当然,新王改制,除改正朔、易服色外,车马、牺牲、冠礼、昏礼、丧礼、祭牲、荐尚物和日分朝正等项制度也要作出相应的改易。以"三统三正"来对应历史朝代,殷朝是正白统,建丑,色尚白;周朝是正赤统,建子,色尚赤;《春秋》是正黑统,建寅,色尚黑。董仲舒认为,新王建朝,必须保留前二朝之后,为他们封土建国,允许他们保留各自旧朝的制度,与新王朝并存,这叫"存三统"(又称"通三统")。本届三统称作三王,三王之上则有五帝、九皇,共为九代。三统移于下,则五帝、九皇依次上绌。值得注意的是,董仲舒三统说关于《春秋》以下王朝统属的排列比较复杂。按理,《春秋》既为黑统,随之而后的秦朝当为白统,而汉朝则为赤统。实际情况却不是这样。按照董仲舒的理解,西狩获麟是孔子受命之符,但是孔子有其德而无其假,只能托于王鲁而作《春秋》,以当一王之法。在董仲舒看来,《春秋》的一王之法是专门为汉朝制定的,他以《春秋》为黑统制度,其实也就是许汉朝以黑统制度。在《天人策》中,董仲舒更是明确指出:"今汉继大乱之后,若宜少损周之文致,用夏之忠者。"[1]夏

---

[1] 班固:《汉书》,第 1915 页。

为黑统,汉用夏政,当然也就是说汉应为黑统。汉人根据"五德终始"系统,对上古历史作了彻底整理,与三统说相对应而互为表里的则是"三道"论。根据董仲舒三统说,夏、商、周三王的统属分别是黑统、白统、赤统。董仲舒认为,三王的统属不同,其正朔、服色及治道也随之不同。董仲舒承袭了孔子的损益观,肯定夏、商、周的治道分别为忠、敬、文。在三统说里,董仲舒认为汉继周而建,当为黑统;同样,在三道论中,董仲舒也主张汉朝"用夏之忠者"。如果我们将三统说与三道论结合起来,便不难看出,三统与三道其实既是一种对应关系,也是一种表里关系。从对应关系而言,王朝的统属和王朝的治道是相一致的,如黑统对应忠道,白统对应敬道,赤统对应文道。同时,由于三统是循环的,因此,三道也随之而循环。从表里关系言,三统言改制,其实只是"改正朔、易服色",其变化只是一种表象;而三道言变易,实际上是肯定道变,因此是一种深层次的变化。

董仲舒三统说所勾勒的历史循环系统,其内涵并不只是三统、三道的循环,还有与三统、三道相关联的商、夏、质、文"四法"的循环。四法与三统、三道各自为小循环,又相互配合,十二代构成一大循环。将四法落实到历史阶段来看,董仲舒认为舜法商、禹法夏、汤法质、周法文。关于四法与三统之间的关系,它们是既有区别又有联系的。区别在于,从形式而言,四法的循环是一种"四而复",而三统的循环是"三而复";从内容而言,四法的循环是一种礼乐制度变易的循环,而三统的循环则主要是一种以改正朔、易服色为主要内容的变易。因此,四法循环变易具有质变性质,而三统循环变易则主要是一种形式上的变易。同时,四法与三统之间又是紧密联系的,它们都是关于历史王朝循环更替的学说,都将秦朝摒弃在王朝统绪之外。四法与三统各自形成一种小的循环,同时它们又互相结合,以十二世构成一大循环。同样,四法与三道之间也是既有区别又有联系。其区别在于循环数不同。它们之间的一致性主要表现在循环变易的内容上。其一,忠、敬、文三道循环变易是一种道变,而四法循环变易也是一种道变(或称质变)。"忠"与"质"的含义相近,在董仲舒的表述中,二者的含义也是相同的。由此看来,这种三道救弊说与质文改制说,表述方法虽然不同,实际内涵则是一致的。其二,落实到历史朝代来看,三道论以周为文道,继周而建的汉则为忠道。同样,四法说也以周为法文,而视汉为法质。当然,若从禹夏开始排列的话,三道说与四法说之间是存在矛盾的。三道说以夏为忠道,而四法说则以禹法夏(即法文)。不过,董仲舒三统说的目的是要说明汉王朝当为黑统、用忠道、法质,在这一点上,四法与三道以及三统都是一致的。董仲舒通常所说的汉当用"夏政",实际上都是指汉当实行黑统政治,推行忠、质之道。①

孟子的"五百年必有王者兴"②,堪称我国思想史上提出最早、影响深远的一种阴阳五行史观。战国后期,邹衍创立五德终始说,用以解释世界的形成模式。这个模式不但对秦汉之后人们的历史观产生了重大影响,而且也直接对秦汉之后的政制产生了深远影响。董仲舒的三统四法说在很大程度上受到五德终始说的影响。但是,较之于五德终始说而言,董仲舒的"三统"循环说所勾勒的历史系统更长。五德说以五代为循环期,最远溯至黄帝;三统说以九代为最长循环期,所谓"九而复",最远溯至伏羲氏。三统循环的复杂性也远远超过了五德循环,它既有三统、三正、三道和四法的小循环,又有三统与四法配合进行的大循环。

这一复杂的现世与历史的交错模式中,特别突现了五行相生相胜之理,阴阳则遁入到更为深层的生成道理之中。而众妙之门的中和之道反映在政制中则表现为对"治世"价值的不容置疑,整个三统模式运转的可能皆围绕着这一中枢标准进行,这个"治世"时代也就是三皇五帝时代。董仲舒认为,尧、舜、禹三圣时代的政制是没有弊端的,因此,三圣相继建

---

① 在董仲舒的三统学说体系中,还有一种"三等"(或称"三世")说,可视为其三统说的一种别传。

② 《孟子·公孙丑章句下》。萧汉明在探究《道德经》对五行框架动态功能的运用中,认为"失道而后德,失德而后仁,失仁而后义,失义而后礼",这种以五行相胜说建构的道德仁义礼五种社会形态递相取代的历史观,是中国思想史上最早出现的一种自成体系的历史循环论,并且认为道德仁义礼五种社会形态大体反映了中国历史跨入文明门槛前后五千年政治文化的状况,其中所谓道治德治是典型的原始社会,仁治是原始社会后期私有观念出现的结果,义治反映了阶级社会的萌芽,而礼治则标志着阶级社会的成熟。参见其《阴阳:大化与人生》一书。

朝后,也就不需要变革前朝的治道。他说:"三圣相受而守一道,亡救弊之政也,故不言其所损益也。"①推而广之,董仲舒认为整个三皇五帝时代都是政治井然有序、民情质朴不文的时代。这种时代就是道本身,它是变中之不变。不变之道只有通过化"变"取得,这与黄老之学变中求不变是一致的。《黄帝四经·十大经·姓争》说:"夫天地之道,寒热燥湿,不能并立;刚柔阴阳,固不两行。两相养,时相成……若夫人事则无常,过极失当,变故易常,德则无有,措刑不当。"人事是变化不定的,在处理其事务时,擅自改变一贯的制度和政策,德教就无收获,刑罚也会不当,因此要不变故易常。《文子》则从另一方面说:"善治国者,不变其故,不易其常。"(《下德》)"不变其故,不易其常,天下听令,如草从风。"(《精诚》)董仲舒引"临渊羡鱼,不如归而结网"时,称"古人有言",这个古人,就是文子。可见董仲舒熟知黄老之学。他称引文子,要汉武帝更化,以求三代相受而守一道的不变之道,"复修教化而崇起之",这也是他不同于黄老之学,而尊儒之所在。

二、"易服色",贤才有美体

董仲舒论证了汉朝以尚黑作为"易服色"的合法性根据后,又进一步强调了服制的重要性。什么叫服制? 董仲舒说:"度爵而制服,量禄而用财,饮食有量,衣服有制,宫室有度,畜产人徒有数,舟车甲器有禁;生有轩冕之服位贵禄田宅之分,死有棺椁绞衾圹袭之度。虽有贤才美体,无其爵,不敢服其服;虽有富家多赀,无其禄,不敢用其财。天子服有文章,不得以燕公以朝,将军大夫不得以燕将军大夫以朝官吏,命士止于带缘,散民不敢服杂采,百工商贾不敢服狐貉,刑余戮民不敢服丝玄纁乘马,谓之服制。"②可见,服制就是规定与爵位相对应的服色制度,当然还包括相应的车子、冠冕、俸禄、田宅的规定。有了此制度后,上至帝王、将军、大

---

① 班固:《汉书》,第 1915 页。
② 苏舆:《春秋繁露义证》,第 221—222 页。

夫,下至百工商贾诸等平民百姓皆有行为的符号标志,从理论上看,社会景观就显得井井有条。

服饰在阴阳五行的布景下也可以成为风水的一部分。《春秋繁露》说:"天地之生万物也以养人,故其可适者,以养身体;其可威者,以为容服;礼之所为兴也。剑之在左,青龙之象也;刀之在右,白虎之象也;钺之在前,赤鸟之象也;冠之在首,玄武之象也;四者,人之盛饰也。"①董仲舒从天地养人一步就跃到具有礼的意义的服饰,且不是述及一般的意义,而是突出服饰的威严作用,忽从自然、忽从社会且又不是让两者处于同一层次,社会方面只给出一小部分内容,言说跨度之大让人很难寻出其中的逻辑。随着下文的展开,从似乎偏向武力方面、有违儒雅的威仪②,人们可以看出董仲舒事实上说及服饰的意义是文武兼有的,也就是阴阳皆及。入了天道的理之中,自然的身体及有多种意义的服饰也就既有其各自表现出的意义又要在精神意念上"悬置"这些意义(阳的一面),同时引出被遮蔽的部分(阴的一面)共同参与到生发本原的意义场中去,在服制精神的引发下,身体即能现出身体本身。

董仲舒的改制意在召唤一个美好的社会,这种"治世"的理想是中国传统之一,先秦诸子皆有论述。儒家崇尚"大同"的观念:"大道之行,天下为公"③。以"周公吐哺,天下归心"为目标,折射出儒家"天下一统"的思想。道家方面,老子提倡"甘其食,美其服,安其君,乐其俗"的"小国寡民"④,庄子则主张"织而衣,耕而食"的"至德之世"。两者确实有一脉相承之处,但与儒家的"大同"理想,也有明显的关联。

---

① 苏舆:《春秋繁露义证》,第151页。
② 因为"文德为贵,而威武为下"(《春秋繁露·服制像》),故然。
③《孔子家语》,上海:上海古籍出版社1987年版,第120页。
④《易传·系辞下》所谓"包牺氏之王天下",只是一种时代的象征,并无"王"的实际。透过表面的叙述八卦起缘的文字,那种结绳而治、为网为罟、以渔以猎的原始社会生活,还是依稀可辨。在此可与老子设计的理想社会相参。

第二节 理想环境的程序化

《春秋繁露》在描述"盛世"与"衰世"时,基本上沿用了前人的思维方式,它把这两种截然相反的时代与帝王的好坏联系在一起。在"王道"篇中,它先把两种情形简约地列出:"王正,则元气和顺,风雨时,景星见,黄龙下;王不正,则上变天,贼气并见。"①然后对"王正"与"王不正"这两种世道具体化。史上天下大治的时代莫过于五帝三王,那时"不敢有君民之心,什一而税,教以爱,使以忠,敬长老,亲亲而尊尊,不夺民时,使民不过岁三日,民家给人足,无怨望忿怒之患、强弱之难,无谗贼妒疾之人,民修德而美好,被发衔哺而游,不慕富贵,耻恶不犯,父不哭子,兄不哭弟,毒虫不螫,猛兽不搏,抵虫不触,故天为之下甘露,朱草生,醴泉出,风雨时,嘉禾兴,凤凰麒麟游于郊,囹圄空虚,画衣裳而民不犯,四夷传译而朝,民情至朴而不文,郊天祀地,秩山川,以时至封于泰山,禅于梁父,立明堂,宗祀先帝,以祖配天,天下诸侯各以其职来祭,贡土地所有,先以入宗庙,端冕盛服,而后见先,德恩之报,奉先之应也"。上述这些美好的人间图景皆出现在以往的典籍中,成了刻画理想环境的固定程序。与此相反,桀纣骄溢妄行之时,则"侈宫室,广苑囿,穷五采之变,极饰材之工,困野兽之足,竭山泽之利,食类恶之兽,夺民财食,高雕文刻镂之观,尽金玉骨象之工,盛羽旄之饰,穷白黑之变,深刑妄杀以陵下,听郑卫之音,充倾宫之志,灵虎兕文采之兽,以希见之意,赏佞赐谗,以糟为邱,以酒为池,孤贫不养,杀圣贤而剖其心,生燔人,闻其臭,剔孕妇,见其化,斩朝涉之足,察其拇,杀梅伯以为醢,刑鬼侯之女,取其环。诛求无已,天下空虚,群臣畏恐,莫敢尽忠"。同样地,到了周衰之时,"诸侯背叛,莫修贡聘,奉献天子,臣弑其君,子弑其父,孽杀其宗,不能统理,更相伐锉以广地,以强相胁,不能制属,强奄弱,众暴寡,富使贫,并兼无已,臣下上僭,不能禁

① 苏舆:《春秋繁露义证》,第101页。

止,日为之食,星霣如雨,雨螽,沙鹿崩,夏大雨水,冬大雨雪,霣石于宋五,六鹢退飞,霣霜不杀草,李梅实,正月不雨,至于秋七月,地震,梁山崩,壅河,三日不流,画晦,彗星见于东方,孛于大辰,鹳鹆来巢"。这些"悖乱之征",简单概括就是如"日蚀,星陨,有蜮,山崩,地震,夏大雨水,冬大雨雹,陨霜不杀草,自正月不雨,至于秋七月,有鹳鹆来巢"[1]等征兆,"贵微重始"就可以观出"灾异之象",这同样是一种固定的境域化书写,并没有涉及具体的历史情境。

《春秋繁露》对这种境域化的传统进一步作了细化。

一、中和,道的境域化

《春秋繁露》把境域的核心标志为"道化",即用儒家的"中和"来统领整个道论。

董仲舒的"循天之道",从"中春""中秋"之位找到"中和"的时空点。他说:"天有两和以成二中。岁立其中,用之无穷。是北方之中用合阴,而物始动于下;南方之中用合阳,而养始美于上。其动于下者,不得东方之和不能生,中春是也;其养于上者,不得西方之和不能成,中秋是也。然则天地之美恶,在两和之处。二中之所来归,而遂其为也。是故东方生而西方成,东方和生北方之所起;而西方和成南方之所养长。起之,不至于和之所不能生;养长之,不至于和之所不能成。成于和,生必和也;始于中,止必中也。中者,天地之所终始也;而和者,天地之所生成也。夫德莫大于和,而道莫正于中。中者,天地之美达理也,圣人之所保守也。"[2]

这是典型的阴阳五行思路,把诸子在思想发生阶段有意无意形成的核心主题——天道,用更为有质感的"中和"来表述,其中"南北两中"和"东西两和"的契合极富精神意味。从中可看出,道的境域化不是简单的

---

① 苏舆:《春秋繁露义证》,第156页。
② 同上书,第444页。

具体化,而是阴阳五行化,作为有"量度"意味的"中"("中者,天地之所终始也")时刻都要与富有动感的"和"("和者,天地之所生成也")神会才能成其"中","和"也只有落实到有一定可把握的度才能成其道。

"中"与"和"在道之度内各侧显出不同的重点,从东西方"生养"关系看,可以用"中"来体现,即:"天地之经,至东方之中,而所生大养;至西方之中,而所养大成。一岁四起,业而必于中。"①但是"中之所为,而必就于和","和"在度内一直起着更关键的作用,所以说:"和其要也。和者,天之正也,阴阳之平也,其气最良,物之所生也。诚择其和者,以为大得天地之奉也。"②董仲舒对"中和"的反面,也用极具境域式的发生来表达,他说:"阳之行,始于北方之中,而止于南方之中;阴之行,始于南方之中,而止于北方之中。阴阳之道不同。"③即出现了阴阳在南北之行中的错位——"不中",在此,"不和"是从精神意念上顺带而出④。面对"不中""不和",天地有"兼功"之能:"天地之制也,兼和与不和、中与不中……中者,天之用也;和者,天之功也。举天地之道,而美于和。"⑤既如此,"中和"就起码能展开两个层次,在最终的"天道美于和"的总趋势之下,又有"中和"与"不中不和"的相反两面。第一层面的"中和"可以看作与道同一精神等级的表达,其所表达出的"天道美于和"之中可直接悟出的美本身即可当作大美。"中和之美"在儒家思想中有很多体现。《论语》说:"礼之用,和为贵。先王之道,斯为美。"⑥这是明确的对于中和美的表述。此外,"兴""观""群""怨"等范畴及"尽善尽美""文质彬彬""绘事后素"等命题的提出,成为支撑中国伦理美学的一大支柱;就诗歌而言,则是要求"温柔敦厚,怨而不怒""乐而不淫,哀而不伤""文质彬彬""形神兼备""发

---

① 苏舆:《春秋繁露义证》,第 446 页。
② 同上书,第 446—447 页。
③ 同上书,第 447 页。
④ "不和"也可以从境域中来表达:"上下不和,则阴阳缪戾而妖孽生矣。此灾异所缘而起也。"见班固《汉书·董仲舒传》。
⑤ 苏舆:《春秋繁露义证》,第 447 页。
⑥《诸子集成·论语正义》,第 9 页。

纤秾与简古,寄至味与淡泊""境与意会""情往似赠,兴来如答"等,也完全符合"中和之美"。第二层面的"中和"及其反面则可以看作道的次一级——分了阴阳的表达,由阴阳扶助而烘出的美有了一定的痕迹,即可当作小美。这种阴阳调协、刚柔相济的和谐状态,《乐记》从音乐对人身心影响的角度也有生动的表达,即:"合生气之和,道五常之行,使之阳而不散,阴而不密,刚气不怒,柔气不慑。四畅交于中而发于外,皆安其位而不相夺也。"①由阴阳推及五行,五行中以土为"中和"的位次,土可以联系到土地、大地,"地(土)之五行,所以生殖也"②,由于地可以滋生万物且蕃盛不已,五行之中土自然也成为生生不息之美的发生处。在中国文化传统中,土色为黄,黄帝属土德,黄色为尊贵之色,《周易》坤卦六五爻辞有"黄裳,元吉"之说,由此,帝王身着黄色的龙袍,与其管辖之下的黄土地相烘托,又能生发出一种伟岸而尊显的美。

二、阴阳五行,器物的境域化

《春秋繁露》也对道展开的第一层次——阴阳与世界的境域进行了搭配。

"道"把"道理"和"器物"贯通为一,"道"在这一贯通过程中化生为"气"。董仲舒说:"天地之气,合而为一,分为阴阳。"③"气"之重、浊、内、下者为阴、为地、为坤、为柔、为静,"气"之轻、清、外、上者为阳、为天、为干、为刚、为动。被道家判为阴阳的天地、日月、动静、刚柔、鬼神、魂魄、男女、雌雄等范畴皆包含抽象与具象两层内涵,故都是境域化产物。

《春秋繁露》对阴阳的描述比以往的阴阳学更为具体。书中极为重视把"阴阳"与治国方针中的"德治"与"刑治"相配,认为:"天地之常,一阴一阳,阳者,天之德也,阴者,天之刑也。"④"天之任阳不任阴,好德不好

---

① 杨天宇:《乐记译注》,上海:上海古籍出版社1997年版,第646页。
② 左丘明:《国语》,上海:上海古籍出版社2015年版,第112页。
③ 苏舆:《春秋繁露义证》,第361页。
④ 同上书,第341页。

刑,如是也。"①"是故天数右阳而不右阴,务德而不务刑;刑之不可任以成世也,犹阴之不可任以成岁也;为政而任刑,谓之逆天,非王道也。"②"天之道,终而复始,故北方者,天之所终始也,阴阳之所合别也。"③《春秋繁露》在表达"阳经阴权"④时认为这也是一种阴阳的逆顺关系:"是故阳行于顺,阴行于逆。逆行而顺[者,阳也],顺行而逆者,阴也。是故,天以阴为权,以阳为经。阳出而南,阴出而北。经用于盛,权用于末。以此见天之显经隐权、前德而后刑也。故曰:阳,天之德;阴,天之刑。阳气暖而阴气寒,阳气予而阴气夺,阳气仁而阴气戾,阳气宽而阴气急,阳气爱而阴气恶,阳气生而阴气杀。是故,阳常居实位而行于盛,阴常居空虚而行于末。天之好仁而近,恶戾之变而远,大德而小刑之意也,先经而后权,贵阳而贱阴也。"⑤在此,《春秋繁露》对逆顺关系又进行了两次阴阳意义生发。与《周易》不同,《春秋繁露》按习惯思路先将阳、阴分别与气的顺行、逆行搭配,气在运行中的顺逆关系从阴阳来看却绕了个弯,变成"逆行而顺[者,阳也],顺行而逆者,阴也",用纯粹阴阳的句式表达就是"阴中之阳,阳也;阳中之阴,阴也",从前后两部分的整体意思判断,尽管阴阳变化的层次深入了一步,但"阳为正,阴为反"的主旨没变。

阴阳之道衍化为五行之性体后,五行铺设道场之器物更为具体。

何谓五行?"行者,行也,其行不同,故谓之五行。五行者,五官也,比相生而间相胜也,故为治,逆之则乱,顺之则治。"⑥五行之"五"是用来规范所有对象的量度,五行之"行"则与对象相杂而成万物。《吕氏春秋》十二纪、《礼记·月令》、《管子》之《幼官》等对五行的配对万物系统已有相当规模的描述,最终集大成于汉代董仲舒之《春秋繁露》。也有人认为在董仲舒那里,阴阳与五行的关系始终是外在的。张岱年说董仲舒时就

① 苏舆:《春秋繁露义证》,第 338 页。
② 同上书,第 328 页。
③ 同上书,第 339 页。
④ 经权关系即主次、通变关系。
⑤ 苏舆:《春秋繁露义证》,第 327 页。
⑥ 同上书,第 362 页。

认为董是"兼言"阴阳与五行。但对周敦颐就不这样看,张岱年这样解释周敦颐的阴阳五行思想:"太极实即在于阴阳之内。阴阳生五行,太极阴阳又皆在五行之中。……阴阳五行之精气,浑融无间,乃凝聚成形,而生出一切物类。"①阴阳为隐,五行为显。阴阳为体,五行为用。故张岱年认为:"周子的学说亦可以说是《易传》的太极阴阳论与《洪范》的五行说之综合。"其实,阴阳五行作为道的表达在邹衍处已经耦合为一体,不存在阴阳与五行的区别,只可能有历代解说者之间的区别。宋代对五行与阴阳交会贯通并取得同等地位有明确的表达,周敦颐说:"五行阴阳,阴阳太极。"②"五行一阴阳也,阴阳一太极也。"③

《尚书》五行之序显得古朴,但以水为首也透露出古人重水的真意,"金木水火土"则是后人的通俗说法。《春秋繁露》的五行排序为"木、火、土、金、水",木排首水站尾,取得"比相生间相胜"④的效果,这是最早成熟的五行系统。把董仲舒的阴阳五行说当作最高形态,主要原因是以前的五行说没把相生相克之理统一起来考虑。当然也有人认为邹衍的五德终始说除相胜说外,已有相生说。⑤

《春秋繁露》在得出水"咸得之而生,失之而死,既似有德者"⑥的结论前,这样说水:"昼夜不竭,既似力者;盈科后行,既似持平者;循微赴下,不遗小间,既似察者;循溪谷不迷,或奏万里而必至,既似知者;障防山而能清净,既似知命者;不清而入,洁清而出,既似善化者;赴千仞之壑,入而不疑,既似勇者;物皆因于火,而水独胜之,既似武者。"⑦从文中可看出,水具有"力""平""察""知""知命""善化""勇""武"等德性,其重要性着实是生死攸关。

---

① 张岱年:《中国哲学大纲》,北京:中国社会科学出版社1982年版,第33—34页。
② 周敦颐:《周濂溪集》,北京:中华书局1985年版,第103页。
③ 同上书,第2页。
④ 苏舆:《春秋繁露义证》,第362页。
⑤ 参见庞朴《稂莠集》,上海:上海人民出版社1988年版,第469页。
⑥ 苏舆:《春秋繁露义证》,第424页。
⑦ 苏舆:《春秋繁露义证》,第424—425页。

　　《月令》认为,不仅人们的农业生产活动要按四时气节的不同而有不同的措施,人们的日常生活,特别是统治者的生活也应同四时变化相一致,如:"孟春之月……其帝太皞,其神句芒……载青旗,衣青衣……食麦与羊……以元日祈谷于上帝。"即正月的帝叫太皞,它的神叫句芒,这个月统治者要穿青色衣服,打青色旗,吃麦和羊肉,在立春之日天子要在东郊举行迎春仪式。这里依据之一是五行论。因为春天和东方搭配,东方的颜色为青,味道为酸,气味为膻,因此,统治者的衣、食、住、行都要与这个月所有的阴阳五行特点相一致。依据之二是在更高层面的阴阳论。因为阴阳直接承接于大道之理,也是贯穿于整个宇宙的大原则。因此,社会和自然都必须共同遵循阴阳之道,比如说,统治者的庆赏同阳气是同类的,其刑罚则同阴气是同类的。如果统治者的行为和措施合乎天地之道,就会风调雨顺,季节变化正常;反过来,会引起自然界不正常的变化,出现各种怪异的灾害现象。这里体现出阴阳五行理论的"天人感应"效应。依此,董仲舒在《春秋繁露·五行顺逆》中写道:木为春,君主当"劝农事,无夺民时";火为夏,君主当"举贤良,进茂才";土为夏中,君主当"循宫室之制,谨夫妇之别,加亲戚之恩";金为秋,乃杀气之始,君主当"诛贼残,禁暴虐","动众兴师,必应义理";水为冬,此为宗庙祭祀之始,君主当"敬四时之祭,昭穆之序"。君主的重要性不言而喻,在整个阴阳五行所构造的环境中,其核心力量的发出者就源自这一对象,从中也透露出对权力的崇拜。

　　五行凭借阴阳之气在万物中证他又自证最终证成于大道,正如董仲舒所言:"天意难见也,其道难理。是故,明阳阴入出、实虚之处,所以观天之志;辨五行之本末、顺逆、小大、广狭,所以观天道也。"[1]所以,天道虽然难明,但通过阴阳或五行之理还是可以"观天道"的。

---

[1] 苏舆:《春秋繁露义证》,第 467 页。

三、世界的失序及补正

董仲舒在表明世界总体失衡的态势下分五种情形进行表述。他先描述五行观下的正常秩序，分别是：

> 木者春，生之性，农之本也。劝农事，无夺民时，使民，岁不过三日。行什一之税，进经术之士。挺群禁，出轻系，去稽留，除桎梏，开门阖，通障塞，恩及草木，则树木华美。而朱草生，恩及鳞虫，则鱼大为。鳣鲸不见，群龙下。
>
> 火者夏，成长，本朝也。举贤良，进茂才，官得其能，任得其力。赏有功，封有德。出货财，振困乏。正封疆，使四方。恩及于火，则火顺人而甘露降。恩及羽虫，则飞鸟大为，黄鹄出见，凤凰翔。
>
> 土者夏中，成熟百种，君之官。循宫室之制，谨夫妇之别，加亲戚之恩。恩及于土，则五谷成而嘉禾兴，恩及裸虫，则百姓亲附，城郭充实，贤圣皆迁，仙人降。
>
> 金者秋，杀气之始也。建立旗鼓、杖把旄钺，以诛贼残，禁暴虐，安集，故动众兴师，必应义理。出则祠兵，入则振旅。以闲习之，因于搜狩。存不忘亡，安不忘危。修城郭，缮墙垣，审群禁，饬兵甲，警百官，诛不法。恩及于金石，则凉风出。恩及于毛虫，则走兽大为，麒麟至。
>
> 水者冬，藏至阴也。宗庙祭祀之始，敬四时之祭，禘袷昭穆之序，天子祭天，诸侯祭土，闭门闾，大搜索，断刑罚，执当罪，饬关梁，禁外徙。恩及于水，则醴泉出。恩及介虫，则黿鼍大为，灵龟出。①

世界失序则表现为：

> 木者……人君出入不时，走狗试马，驰骋不反宫室，好淫乐，饮酒沉湎，纵恣不顾政治。事多发役，以夺民时；作谋增税，以夺民财；民病疥搔、温体、足胕痛。咎及于木，则茂木枯槁，工匠之轮多伤败，

---

① 苏舆：《春秋繁露义证》，第371—380页。

毒水浄群,漉陂如渔。咎及鳞虫,则鱼不为,群龙深藏,鲸出现。

火者……人君惑于谗邪,内离骨肉,外疏忠臣,至杀世子,诛杀不辜,逐忠臣,以妾为妻,弃法令,妇妾为政,赐予不当,则民病血壅肿、目不明。咎及于火,则大旱,必有火灾,摘巢探鷇,咎及羽虫,则飞鸟不为,冬应不来,枭鸱群鸣,凤凰高翔。

土者……人君好淫佚,妻妾过度,犯亲戚,侮父兄,欺罔百姓,大为台榭,五色成光,雕文刻镂,则民病心腹宛黄、舌烂痛。咎及于土,则五谷不成,暴虐妄诛,咎及裸虫,裸虫不为。百姓叛去,贤圣放亡。

金者……人君好战,侵陵诸侯,贪城邑之赂,轻百姓之命,则民病喉咳嗽、筋挛、鼻鼽塞。咎及于金,则铸化凝滞,冻坚不成,四面张罔,焚林而猎。咎及毛虫,则走兽不为,白虎妄搏,麒麟远去。

水者……人君简宗庙,不祷祀,废祭祀,执法不顺,逆天时,则民病流肿、水张、痿痹、孔窍不通。咎及于水,雾气冥冥,必有大水,水为民害。咎及介虫,则龟深藏,鼋鼍呴。①

综合这五种"不顺"的境况,以"王者"作为各种境域动力发出者的代称,上述文字则可集中表达为:

王者与臣无礼,貌不肃敬,则木不曲直,而夏多暴风,风者,木之气也,其音角也,故应之以暴风。王者言不从,则金不从革,而秋多霹雳,霹雳者,金气也,其音商也,故应之以霹雳。王者视不明,则火不炎上,而秋多电,电者,火气也,其音征也,故应之以电。王者听不聪,则水不润下,而春夏多暴雨,雨者,水气也,其音羽也,故应之以暴雨。王者心不能容,则稼穑不成,而秋多雷,雷者,土气也,其音宫也,故应之以雷。②

董仲舒所借鉴的理论来自《吕氏春秋》《管子》等阴阳五行学说所定

① 苏舆:《春秋繁露义证》,第371—381页。
② 同上书,第387—389页。

下的基调,具体的细节是否能一一应验,并不重要,只要这个文化圈中的人相信其存在,这就有了意义,故追索的意义也就不能限于只在看阴阳五行所布设的景象是否能在有形的世界中能找到对应物。当然这些物象也不是可有可无的摆设,每一类别的情状的表述极为严谨,既没有重复也没有赘语,各物象之间联络紧密,且一荣俱荣、一损俱损,加上五行各行的顺逆转化界限分明,从这种图式中人们自然就会感受到五行的警戒力量。如要具体展开更复杂的义理,这些物象也须围绕五行之意铺设,不能独立"发言"。如对五行失序的情状,还可以从五行之间的"相干"理解。"五行相干"的具体情形是这样的:

> 火干木,蛰虫蚤出,蚘雷蚤行;土干木,胎夭卵毈,鸟虫多伤;金干木,有兵;水干木,春下霜。
>
> 土干火,则多雷;金干火,草木夷;水干火,夏雹;木干火,则地动。
>
> 金干土,则五谷伤有殃;水干土,夏寒雨霜;木干土,裸虫不为;火干土,则大旱。
>
> 水干金,则鱼不为;木干金,则草木再生;火干金,则草木秋荣;土干金,五谷不成。
>
> 木干水,冬蛰不藏;土干水,则蛰虫冬出;火干水,则星坠;金干水,则冬大寒。①

总共 20 种的排列穷尽了五行各行之间"相干"的各种可能性。至于为什么"火干木"与"木干火"的结果不一样,恐怕阴阳家本人也说不清楚。但它有形式完整的意义,阴阳五行很多内容就是依靠已有形式的完整性推衍出来的。

那么,五行失序如何补正呢? 变救的办法有:

> 五行变至,当救之以德,施之天下,则咎除;不救以德,不出三

---

① 苏舆:《春秋繁露义证》,第 383—384 页。

年,天当雨石。木有变,春凋秋荣,秋木在,春多雨,此繇役众,赋敛重,百姓贫穷叛去,道多饥人;救之者,省繇役,薄赋敛,出仓谷,振困穷矣。火有变,冬温夏寒,此王者不明,善者不赏,恶者不绌,不肖在位,贤者伏匿,则寒暑失序,而民疾疫;救之者,举贤良,赏有功,封有德。土有变,大风至,五谷伤,此不信仁贤,不敬父兄,淫泆无度,宫室荣;救之者,省宫室,去雕文,举孝悌,恤黎元。金有变,毕昴为回三覆,有武,多兵,多盗寇,此弃义贪财,轻民命,重货赂,百姓趣利,多奸轨;救之者,举廉洁,立正直,隐武行文,束甲械。水有变,冬湿多雾,春夏雨雹,此法令缓,刑罚不行;救之者,忧囹圄,案奸宄,诛有罪,搜五日。[①]

上述从天下失序到相应救助方法,其思路俨然是程式化的,人们可以从各种征兆中找出属于哪种五行的"变至",从而断定该如何应对。董仲舒将"德性"作为恢复整个混乱秩序意义核心的出发点,且"德性"由一个现世中的"王者"来承担,这种理解具有纲举目张的作用。[②]"王者"的指向是明确的,董仲舒结合儒学与阴阳五行即是取前者的责任感和后者的灵活性从而以达到能入世的实用理性的意图,而这个世界秩序的建立很大程度上与王者的德性具有必然性关系,故必须把"王者"当作所有动力发出者的代表。德是道在人间世的另一表现形态,践德行不仅仅是死守一些道德律条,最重要的是要把德性放在更大范围中看是否能激活整个心性。事实上,阴阳五行就是依照"中和"来处理情性的失序状态的。

"中和"作为心性拿捏重要的目标,历代圣贤大多为此花费毕生精力来调和内在和外在世界以取得各种关系的平衡。"中和"在其他精神现象中的表述都借助微妙的心理来把握,在阴阳五行的视野下得以有更富质感的展现,这也是阴阳五行的独特之处。同样,"中和"之美在阴阳和五行中也能找到相应的具体表现方式。

---

① 苏舆:《春秋繁露义证》,第385—386页。
② 情性与王者、天下事相联,在古人眼里是顺理成章的事,《汉书·董仲舒传》就记有:"仲舒对曰:'陛下发德音,下明诏,求天命与情性,皆非愚臣之所能及也'"。

第五章　民生政论与环境美化

随着对环境认识和生活过程的习惯性重复,古人自然地以为有一种永不改变的模式,故而试图以简约的条文方式将之固化和细化,使之得到普及。为了强调其重要性和有效性,甚至不惜动用发布政令的途径来加以实施,这种做法集中表现在"月令"的制定和实施中。"月令"的称呼最早出现在《礼记·月令》①中,但以这种体裁来规范世人的行为方式至今能找到的最早文典是《夏小正》,相近的文字还见于《吕氏春秋》十二纪和《淮南子·时则训》。"月令"是指在一年中按顺序规定每月人们该做的事,有的月令甚至以节气作为时间单位来规划,使整个事情变得更为精细。有人把"月令"当作月历看,也有人认为是农书,如从"月令"的整体效应看,它的意义更为丰富。为了说明人们为什么要做这些事,它潜在的基本思路是从天象、物候说起,以自然环境始终如一的节律来为"非得如此"立论,当中夹杂阴阳五行学说使得整套说辞披上神秘的外衣,但由于这种深入人心的思维习惯具有权威性,不但不会令人生畏,反而显得更有说服力。源于传统以农事为主的生存方式,月令虽涉及狩猎、蚕

---

① 有学者认为《礼记·月令》在东汉时才成书,但考察其思想内容还是符合先秦时期人们的认识,故可当成"月令"命名的最早出处。

桑、养马甚至商业等诸多活动,但这些事件都围绕着农业生产进行。据
于此,上至天子、百官,下及黎民大众,都必须在维护农耕的基础上配以
相应的起居、礼仪、祭祀活动,并以法令、戒条加以强制执行。整个实施
过程引起一个系统的环境效应,其有序化蕴含了某种对生态思想的认
知,特别是在对外在自然的认识方面规定了很多保护措施,相比于其他
文化表述,类似写明在特定的时令中人们不能随意砍伐和屠杀的条文极
易引起人们的关注,在整个古代文化的发展过程中,形成了一道独特的
风景。凡是与保护自然相关的说辞,人们自然地会从"月令"有关的问题
域中去获得,说明此等问题已成为人们的共识,有其可行的基础,以政令
形式来加以施行,又说明必定是引起统治者重视且关系到国计民生的大
问题。两汉时期明确与"月令"相关的事件是西汉王莽时期颁布的《四时
月令诏条》和东汉时期崔寔所著的《四民月令》。

第一节 《盐铁论》

在汉武帝把汉帝国推向强盛的背后,潜藏着严重的社会政治问题。
主要表现在:对外征战不断,耗费巨大,造成国库严重空虚,转而盘剥百
姓,社会生产和稳定受到极大破坏;对内重用酷吏,滥用刑罚,积重难返,
以致怨声载道;作为帝王,个人恃才傲物,却又迷信方士神仙之术,难以
明辨视听并作出正确决断。这些弊端引发了剧烈的社会矛盾,汉武帝晚
年,各地出现了农民暴动。面对社会动荡,汉武帝及时悔悟,写下著名的
《轮台罪己诏》以责己过,并纠正了之前系列行为以挽救帝国的颓势,虽
然产生了一定的积极作用,但真正能起到拨乱反正效果的时间要推到其
后继者昭帝和宣帝的统治时期。

公元前 87 年,汉武帝崩,年仅 8 岁的汉昭帝弗陵继位,由大司马大
将军霍光辅政。霍光善于审时度势,继续沿用汉武帝晚年的民生政策,
自前 87 年至前 74 年连续九次颁布惠民诏令,包括减免田租、赐给贫农
借贷粮食及种子、免除军马负担、给孤老残疾者以衣被、减少马口钱及口

赋钱、减少及停止漕运、裁减官府冗员以减轻民众负担等①,这一系列措施使西汉政权得以维持。公元前74年,昭帝崩。宣帝即位,霍光仍掌握大权。前68年,霍光死,宣帝开始真正执政,励精图治,完全恢复了帝国的元气,延续了武帝以来的繁荣局面。

汉宣帝治国,极为重视贤良,曾七次下诏征召人才,出现了两位著名的宰辅人物魏相、丙吉以及一批良吏,《汉书》为此专设"良吏传"(六位良吏中有五位是宣帝时的人)来记录这一历史现象。宣帝出身微贱,了解民间疾苦,因此他极为重视与民生关系最为密切的州郡太守这一层级的吏治②,亲自参与相关官员的升迁、任免和奖罚考核,这样,抓住了问题的关键,纲举而目张,上下同心同德,一时出现"百姓乐土,岁数丰穰"的局面,把"昭宣中兴"推向了顶峰。

相比于农业,工商业在这一时期更为活跃。汉朝早期求稳,农业发展成为首要的生产方式,晁错《论贵粟疏》准确地指出了这种需求。随着汉帝国的崛起,其强大的国力务求相应的社会生产方式,原先农业生产的单一化倾向不能满足新的历史条件的要求。汉武帝提出的"均输""平准"是要盘活整个帝国能量的政策,与此相应的,整个帝国的生产方式在客观上自然承认了工商业的存在的合法性。从农业到商业,汉武帝元朔二年(前127年)曾下诏引《周易》"通其变,使民不倦"来说明其必然性,应劭由此阐释说:"黄帝、尧、舜祖述伏羲、神农,结网耒耜,以日中为市。交易之业,因其所利,变而通之,使民知之,不苦倦也。"③汉武帝在世的时候,没人敢反对他通过官营的方式对盐、铁这种重要资源的垄断和调配,可在他死后,这种"与民争利"的做法就遭到了质疑。但也有一批对现实有清醒认识的有识之士支持汉武帝的做法。双方在力量对等的前提下

---

① 参见白寿彝主编《中国通史》(第四卷),上海:上海教育出版社1998年版,第338页。
② 《盐铁论·除狭第三十二》就曾论及这一时期郡守一级的重要性:"今守、相或无古诸侯之贤,而荷千里之政,主一郡之众,施圣主之德,擅生杀之法,至重也。非仁人不能任,非其人不能行。一人之身,治乱在己,千里与之转化,不可不熟择也。"
③ 见班固《汉书》第120页注释(三)。

展开了辩论,就出现了历史上著名的"盐铁"之争。

公元前 81 年,盐铁会议在昭帝刘弗陵的主持下召开。主张要废除盐铁官营的一派人物主要由儒生组成,可称为"贤良"或"文学"派(统称为"文学"派),与"文学"派针锋相对的另一派可称为"大夫"派(以桑弘羊为代表)。本来"文学"一派是没有力量可以和"大夫"派辩论的,在论战中"大夫"派有许多鄙视的言辞,训斥这些读书人妄议国事,可毕竟历史把他们推上了同一平台,说明"文学"一派也积蓄了一定的力量。[①] 争论一开始,"文学"派就明确表示反对盐铁官营、酒类专卖和均输法的做法[②],认为这些不利于农业生产的工商业活动是本末倒置,会使社会风气变坏,王者最好"务本不作末,去炫耀,除雕琢,湛民以礼,示民以朴"[③]。而"大夫"派则回避一般的"治人之道",从具体的历史关节点指出,当初"兴盐、铁,设酒榷,置均输",是因为匈奴犯边,武帝同情边民的疾苦,在边境建城堡要塞、修烽火台、屯田驻军以防御敌人,由此导致边用吃紧,才实行国家专营诸措施以补财政不足。如随便废除,则会引起社会不安定。

从双方第一次交锋就可以看出,"文学"派事实上是从儒家经典上习得一套所谓理想设计来范定现实问题,而"大夫"派则因为有治国经验,比较注重从实际问题出发来提出相应主张,并不承认有一种永久的治世良策,正所谓:"贤圣治家非一宝,富国非一道。"[④]若把"文学"派与"大夫"派的辩论归纳为浪漫派与实用派之争,在社会理想图景的设计上就出现了两种不同的方向。

---

① "文学"派就指出:"高皇帝之时,萧、曹为公,滕、灌之属为卿,济济然斯则贤矣。文、景之际,建元之始,大臣尚有争引守正之义。自此之后,多承意从欲,少敢直言面议而正刺,因公而徇私。"可见,有"争引""直言"的时期多重要。"文学"派的这一征用为自身的"以言参政"作了申辩,也透露出当政者能接纳不同意见是彰显政治文明的一个重要表现,即使是在当政者内部上下级之间有此宽容度,也对社会生活有积极作用。

② 完整主张是:"方今之务,在除饥寒之患,罢盐、铁,退权利,分土地,趣本业,养桑麻,尽地力也。寡功节用,则民自富。"见《盐铁论·水旱第三十六》。

③《诸子集成·盐铁论》,第 45 页。

④ 同上书,第 3 页。

一、"贤良/文学"派的浪漫生活图景

"文学"派的脱离现实不是指他们不关注现实问题,而是指他们解决现实问题的手段是动辄从以往典籍中找符合标准的方案,这些方案包括:

（一）行仁政,重耕作,节欲望,齐贫富

就边疆现状,"文学"派认为一切作为完全是自找麻烦。他们指出,秦派蒙恬拓边已经够远了,现在还要超越蒙恬兴修的边塞,到朔方郡以西、长安城以北那些匈奴曾经占有的地方设立郡县,花费了大量人力物力,给百姓带来很大的负担。发动战争更是不得人心,与内地环境不同,"匈奴牧于无穷之泽,东西南北,不可穷极,虽轻车利马,不能得也,况负重赢兵以求之乎"①? 不仅如此,司马相如、唐蒙在西南民族地区邛、筰修建道路,横海将军韩越出兵南夷,楼船将军戍守东越,荆、楚地区的瓯、骆用兵,左将军荀彘征伐朝鲜,设立临屯,燕、齐人民征讨秽貉以及张骞出使西域等等这些对外行动都使百姓吃尽苦头,弄些无用的东西回来,却让国库财富白白外流。因此,当政者要把目光转向和亲时期寻求可行之道。那时"匈奴结和亲,诸夷纳贡,即君臣外内相信,无胡、越之患"②。朝廷向民间收税不多,百姓安居乐业,没有兵灾祸事。人们种田吃饭,养蚕织麻穿衣。家家都有积蓄,朝廷财物充足,乡间老年人都能得到皇上的恩赐。③ 这种日子就让人联想到以往黄金时代,那时,"采椽不斫,茅茨不翦,衣布褐,饭土硎,铸金为锄,埏埴为器,工不造奇巧,世不宝不可衣食之物,各安其居,乐其俗,甘其食,便其器"。人们没太大的欲望,不和远

---

① 《诸子集成·盐铁论》,第 55 页。
② 同上书,第 51 页。
③ 在《盐铁论·国疾》中,"文学"派是这样描写这一"自足自给"的画面的:"常民衣服温暖而不靡,器质朴牢而致用,衣足以蔽体,器足以便事,马足以易步,车足以自载,酒足以合欢而不湛,乐足以理心而不淫,入无宴乐之闻,出无佚游之观,行即负赢,止则锄耘,用约而财饶,本修而民富,送死哀而不华,养生适而不奢,大臣正而无欲,执政宽而不苛;故黎民宁其性,百吏保其官。"

方交换物品,昆山之玉这种奢侈品也不会流通到内地,一切正如孟子所言:"不违农时,谷不可胜食。蚕麻以时,布帛不可胜衣也。斧斤以时,材木不可胜用。田渔以时,鱼肉不可胜食。"①如果去本求末,一切平衡就会受到破坏,比如:"饰宫室,增台榭,梓匠斲巨为小,以圆为方,上成云气,下成山林,则材木不足用也";"雕文刻镂,以象禽兽,穷物究变,则谷不足食也。妇女饰微治细,以成文章,极伎尽巧,则丝布不足衣也";"庖宰烹杀胎卵,煎炙齐和,穷极五味,则鱼肉不足食也"。② 上述三种情况表明衣、食、用这些基本的需求本来都能得到保障,如果还出现不能得到满足的情况,皆由于人的心性中被诱导出那种超出基本需求的欲望。有些地方如桂林,土地广阔、物产丰饶,砍掉树木就能种出庄稼,烧掉野草就可以播种,通过简单的耕种就能生产出粮食,可是当地人懒惰,又吃好穿好,住着茅草屋还整天唱歌,这样生活到底还是会变得困顿。在交通发达的某些地方,如赵地中山,靠近黄河的同时又汇合各路交通要冲,来往的商人和诸侯十分频繁,可以说商业很发达,可是那里的人不重视农业,好逸恶劳,家里没有存粮,男女爱打扮,还整天弹瑟作乐,活该遭受贫穷。而像宋、卫、韩、梁等地重视农业的百姓,普通人家都能勤劳致富。

　　就匈奴扰边的现状,"文学"派不从事件的前因后果去找到出谋划策的根据,而是搬出典籍中只作为历史传说的德治理想社会,以其圆满的存在来指责现有措施的错误,然后从中找出某一似是而非的解决方法。他们认为,君王治国,不谈财富多少、利害得失,正如孔子所言"不患贫而患不均,不患寡而患不安"(《论语·季氏篇》),只以仁义去教化百姓,推广仁德去安抚百姓,以使远近归服、天下太平,这样就不存在所谓边患这种问题。因此,君王只要修行德性,不用出动军队即能战胜敌人,也就不需要什么费用,盐铁、酒类专营、均输平准诸等与民争利的经济行为皆可取消。甚至法律也可以忽视,正所谓:"刑罚不任,政立而化成。……砭

---

① 语引《孟子·梁惠王上》,与今本文字略有不同。
②《诸子集成·盐铁论》,第 5 页。

石藏而不施,法令设而不用。"①这种说法表面上很能迎合人的常识,也能打动人的良知,可是在现实中行不通,历史上从来没有出现过凭良心来治国的君主,三皇五帝时代作为历代尊崇的黄金时代似乎可以作为德治的例证,可它们仅存在于传说之中,可能只是先儒的杜撰。针对这种撇开具体的历史条件推行一劳永逸的治国方法,"大夫"派指出,如要废除法律,犹如不用工具,就去矫正弯曲的木头,是行不通的。从前,杜少、伯正在梁、楚一带造反,昆仑、徐伯一伙在齐、赵、华山以东犯乱,关内一批暴民据守要道。遇到这样的情况,不使用刑罚和武力去镇压,而一味地宣称仁义,设礼修文,无异于以短针而攻疽,没任何疗效。因此"为政者不待自善之民"②,而应适时而动,制定适合具体条件的政策、措施。

超越具体条件的"性善"说作为观念中美好的存在,它的意义有利弊两方面:好的一面在于给人提供不断追求某种更好生活的动力,给贫乏的现实带来可能有的希望,也能作为残暴现实的批判面,因此即使是幻想,大多数人也愿意接受这种虚无的安慰。他们认为人性中有一种永恒的美好的一面,如能诱导出每个人的这一潜能,就可以从根本上去推行仁义,而不用事后才用刑罚去制裁。不好的一面,也就在于幻想的不真实,一旦有人执着于它的可行性,结果却又往往令人绝望,那么其幻灭所导致的破坏力也是巨大的。大多数人都容易相信这一套美好的说辞,统治者也就顺势来引导这批人的心理能量的流向,使之有利于巩固其统治。"贤良/文学"作为儒生之流没有治国经验,其见解大多来自书本知识,特别是董仲舒的观点,常被这批儒生引用,一定程度上借助了董氏成功地说服汉朝统治观念的惯性,这样就不能把"文学"派的主张当作读书人的凭空捏造,它的存在也是有思想根据的。

---

① 《诸子集成·盐铁论》,第 69 页。
② 同上。

（二）"散不足"

"散不足"指消耗奢侈引起的匮乏。①"大夫"派自述原认为"贤良"派不同于"文学"派，经过一番激辩，发现两批人本质上没有什么不同。"贤良"派立即作出了强烈回应。他们用 32 种例子展示了古代美好社会及其后代至今时（即"贤良"之流所生活时期）不断堕落的生活画面，说明从古至今蜕变的重要原因在于人心欲望的过度膨胀，这种比较和解释，为认识贫困现实产生的原因提供了某种参考、根据。

第一类，食。古代，不吃没成熟的谷物和蔬菜，不捕杀幼小动物："谷物菜果，不时不食，鸟兽鱼鳖，不中杀不食。故徽罔不入于泽，杂毛不取。"②这些说法古已有之，《礼记·王制》就说："五谷不时，果实未熟，不粥于市"；"禽兽鱼鳖不中杀，不粥于市"。而到了当世，完全没有顾忌："富者逐驱歼罔置，掩捕麑鷇，耽湎沈酒铺百川。鲜羔挑，几胎肩，皮黄口。春鹅秋雏，冬葵温韭，浚茈蓼苏，丰耨耳菜，毛果虫貉。"

饮食用的器具，古代，"污尊抔饮，盖无爵觞樽俎"。其后，"庶人器用即竹柳陶匏而已。唯瑚琏筹豆而后雕文彤漆"。今者，"富者银口黄耳，金罍玉钟。中者野王纻器，金错蜀杯。夫一文杯得铜杯十，贾贱而用不殊"。商朝箕子哀叹奢侈的事只能用在帝王身上，如今这种现象已出现在百姓家庭。

古代，"燔黍食稗，而捭豚以相飨"。其后，"乡人饮酒，老者重豆，少者立食，一酱一肉，旅饮而已"。再往后，"宾婚相召，则豆羹白饭，綦脍熟肉"。今者，"民间酒食，殽旅重叠，燔炙满案，膊鳖脍鲤，麑卵鹑鷃橙枸，鲐鳢醢醯，众物杂味"。从古至今，食材品类越来越繁多，味道也越来越细美。

关于熟食，古代，"不粥饪，不市食"。其后，"则有屠沽，沽酒市脯鱼

①《淮南子》的"五遁"也谈论人们在膨胀欲望驱使下导致的天下失序的情况，两者不同在于："五遁"是以"五行"的格式来归纳出五种类型，而"散不足"则以日常生活的衣、食、住、行等为线索来展开。

②《诸子集成·盐铁论》，第 36 页。

95

盐而已"。今时,"熟食遍列,殽施成市,作业堕怠,食必趣时,杨豚韭卵,狗腒马朘,煎鱼切肝,羊淹鸡寒,挏马酪酒,寒捕胃脯,腜羔豆赐,觳膹鴈羹,臭鲍甘瓠,熟粱貊炙"。

关于肉食,在古代只是重要日子才有肉吃,平时吃粗粮野菜:"庶人粝食藜藿,非乡饮酒腰腊祭祀无酒肉。故诸侯无故不杀牛羊,大夫士无故不杀犬豕。"如今,到处可以找到屠夫,吃肉也没有什么顾忌:"闾巷县佰,阡伯屠沽,无故烹杀,相聚野外。负粟而往,挈肉而归。夫一豕之肉,得中年之收,十五斗粟,当丁男半月之食。"

第二类,住。古代,住极为简陋的茅草屋和窟室:"采橡茅茨,陶桴复穴,足御寒暑、蔽风雨而已。"后世,"采椽不斲,茅茨不翦,无斲削之事,磨砻之功。大夫达棱楹,士颖首,庶人斧成木构而已"。今时,"富者井干增梁,雕文槛楯,垩㙞壁饰"。

睡觉器具,古代,"无杠橶之寝,床杼之案"。后世,"庶人即采木之杠,牒桦之橶。士不斤成,大夫苇莞而已"。今时,"富者黼绣帷幄,涂屏错跗。中者锦绨高张,采画丹漆"。

床上席子,古代,"皮毛草蓐,无茵席之加,旃蒻之美"。后世,"大夫士复荐草缘,蒲平单莞。庶人即草蓐索经,单蔺蓬蔟而已"。今时,"富者绣茵翟柔,蒲子露床。中者滩皮代旃,阘坐平莞"。

第三类,服饰。古代,"衣服不中制,器械不中用,不粥于市"。今时,"民间雕琢不中之物,刻画玩好无用之器。玄黄杂青,五色绣衣,戏弄蒲人杂妇,百兽马戏斗虎,唐锑追人,奇虫胡姐"。"贤良"之流所赞扬的古代遵循礼制中规中矩的衣饰其实很单调,今人能穿上五颜六色的衣裳,生活中常有些雕刻把玩之物,又时常能观赏到杂耍和马戏,这应该算是一种进步。

从穿麻布衣到热衷于穿丝绸衣裳也反映了人心的变化。古代,"庶人耋老而后衣丝,其余则麻枲而已,故命曰布衣"。其后,"则丝里枲表,直领无袆,袍合不缘。夫罗纨文绣者,人君后妃之服也。茧绸缣练者,婚姻之嘉饰也。是以文缯薄织,不粥于市"。今者,"富者缛绣罗纨,中者素绨冰锦。常民而被后妃之服，褻人而居婚姻之饰。夫纨素之贾倍缣，缣之用倍纨也"。

有关皮衣的着装，古代，"鹿裘皮冒，蹄足不去"。其后，"大夫士狐貉缝腋，羔麑豹袪。庶人则毛绔祜彤，羝鞥皮襦"。今时，"富者黼貂，狐白凫翁。中者罽衣金缕，燕骼代黄"。

婚礼衣饰，远古时代没记载："男女之际尚矣，嫁娶之服，未之以记。""及虞、夏之后，盖表布内丝，骨笄象珥，封君夫人加锦尚褧而已。"今时，"富者皮衣朱貉，繁露环佩。中者长裾交袆，璧瑞簪珥"。

穿的鞋，在古代，主要穿草鞋："庶人藨菲草芰，缩丝尚韦而已。"及其后，有了麻鞋和皮鞋，即："綦下不借，挽絓革舄。"今时，时髦穿细软的鞋："富者革中名工，轻靡使容，纨里纮下，越端纵缘。中者邓里闲作蒯苴。蠢竖婢妾，韦沓丝履。走者茸芰绚绐。"

第四类，行。古代，有事出行时用车马，无事马匹还用来当劳力："诸侯不秣马，天子有命，以车就牧。庶人之乘马者，足以代其劳而已。故行则服枙，止则就犁。"今天，马不但不再用在田地，而且还要用人口劳力来侍候："富者连车列骑，骖贰辎轩。中者微舆短毂，繁髦掌蹄。夫一马伏枥，当中家六口之食，亡丁男一人之事。"

车轮的装饰也发生很大变化。古代，"椎车无柔，栈舆无植"。其后，"木轮不衣，长毂数幅，蒲荐苙盖，盖无漆丝之饰。大夫士则单榱木具，盘韦柔革。常民漆舆大轸蜀轮"。今时，"庶人富者银黄华左搔，结绥韬杠。中者错镳涂采，珥靳飞轮"。

马鞍之类的装备和饰物，古代，"庶人贱骑绳控，革鞮皮荐而已"。其后，"革鞍牦成，铁镳不饰"。今时，"富者镴耳银镊鞍，黄金琅勒，罽绣弇汗，华珥明鲜。中者漆韦绍系，采画暴干"。

第五类，节日。古代，不到节日不休息："庶人春夏耕耘，秋冬收藏，昏晨力作，夜以继日。诗云：'昼尔于茅，宵尔索绹，亟其乘屋，其始播百谷。'非腊腊不休息，非祭祀无酒肉。"今时，没事都要找日子过节："宾昏酒食，接连相因，析酲什半，弃事相随，虑无乏日。"

节庆的音乐,在古代,木头、石块当乐器:"土鼓块枹,击木拊石,以尽其欢。"后来,乐器有改善,但乐音不美妙:"卿大夫有管磬,士有琴瑟。往者,民间酒会,各以党俗,弹筝鼓缶而已。无要妙之音,变羽之转。"今时,钟鼓齐鸣,载歌载舞:"富者钟鼓五乐,歌儿数曹。中者鸣竽调瑟,郑舞赵讴。"

第六类,祭祀。古代,人们祭祀不出门,祭品很薄陋:"庶人鱼菽之祭,春秋修其祖祠。士一庙,大夫三,以时有事于五祀,盖无出门之祭。"今时,祭祀走出家门,在名山大川之间大讲排场:"富者祈名岳,望山川,椎牛击鼓,戏倡舞像。中者南居当路,水上云台,屠羊杀狗,鼓瑟吹笙。贫者鸡豕五芳,卫保散腊,倾盖社场。"

古代用心祭祀:"德行求福,故祭祀而宽。仁义求吉,故卜筮而希。"今时,祈求鬼神,只为虚荣:"世俗宽于行而求于鬼,怠于礼而笃于祭,嫚亲而贵势,至妄而信日,听訑言而幸得,出实物而享虚福。"

古代,各类人勤勤恳恳做事,生活很实在:"君子夙夜孳孳思其德,小人晨昏孜孜思其力。故君子不素餐,小人不空食。"今时,偏听偏信,装神弄鬼,也就出现了巫祝:"世俗饰伪行诈,为民巫祝,以取厘谢,坚额健舌,或以成业致富,故惮事之人,释本相学。是以街巷有巫,闾里有祝。"

丧葬时,古代"瓦棺容尸,木板堲周,足以收形骸,藏发齿而已"。其后,"桐棺不衣,采椁不斲"。今时,"富者绣墙题凑。中者梓棺梗椁。贫者画荒衣袍,缯囊缇橐"。

陪葬用品(明器),古代是实物的替代品:"明器有形无实,示民不可用也。"其后,"则有醆酶之藏,桐马偶人弥祭,其物不备"。今时,有钱人殉葬的俑人穿得比一般老百姓还好:"厚资多藏,器用如生人。郡国縣吏,素桑楺偶车橹轮,匹夫无貌领,桐人衣纨绨。"

古代,坟墓没有装饰,也不弄成土堆状:"不封不树,反虞祭于寝,无坛宇之居,庙堂之位。"其后,有了土堆且越积越高:"则封之,庶人之坟半仞,其高可隐。"今时,富人把坟墓装扮成一道风景:"富者积土成山,列树成林,台榭连阁,集观增楼。中者祠堂屏合,垣阙罘罳。"①

古代,邻里对居丧之家有同情之心:"邻有丧,春不相杵,巷不歌谣。孔子食于有丧者之侧,未尝饱也,子于是日哭,则不歌。"今时,把奔丧的事搅成了闹剧:"因人之丧以求酒肉,幸与小坐而责辨,歌舞俳优,连笑伎戏。"

古代,事生送死都极尽人伦之情理:"事生尽爱,送死尽哀。故圣人为制节,非虚加之。"而今时,生不能尽孝,死却大讲排场,以博取虚名:"生不能致其爱敬,死以奢侈相高;虽无哀戚之心,而厚葬重币者,则称以为孝,显名立于世,光荣着于俗。故黎民相慕效,至于发屋卖业。"

第七类,目睹当今之怪现象。古代家庭婚姻结构,一夫一妻:"夫妇之好,一男一女,而成家室之道。"其后,有了一夫一妻多妾的现象:"士一妾,大夫二,诸侯有侄娣九女而已。"今时,有钱人家占有很多女性,很多穷人成了光棍,男女关系结构失调:"诸侯百数,卿大夫十数,中者侍御,富者盈室。是以女或旷怨失时,男或放死无匹。"

古代,凶年由于有积累,百姓还能平安过日子:"凶年不备,丰年补败,仍旧贯而不改作。"今时,一遇荒年,危机四伏:"工异变而吏殊心,坏败成功,以匿厥意。意极乎功业,务存乎面目。积功以市誉,不恤民之急。田野不辟,而饰亭落,邑居丘墟,而高其郭。"

古代,不会额外花费人力物力去饲养动物:"不以人力徇于禽兽,不夺民财以养狗马,是以财衍而力有余。"今时,在大多数人连饭都吃不饱的前提下,有人养起了宠物:"猛兽奇虫不可以耕耘,而令当耕耘者养食之。百姓或短褐不完,而犬马衣文绣,黎民或糟糠不接,而禽兽食粱肉。"

古代,每个阶层的人各司其职:"人君敬事爱下,使民以时,天子以天下为家,臣妾各以其时供公职,古今之通义也。"今时,有钱有势的人蓄起了奴婢,这批人大多无所事事,还拥有很多财富,这大大伤害了在地里耕种的百姓:"县官多畜奴婢,坐禀衣食,私作产业,为奸利,力作不尽,县官

---

① 《易·系辞下》有:"古之葬者,厚衣之以薪,葬之是野,不封不树。"

失实。百姓或无斗筲之储,官奴累百金;黎民昏晨不释事,奴婢垂拱遨游也。"

同样,在古代,亲疏贵贱讲究很明确:"亲近而疏远,贵所同而贱非类。不赏无功,不养无用。"而到了今时,官府竟豢养着一批无功之人:"蛮、貊无功,县官居肆,广屋大第,坐禀衣食。百姓或旦暮不赡,蛮、夷或厌酒肉。黎民泮汗力作,蛮、夷交胫肆踞。"

以上,"贤良"之流从衣食住行、婚丧嫁娶、风尚习俗等方面①概述了古今三个阶段(以古今为主)的变化过程,核心意思在于指出古代人纯朴自然,身心和谐,各种环境协调有序,过的是一种理想的生活方式。可是到了后来,人们逐渐遗忘了生存的本意,竞相追逐华而不实的东西,特别是富人阶层的出现,加剧了这一破坏身心平衡的趋势。物质生活表面内容增多了,精神内涵却要做减法,"贤良"称之为产生了"蠹"(蛀虫)。要抑制住此类偏颇,最好是追本溯源,重现古代的美好风尚。"贤良"之流的这些复古意图,有强烈的道德捆绑色彩,对历史和各种现实问题缺乏深入的了解,因此所提出的主张也缺少说服力。他们所谓"古代"仅是一种传说,只存在于书籍或口头相传之中,这种对古代不真实的认识给后代带来了某种诱惑。但历史是不可倒流的。每个时代都有其自身的难题,古代社会的某一特点对当今而言是优点,并不能证明古代整体上都没缺点,更不能试图以之来取代当今的一切。

"贤良"之流意在描述一个历史倒退的过程,然而后代人的生活虽有诸多不足,但整体上比前人更为丰富多样,趣味也更为复杂细腻,从常识判断,人们不应该不切实际去崇拜过去,贬低当下。

《盐铁论·散不足》出自"贤良"之口,为后代保存了汉时人们一般的生活情景及某些过程片段的资料,又较大篇幅且集中地展示了古今生活的相关内容,这在古代典籍中是很少见的。

---

① "贤良"把当时堕落现象归纳为八种类型:宫室奢侈、器械雕琢、衣服靡丽、狗马食人之食、口腹从恣、用费不节、漏积不禁和丧祭无度。"散不足"比较集中地谈论古今不同,如要扩大此类问题,整个论辩的其他部分都可作如是观。

一般认为,"大夫"派偏向实用,事实上不尽然,"文学"派有时比"大夫"派更关注产品的实用性。"贤良/文学"派针对"大夫"派利用"均输"法大力提倡与异域进行交易时就曾指出,外来的骡、驴的用途抵不上本土的牛、马,鼠皮、貂皮、毛毯、花毡也不如中原大地的丝绸实用。此外,美玉、珊瑚产于昆仑山,珍珠、犀牛、大象产于桂林,这些地方离汉人聚居地太远,按照种田养蚕的劳动方式来计算购买这些物品的费用,每个外来物产都要用百倍的价钱,一捧东西就要万钟谷物来换,这太不值得了。朝廷如继续鼓励这种对外贸易方式,获得那些不实用的物品无疑会助长奢侈风气,甚至会普及到百姓当中去,加上本土物资的外流,可见,"均输"法为害不小。由此看来,"文学"派固守原有的生产习惯,只能接受相关的物品,既无好奇心,也无视生活其他的需求,单从外来物品可能给人带来美这一点就加以拒斥,就可以看出"贤良/文学"诸流的浅薄和无知。"大夫"派就讥讽一贯自命清高的儒生,如孔鲋,在秦末暴动中,为了私利,竟脱掉长衣,带着孔子礼器《诗》《书》,到陈胜那里委身为臣,可见,儒生的人格主张在遇到历史大变动时,也带着很多现实生存的考虑,随时都可能改变,在此意义上,儒生与一般俗人无别,也是追名逐利者。其实用倾向,完全是个体投机的选择,与"大夫"派相比,缺乏从群体利益考虑的维度,用"大夫"派的话即是能"安国家,利人民,不苟繁文众辞"①之实用才是真正的有用,否则着眼点虽在现实,其所议皆属生存技巧,为个人谋而已。

"文学"虽宣称为儒生,但其构造的生活图景更接近道家。他们从抽象的人性善出发,虚拟出一套颇具煽动性的话语,在逻辑上只具有形式上的根据,没有实质内容可供证明,"大夫"派就指出这批儒生"有华言矣,未见其实也"②。特别是把他们的主张放在更大的社会范围或更长的历史进程中来看,其无根和荒谬性就会更为显明地暴露出来。

①《诸子集成·盐铁论》,第26页。
②同上。

二、"大夫"派提倡真实、实用的生活

"大夫"派的代表人物桑弘羊官居御史大夫,属皇帝的秘书长兼管监察,行副宰相职务,曾辅助汉武帝"定大业之路,建不竭之本",有丰富的行政经验。在他看来,"贤良/文学"之流对边境的状况完全不了解,更缺乏保家卫国的能力和志气,就轻率地妄议国家大事,鼓吹取消"盐铁"诸策,在道理上说不通。

(一)"均输""平准"

"大夫"派认为必须明确"均输""平准"的基本含义及其意义。武帝朝之所以要实施这两大法规,是基于各地诸侯在把特产运送到京城的过程中,很多东西较粗劣,往往运费高于物品本身的价值,这样,就有必要设"均输"官,来帮助运输,以利于远方交纳贡物,这就是"均输"的意思;至于"平准",指的是在京城设立仓库,用来收购和储藏货物,物贱时买入,物贵时卖出,用政府行为来平衡物价,使商人不能牟取暴利。两种做法,"平准则民不失职,均输则民齐劳逸"[1],共同好处都在平抑物价以方便百姓,不为犯罪提供可乘之机。库存物品,并不全是为战争服务,更多的是为济困赈灾,武帝元狩三年至四年(前120—前119年),山东遭受水灾,齐、赵发生饥荒,就是靠均输积累的财富和国家仓库贮存的粮食,才得以渡过难关,因此,"均输之物,府库之财,非所以贾万民而专奉兵师之用,亦所以赈困乏而备水旱之灾也"[2]。

均输法也可以用在对外的贸易活动之中。例如,可以用汝、汉一带的金子以及各地进贡的丝织品,与胡、羌等异域之地的特产交换,具体运作中,两匹丝绸就可以得到很多匈奴的珍宝。这样,驴、骡、骆驼、良马就会源源不断地运入关内,鼠皮、貂皮、狐貉等各种贵重皮料,彩色毡子、有花纹的毯子以及璧玉、珊瑚、琉璃等奇珍宝物也将充满宫廷的仓库。国

---

① 《诸子集成·盐铁论》,第2页。
② 同上书,第3页。

用也就跟着富足丰饶,正如《诗经》所言:"百室盈止,妇子宁止。"

为应对"文学"派推出的古已有之的说理优势,"大夫"派也虚构出了一种他们理解的古代社会应有的模样。他们认为那时生产方式极为全面,能"开本末之途,通有无之用"①,农业和工商业都得到发展,当中市场起了很重要的作用,它使农民、商人和手工艺者都得到了自身所需要的东西,生产的积极性也就得到提高,正如《周易·系辞》所言:"通其变,使民不倦。"而"贤良/文学"派鼓吹农业的重要,"释末耕而学不验之语,旷日弥久,而无益于治,往来浮游,不耕而食,不蚕而衣,巧伪良民,以夺农妨政"②,结果影响农事,又妨碍朝政,可见其言之凿凿之事,自身也未必相信。

"大夫"派很重视环境之间能量的流动,而在社会运动中,能促动各方互动的就是商业活动。他们举例说,"陇、蜀之丹漆旄羽,荆、扬之皮革骨象,江南之楠梓竹箭,燕、齐之鱼盐旃裘,兖、豫之漆丝絺纻"③,这些地方的特产都是人们的必需品,只有通过市场交换才能实现。圣人早已知道这一点,所以制造船、桨通行于江河峡谷,驾驶牛马辗转于山陵内陆,即使穷乡僻壤也能到达,使各种货物得以流通,方便百姓。当然商业不是单一行为,必须纳入更大的社会环境中才能看清各种关节。整个大环境可简化为几个系统要素的运作:首先从手工业开始,工匠制造农具,就能保证土地耕种至收割的进行,有了粮食,商业得到发展,物资就能流通,政府财政也就能运作起来。每个环节缺一不可。这就是:"陶朱为生,本末异径,一家数事,而治生之道乃备。"④"大夫"派为了说明流通的必要,甚至运用五行学说进行理论的疏释,以增强其说服力。他们指出一个前人没有看出的现象,就是上苍造物时,某一五行方位在其专属本性必然表现特别突出的情况下,总会出产与之对立的物品来削减其力量,使得这一地域的阴阳得到平衡。如东方属木,木性旺,就有丹、章两

---

① 《诸子集成·盐铁论》,第 1 页。
② 同上书,第 25 页。
③ 同上书,第 2 页。
④ 同上书,第 44 页。

地的金铜山来克木;南方火,则有交趾那边的大海大河来制约;西方金,蜀、陇有名材之林来泄其金气;北方水,则出现幽都的积沙之地与之相克。这些事例,就是"天地所以均有无而通万物"①的意志表现。天意如此善良,可是人间遇到阴阳五行不均衡的情形则不懂得变通。吴、越一带的竹子,隋、唐之地的木材,多得用不完,可是曹、卫、梁、宋等地人死了只能用简陋的柞木为棺,或者连棺木都找不到,只能抛尸荒野。同样的,黄县的鲐巴鱼多得吃不完,可是邹、鲁、周、韩的百姓只能吃粗食野菜。这些例子,都是不懂得通过商业流通来交换物产从而平衡阴阳五行的道理而造成的。

"均输""平准"也不是没有制度设计上的盲点,"贤良/文学"派就曾指出,有的地方假借国家名义,命令百姓放弃他们擅长的生产方式,以致百姓只好贱卖自己的特产,用高价买回自身不生产而又需要上交国家的东西;有的地方强迫百姓生产布絮,任意刁难,强行收购;此外,他们还会变相盘剥老百姓,比如,在收购齐、阿的细绢,蜀、汉的麻布时,会借机搜刮其他物资。这样,"行奸卖平,农民重苦,女工再税,未见输之均也"。官府乱发命令,关闭城门,垄断市场,官商交结,囤积居奇,操纵物价,也可看出"豪吏富商积货储物以待其急,轻贾奸吏收贱以取贵,未见准之平也"。② 上有政策,下有对策,再好的制度设计在具体实施时总会遇到投机取巧者的变相利用,由于这种现象仅属个别事件,不能以此来否定整个政策的可行性和实效性。

从"文学"派对"均输"和"平准"的揭露可看出儒生也不是完全不了解现实事件的人,问题在于读书人看问题的角度和解读的方法大多偏于一面,而且往往受情绪影响,动辄以良心来衡量事件本身的得失,以致会使整个大事件变得卑小琐细,看不到问题的全貌,也抓不住事情根本的性质。"文学"派的这种现实关注似乎比"大夫"派更为实际,但由于看问

---

① 《诸子集成·盐铁论》,第 4 页。
② 同上书,第 2 页。

题变成钻牛角尖，一叶障目，其对现实的直接效果反而是有害的。当然，"大夫"派的实用，有时也能见出其鄙琐无知。比如在接待少数民族的礼仪上，"大夫"派主张"列羽旄，陈戎马，所以示威武。奇虫珍怪，所以示怀广远明盛德，远国莫不至也"①。这些仪仗透露出一定意义上的政治文明，但所选取的器物不太恰当。军马、奇禽、怪兽等都是异域的产物，也就是四夷使节所熟悉的东西，拿来展示有迎合来客、使之产生一种"宾至如归"之感的意思，但这显得太实用。仪式作为一种权力的表征，在威慑的背后有美化权力的一面，它的核心作用在于使参与者出现一种脱离常境之感的效果。因此在欢迎外来使节的时候，最好还是要呈现一套对方陌生的器物，使之产生一种猎奇的兴奋心理，从而让其深刻地记住主办方的精神意图。"贤良"派的主张比较符合实际。他们认为："今万方绝国之君奉贽献者，怀天子之盛德，而欲观中国之礼仪，故设明堂、辟雍以示之，扬干戚、昭雅、颂以风之。"四方宾客参观了明堂、辟雍，又欣赏了干戚舞，听了雅乐、颂歌以后深受中原礼乐的影响，高高兴兴回去了，就可以产生让他们永久归附的效果。而当今，"乃以玩好不用之器，奇虫不畜之兽，角抵诸戏，炫耀之物陈夸之"。② 把别人熟悉的东西当宝贝，对国家没有好处。

（二）天下协同

在《相刺》中，"大夫"派针对"文学"派指责其"耕而不学，则乱之道"时，以"不耕而学，乱乃愈滋"加以还击，"文学"派迅速转移话题，指出史上很多不如人意的事情实际上是由于各种"趣舍不合"而造成的；相应地，"大夫"派又表明人、事并不是错谬难以协作的，而是潜在有着明确的趋向，在诚意的感召下，可以耦合出一个共通的环境。"大夫"派说："橘柚生于江南，而民皆甘之于口，味同也；好音生于郑、卫，而人皆乐之于耳，声同也。越人子臧、戎人由余，待译而后通，而并显齐、秦，人之心于

①《诸子集成·盐铁论》，第45页。
② 同上书，第46页。

善恶同也。故曾子倚山而吟,山鸟下翔;师旷鼓琴,百兽率舞。"①早在先秦,孟子就讨论过"味有同耆""耳有同声""目有同美"(《孟子·告子上》)的道理,"大夫"派依据这种天下趋同观,进一步指出主要感官味觉、听觉之所以能"同"的原因在于有"美味""好音"的存在,心也一样,人们之所以能同心合力就在于有着"向善"这一倾向。每个人生活在不同的环境,但天生从生理上就有着共同的趋好,心理上也一样,这就为"合群"准备了重要的条件。各种爱好,从道德评判上看即可善可恶,有着各种走向,但是在其中发挥重要作用的是"良知"的发现。社会的存在,是人们鉴别出何谓"良知"的重要条件。人在历史总体发展上表现出一种道德化趋势,由此可看出"善"在各种选择中占有主导位置。在"良知"的感召下,天下就可以形成一个和谐统一的环境。在整个协作过程中,语言的作用不可忽视。从感官、思维的相通并不能得出必然合作的结果,它们还必须有语言的参与,特别是华夏和四夷之间,"待译而后通"。"大夫"派甚至认为,这种和谐的环境还可以带动禽兽的加入,一并庆祝天下大同的盛况。"文学"派之所以没能看到这种美好的局面,就是因为对"诚意"强调不够。

同样从实用角度出发,"大夫"派指出"歌者不期于利声而贵在中节,论者不期于丽辞而务在事实"②,意思是为了形成一个美好的环境,有着善良的愿望还不够,还必须有着方法上的可行性。善歌知转,才能称为"能歌";善言知变,才能称为"能言"。凡事懂规矩,知权衡,才能营造出美好的天下。

第二节 《四时月令》

20 世纪 90 年代初,在敦煌悬泉置遗址发现了以隶书墨体写于泥墙上的壁书《四时月令五十条》。据其书:"元始五年五月甲子朔丁丑,和中

---

① 《诸子集成·盐铁论》,第 26 页。
② 同上。

普使下部郡太守,承书从事下当用者,如诏书,书到言。从事史况。"①人
们断定其发布时间为"元始五年"(公元 5 年),属王莽专权时以"太皇太
后"的名义发布的诏书,它是目前所见最完整的在汉代与环境保护有关
的法律文书。诏书全文共有 101 行,由正文和标题两部分组成,正文在
前面,标题在后面,按照四时、十二月令的方式规定百姓在一年中的农事
安排,题记为《使者和中所督查诏书四时月令五十条》。相比于《吕氏春
秋》十二纪和《淮南子·时则训》,《四时月令》的文字更接近《礼记·月
令》。在《礼记·月令》中,每月的政令内容很多,但《四时月令》出于实用
需要,缩减为 50 条②,主要围绕农业生产展开,语言简明易懂,有利于法
令的宣传和执行。作为一种政府行为,它首先表明了实施此项法规的
意图。

一、政令畅通是各种生产、生活顺利进行的保障

诏书开头即指出了当时国家遇到的重要问题,即大自然阴阳不调,
风雨失时,加上懒惰百姓不勤于劳作,导致灾害频仍。为了阻止此等颓
势,英明君主有必要制定相应的措施来解决全国面临的困难。围绕整个
条文,有几大方面体现了国家实行此项政令的决心:③

第一,以最高权威的命令来强化。当时名义上最有权力的人物是诏
令中提到的"太皇太后"王政君,她是王莽的姑妈,以她作为颁布政令的
主体,能起到最大的号召作用。诏令末尾又以"安汉公、宰衡、太傅、大司
马"等指向王莽的多样头衔来为本政令从实权上加以确认,其重要性不
言而喻。王莽在奏言中的出现还有一个用处就是解释了设立负责此政
令的气象官(羲和)与大农、农部丞职位重叠的原因,在于此项诏令有当

---

① 班固:《汉书》,第 2966 页。
② 这 50 条包括:春 20 条(孟春 11 条、仲春 5 条、季春 4 条),夏 12 条(孟夏 6 条、仲夏 5 条、季夏
　1 条),秋 8 条(孟秋 3 条、仲秋 3 条、季秋 2 条),冬 10 条(孟冬 4 条、仲冬 5 条、季冬 1 条)。有
　的条文还附有"谓——"的解释内容,共有 39 条。
③ 以下思路受刘希庆《从敦煌悬泉置〈四时月令诏条〉看西汉生态环境保护的国家意志》(载于
　2003 年第 4 期《北京城市学报》)一文的启发。

下的紧迫性,并且已获得太皇太后的同意,故虽有不足,各级官员仍须以大局为重,配合执行。

第二,设立羲和四子专门负责此诏书的制定、颁布和督查。诏令中有"故建羲和,立四子……时以成岁,致意……其宜□岁分行所部各郡"句。除"羲和中叔之官初置"外,相关的负责官员还有"监御史、州牧、闾士、[大]农、农部丞"。在《月令诏条》下达的过程中,还设置了一些其他官员,如"中二千石""二千石下郡太守、诸侯相""兼掾恽""敦煌长史护""护下部都尉""□隆""文学史崇"等。这一系列官员的设置,说明实施《月令诏条》不是仅仅停留在表面的一般形式,而是要获得具体的实效。

第三,《月令诏条》规定了完整的颁布和实施过程。诏令说:"元始五年五月甲子朔丁丑,和中普使下部郡太守,承书从事下当用者,如诏书,书到言。"又:"五月辛巳,羲和丞通,中二千石,二千石下郡太守、诸侯相从事下当用者;兼掾恽。八月戊辰,敦煌长史护行大守事……护下部都尉劝□□隆、文学史崇□□□崇□县,承书从事下当用事者,□……[显见处],如诏书、使者书,书[到]言。"引文中所谓"显见处"指将诏书张贴在人数众多且能够被看到的地方。该《月令诏条》于"元始五年五月甲子朔丁丑"由主管气象的官员羲和直接下达到京师、郡国、州县,诏书到日,立即按规定执行,具体到达敦煌的时间是"八月戊辰",前后经历了三个月。

第四,《月令诏条》还设有定时检查机制。按诏令内容,每一季末都安排相应的官员来督查当地对月令的执行情况,如第 34 行:"羲和臣秀,羲中臣充等对曰:尽力奉行。"52 行:"羲和臣秀、羲叔臣□等对曰:尽力奉行。"66 行:"羲和臣秀,[和]中臣普等对曰:尽力奉行。"82 行:"羲和臣秀、和叔[臣]晏等对曰:尽力奉行。"这些官员的表态,使传承下来的"月令"施行有了具体的地域特色。羲和臣秀下辖四子,即"羲中臣充"掌春季,位东方;"羲叔臣□"掌夏季,位南方;"[和]中臣普"掌秋季,位西方;"和叔[臣]晏"掌冬季,位北方。由于敦煌处西部,按规定,应派出掌秋季的"羲和四子"之"和中(仲)"作为使者来具体执行。据《汉书·王莽传》

记载，王莽督查执法时极为严厉："犯者徙之西海。徙者以千万数，民始怨矣。"由此推断，对《月令诏条》的执行，绝不能随便走过场。

二、对生产、生活节律的重视

蔡邕《月令篇名》言："因天时，制人事，天子发号施令，祀神受职，每月异礼，故谓之《月令》。所以顺阴阳，奉四时，效气物，行王政也。"可见，"奉四时"是"月令"的一项重要内容。落实到农业生产，一个须遵守的重要原则是《孟子》所言"不违农时"。"月令"按照四时的顺序来编排各项活动，其核心精神就是对时间节律及与之相应的农耕生产的重视。基于此，《四时月令》孟春第一条开头说"敬授民时"①即表明了整个"月令"的中心思想。对政府来说，在一年开春时间，有责任告诉百姓播种时节已来临，要到田间耕种了。为了整个生产、生活环境的顺畅，做好水道、陆路的交通十分重要，季春月令前三条规定：

第一条："修利隄防。谓修筑隄防，利其水道也，从正月尽夏。"

第二条："道达沟渎。谓□浚雍(壅)塞，开通水道也，从正月尽夏。"

第三条："开通道路，毋有[障塞]。谓开通街巷，以□□便民，□□□从正月尽四月。"

为了使生产和生活各项事务得以顺利进行，官府不能随便扰民。孟春第九条规定："毋聚大众。谓聚民缮治也，尤急事若(?)追索□捕盗贼之属也，□下……追捕盗贼，尽夏。其城郭宫室坏败尤甚者，得缮补□。"又，孟春第十条有："毋筑城郭。谓毋筑起城郭也……三月得筑，从四月尽七月不得筑城。"两个条文合在一直，意思②指的是孟春之月作为春播农忙的季节，禁止官府动用民众去修缮城郭，或从事追捕盗贼等事务。

---

① 完整句子为："敬授民时，曰扬谷，咸趋南亩。"取自《尚书·尧典》："乃命羲和，钦若昊天，历象日月星辰，敬授民时。分命羲仲，宅嵎夷，曰旸谷。寅宾出日，平秩东作(孔安国传：平均次序东作之事，以务农也——引者)。日中、星鸟，以殷仲春。""扬谷"即旸谷，太阳升起的地方，指东方，又引申为春天。

② 以下有关《四时月令五十条》所有引文和释意主要参考冯卓慧《从〈四时月令〉诏令看汉代的农业经济立法》(载于《甘肃政法学院学报》总第116期)一文的翻译。

若是严重危害治安的事务,要在夏末农闲以后进行。若是城郭或官衙破败严重到影响了政事的顺利进行,可以酌情对之修补。即使是征伐战事,也不能妨碍农事,仲春月令第三条:"毋作大事,以防农事。谓兴兵正(征)伐,以防(妨)农民者也,尽夏。"这条规定有效期延续整个夏季。为强调不得随便动用劳力和征战,孟夏月令第三、四条指出:"毋发大众";"毋攻伐□□"。可见围绕农事展开工作是为政者的首要任务。

为了使农业生产有一个适宜的环境,立夏之后,草木生长繁盛,因此不要修墙砌苑,以免伤了土气,孟夏月令第一条:"继长增高,毋有坏堕。"说的就是"垣藩(墙)□……气也……"也不要随便掘土,孟夏月令第二条有:"毋起土功。谓掘地(深三)尺以上者也,尽五[月]。"为防止野兽侵害庄稼,为政者须"毆(驱)兽(毋)害五谷"(孟夏月令第五条),整个八月"毋大田猎"(孟夏月令第六条)。

到了盛夏,天下大热。从阴阳学的角度看,称为火气大,此时须注意用火以及降温问题。仲夏月令用了三个条文来表达:

第二条:"毋烧灰□。"(意思是草木生长旺盛时期,烧灰会伤火气,只有当火气灭时才能烧灰。)

第三条:"门闾毋□。"(意思是门闾不要关闭。汉代的门指城门,闾指闾门。廿五家为一闾,一闾有闾门。因天气太热,城门、闾门在夜晚时都不要关闭,以利通风。)

第五条:"毋用火南方。"(南方属火地,在阳气正旺之季,在南方用火,火势可能更加凶险,故禁止在南方用火。)

商业作为使社会产品得以流通的重要方式,是农业生产必不可少的补充环节,所以商人的行为也要加以重视。在八月末之前,商人们可能早就将货物运到关市,但为避税收,有的会将货物藏匿起来。主管关市的官员这时不要去向他们的货物征税,因为正式的商贸活动还没有开始。仲夏月令第四条明确规定:"关市毋索。尽八[月]。"

季夏月令只有一条,文字漫灭,但依稀可辨识出与"土功"有关。对照《礼记·月令》,应为"不可以兴土功",承孟夏月令第二条之意。土功,指对土地的深挖。这个月是"树木方盛"①之时，深挖地会影响树木及各种农作物根部的生长。

秋天是收成的季节，为政者当务之急是提醒百姓做好秋收准备并对相关环境做整治修缮工作。孟秋月令第一条："［命］百官，始收敛。"意思是谷物收成的时候，百官须督促农民从事收割、晒谷、收藏。具体说，就是田官直接到田间地头去督促农民收割。古代督农的官员称为田畯，《诗经·甫田》就有："我田既藏，农夫之庆。……以其妇子，馌彼南亩。田畯至喜，攘其左右。"诗中说的就是丰收时田间官民同乐的景象。环境整治方面，提出"完隄防，谨雍（壅）［塞］"（孟秋月令第二条）和"修宫室，□垣墙（墙），补城郭"（孟秋月令第三条）。八月以后，为了应对可能到来的秋季水涝，要提前做好防水防涝工作，政府要领导民众加固隄防，疏通河道。并且要修茸好宫室，补好墙壁和城郭。

到了仲秋，最重要的事情是收藏粮食，因此，整饬粮仓是一件首要工作。仲秋月令第一条就说："筑城郭，建都邑，穿窦（窖），修囷仓。"筑城郭，建都邑，是因百姓此时稍有闲暇，让其承继孟秋时的工作，但更要紧的事是整修仓库，把晒干的谷物收进粮仓。《礼记·月令》："（仲秋之月）穿窦窖，修囷仓。"郑玄注："入地椭曰窦，方曰窖。"孔颖达疏："椭者似方非方，似圆非圆，以其名窦，与窖相似，故云椭曰窦。方曰窖者，窦既为椭圆，故以窖为方也。"②可见，"窦"呈椭圆形，"窖"呈方形，因在地下，称为"穿窦窖"；囷是圆形的粮仓，仓是方形的粮仓，因立于地面上，称为"修囷仓"。

收完粮食，开始为过冬做准备："收，务蓄采，多积聚。谓［趣］收五谷，蓄积……"（仲秋月令第二条）在多积蓄五谷的同时，特别要积存充足的能长期存放的蔬菜作为过冬的食物，同样为将来做准备。仲秋时节，还必须"乃劝□麦，毋或失时，失时行□毋疑。谓趣民种宿麦，毋令□（□种，主者）"（仲秋月令第三条），意思是在积聚粮食的同时，不要忘了开始

① 十三经注疏整理委员会：《十三经注疏·礼记正义（上、中、下）》，第511页。
② 同上书，第528页。

种植次年夏初即可收获的小麦。八月是种小麦的好时节,政府有责任提醒百姓抓紧农时种上这一能过冬的粮食作物。

季秋进一步强调了"秋贮"的含义,其月令第一条指出:"命百官贵贱,无不务人,[以会]天地之藏,毋或宣出。谓百官及民□……□尽冬。"意思是天气渐渐寒冷,无论是百官还是庶民,人人都必须贮藏物品,以顺应天地的特性,不要让物品泄出,不利于过冬。

真正的蕴蓄敛藏的时节是冬季。秋季仅是做好收藏和贮存的工作,冬季整个时令核心不但是要把粮食存进粮仓,而且要藏好。为此冬天三个季度皆围绕冬藏展开。孟冬月令第一条:"命百官,谨盖藏。谓百官及民□。"此条承继着秋季的工作,要求百官严守库存,民众则要管好自家的财产。第二条:"附城郭。谓附阤薄也。"第三条:"戒门间,修键闭,慎管籥,固封印,备边竟,完要[塞,谨关梁,塞][蹊径]。谓当(?)□门……□以顺时气……"此两条集中谈及须谨守各交通要道,不要轻易交流,以顺时气。通过守藏以顺气是冬季最显明的特点,相比于秋季,它在"气"这一更深层次上体现了"藏"的精神性特征。为守住"气",月令从孟冬第三个条文起,规定了一系列必须禁止的行为:

> 毋治沟渠,决行水泉……尽冬。
>
> 土事无作。谓掘地深三尺以上者也,尽冬。
>
> 慎毋发盖。谓毋发所盖藏之物,以顺时气也,尽冬。
>
> 毋发室屋。谓毋发室屋,以顺时气也,尽冬。
>
> 毋起大众,□固而闭。谓聚民缮治也,尽冬。
>
> 涂阙廷门间,筑囹圄。

整个仲冬的条文都在告诫世人要防止漏气,也正因为气不漏,才能顺气。做好冬天各项工作的保障,人们才能顺利迎接次年的到来。季冬只有一个条文,清楚地表明了"迎来送往"这一目的,其文曰:"有,□□,旁磔,[出土牛],以送寒气。谓天下皆以……岁终气毕以送之,皆尽其日。"至此,一年四季的节律"春生、夏长、秋收、冬藏"在月令条文中清楚地展示出来。对这种节律感,古人皆极为重视,正如《逸周书·周月解》所言:"凡四时成岁,有春夏秋冬,各有孟、仲、季,以名十有二月,中气以着时应。……万物春生、夏长、秋收、冬藏,天地之正,四时之极,不易之道。"[1]《荀子·王制》也说:"春耕、夏耘、秋收、冬藏四者不失时,故五谷不绝而百姓有余食也;污池、渊沼、川泽谨其时禁,故鱼鳖优多而百姓有余用也;斩伐养长不失其时,故山林不童而百姓有余材也。"[2]人们依照此进行各种活动,则能掌握"天道之大经"(《史记·太史公序》)。此等节律在传统《月令》中通过五行配伍的乐律更为明确地表达出来,《四时月令》简化了这部分内容,可在精神意会上人们依然可以借助原有的月令来补充,使四时的音乐感更为清晰。

三、对多种自然资源的认识及保护

传统的《月令》条文即对各种自然资源有明确的保护措施,《四时月令》继承了这方面的内容。自然界中有多种资源,中国古代文化中,其关注点主要集中在与生产、生活有关的资源上。在表达中,"月令"式条文大多以"毋"(不要)的形式来表达意思,即告诉人们遵守了禁止的事,就做了该做的事。当然直接指出该做的事也有,它与禁止的事合称为"与时禁发"[3]。《四时月令》偏重于"禁令"方面,具体类别有:

第一,对森林资源的保护。孟春第一条规定:"禁止伐木。谓大小之木皆不得伐也,尽八月。草木零落,乃得伐其当伐者。"

第二,对动物的保护。这方面的条文特别多,孟春十一条中,就有六条涉及对动物的保护。如第三条:"毋摘剿(巢)。谓剿空实皆不得摘也。空剿(巢)尽夏,实者四时常禁。"第四条:"毋杀□虫。谓幼少之虫、不为

---

① 皇甫谧等:《帝王世纪·世本·逸周书·古本竹书纪年》,济南:齐鲁书社 2010 年版,第 54 页。
② 王先谦:《荀子集解》,北京:中华书局 1988 年版,第 156 页。
③《荀子·王制》有:"修火宪,养山林薮泽草木鱼鳖百索,以时禁发,使国家足用而财物不屈,虞师之事也。"《管子·立政》也有:"修火宪,敬山泽林薮积草,夫财之所出,以时禁发焉。使民于宫室之用、薪蒸之所积,虞师之事也。"

人害者也,尽九[月]。"第五条:"毋杀孙。谓禽兽、六畜怀任(妊)有胎者也,尽十二月常禁。"第六条:"毋夭蜚鸟。谓夭蜚鸟不得使长大也,尽十二月常禁。"第七条:"毋麛。谓四足……及畜幼少未安者也,尽九月。"第八条:"毋卵。谓蜚鸟及鸡□卵之属也,尽九月。"季春月令第四条特别指出对鸟类的保护:"毋弹射蜚(飞)鸟,及张罗、为它巧以捕取之。谓□鸟也……"

第三,对植物的保护。仲春月令第一条:"存诸孤。谓幼□□……"这是对田地里菜、粮幼苗的保护,使之能成熟养人,如有些人急于安顿当前的餐饭,随意采摘幼苗,得不偿失,反而会耽误全年的生计。这个思想在《礼记·月令》早已道出:"是月也,安萌芽,养幼少,存诸孤。"老天都承认幼孤存活的合法性,人更应该懂得这个道理。不只是春天有初生植物,即使到了仲夏,用作染料的蓝草也尚未长成,仲夏月令第一条即规定:"仲毋□[蓝]以染。"初生的蓝草需丛生,此时可分移栽培,但还不能用于染色。

第四,对水资源的保护。仲春月令第四条写道:"毋□水泽,□陂池、□□。四方乃得以取鱼,尽十一月常禁。"①这里的意图实际上是为了捕获鱼虾,可以看出古人对自然资源的保护主要还是为了功利目的。

第五,对森林的保护。仲春月令第五条指出:"毋焚山林。"意思是"烧山林田猎,伤害禽兽□虫草木……[正]月尽……"古代有人为了获取猎物,竟借助春天风高,焚烧森林,给森林带来毁灭性的破坏,此条文有效杜绝此类现象。

第六,对矿产资源的保护。季秋月令第二条指出:"毋采金石银铜铁。尽冬。"这时令已经开始霜降,土地都冻结了,地都是藏物的时候,所以矿工要停止劳作,不要再开采金、石、银、铜、铁等地下矿藏。否则逆时节而动,不符合天地的生养规律。此禁令到冬季结束之前都有效。这一条文是新增内容,传统"月令"中没有这一规定,说明汉代矿业在社会生

---

① 查《礼记·月令·仲春之月》完整文字应为:"毋竭川泽,毋漉陂池。"

活中已占有一定地位。汉代自景帝以后,由国家统一管理矿山开采、冶炼,据《汉书·地理志》记载,全国设有铁官的地区有 46 处之多,铁官不仅包括铁矿藏的管理,也包括对其他矿藏的管理。

《四时月令》所说的环境不仅限于人世间的地理,还涉及天文。其条文专门提到主管天文、气象的官职"羲和""羲叔""扬谷"等,说明月令的内容是参照了天文知识而制定的。在细小的方面,《四时月令》还注意到微生物环境,如孟春第十一条:"瘗骼貍(埋)骴。骼谓鸟兽之□也,其有肉者为骴,尽夏。"骼指的是鸟兽一类的枯骨,骴则指已死去但身上还保存有肉的鸟兽。由于已到春天,气候变暖,为防止动物死尸污染空气,造成瘟疫传染,对于冬季死亡的鸟类的尸骨要赶紧掩埋。这一规定必须一直执行到夏末。对这一现象,古代社会没有相应的观察工具,人们不可能看到微生物,完全是凭借经验来判断,在知道腐烂动物尸体会对人的生存环境造成一系列破坏以后,古人会做出隔离传染源、注意通风采光等举措,这是一项重要的生存活动。

"生态"的基本含义指的就是"生物之间的系统关联性",中国古人认识生物圈虽然没达到系统性的高度,可在局部范围内,还是注意到了其"关联性"。如仲春月令第二条写道:"日夜分,雷乃发声,始电,执(蛰)虫咸动,开[户]始□。[先雷]三日,奋铎以令兆民曰:雷□怀任(妊),尽其日。"意思是:"雷当以春□之日发声,先三日奋铎以令兆民,养[雷]且发声。□不戒其容止者,生子□□,必有凶[贰]。"雷声引发蛰虫动,这就是一个关联性的发生,从气候到生物活动之间形成了一个因果链条,这就有了"生态"意义的认知。当然,后一句竟把妇女怀孕也纳入这一连锁反应的过程之中,未免跨度太大,纯属巫术式的比附思维。

中国古代这种保护动植物的意识只限于人的功利范围,并不是出于符合对象自身的目的性的考虑。最典型的说法是对小动物不能宰杀,原因是它们作为食材还不够分量,也还没繁衍出下一代,尚不能为人作持久的贡献,故要保护,这种理由显然很不充分。真正的为动物(包括植物)着想应该是把它们当作与人一样的生命来对待,"非洲圣人"阿尔伯特·施韦泽就说过:"有道德的人不打碎阳光下的冰晶,不摘树上的绿叶,不折断花枝,走路时小心谨慎以免踩死昆虫。"[1]以神学来提倡环保的先锋林恩·怀特更进一步把对象扩大到所有存在物,说:"我们可以感觉到我们与一条冰川、一个原子微粒或一块螺旋状星云之间的友好情谊。"[2]当然中国古人受时代的局限,不可能有如此的大视野,但相比于直接毁灭环境生态的做法,这些法令在一定程度上还是对自然的保护起到了一定作用。

第三节 《四民月令》

到了东汉,以"月令"体形式来表现整个生产、生活环境的做法不再局限于政府行为,甚至扩展到了个人的著作,崔寔所著的《四民月令》就是这方面的代表。崔寔生活在中央政权被严重削弱的东汉后期,地方势力的加强促成了庄园的出现,《四民月令》所表现的就是这种新经济状况。[3] 如把庄园当作一个类似国家的权力机构,那么《四民月令》就是一部政令,它所要规范的就是庄园这个小型国度。

相比于《四时月令》,《四民月令》有了更丰富的内容。主要表现在:一、虽然还是以农耕生活为核心,但"四民"(士、农、工、商)的说法明确指出了更广泛的社会活动范围;二、具体涉及农耕中很多物种的栽种时令,特别搜集了大量物候材料,为农业生产的科学化提供了可贵的经验;三、百姓生活,除物质生产外,还要有精神需求。为此,《四民月令》引进了祭祀活动,以补充社会生活的维度,给整个环境赋予更多的人文内涵。

---

① [美]罗德里克·弗雷泽·纳什:《大自然的权利》,青岛:青岛文艺出版社1999年版,第20页。
② 同上书,第10页。
③ 《四民月令》中所说的"家长"就是庄园主,庄园内虽然没有明确指出隶属于庄园主的"佃客",但出现构成庄园生产职能的"典馈"(管酿造和饮食品)、"蚕妾"(管采桑养蚕)、"女红"(管纺织)、"缝人"(管缝洗衣裳)、"司部"(负责收采榆荚及其他野生植物)以及管理其他事务的"家人""执事"等,可看出书中所反映的对象就是发生在庄园里的生产及生活现象。

一、农耕生活的细化

《四民月令》被称为"中国古代四大农书"之一,表述农业生产自然是其主旨。农业生产有很多内容,《四民月令》主要指出一年四季中多种农作物的播种、耕耘、灌溉、收割和储藏的具体时间节点。由于国土辽阔,书中内容不可能适合所有地区,主要是针对洛阳及其周边(周洛)而言。[①]

一月份,过了雨水节气后,地气上腾,表层土质疏松隆起,把测地气露出地面二寸长的木桩[②]给掩埋了,去年地里的陈根也可以随手拔掉,此时要抓紧刨土翻地,给大田、畴田(指麻田)上粪。可以栽种的粮食蔬菜有春麦、豌豆(到二月底)以及瓜、葫芦、芥菜、葵菜、蘘、大葱、小葱、香蓼、紫苏、苜蓿、杂蒜、芋芳和韭菜。芥菜和蘘可以分栽。从本月初一到月底,可以移栽竹子、漆树、桐树、梓树、松树、柏树和其他杂树。会生果实的树在望日(十五日)前就要移栽结束,否则果树结实会少。第一个逢"辛"的日子,要扫除韭菜畦中的枯叶。从这个月到二月底都可以整修树枝,而到六月底则不能砍伐竹子、树木,否则会被虫蛀。

二月份,土壤完全解冻了,在松软的好地和河滩小洲的小片冲积地上可以开始耕作,此时适合种早谷子(好田要播得密些,瘦田要播得疏些)、大豆、苴麻[③]、芝麻和地黄。从这个月起到三月底,把树枝压弯埋进土里使它生根,两年以后可以截取下来进行移栽。这种移栽法,在1800年前是难能可贵的。

三月份,在三日那一天可种瓜,清明节后十天要在暖处埋生姜以备立夏出芽后可种到地里。适时的雨过后,可以分栽小葱,种粳稻(好田种稀些、薄田种密些)、早谷子、苴麻、芝麻[④]和胡豆。

[①] 以下有关每月的生产、生活内容的介绍参照了缪桂龙《四民月令选读》一书的译文。

[②]《氾胜之书》记载测量地气的方法,详见本书第七章第二节。

[③] 指结果实的大麻,籽黑色,坚实沉重为好,其茎供作火烛,不用来织布。《四民月令》中记载,大麻为雌雄异株:牡麻(雄株,有花无实,其子青白,两头尖而轻浮,见五月"月令")和苴麻(雌麻)。这种对植物性别的认识,是古人的一种智慧。

[④] 耕种早谷子、苴麻、芝麻这三种粮食作物同二月份。

　　四月份,立夏后可把上个月埋的生姜种到地里。天上降了适时的雨,种黍子、谷子是最佳时候,种大豆、小豆和胡麻(即芝麻)也合时令。此外,还可以分栽小葱。

　　五月份,可以耕麦田。适时雨后,可以种芝麻。夏至前后各二天,可以种黍子。夏至前后各五天,可以种谷子和牡麻(开花不结实,麻皮质量好)。这个月至夏至后 20 天,可以分栽稻子和蓼蓝。

　　六月份,是耘田锄地的重要时机,可以耕麦田。初六日,可以种葵菜。中伏后,可以种芜菁、小蒜,分栽大葱。大暑节后到七月底,可以培育瓠实,收芥菜籽。

　　七月份,耕麦田,收割杂草,种芜菁、芥菜、苜蓿、大葱、小葱、小蒜、胡葱,分栽薤。

　　八月份,劳动内容比较多,收成方面有:1. 收摘葫芦,埋藏在地下保鲜;2. 收割芦荻和杂草;3. 收采韭菜花和豆叶。种植方面有:1. 种大蒜、小蒜、芥菜;2. 种苜蓿和大、小麦。种大、小麦时有些讲究,近白露前,可以种在比较差的地里;秋分前,种在中等的地里;秋分后,要种在好地里。而种穬麦则没有土质好坏的要求。

　　九月份①,主要的劳动内容是:为了迎接秋收、使生产更有计划,先整治园圃,用泥涂仓囤,修理储藏谷物的容器和地窖。

　　十月份,七月种下的芜菁到了收成的时候,同时抓紧时间把其他庄稼也收回来,这个月可以栽种的项目不多,只有分栽大葱一件。

　　十一月份,主要的野外劳动是砍伐竹子和树木。本月有一项决定下一年是否丰收多产的工作要完成,就是对种子的优选。具体办法是:先量出各种谷物种子各一升,用小坛装好,埋在北面墙下背阴的地方。冬至以后 50 天,把它们分别掏出来,再量一次,其中体量增长最大的,就是本年最适宜种植的谷物。

　　十二月份,主要工作是为下一年的农活做准备,庄园主可以叫人配

①《四民月令》缺第九卷,现有的内容是编者根据历代转引的材料编纂而成的。

制修理各种农具,养好耕牛,并挑选能干的庄稼人。

这种把每月主要农耕内容写成条文的做法是建立在对整个生产环境极为熟悉的基础之上,它表明人们对整个地区的气候、土壤、物种甚至人文状况有了充分的掌握,百姓只要依照这种模式进行生产就能得到事半功倍的效果。

二、物候及节日

古人通过观察自然界物象的变化,总结出一套具有规律性的现象,可称为物候学。物候一般指植物的发芽、抽叶、开花、结果、落叶等;动物的飞来、鸣叫、离去等;水文如初霜、终霜、初雪、终雪等;天文则包括一年四季日月星辰的变化和运行等。这些物象之间互有关联并且会引起先后系列必然变化。由于农业活动往往涉及环境的多方面因素,人们就找出物候与农业生产有关的节点,以之作为生产的指导。这种契合,时间在当中成了一个主要标志,而以规定生产时令为主要内容的"月令"也就自然会注重某些物候现象。在《四民月令》中,物候主要有:

一月份,"百卉萌动,蛰虫启户"。这一现象指明了花草与昆虫在春天来临之际的互动关系。由于天气寒冷,农事尚早,人们的主要生产都在户内进行。《夏小正》中描绘一月的物候现象更详细:"正月:启蛰;雁北乡;雉震呴;时有俊风;寒日涤冻涂;田鼠出;柳稊,梅、杏、杝桃则华;鸡桴粥。"《逸周书·月令解》也有类似描绘:"(孟春之月)东风解冻,蛰虫始振,鱼上冰,獭祭鱼,候雁北。……天气下降,地气上腾,天地和同,草木繁动。"①对风、虫、鱼的出现,后世的物候有更确定的日子:"立春之日东风解冻,又五日蛰虫始振,又五日鱼上冰(鱼陟负冰)。"这些典籍在一月份共同注意到的物候现象是蛰虫的动态。

二月份,"玄鸟巢,刻涂墙"。人们为了燕子能有地方筑巢,主动利用闲暇赶在燕子飞来之前整治房屋,这一现象表面看似简单,事实上反映

① 黄怀信:《逸周书汇校集注》,上海:上海古籍出版社 1995 年版,第 657 页。

了人们对物候更深的掌握程度。一般的农事都是有了什么物候，就开始做什么事情，而"燕子来巢"这件事除了表明春天的到来，还意味着燕子与人的亲善。在百姓看来，家门有燕子出入，表明是有福之人，正因为有这等重要意义，人们必须先行做点什么。《夏小正》也说到燕子，其文曰："二月：荣堇，采蘩；来降燕；有鸣仓庚。"《逸周书·月令解》有："（仲春之月）始雨水，桃李华，仓庚鸣……玄鸟至……日夜分，雷乃发声，始电。蛰虫咸动，启户始出。"由此可见，"燕子巢"是二月的重要物候。

相比而言，三月份涉及的物候现象较多。其一："三月桃花盛，农人候时而种也。"传统物候称"惊蛰之日桃始华"，到了三月，桃花盛开是农民开播的总信号。"候时而种"，极为明确地指明了掌握时令的重要性以及农民对农时的依赖。其二："杏花盛，可菑沙白轻土之田。"杏花盛开的时候，可以去耕种疏松土轻的田。其三："榆荚落，可种蓝。"榆荚在二月结完实发了白，已到了老落的时候，这时可以种蓼蓝。其四："'昏参夕，桑椹赤'，可种大豆，谓之上时。"黄昏参星要落下的时候，桑椹红了，这时辰种大豆极佳。这一物候把天象与植物联系起来，从而指明某一谷物可以种植的时间，使整个过程具有更大的内涵和可信度。在《夏小正》中，对这个月物候的描述是："三月：摄桑，委杨，始蚕；拂桐芭，鸣鸠。"两者只在注意到了桑树这一物象上有相通之处，其他皆不相同，可能是描述者分处于不同地域所致。《逸周书·月令解》则说："（季春之月）桐始华，田鼠化为鴽，虹始见，萍始生。……生气方盛，阳气发泄，牙者毕出，萌者尽达，不可以内。"

四月份，"布谷鸣，收小蒜"。布谷鸣叫，在各地农耕中都有重要的指示作用，即表明播谷可全面开始了。"草始茂，可烧灰。"以草烧灰，就地取材，增加地的肥力。对这个月的物候，《逸周书·月令解》说："（孟夏之月）蝼蝈鸣，丘蚓出，王瓜生，苦菜秀。……（万物）继长增高。"

五月份，"煖气始盛，虫蠹并兴"。芒种节后，天气大暖，各种昆虫一并活跃起来。就此，《逸周书·月令解》也有相应记录："（仲夏之月）小暑至，螳螂生，鵙始鸣，反舌无声。……日长至，阴阳争，死生分……鹿角解,蝉始鸣;半夏生,木槿荣。"[1]

物候是对共生环境和物象相续关系观察的结果。对物候的注意,在经验层次为农业生产提供了某种指导性信号,同时也指出了某些生态的信息。生物学家的研究表明当中有些科学因素,甚至可把系列现象发展为物候学。

《四民月令》重点记录了六个节日:三月三、五月五、七月七、九月九、冬至日和腊日。

三月三,书中写道:"可采艾及柳絮。"意思是,在三月三那一天以及本月第一个逢"除"的日子可以收的药材有艾叶(温经止血、除湿驱寒)、乌韭(利气、治寒热)、瞿麦(外用洗湿疹、疮毒,内服利尿、通经)和柳絮(可止疮口出血)。对艾叶的认同至今还深入民心,每年清明节,南方很多地方老百姓用来上坟的祭品中就有艾叶和糯米包上各种馅做成的糕点,糯米不好消化,艾叶助消化,两者合在一起,广受大众欢迎。人们对艾叶的认同还延续到端午节,到时门上挂上一把艾叶,可以用来驱邪。

书中于五月五仅言:"五日可作酢,合止痢黄连丸、霍乱丸;采葸耳;取蟾蜍以合创药;取东行蝼蛄。"意为五月初五可以做醋,配制止痢黄连丸、霍乱丸,采收菜耳茎叶,收取蟾蜍(可治疮疽)和蝼蛄(可治难产、去肉中刺和下胞衣)。

七月七,《四民月令》记载:

> 七日,遂作曲。
>
> 是日也,可合蓝丸及蜀漆丸;曝经书及衣裳,习俗然也。作干糗,采葸耳。[2]

七月七日,与时令相关的具体农活有造曲、合蓝丸和蜀漆丸以及做干粮、采苍耳等项。之所以要造曲,是因为这时候小麦已经收成,秋收尚未开始,有时间造曲酿酒;采蓝、采蜀漆、采菜耳,是因为这个时候这些药

---

① 黄怀信:《逸周书汇校集注》,第 658 页。
② 缪桂龙选译:《四民月令选读》,北京:农业出版社 1984 年版,第 22—23 页。

草适宜采集。只有曝晒经书和衣裳两项，与时令关系不大，可是为何非得在这天进行呢？书中给出的答案是"习俗然也"，也就是说，在七月七日晾晒书籍和衣裳，在东汉时期，已是一项流传已久的习俗。七夕作为节日，应该还有其他重要内容，比如拜织女、乞巧的活动，为什么作者不记录，反而去规定晾晒经书、衣物这些行为呢？有学者推测，主要原因还是《四民月令》着眼处在于与民生息息相关的事项，拜织女、乞巧是七夕的题中之意，而晒经书、衣物虽不能显示节日特色，但七夕正当七月初，潮湿多雨的夏季将近尾声，舒畅凉爽的秋天即将开始，因此在这个时候晾晒书籍和衣物，驱除潮气，以防书本、衣物霉变生虫，也是合乎时宜之举。

对于《四民月令》七月七与七夕节的联系，《艺文类聚》卷四"七月七日"的引文说得最为明确，其文说崔寔《四民月令》记有："七月七日，曝经书。设酒、脯、时果，散香粉于筵上，祈请于河鼓、织女。言此二星神当会，守夜者咸怀私愿。或云，见天汉中有奕奕正白气如地河之波，辉辉有光耀五色，以此为征应，见者便拜，乞愿，三年乃得。"研究者认为"设酒、脯、时果"以下一段不像《四民月令》的行文风格，且其他书有有关"乞愿"一事的引文，因此都不认为是出自《四民月令》。[1] 由此看来，《艺文类聚》的说法略为片面，但它对节日的认定是不容置疑的。

晾晒经书、衣物，作为七夕一件值得重视的事情，从后代看来更为清楚。唐代宫中就专门设有曝衣楼，专供宫女们在七夕这天曝衣之用，诗人沈佺期的诗篇《七夕曝衣篇》即专吟此事。宋代朝廷的藏书机构馆阁则设有一年一度的七夕"曝书会"。魏晋时期有几个与七月初七晒书、曝衣有关的名人逸事：其一是晋人郝隆祖腹晒书的故事，《世说新语·排调篇》称某一年七月七日，名人郝隆仰躺着晒太阳，过路人问其故，郝隆以"我晒书"答之；其二是载于《世说新语·任诞篇》的阮咸曝裈的故事，阮咸是"竹林七贤"之一，阮氏家族每到七月七日，富者晾出纱罗锦绮以显

---

① 参见崔寔著，缪启愉辑释《四民月令辑释》，北京：农业出版社 1981 年版，第 77—78 页。

富,家境贫寒的阮咸看不惯这种现象,将自己一条大裤衩子用竹竿高高挑起,以此来与前者对抗,别人看了奇怪,他却道"未能免俗,聊复尔耳"。魏晋名士都喜欢借七月七晒书、曝衣做文章来显示其个性,可见自汉代以来这一风俗已深入人心。

《四民月令》对九月九仅言:"九月九日,可采菊华,收枳实。"

《四民月令》对冬至日的记录最像节日:

> 冬至之日,荐黍羔,先荐玄冥于井,以及祖祢。齐、馔、扫、涤,如荐黍豚。其进酒尊长,及脩谒刺贺君、师、耆老,如正月。
>
> 是月也,阴阳争,血气散。先后日至各五日,寝别外内。①

《四民月令》对腊日本身的记录较少,只提到"腊日,荐稻、鹅"②,但腊日前后的祭祀事件则比较详细。书中要求庄园主,在腊日前五日,要杀猪;前三日杀羊;前二日,要斋戒、洒洗,摆好器物去祭祀先祖并进行五祀。五祀为对"门、户、井、灶、室中霤"五行神之祭,它不是一般人就能祭祀的,《白虎通义》说大夫以上才得祭五祀,为什么呢? 因为:"士者位卑禄薄,但祭其先祖耳。"③腊日后一天,称为"小岁",要进酒敬神;然后像过大年一样,先向尊长敬酒,并递上名片,再向有德行的人、教书先生和老人致以节日的问候;腊日后第二天,进行蒸祭;腊日后第三天,先去祭坟,然后请同宗族的人、姻亲、宾客一起聚会,互致感恩,使彼此关系更为和睦。农事已经完毕,借节日让农人得到休息,以示惠及属下之意。

节日,作为一个时间点,它重复出现,打断了线性时间无限制的递增趋势,营造出一个与惯常不同的生活氛围,给辛苦劳作的农夫带来某些惊喜,让他们能整理一下疲倦的身心,生活有了更多的乐趣,间接地也增强了劳动的信心。节日对传统农业生产的顺利进行极为重要,它激活了生产的单一节奏,其进行过程展现了很多伦理亲情,有的狂欢性的庆祝

---

① 石声汉校注:《四民月令校注》,北京:中华书局 1965 年版,第 71 页。
② 十二月腊祭的祭礼与《礼记·王制》相吻合:"庶人……冬荐稻。……稻以雁。"
③ 班固:《白虎通义》,北京:商务印书馆 1937 年版,第 61 页。

节目更能宣泄各种内心的不平,对保持身心的健康帮助极大。

三、其他生活、生产的时令

《四民月令》虽然主要是规范生产内容,但在劳动之余,有一个重要的生活环节必须完成,就是整个群体参与的祭祀活动。一月份作为一年的开端,其祭祀尤为重要,书中写道:

> 正月之旦,是谓正日,躬率妻孥,絜祀祖祢。前期三日,家长及执事,皆致齐焉。及祀日,进酒降神。毕,乃家室尊卑,无小无大,以次列坐于先祖之前;子、妇、孙、曾,各上椒酒于其家长,称觞举寿,欣欣如也。①

祭祀在整个生存活动中的地位不可忽视,它通过特定的仪式把一直从事物质生产的人置于另一种活动之中,使俗世中的人能与神灵和祖先在心灵中获得在其他场所不可多得的交流、冥合。在精神生活贫乏的漫长古代社会中,它就是一种深切关注古人精神世界的必要活动。年初的这次"祭日",使生活于世的人整个身心安置得"欣欣如",在以后的生产活动中形成秩序感。

此外,学习也是一项重要的生活内容,特别是儿童以上的青少年(15—20岁)必须在农活还没开始前到太学跟有造诣的老师读书。学习内容主要是五经,五经外的杂说要避免接触。看到砚台不再结冰了,催促小孩(9—14岁)入小学,学习识字和计数知识。不读书的纺织女工在本月要抓紧织布。

在一月份,要做好与饮食关系最大的三件事:酿酒、制药和做酱。②庄园主叫主管酿造和馔饮的管家开始酿春酒和做各种酱。做酱时,上旬先炒豆,中旬把豆煮熟,与不同配料做成鱼酱、肉酱、清酱。利用做大酱

---

① 石声汉校注:《四民月令校注》,第1页。二月春社的祭礼与《礼记·王制》相吻合:"庶人春荐韭……韭以卵。"
② 这三件事在庄园中是除地里劳动外贯穿整年的重要活动。

剩下的碎豆做"末都"（也是一种酱）。到六七月之交，可以分一些酱腌制酱瓜。至于制药，在一个逢"除"的日子（或者十五日），则要配制各种药膏、小草续命丸、外敷散药和马舌下散等药物。其中，部分外敷散药可以通过收集白狗的骨头及其肝、血来配制。

二月份的祭祀有两项内容。一是在太社之日，"荐韭、卵于祖祢"[1]，拜祖庙前要斋戒、洒扫和洁身，并用韭菜这种时令蔬菜做祭品来表达对家神的怀念。用时令食物作为祭品属"荐新礼"，《礼记·王制》说："大夫、士宗庙之祭，有田则祭，无田则荐。"二是祖庙祭拜归来，当天晚上，从冢薄上查明逝去先人的名字和地位，准备好祭坟的用具，第二天去上坟。如遇到国君下达使命要完成，则请筮师另找其他适宜日子再去祭坟。

这个月榆荚结实了，趁青嫩的时候采下来稍微蒸一下晒干储藏，到冬天用来酿酒，又滑又香，很适合给老年人补养身体。榆荚颜色发白快要落下时，抓紧时机采摘下来，其仁可以做酱。经济作物及药材方面，可以采集桃花、茜草（即染绛草）、栝楼根（治疥癣、肿毒）、土瓜根和苍术；近山可以采乌头、天雄和天门冬。

二月份还不是农忙时节，在天气和暖的日子，人们可以练习箭术，以备贼寇等不虞之患。对要结婚的人来说，在本月内择个好日子把事情办了也是一个不错的选择。养蚕还没开始，庄园里管事的趁空叫女仆拆洗冬衣，并裁做新的夹衣，有剩下的绸子，就做成秋衣。为迎接大规模粮食春播的到来，市场上栗、黍、大豆、小豆、麻、麦的种子要开始流通。此外，收进柴薪和木炭也是这个月的一项生产内容。

三月份没有祭祀内容，但由于它是处于一个青黄不接的时段，冬贮的粮食吃完了，桑椹和麦子还没成熟，人们在日常生活中须引进另一个重要内容，即注重道德修养，要顺时乐善好施。依照人之常情，先救济血系亲族然后扩大至其他人群，实施的原则是：不为名为利，量力而行，济贫不济富。

---

[1] 石声汉校注：《四民月令校注》，第 19 页。

由于本月农活比较少,可以乘机疏通沟渠,修理墙壁、房屋,为雨季的到来做准备。门窗也要加固,防止春天饥饿时有人入室盗窃。

从本月到夏至,光照强烈,有利于油漆和晒制各种药膏。

本月,蚕事活动是一项重要的生产内容。在清明节时,庄园主就要叫蚕妇整理修缮蚕室和蚕架、蚕箔、蚕笼等各种养蚕器具。有了这种预见性,可以取得事半功倍的效果。谷雨后,蚕蚁都出齐了,蚕妇们就要专心投入到养蚕的劳动中,不做别的事,如有人不听使唤,就要受处罚。

商业方面,可以粜卖黍子和买进布匹。

四月份没有祭祀和道德劝诫内容。立夏后,蚕大眠大食,之后入簇作茧,蚕妇们须抓紧缫丝,先剥取乱丝,把茧头制成丝绵。之后细心地络丝、上筘,载上织机,开始织绸。

本月初四日,可以酿制醋、酱。有特色的酱是用鲴鱼做成的酱。药材方面收芜菁子、芥子、葶苈子、冬葵子和茛荙子。买卖方面可以籴进穬麦(没有皮,不带芒的大麦)及大麦,收买陈旧的丝绵。另外有一件要做的事是制作枣泥米粉干粮,以备佣人出外办事可带着吃。

五月气候湿热,要注意器具的保养。角弓和弩的弓弦要放松,系弦的耳索从弓弰上解下来。松竹木弓的弦也要松下来,之后把整张弓放进袋里。对毛毡、皮裘、毛羽类及箭翎等用品,则用灰收藏起来。挡雨的油衣要挂在竹竿上,不要折叠起来,以免粘连。雨季将要来临,要储备米谷、柴炭,防备道路泥泞不好走。有时间割青草喂牲口。麦子已经收回来了,多做些干粮,外出时用得上。

本月夏至前后各十天,饮食要清淡一些,此外,一直到立秋,不要吃汤煮的没有发酵的面食。这个月,可以做榆仁酱和肉酱。

买卖方面,可以粜卖大豆、小豆和芝麻,籴进穬麦、大麦、小麦。夏至后,可以籴进麸糠,晒干后装进瓦坛,用泥密封坛口,不会生虫,到冬天用来养马。此外,可以买进旧丝绵和绸绢、布匹。

六月初伏之日,要到祖庙去祭祀,祭品要用麦和瓜。① 六日开始可以为酿酒做曲,或到二十日把小麦磨碎,至二十八日加水和好,放进曲房罨曲,到七月七日,罨曲阶段算完成,之后继续按制曲程序进行。制曲的量按每家经济情况而定。药物方面可以种冬葵。大暑过后到七月底,可以盐渍或酱藏瓜类。

本月可以烧灰,淋取灰汁作为媒染剂来染成青色、红青色等杂色。中伏后,种冬蓝,到八月可制成蓝靛以用作染料。此外,庄园主可以叫负责纺织的女工织绸縳②。

买卖方面,可以籴卖大豆,籴进穬麦、小麦,收买绸縳。

七月份,在四日这一天,整理曲室,装备好曲架、曲箔,收取干净的艾叶。六日,加工做曲原料,整修好磨碎的工具,到七日正式进行做曲。

本月不做酱和酒,而是腌藏韭菁(即韭菜花)。药物方面,收取侧柏的果实。

从处暑到重阳节,该拆洗旧衣,缝制新衣、夹衣和薄棉衣,为应对天气转凉做准备。

买卖方面,可以籴卖大豆、小豆,籴进麦子,收买生熟绸绢。

八月份,在祭祀期间,年长的和管事的都要斋戒、洁身、洒扫,并严格按照祭祀本来安排祭品。太社之日,要到祖庙去祭祀,祭品是黍和豚;③第二天,祭坟,祭品改为麦和鱼。此外,还要择好日子,去祭拜常年尊奉的神灵。本月前面七天,不要到正在办丧事和哺乳的人的家里去串门。如果要娶媳妇,本月是个好时令。

天气稍稍凉爽些,和正月一样,小孩又该上学了。同时,要做应对寒冷的准备,趁早把生帛煮成熟绸,染上合适的颜色;整治新旧丝绵,拆洗旧衣裳,缝制新衣服;趁皮毛制的鞋子便宜,事先买好,以备寒冬时穿。

① 夏至的祭品与《礼记·王制》所记相吻合:"庶人……夏荐麦……麦以鱼。"
②《诗经·豳风·七月》记载"八月载绩",周时八月就是汉时的六月。縳是绢和薄纱、绉纱之类的丝织品。
③ 八月秋社的祭品与《礼记·王制》所记相吻合:"庶人……秋荐黍……黍以豚。"

此外,可以准备练习射箭,把角弓和弩弓安装起来,坏的修理好,歪的放在正弓器上校正,再缚上耳索和弦;竹弓和弧(木制的弓)也要上弦张设着,随时待用。

本月可做末都酱,捣制辛香调味佐料,干制葵菜,制干地黄,籴进黍子,籴卖麦种。

九月份,慰问宗族中孤、寡、老、病及生活困难的人,拿出多余的钱财救济贫困者。同时,又要修理兵器,练习箭术,以防备铤而走险的盗贼。

本月可以收集菊花、枳实作为药材,鲜藏或咸藏茈羌(即生姜)、蘘荷,腌渍或干制葵菜。

十月份,农活几乎干完了,家里的活相应增加。为抵御寒冬,要抓紧修筑围墙、墙壁,封闭北向的窗户,用泥涂塞门户的缝隙。五谷都已收回,有了一定的物资,应集中商议如何资助族里的贫穷家庭,特别是人已去世很久但还没钱入葬的人家,同宗族人应共同帮助埋葬,费用按照亲疏、贫富的差别进行分摊,公平收取,鼓励竞相表率,以促动不相跟随的人。有了空闲,和正月一样,大人应催促 15 岁以上、20 岁以下的子弟入太学学习。十月份的这些做法,对形成一个稳定的小社会极为重要,特别是资助族里的穷困家庭,既能安定人心又为国家分忧,使生活在其中的人有稳定感和幸福感。由于族里的穷人毕竟是少数,所以不会形成平均化的懒散状态,加上有一定的激励鞭策机制,它们联结成一良性的组织结构要素。

本月第一个逢"辛"的日子,管理庄园酿造和饮品的管家(典馈)要开始浸曲,等曲浸透后,就可以酿冬酒了。由于春酒已经用完,有了冬酒,正好可以接上全年的酒水供应。祭祀时,冬酒跟韭菜炒蛋一起作为祭品可用在冬至、腊日,甚至开春的正旦、祖祀之祭上。其中,腊日之祭品还有猎物腌制成的干肉。① 此外,在冰冻之前,可以煎熬饴糖浆和制作硬饴;整个月都可以盐渍或酱藏瓜类。

---

① 应劭《风俗通义》卷八说:"腊者,猎也。"可见腊日之祭用猎物干肉,是有其特殊含义的。

买卖方面,可以卖出丝织品和旧丝绵,籴进谷子、大豆、小豆和麻子,采收栝楼。

十一月份,本月除了有一个关于冬至的祭祀内容(见上一节),与精神生活相连的就是学习。由于砚台的墨水已结冰,不适宜写字,叫小孩多读《孝经》、《论语》、运算口诀和识字课本。

可以在家里酿造肉酱,到集市上籴进粳稻、谷子、大豆、小豆、麻子。

十二月份,最重要的农事外的事件是围绕着腊日的祭祀,此外,就是制作药材。如腊日祭后余下的炙脯,烧煮后的肉汁喝下可以退出肉里的骨,放在瓜田的四角可以除去瓜中的虫(蠹虫);在东门砍下的白鸡头,可以配制外敷散药;收集牛胆,可以配成治小孩惊风的药。

整个一年的生产中,除了农作物的耕作和收成,另一个重要内容是药物的种植和配制,这两类作物的生产没有轻重之别,都是生活必需品。药物不是每天都用得上,却是健康的保障,所以农民把它当作粮食一样来生产,以备不虞。当然也可能平时就把药物当作粮食,虽然不是天天食用,但偶尔先行服食某些药物可以起到预防疾病的效果,这是最符合中医精神的做法。中医不擅长治病,其核心追求在于防病,所以事先服下某些被当作药材的作物,在身体内形成一个防御某种疾病的环境,甚至整体上都有了能对付各种疾病的身体。

第六章 三代之学与环境复古

公元 8 年,王莽经过多年的隐忍,终于暴露其真面目,篡夺汉家政权,改国号为"新",年号"始建国",开始推行新政,史称"王莽改制"。

王莽是汉元帝皇后王政君同父异母弟弟王曼的儿子,作为外戚,其父早死,失去了封侯的机会。正因为经历生活的艰辛,王莽"勤身博学",熟读儒家经典,没有一般贵族子弟的习气,对长辈极尽孝道,"事母及寡嫂""养孤兄子",又"外交英俊""内事诸父",赢得了口碑,也成了他走向权力顶峰的资本。除了个人从习儒获得了很多好处,王莽亦坚信儒家一套说法能给日趋衰败的西汉国祚带来某种转机,因此他登上帝位后便实行了一系列意在复现儒家所描述的古代理想社会的措施。

王莽所创设的复古环境,虽也有活生生的实在内容,可是大多华而不实,在现实中用处不大,缺乏实用性,与中国传统文化的精神相背,也与人们的生活习俗格格不入,最终只能彻底崩塌。

第一节 政治生态改革

早年王莽以沛郡名儒陈参为师,研习《礼经》,特别痴迷《周礼》所展示的周朝经济政策和政治设计,待其篡汉后,即开始全面按照古籍所记载的制度来改造汉制。

一、言必依三代,事必据《周礼》

　　儒学自从被董仲舒正式推上政治舞台并获得政权支持以后,在汉代社会已深入人心。相比于其他思想派别,儒家一出现就致力于编排一系列的礼节以规范人们的行为,礼能给国家、社会带来一套秩序,自然就容易成为在乱世中崛起的掌权者驭下的工具。汉初经秦末之乱,百废待兴,虽然主张黄老“无为”之治,但汉高祖已尝试让儒者给国家各种活动教授礼节,并且从中尝到了权力给予的乐趣。汉武帝时汉帝国达到了空前繁荣,相应地,与各种铺排事件相配套的礼也无所不用其极,导致国库空虚,人民怨声载道。昭、宣时期出现的“贤良/文学”与“大夫”两派之争,实质是对武帝朝由盛转衰这一强烈反差现象的探索。“贤良/文学”之流所追慕的古代理想社会,其核心就在于主张儒家的礼治可以挽救现实的颓势;而“大夫”派则认为不能无原则地照搬古儒的说法,必须从现实情况出发制定切实可行的措施才能对国家和百姓有益。两方观点各有长短,相比之下,有治国经验的“大夫”派的观点更符合实情。但王莽的出现,全面实施复古的治国方略,表明了“贤良/文学”派主张在此历史阶段对权力具有更大的说服力。当然,复古初衷与其现实效果产生了巨大反差,王莽进一步把西汉推向灭亡的境地,则彻底击破了复古理想主义的幻梦。

　　礼能成立的理论基础,在于人有一种根深蒂固的观念,认为人天生与禽兽有别,即人必须有某种文明举动来与动物区别开来才能成为人,礼就充当了这一能够提升人在世间生存位置的角色。从人性中找出设立礼的合法基础并不能推断出所有与礼有关的事情都是正确的,比如儒家发展出来的“经礼三百,曲礼三千”,大大小小的礼详尽地规定了人们的行为准则。在先秦,墨家就从经济的角度指出这种烦琐发展趋势会导致浪费,此外,礼如不随着实际情境的改变而作出相应的调整,也会给人们的生活带来束缚和不便。同样地,与礼紧密相连的另一个儒家重要主张是仁,两者关注的侧重点有所不同。一般认为,仁主内,而礼主外,内仁外礼。提倡仁,能给人的内在世界带来最协调的状态。有了仁的境界,自然能外化出一个礼的秩序,礼作为外在过程的训育方式,略带某种程度的强制,经过一段时期的操练,也能积极地促成人内在心理对仁的需求。仁要求直接进入道德修养,其形成有较高的内在复杂性精神的参与,对于有知识素养的人来说较易形成,如要诉诸更普遍的人群,偏向伦理的礼更容易达到风化大多数人的目的。社会生活中的大众一般文化水平不高,故用礼来规训比引导成仁更能取得好的效果。正因为礼有此方便法门,作为世俗君主,更容易以礼治作为其施政方针。王莽在夺权之路上取得成功,说明他熟悉汉朝政权的运作机制,可是在治国的问题上,他却迷信儒生在观念上构造的一朝即能成就千古太平盛世的说法,《汉书·王莽传》就说"莽意以为制定则天下自平"。他不顾具体情况照搬古代的礼治措施,专注于创作乐教,讲求符合《六经》的理论,"每有所兴造,必欲依古得经文",而没有工夫处理各种公务以解决那些人民迫切需要解决的问题,给西汉末年社会带来了一道奇特的风景。

二、改官职、地名

王莽主政后,根据《周礼》记载,立即对官府机构进行调整,把职官名称全部改为古籍有所本的名称。比如:"更名大司农曰羲和,后更为纳言,大理曰作士,太常曰秩宗,大鸿胪曰典乐,少府曰共工,水衡都尉曰予虞,与三公司卿凡九卿,分属三公。每一卿置大夫三人,一大夫置元士三人,凡二十七大夫,八十一元士,分主中都官诸职。更名光禄勋曰司中,太仆曰太御,卫尉曰太卫,执金吾曰奋武,中尉曰军正,又置大赘官,主乘舆服御物,后又典兵秩,位皆上卿,号曰六监。改郡太守曰大尹,都尉曰太尉,县令长曰宰,御史曰执法,公车司马曰王路四门。"[1]又:"更名秩百石曰庶士,三百石曰下士,四百石曰中士,五百石曰命士,六百石曰元士,

---

[1] 班固:《汉书》,第3014页。

千石曰下大夫,比二千石曰中大夫,二千石曰上大夫,中二千石曰卿。"①
长乐宫改名叫常乐室,未央宫改名叫寿成室,前殿改名叫王路堂,长安改
名叫常安。把明光宫改名为定安馆,让定安太后居住。把原大鸿胪官署
作为定安公住宅,设置门卫、使者监护管理,并使用不同等级的车马和礼
服、礼帽。

按照金匮图画的说明,辅政大臣都举行授任仪式。"以太傅、左辅、
骠骑将军安阳侯王舜为太师,封安新公;大司徒就德侯平晏为太傅,就新
公;少阿、羲和、京兆尹、红休侯刘歆为国师,嘉新公;广汉梓潼哀章为国
将,美新公:是为四辅,位上公。太保、后承承阳侯甄邯为大司马,承新
公;丕进侯王寻为大司徒,章新公;步兵将军成都侯王邑为大司空,隆新
公:是为三公。大阿、右拂;大司空、卫将军广阳侯甄丰为更始将军,广新
公;京兆王兴为卫将军,奉新公;轻车将军成武侯孙建为立国将军,成新
公;京兆王盛为前将军,崇新公:是为四将。"②四辅、三公、四将,合起来十
一公,以古礼来授职。

百官的职责,依五行方位配德来执行,在东方,"岁星司肃,东岳太师
典致时雨,青炜登平,考景以晷"。在南方,"荧惑司哲,南岳太傅典致时
奥,赤炜颂平,考声以律"。在西方,"太白司艾,西岳国师典致时阳,白炜
象平,考量以铨"。在北方,"辰星司谋,北岳国将典致时寒,玄炜和平,考
星以漏"。月亮象征威刑,好像皇帝的左腿,即大司马,负责实现武功,要
注意方正,效法矩尺,"主司天文,钦若昊天,敬授民时,力来农事,以丰年
谷"。太阳象征德政,好像皇帝的右臂,即大司徒,负责实现文治,要注意
融和,合乎圆规,"主司人道,五教是辅,帅民承上,宣美风俗,五品乃训"。
北斗象征最高标准,好像皇帝的内心,即大司空,负责实现太平景象,要
注意规范化、标准化,以准绳作为榜样,"主司地里,平治水土,掌名山川,
众殖鸟兽,蕃茂草木"。③ 此外,其他官员也按照《尚书》中典、诰的记载对

① 班固:《汉书》,第 3014 页。
② 同上书,第 3012 页。
③ 同上书,第 3012—3013 页。

他们的职责作了规定。

王莽又到明堂,授予诸侯象征封国的茅土。依据《尧典》《诗经》《殷颂》《书经·禹贡》《周礼·司马》的记载,发布文告宣布分州,依照《禹贡》分为九州,封爵依照周朝的制度分为公、侯、伯、子、男五等。诸侯的名额定为一千八百,附城的数目也像诸侯一样,以等待有功劳的人来接受这些爵位。各公爵的封地叫作一同,有居民一万户,土地纵横各一百里。侯爵伯爵的封地叫作一国,有居民五千户,土地纵横各七十里。子爵男爵的封地叫作一则,有居民二千五百户,土地纵横各五十里。附城最大的封地九成,有居民九百户,土地纵横各三十里。从九成以下,每降低一等减少两成,最后减少到一成为止。五个不同等级的附城的封地总面积,相当于一个子爵男爵的封地。现在已经接受茅土的,有公爵14人,侯爵93人,伯爵21人,子爵171人,男爵497人,共796人。附城1 511人。九族的女儿受封任爵的,有83人。以及汉朝的孙女中山国承礼君、遵德君、修义君改称为任爵。还有十一公、九卿、十二大夫、二十四元士。划定所有封国、食邑、采地的地址,让侍中讲礼大夫孔秉等人和各州部、各郡通晓地理图表和户籍册的官吏,在寿成室朱鸟堂共同核对整理。

王莽按照《周官》和《王制》的经文,设置卒正、连率、大尹,职务像太守一样;设置属令、属长,职务像都尉一样。设置州牧、部监25人,皇帝接见他们的礼仪像接见三公一样。部监的职位是上大夫,每人管辖五郡。公爵做州牧,侯爵做卒正,伯爵做连率,子爵做属令,男爵做属长,这些官职都实行世袭制。那些没有爵位的称为大尹。把长安郊区划分为六乡,每乡设置乡帅一人。把三辅地区划分为六尉郡,把河东郡、河内郡、弘农郡、河南郡、颍川郡、南阳郡作为六队郡,都设置大夫,职务像太守一样;设置属正,职务像都尉一样。把河南郡大尹改名叫保忠信卿。增加河南郡属县满三十县。设置六郊州长各一人,每人管辖五县。以及其他官名全部改定。大郡甚至划分为五郡。郡和县用"亭"字作为名称的有360个,以符合符命的文辞。边境地区又设置竟尉,用男爵去担任这个职务。各诸侯国之间的剩余田地,留作赏赐有功或惩罚有罪之用。

长安西都近郊区分为六乡,外围各县分属六尉。义阳东都远郊区分为六州,外围各县分属六队。离东都、西都四五百里以内的地方叫作内郡,以外的地方叫作近郡。有边界要塞的地方叫作边郡。合计 125 郡。九州的范围内,有 2 203 县。公爵作国甸服,这是城堡;所有在侯服的诸侯,是依靠;在采服、任服的诸侯,是支柱;在宾服的诸侯,是屏障;在揆文教、奋武卫地带的诸侯,是墙垣;在九州以外的外族,是藩篱:各按自己所在的区域定称号,合在一起就是全天下。

俸禄制度也极为烦琐。首先,最高级官员,"诸侯各食其同、国、则;辟、任、附城食其邑;公、卿、大夫、元士食其采。多少之差,咸有条品"。其次,"东岳太师立国将军保东方三州一部二十五郡;南岳太傅前将军保南方二州一部二十五郡;西岳国师宁始将军保西方一州二部二十五郡;北岳国将卫将军保北方二州一部二十五郡;大司马保纳卿、言卿、仕卿、作卿、京尉、扶尉,兆队、右队、中部左泪前七部;大司徒保乐卿、典卿、宗卿、秩卿、翼尉、光尉、左队、前队、中部、右部,有五郡;大司空保予卿、虞卿、共卿、工卿、师尉、列尉、祈队、后队、中部泪后十郡;及六司,六卿,皆随所属之公保其灾害,亦以十率多少而损其禄"。① 如遇上灾岁,各级待遇都要适当减少。此外,从四辅、公、卿、大夫、士,下至众多幕僚,共分为 15 个等级。幕僚的俸禄一年是 66 斛,逐步按等级增加,上至四辅的俸禄一年是一万斛。

王莽按图索骥,在其管辖的国度试图恢复一个类似周朝那样具有礼治理想的政治环境,他的做法就是展开空前绝后的改名活动,为得到彻底的回归,过去的地名、建筑名、官名几乎都改了,在形式上产生一种对称美,但也仅仅是形式而已。因为对名称有强烈的认同趋向,有时王莽的所作所为达到了无以复加的地步。为去掉"摄皇帝"的称号,他竟然颇有耐心地让部下捏造了 12 次符命。第 1 次,武功县出现丹书白石,表明汉朝的命运快完了,上天意欲抛弃汉朝、扶助新朝,用丹书白石授命给新

① 班固:《汉书》,第 3040 页。

皇帝。而王莽谦虚地推辞,用摄皇帝的名义代居皇位。同年秋季七月,上天出现三台星和文马。王莽又谦虚地推辞,仍然没有登上皇位。紧接着第3次出现铁契,第4次出现石龟,第5次出现虞符,第6次出现文圭,第7次出现玄印,第8次出现茂陵石书,第9次出现玄龙石,第10次出现神井,第11次出现大神石,第12次出现铜符帛图。用来昭示新皇帝的祥瑞,达到12次之多,王莽才去掉摄皇帝的称号,但还是称假皇帝,改年号为初始。整个过程极为做作,这种强迫症使他显得特别另类。一般常识是名要符实,而王莽的做法却是以名索实,这个"实"(官员职位)又不是根据实际需要而设置,而是根据古籍的记载,为了达到形式上的完整而为之,有的名字一改再改,最后又改回原来的,官员和百姓根本就记不注,给人们带来了极大的不方便,结果导致政治生活中人浮于事,经济上也产生了极大浪费。王莽在治国方面设想一朝万礼齐备,天下即能太平,这种幼稚的低级错误与其夺权的狡诈机智在行为表现上形成了巨大的反差。

王莽的整体礼制虽然显得迂腐可笑,可在局部设计中又有其闪光点。如设置司恭大夫、司徒大夫、司明大夫、司聪大夫、司中大夫和诵诗工、彻膳宰等职位,用以侦察皇帝的过失,不管是否为了装饰门面,起码彰显了新皇帝本人的善良愿望。为了疏通言路,他又在皇宫四周设置了建议的旗帜、批评的木牌和登闻鼓等,还派谏大夫四人坐在王路四门接待百姓,使得民意能上达天听。这些措施都反映了王莽有着强烈的仁治的主观愿望——在承认他的统治合法性基础上,诚挚地希望天下苍生能过上幸福的生活。

第二节　经济环境改革

王莽在进行政治体制改革的同时,也进行了一系列经济体制改革,主要措施有:

一、复井田

王莽向往周代的井田制,实行土地国有成为他经济改革的重心。始建国元年(公元 9 年),王莽颁布实施"王田"的诏书。在诏书中,王莽先回溯了夏、商、周三代遵循唐、虞之道,实施"庐井八家,一夫一妇田百亩,什一而税"的政策,因此人间有了"国给民富而颂声作"的美好生活。而"秦为无道,厚赋税以自供奉,罢民力以极欲,坏圣制,废井田,是以兼并起,贪鄙生,强者规田以千数,弱者曾无立锥之居。又置奴婢之市,与牛马同兰,制于民臣,颛断其命。奸虐之人因缘为利,至略卖人妻子,逆天心,悖人伦",所以落得个国破家亡的下场。到了汉朝,名义上"减轻田租,三十而税一",而事实上,"常有更赋,罢癃咸出,而豪民侵陵,分田劫假。厥名三十税一,实什税五也。父子夫妇终年耕芸,所得不足以自存。故富者犬马余菽粟,骄而为邪;贫者不厌糟糠,穷而为奸。俱陷于辜,刑用不错"。王莽现身说法,回忆从前担任要职时,曾把全国的公田按人口规划成井田,结果出现了嘉禾祥瑞,可却遭到反贼和叛乱头目的干扰而终止。基于此,"今更名天下田曰'王田',奴婢曰'私属',皆不得卖买。其男口不盈八,而田过一井者,分余田予九族邻里乡党。故无田,今当受田者,如制度"。[①] 在诏书中,王莽将土地国有化,王田和奴婢不能买卖,抑制富商大贾。王莽对非井田制者,声称要处以流放四夷的重刑,可是在实行"王田"的过程中,困难重重。中郎区博就曾规劝王莽,认为井田制废弃已久,丧失了群众基础。如今国家政权刚刚建立,百姓刚刚归附,不可以贸然施行。王莽便下文说,私人占有或朝廷赏赐的王田,都准许买卖,私自买卖奴婢的人,也暂时不予追究。这种执法不力,又进一步失信于民,加剧了新朝的颓败之势。

---

① 班固:《汉书》,第 3019 页。

二、改币制

王莽规定的另一条与非井田者同样被判"投诸四裔"的罪名是"挟五铢钱,言大钱当罢者"。老百姓之所以要在交易时裹用汉朝通行的五铢钱,源于王莽新朝频繁且随意地更改货币,给社会生活造成了极大混乱,因此老百姓私下仍愿意使用以前的五铢钱。

王莽改币制共进行了四次:第一次改革发生在他即位前的居摄二年(公元 7 年),在原有五铢钱之外增铸大钱、契刀、错刀。第二次发生在新朝建立后的始建国元年(公元 9 年),废除五铢钱及刀币,行宝货制,内容为五物、六名、二十八品。五物指金、银、铜、龟、贝五种币材。六名指金、银、龟、贝、钱、布六种货币的名称。二十八品指在六种货币的基础上按不同质地、不同形态、不同单位分出二十八品,分别为金货一品(黄金),银货二品(朱提银、它银),龟货四品(元龟、公龟、侯龟、子龟),贝货五品(大贝、壮贝、幺贝、小贝、小贝以下),泉①货六种(小泉、幺泉、幼泉、中泉、壮泉、大泉),布币十种(小布、幺布、幼布、序布、差布、中布、壮布、第布、次布、大布)。如此繁多的名目,换算十分困难,币值无法固定,币种之间比价也不合理,给人们生活带来极大不方便。一年之后,王莽只能进行第三次改币,废除刚刚施行的二十八品货币,只留小泉值一和大泉五十继续使用。第四次改币发生在天凤元年(公元 14 年),废除大、小钱,另作货布、货泉两种。货泉直径一寸、重五铢,货布长二寸五分、重二十五铢,但一货布值二十五货泉,货币价值比例不合理。不但没理清以前的币值关系,反而增加了混乱。

这几次改币,每一次新铸的货币质量都比旧货币差,因此每改一次,百姓就要遭受一次盘剥,以致怨声载道。但在高压下,个人敌不过官府,结果主流还是实行新币制,这导致了大批农民和商人纷纷失业,国家经济陷于瘫痪状态。同时又因为买卖田宅、奴婢和私自铸钱等行为,受罚

---

① 按六种币种应作"钱",但存世文皆作"泉",如"小泉直一""大泉五十"。

的人不计其数。

撇开改币的社会效果，单从工艺水平看，王莽朝所铸钱币字体优美、铸工精良、造型别致。如民间普遍使用的"六泉"的制作就极为精致，且文字秀丽；"十布"则均模仿战国时平首布钱形态，钱文"货布"二字悬针篆"细小如针，莽钱中之最精"（清代泉学家翁树培《古泉汇考》语），其中大泉五十、一刀平五千等都是珍品。最令人叹为观止的是，居摄二年（公元 7 年）由王莽铸造的"金匮值万"堪称国宝，是古钱五十名珍之一。它的形制犹如一把打开宝藏的金钥匙，上呈方形圈孔，直径 2.6 厘米，悬针篆书"国宝金匮"四字，旋读；下呈正方形，边长 2.5 厘米，悬针篆书"直万"二字，顶部有"天府"二字；周身柔润，背面顶部有"蟾宫"二字。该版极为珍贵，至今仅见两枚。

三、张五均、设六筦

始建国二年（公元 10 年），王莽下令行"五均六筦"①（筦，即管，由国家经营管理之意）法，实行计划经济，也是胡适等人所理解的"社会主义"。

所谓五均，指均市价，由国家对商品经营和物价进行统一管理，具体办法是在当时六个商业比较发达的大城市，即长安、洛阳、邯郸、临淄、宛和成都实行五均法，这些城市也就称为五均市。五均官的职责是：

（一）用成本价收购滞销的五谷、布帛、丝棉等日用品，待求过于供时，政府平价卖出。

（二）规定各市以四季的中月即二、五、八、十一月的商品价格为基础，按商品质量分为上、中、下三等标准价格，称为"市平"。

（三）承办赊贷（即贷款）。赊，指老百姓没钱祭祀丧葬，可向政府贷款，不收利息。贷，指借钱给小工商业者作为资金，如经商或兴办实业贷

---

① 取名"五均六筦"，是在当时托古改制的风气下，由儒士刘歆以"《周礼》有赊贷，《乐语》有五均，传记各有斡"（《汉书·食货志》）为依据而提出来的。

款,收一成以下利息。

王莽又采取羲和(原官名称大司马)鲁匡的建议,实行六筦,主要内容是:"夫盐,食肴之将;酒,百药之长,嘉会之好;铁,田农之本;名山大泽,饶衍之臧(藏);五均赊贷,百姓所取平,卬(仰)以给澹(赡);铁布铜冶,通行有无,备民用也。此六者,非编户齐民所能家作,必卬(仰)于市,虽贵数倍,不得不买。豪民富贾,即要贫弱。先圣知其然也,故斡之一。每一斡为设科条防禁,犯者罪至死。"①简言之,即国家对盐、铁、酒专卖,政府铸钱,收山泽税和五均赊贷六种工商事业进行统一管理。

西汉建朝以来,特别是汉武帝统治期间,全国的工商业得到了较大的发展。但随着商人势力的扩大,商人得到了较多的社会财富,必然导致其他阶层特别是手工艺业者和农民这些底层人根本利益的受损,长此以往,社会矛盾也随之加剧。王莽在商业方面所采取的"五均六筦"法,意在利用国家的公权力来调控大多数人能接受的商品价格,保证社会底层人民的基本购买力,以克服社会弊端,其初衷与行王田、改币制是完全一样的,都是为了实现一个普通人都能享受到的幸福生活。可是善良的愿望并不能保证有一个好的结果,由于这些政策在实施过程中有各种意想不到的困难和阻力,政策的设计本身也存在着不切实际、偏重外在形式等严重缺陷,一系列的改革不但不能解决社会矛盾,反而使社会贫富差距加大,最终爆发了农民起义。

第三节 礼器文物之美

汉代,践行儒家礼仪是一项重要的政治活动,礼仪的铺排展示的是权力的文明化过程,其带动的环境有一定的审美效应。在礼仪构成中,器物的设计与仪式的表演是两项最重要的内容。很多记载中西汉行礼事件都较简约,能较详尽展现一个完整礼仪的除了前述的汉初刘邦的登

---

① 班固:《汉书》,第 988—989 页。

基仪式,就是元始五年(公元 5 年)五月太皇太后(孝元皇后王政君)赐九锡①给王莽,此篇篇幅较大部分用于描述了行九锡礼的相关器物。

是年五月庚寅,王莽时任安汉公,太皇太后临于前殿,回溯了王莽多年来的丰功伟绩,依照《周官》《礼记》②有关九锡的记载,开始赏赐,王莽磕头拜谢:"受绿韨衮冕衣裳,瑒瓒瑒珌,句履,鸾路乘马,龙旗九旒,皮弁素积,戎路乘马,彤弓矢,卢弓矢,左建朱钺,右建金戚,甲胄一具,秬鬯二卣,圭瓒二,九命青玉珪二,朱户纳陛。署宗官、祝官、卜官、史官,虎贲三百人,家令丞各一人,宗、祝、卜、史官皆置啬夫,佐安汉公。在中府外第,虎贲为门卫,当出入者傅籍。自四辅、三公有事府第,皆用传。以楚王邸为安汉公第,大缮治,通周卫。祖祢庙及寝皆为朱户纳陛。"③

九锡,源于西周时期,是天子用来奖赏诸侯、大臣有殊勋者的九种器物,通常是天子才能使用,用它来赐予臣子,是最高的一种礼遇。在武帝朝,就曾议论恢复"九锡"之礼。④ 王莽受此礼,为秦汉以来的首次,后在魏晋南朝也流行过。为何选取此礼,决定权已不在刘氏政权这边,而是王莽及其姑母王政君。在王莽功高盖主之时,名义上的主子要赏赐给他的礼制名目很大可能是王莽事先选定的,王莽迷恋古礼,古礼中的最高荣誉——九锡,自然成为他的首选。后来的类似事件有曹操被东汉授九锡以及司马昭被曹魏授九锡等,皆含有主子已忌惮下属,以此礼来笼络、讨好部下,而不仅仅是嘉奖之意。宋、齐、梁、陈四朝的开国皇帝(刘裕、萧道成、萧衍、陈霸先)都曾受过九锡,于是乎"九锡"成了篡逆的代名词。正因为此,有些功臣为避嫌疑拒受九锡,如李严曾向诸葛亮试探劝进受九锡,诸葛亮回答要灭魏之后再接受。《三国志·蜀书·李严传》裴松之

---

① 锡,同赐,《公羊传·庄公元年》记载:"锡者何? 赐也。"

②《周礼·春官·典命》曰:"礼有九锡。"《礼记·王制》曰:"上公九命。"

③ 班固:《汉书》,第 2993 页。

④《汉书·武帝纪》记载:"古者,诸侯贡士,壹适谓之好德,再适谓之贤贤,三适谓之有功,乃加九锡。"颜师古注引应劭语,以车马、衣服、乐器、朱户、纳陛、虎贲百人、斧钺、弓矢、秬鬯为九锡。汉武帝的提倡,点拨后代的篡位者为最后登基找到了一个试探是否有可行性的仪式,从这意义上说,汉武帝无意中给刘氏江山埋下了祸根。

注引《诸葛亮集》云,严与亮书,"劝亮宜受九锡,进爵称王",诸葛亮答:
"今讨贼未效,知己未答,而方宠齐、晋,坐自贵大,非其义也。若灭魏斩
叡,帝还故居,与诸子并升,虽十命可受,况于九邪!"

从上述引文中可看出,王莽接受的"九锡"包括:一、衣服,绿色的围
裙、礼服、礼帽和日常穿的衣裳,镶着玉的佩刀,歧头靴子,表明被赐衣服
者能安民。二、车马,带响铃的辂车和四匹马,悬垂九束绦子作装饰的大
龙旗,皮革做的武冠和白色战袍,戎车和四匹战马,赐以车马意在嘉奖德
行。三、弓矢,有红色弓箭和黑色弓箭,被赐此礼器意为"能征不义"。
四、斧钺,府门左边竖着红色斧铁,右边竖着金色斧铁,盔甲各一领,拥有
此礼器意为"能诛有罪者"。五、秬鬯,香酒两卣,玉勺两只,行孝道备者
才能得此礼器。六、命珪①,意为"符信",《通典》有"天子锡诸侯命珪,以
为符信,珪者,诸侯所执以朝觐之瑞也",王莽得到的是象征最高级官爵的
九命青玉圭两枚。七、朱户,王莽祖宗的祭庙和寝庙都可以安装红漆大门,
得此特权,意为"民众多者赐之"。八、纳陛,有两种说法,一是登殿时特凿
的陛级,使登升者不露身,犹贵宾专用通道;二是阶高较矮的木阶梯,使登
阶别太陡。这两种说法都不甚具体,其含义则指"能进善者赐以纳陛",王
莽得此礼器,其祖宗的祭庙和寝庙都可以营造檐内台阶。九、虎贲,意为
"能退恶者赐虎贲"。进而设置宗官、祝、卜官、史官,虎贲三百人,家令、家
丞各一人,宗、祝、卜、史等官都设啬夫,以共同辅佐安汉公。

王莽受"九锡"之礼,器物本身并不贵重,远不如土地和黄金实用,但
表明的是至高的荣誉,只有文武俱全、为民所爱戴者才能获此殊荣。对
王莽来说,这些华丽的器物和仪仗的背后,直达的是位高权重的实义,是
一种大善的象征。它们在帝王和臣子之间立下了一道最后的防线,权力
的天平时刻都在变化。从史实看,这一次的赐礼,实际上是后来帝位禅
让的预演。当臣子的力量超过君主时,通过双方都能接受的仪式进行权
力的让渡,而不是掀起一场浩劫,无疑也是一种政治文明美的表现。

---

① 古籍记载,有的九锡有乐县(悬)而无命珪。

第七章 《氾胜之书》的环境美学思想

　　《氾胜之书》是西汉晚期的一部农学著作,由氾胜之编著而成,一般认为是中国古代最早的一部农书,它与北魏贾思勰的《齐民要术》、元代王祯的《农书》和明代徐光启的《农政全书》并称为中国古代四大农书。氾胜之,泛水(今山东省菏泽市曹县北)人,生卒年不详,有明确记载其生平的是《汉书·艺文志》,说他在汉成帝(前32—前7年)时当过议郎(农业顾问)。原书称《氾胜之十八篇》,在两宋之间失传,后人从各种北宋以前古书引文中汇集整理出来①,字数近3 700字。

　　氾胜之作为重要的农官,曾以轻车使者、黄门侍郎的身份,"教田三辅",深入到关东平原广大地区视察庄稼长势,识别干旱高坡地带的土壤习性,拜访农民学习田间技术,在获得丰富的第一手经验的基础上指导农事活动,又结合当时他所能接触到的农耕知识,从而写作成书,这样他的著作就具有极高的权威性。

　　《氾胜之书》作为辑本,字数虽少,内容却十分丰富。它包括抓紧农时、鉴定土壤、选种区田、浇灌施肥、收割贮藏等完整农事过程,涉及禾、黍、麦、稻、稗、大豆、小豆、枲、麻、瓜、瓠、芋、桑等13种作物的栽培技艺,

---

① 大部分文字辑自《齐民要术》。

集中保存了西汉以前及当时的农业生产经验,为健康农业环境的营造以及农业发展提供了长久宝贵的意见,在古代中国农耕文化进程中具有承前启后的指导意义。

第一节　维护以农为本

《氾胜之书》不是一般介绍农业生产的书籍,它有着宽阔的视野,在推广其耕作技术的同时,它先表明农业耕作的核心思想。

一、趣时和土

《氾胜之书》开篇提出:"凡耕之本,在于趣时和土,务粪泽,早锄早获。"①即农业的根本问题在于处理好以下环节:一、掌握天时;二、利用地利,对农业来说,就是保护和改良土壤的生产力;三、合理施肥;四、保墒灌溉;五、中耕锄草;六、及时收成。这六个生产环节紧密联系成一个有机整体,在天时、地利有保障的前提下,重点又在于发挥人力的首要作用。这一耕作原则,是先秦诸子关于天、地、人协调统一的思想在农业生产中的正确运用,为中国古代农学体系的形成奠定了基础,其科学系统性为后代的农业实践所不断证实,是农业生产获得丰收的保障。

耕作的主要物质基础是土地,中国古人富有深意地称之为"壤"。《禹贡》马融注:"壤,天性和美也。"《周礼·大司徒》郑玄注:"壤,和缓之貌。""和土"就是使土地变得和美、和缓,成为"壤",也就是耕地达到了舒松柔和的最佳状态,既不板结又不过于松散。把握是否成为"壤"的关键又在于观"地气"。"春冻解,地气始通,土一和解。夏至,天气始暑,阴气始盛,土复解。夏至后九十日,昼夜分,天地气和。以此时耕田,一而当五,名曰膏泽,皆得时功。"②从田地的松硬来判断是否"趣时"毕竟是一种

① 万国鼎:《氾胜之书辑释》,北京:中华书局1957年版,第21页。
② 同上。

比较外在的方法,重点在于看"地气"(或称土气)。提到气,即与古人神秘的阴阳观联系在一起。它既有外在的表现,又内蕴了不可言明的经验。一年之计在于春,如何获得一个丰收年,农夫从年初就必须准确判断地气的发生,从而抓住耕地时机。地气有一个极重要的参考维度,就是天气。从天气的温度、湿度以及风雨阴晴,推断出地气冷暖、干湿和松硬度,特别是耕地是否已经具备一股通透的气的节点很关键。从冬季到开春,冻结的土块随着温度的升高发生软化,即在土层中出现了生气,起先气力尚弱,还不是耕种好时辰,只有等到形成了土气"和解"的阶段,在土层有了一个有机的结构才是开播的好节点。具体测试土气的办法是在冬季时就把一根一尺二寸长的木桩打进地里,一尺长的部分埋在土里,二寸露出地面(汉尺:1 尺=0.963 市尺,1 寸=1.386 市寸)。立春后,土块松碎,向上拱起,把露出地面的二寸木桩掩盖了,就表明土气开始通畅了。[①] 此后二十日,气力渐弱,土块变硬,再耕作就迟了。在适当的时机耕田,气力一分抵得上四分,如失去最佳时机,用力四分抵不上一分。

氾胜之把气路通畅的土壤叫作"膏泽",可理解为以湿润为主要特征的沃土。这样的好时机在一年中有三次,第一次就是春冻始解时,第二次是夏至,第三次夏至后九十日。

从现有的资料看,氾胜之对如何利用春耕时的土地的讨论较为详细。针对关东一带缺水的地理状况,他指出在冬季时每一次雪停后,就要把雪掩盖起来,不让雪被风吹走,冻雪在土层中不但能把虫害消灭,还能为立春时的庄稼生长贮存充足的水分。之所以特别注重地气通畅,与当地普遍存在的坚硬的黑垆土有关。《说文》:"垆,黑刚土也。"开春时,刨开疏松黑垆土以后要抹平,让土层长出杂草来再翻耕,天下小雨后再把土翻松,这样一直保持土质的疏松到播种之日,不要让耕地结硬块,整个过程可称为"强土而弱之"。当然,对部分本身已疏松又不适合耕种的

---

① 这一测定春耕时间的方法简单易行,为关东人民所普遍接受。

土地（弱土、轻土）也有相应的办法来解决。开始耕种这种土质的时机要选在杏花盛开时，等花落时再耕，耕完后的重要环节就是要压实土质。等杂草长出后，遇下雨土地润湿后再翻耙，再碾压。人力不够时，可赶牛羊去践踏。这样，松散的土质就会凝聚，变得适合播种，此等方法即称为"弱土而强之"。此处土之润燥、强弱的变化，完全符合传统气论中阴阳消长的说法。《吕氏春秋·任地篇》载："凡耕之大方，力者欲柔，柔者欲力。……急者欲缓，缓者欲急。"可作为氾胜之论地气强弱的先声。而对《氾胜之书》的化土之法，汉代人在注疏《周礼》《礼记》时已有征引，例如郑玄注《草人》就说："土化之法，化之使用权美，若氾胜之术也。"

如果没赶上土气通畅的好时机去耕种，就会破坏整个土地的生态，以致整年都种不好庄稼，有一个勉强的补救方法是加粪肥以增加土地的肥力。时刻注意土壤的润湿度很重要，不要在土层干燥的时候开播，要让杂草生出来，遇到下雨再耕种，就可以使土壤有一个良好的结构层，它只适合庄稼生长，等禾苗出土，杂草也就腐烂变成肥料了。这样，耕一次抵得上其他方式五次。反之，如在干燥的土地耕种，庄稼和杂草各在土块某一空隙生长，以后翻地除草都碍事，整个耕种大事就搞砸了。秋季没有雨的时候耕田，会大大耗掉土中的水，使田地变得干燥坚硬，成为"腊田"。此外，在盛冬时耕田，会泄漏土中水分，土地变得干燥，成为"脯田"。"脯田"和"腊田"都是土气受伤的田，会导致两年长不出好庄稼，解救的方法只有休耕一年才能挽回地气。用来种麦的田，一般在五月耕一遍，六月也耕一遍，七月就不用耕，好好摩平，等待耕种时机的到来。五月里耕，效果最好，一遍抵三遍，六月里耕，效果差些，一遍只能抵两遍，若是七月里耕，最为费力，五遍才抵得上一遍。

按照以上办法耕田，就可以"得时之和，适地之宜，田虽薄恶，收可亩十石"[1]。由此可见，重农时也是耕地的关键。氾胜之这方面的看法同样是对前人思想的继承。《孟子·梁惠王上》就有"不违农时，谷不可胜食

---

[1] 万国鼎：《氾胜之书辑释》，第21页。

也"之说,《吕氏春秋·审时篇》也记有:"得时之菽,长茎而短足,其荚二七以为族。……后时者,短茎疏节,本虚不实。"《氾胜之书》有很大篇幅记载了多种栽培作物播种的最佳时机,如:

禾:"种禾无期,因地为时。三月榆荚时雨,高地强土,可种禾。"

黍:"黍者暑也,种必待暑。先夏至二十日,此时有雨,强土可种黍,一亩三升。"

麦:"夏至后七十日,可种宿麦。早种则虫而有节,晚种则穗小而少实。当种麦,若天旱无雨泽,则薄渍麦种以酢浆并蚕矢。"

稻:"冬至后一百一十日,可种稻。稻地美,用种亩四升。……三月种秔稻,四月种秫稻。"

麻:"二月下旬,三月上旬,傍雨种之。"

大豆:"三月榆荚时有雨,高田可种大豆。土和无块,亩五升;土不和,则益之。种大豆,夏至后二十日尚可种。"

小豆:"小豆不保岁,难得。椹黑时,注雨种,亩五升。"

二、九谷忌日

有趣的是,除记载可以播种的时机外,《氾胜之书》还提到了耕种的忌讳时日,书中说:

> 小豆忌卯,稻麻忌辰,禾忌丙,黍忌丑,秫忌寅未,小麦忌戌,大麦忌子,大豆忌申卯。凡九谷有忌日,种之不避其忌,则多伤败,此非虚语也。

一般认为,九谷忌日的说法主要依据阴阳五行学说推论而出,没有太多的经验事实作为支撑,前人著作也没相关说法,氾胜之可能是始载者。《齐民要术》在摘录这一段文字时特别作了一个说明,书中说:"《史记》曰,阴阳之家,拘而多忌。只可知其梗概,不可委曲从之。谚曰,以时及泽,为上策也。"可见,《齐民要术》是采用了一种审慎的态度来看待阴阳五行观的。但随着近年云梦秦简《日书》的出土,这一看法也随之有了变化。《日书》不但记有忌日,还有良日、龙日,反映的是秦昭王时期民间的生活生产习俗。由此观之,九谷忌日不是氾胜之首创,可能是继承了战国以来的民间习俗,是西汉民间作物生产和收获的客观记录。它关注的是从阴阳观的推理中得出的心理禁忌,各种说法也许可能在生产实践中得到过证实,但相比之下,心理暗示更为重要。由于忌日占的时间不长,总体上不会影响整个生产的好坏,对它有所遵循反而能获得心理安慰,也可以把生产带入到一种有仪式感的过程中,因此该说法备受老百姓的欢迎。后人脱离了相关语境,指责其为封建迷信,是一种不负责的态度。

第二节 推广新型技术

氾胜之根据关中地区的自然条件和农业生产经验,提出了充分利用土地的新技术——区田法。虽然他在介绍时说:"汤有旱灾,伊尹作区田,教民粪种,负水浇稼。"把发明权推给伊尹,这是古人的一种说话方式,即托大人物的名号来为自己的作品撑门面,以增加其推广效力,事实上在氾胜之生活时代之前的著作中没有相关记载,可以认定区田法是氾胜之的首创,但也不是凭空创造,它是在赵过代田法[1]基础上针对关中地区气候干旱、人多地少的情况进行改造的新耕田技术。

区田法的主要内容有:

一、充分利用地利

进行农业生产的自然条件极为复杂,并不是到处都能找到良田沃土,所以区田法对自然条件要求不高,它提出:"区田以粪气为美,非必须良田也。诸山陵近邑高危倾阪及丘城上,皆可为区田。"区田集约耕种,

---

[1] 代田法,汉武帝时期赵过首创,同样是为适应关中地区的农耕情况而设计,其主要含义是让土地沟和垄的位置每年进行轮番交替,在肥料不足情况下使地力能得到自然恢复和增进,在栽培管理上比先秦就流行的亩法有很大改进。

充分发挥区内的效力："区田不耕旁地,庶尽地力。"荒地也不用先平整就可以利用："凡区种,不先治地,便荒地为之。"①区田之所以如此自信,是因为"以粪气为美",有一套通过集中浇肥、灌溉来弥补土地先天不足的措施。

对氾胜之来说,他发明的溲种法,更是从种子精选和培育方面为粮食丰收提供了保障。所谓溲种法,就是在作物成熟时在田间选择籽粒饱满且繁多的穗子作为种子,以保证旺盛的生命力。选好良种以后,晒干与艾草一起贮藏在干燥的地方。艾草具有杀虫和防潮热的作用,与之放在一起,避免了种子变质和受害。前面几个环节只是溲种法的准备,溲种法的主要工序是从播种前对种子的特别处理开始的。《说文》:"溲,浸沃也,从水叟声。"溲种,就是把精心挑选出来的种子放入碎马骨煮出的清汁中,然后泡上中药附子,加入蚕屎和羊粪,搅成黏稠汁状,这样,种子就附上了一层粪壳,犹如鱼皮花生(氾胜之称之为麦饭状),晒干后第二天再溲,这样重复溲六七次,贮藏起来不让种子受潮就可以了。等播种的时候把剩下的稠汁再拌上和入土中,就可以免受虫害,种子在萌芽期也能得到充足的肥料。如果没马骨,用雪水也可以,雪水是五谷之精,可以使庄稼耐旱。雪水一般在冬天里用容器收藏埋在地下,以之来滋润种子,也可以得到加倍的效果。

二、细化耕作方式

氾胜之指出了两种耕作方式:一种是带状区种法;一种是小方形区种法。②

带状区种的做法是:

> 以亩为率,令一亩之地,长十八丈,广四丈八尺;当横分十八丈作十五町,町间分十四道,以通人行,道广一尺五寸;町皆广一尺五

---

① 万国鼎:《氾胜之书辑释》,第 21 页。
② 同上书,第 77 页。

寸,长四丈八尺。尺直横凿町作沟,沟一尺,深亦一尺。积壤于沟间,相去亦一尺。尝悉以一尺地积壤,不相受,令弘作二尺地以积壤。①

"以亩为率",主要指的是把十八丈长的田从横向上分出十五町,町与町之间划出人行道,町用于耕种,道用于行人,这种做法适合条件较好的平原地区耕作,能充分利用地利。

小方形区种的方法是:

上农夫区,方深各六寸,间相去九寸。一亩三千七百区。……中农夫区,方七寸,深六寸,相去二尺。一亩千二十七区。……下农夫区,方九寸,深六寸,相去三尺。一亩五百六十七区。②

小方形区的种法是先深挖约六寸的小区,大小按土的质量高低做成六寸至九寸见方,区间距离也按不同情况有所区别。一般上农夫区距六寸、中农夫区距二尺、下农夫区距三尺,每个小区之间还留有小町。三类地区每亩地的利用率相比于带状区种法都明显偏低,却从更大生产范围上提高了土地利用率。

三、深化耕作技术

氾胜之对带状区和方形区耕种不同作物的方式、技术都作了具体规划。比如:

种禾黍于沟间,夹沟为两行,去沟两边各二寸半,中央相去五寸,旁行相去亦五寸。一沟容四十四株。一亩合万五千七百五十株。种禾黍,令上有一寸土,不可令过一寸,亦不可令减一寸。

凡区种麦,令相去二寸一行。一行容五十二株。一亩凡九万三千五百五十株。麦上土令厚二寸。

---

① 万国鼎:《氾胜之书辑释》,第63页。
② 同上书,第68—71页。

凡区种大豆,令相去一尺二寸。一行容九株。一亩凡六千四百八十株。

区种荏,令相去三尺。

胡麻相去一尺。

区种,天旱常溉之,一亩常收百斛。①

细化耕作技术的一个重要标志就是注意行距,不同作物行距各不相同,黍、麦的株距较密,大豆、荏的株距较疏,区种法在保证每一株种苗都能得到充分的阳光和肥力的前提下,又要提高土地的利用率,与此相应的技术在于密植、全苗,这样就能促进粮食的高产。

氾胜之大体上对所涉及作物的栽种技术都有所介绍,其中谈如何用嫁接法种大瓠的技术最为精彩。具体做法是先下十株瓠,待其蔓都长到二尺多长时嫁接成一条蔓,蔓上只留三个好果实,其他果实和不结果的分枝全部剪掉,这样,集中十株根系的营养来供应一条蔓上的三个果实,配合其他合理的照料,最后结出大瓠的可能性极高。在两千多年前,有此嫁接技术,确实难能可贵。

氾胜之还首次总结了地桑的培育方法:“每亩以黍、椹子各三升合种之。黍、桑当俱生,锄之,桑令稀疏调适。黍熟获之。桑正与黍高平,因以利镰摩地刈之,曝令燥;后有风调,放火烧之,常逆风起火。桑至春生。一亩食三箔蚕。”②黍桑俱生不是嫁接,而是充分利用土地的方法。地桑与树桑相比较,具有许多优点:地桑叶形更大,叶质更鲜嫩,收获更方便,播种后次年即可采叶来饲养蚕。

区田先进的灌溉技术在关东平原沿河地区水稻种植中表现得最为突出。氾胜之利用稻田水道变化来调节水温,其具体做法是:“始种稻欲温”,令“水道相直”(即进水口与出水口相对应,使水道在田间直线通过)来减少水在田间的流动时间,以此保持水温;“夏至后大热”,利用“水道

---

① 万国鼎:《氾胜之书辑释》,第66—68页。
② 同上书,第166—167页。

交错"(即进水口和出水口相错开,使水流在田间交错通过)以扩大水在田间的流动空间,以此散热量,降低水温。这两种方法依照不同的情况进行相应变动,为水稻生产提供了宝贵经验。

总之,区田法的推广有很多好处:首先,它与粗放型的耕作方式不同,对田地进行了分区,有利于深挖和平整。深挖的深度依不同作物有所不同,种瓜、瓠的深度要三尺,种黍、麦的深度一尺就可以。其次,由于区田面积小,田间的各种作业从浇水、除草、中耕到施肥都能做到处处兼顾,不留死角。再其次,区间的沟壑不但为田间作业提供了方便,而且又起到了通风、采光、调温的作用,比大田种植具有更多优点。

第三节　拓殖商品经济

《氾胜之书》作为农书,仅存三四千字中还多处涉及农业生产本身之外的社会活动内容,其中一个重要延伸就是论及整个农业生产诸多环节中的商品化现象,这可以认定为商业是农业发展的必然拓展。如进一步追究,在农业活动的开始阶段,就潜在地包含了诸多商业因素。

氾胜之并不是一味沉溺于钻研农业技术的专家,他具有广阔的生产视野。随着汉代人口的增加,农业生产与人口的关系日益成为社会的重大问题,这也就成为农学家统筹生产必须考虑的重要维度。氾胜之在讨论农夫种粟时,人口就成为他筹划的因素,他说:"丁男长女治十亩。十亩收千石,岁食三十六石,支二十六年。"对投入和产出之间的收利进行精确核算,是推动生产顺利进行的一个重要指标,现存的文字也有相关记录,如谈及以区田种瓠时,有:

> 种瓠法,以三月耕良田十亩。……一本三实,一区十二实,一亩得二千八百八十实,十亩凡得五万七千六百瓠。瓠直十钱,并直五十七万六千文。用蚕矢二百石,牛耕、功力,直二万六千文。余有五十五万。肥猪、明烛,利在其外。①

---

① 万国鼎:《氾胜之书辑释》,第155—157页。

以种十亩瓠为例,前期投入用去蚕粪、牛耕和人力达二万六千文,而十亩良田可收五万七千六百瓠,每个瓠值十钱,共值五十七万六千文,总收入五十五万文,还不包括用瓠肉养猪和用种子制成明烛的收益。两相比较,收入远远大于投入,可见,种瓠获益极大,是一种值得提倡种植的作物。

在谈种瓜一节,氾胜之具有更明确的市场意识。他说:

> 区种瓜:一亩为二十四科。……以三斗瓦瓮埋着科中央……种瓜瓮四面各一子。……又种薤十根……至五月瓜熟,薤可拔卖之,与瓜相避。又可种小豆于瓜中,亩四五升,其藿可卖。此法宜平地,瓜收亩万钱。①

薤、瓜、藿在汉代都是蔬菜,可以拿到市场上出卖,其中薤、瓜的生产目的极有可能完全是作为商品来出卖,藿作为种豆的副产品,也一并可以被当作多出的农作物顺带卖出去以获利。氾胜之为推广他的区种法,把生产预算及市场效益等多种因素都替生产者考虑在内,间接地证明他对商品生产完全没有排斥的想法,与前人所谓重农学者一味贬低商业的主张有很大不同。他着力介绍的地桑培育方法,为丝绸生产尽了一份心力。丝绸又是古代中国工商业重要的原材料,促进蚕业生产也间接地推动了商品经济的发展。

协调农业环境的各要素使农业生产顺利进行,是农业环境美学的一大思想内容,而随着农业向商业的拓展,生产环境进一步扩大,社会能量进行了有序的分配,环境美学的对象也就从农业扩大到更大的社会范围。由此可见,《氾胜之书》不仅仅是一般的农书,就环境美学而言,它的思想内容超出了农业生产领域。

---

① 万国鼎:《氾胜之书辑释》,第 152 页。

第八章　谶纬符图与环境设计

西汉末，王莽篡权建立新朝，全面实行改革，可其所行政策完全是复古一路，不但不能挽救国家颓势，反而激发了各种社会矛盾，人祸加上天灾，最终导致了绿林、赤眉大暴动。公元25年，刘秀基本上平定了各地的动乱，重新建立汉政权，迁都洛阳，因洛阳在西京长安之东，史称刘秀政权为东汉，刘秀本人则被称为汉世祖光武皇帝。

光武帝鉴于西汉王朝诸侯专横、权臣侮主、外戚篡位等严重影响刘氏政权的教训，登基之后即大力抑制豪强，改革中央官职，精简官僚机构，优待有功之臣，迅速维护了皇权的绝对统治。思想上进一步推行儒家学说，并把它与谶纬神学结合起来，"宣布图谶于天下"（《后汉书·光武帝纪》），以此为各种政治行为辩解。经济上延续执行西汉初期的休养生息，关注民生，试行度田制度，解放生产力，大力发展经济。由于国力尚弱，对外采取防守措施，特别是在北疆有效地避开了与匈奴的冲突，以保存实力。这些重大策略的实施，为东汉立国奠定了坚实的基础，整个东汉朝的格局都离不开光武帝的首创之功。正是光武帝的励精图治，使东汉迅速发展，再次出现"中兴局面"。

从环境效应看，相比于西汉，东汉朝最大的特色在于几大来自本土或异域的文化精神得到了强化。随着儒学的神秘化，来自天地的灾异不管真实与否都被利用来影响人事的安排和走向,这就在原来的生活内容中溢出了一种新的天地配伍方式;衍自于印度的佛教自西汉时传入以来,到东汉其对西方极乐世界的宣扬也逐渐在人们的心中生根,这就在原有的知识范围中又拓展出了一个更大的生活空间;先秦道家在秦帝制建立后失去了其思想活力,到汉代蜕变为道教,原有的与自然合而为一的自在世界也滋生出了一个特别能迎合世俗的洞天福地。

从西汉起儒家学说成为汉帝国专制的主要思想工具,先秦侥幸保存下来的儒家典籍因其稀少也变得珍贵,纷纷被当作"经书"。由于时代精神已失去了原创的土壤,儒生又信奉"述而不作",新作品不再产生,人们只能针对以往的作品不断地进行再评述。解释经典成为读书人晋升的台阶,董仲舒就是治《春秋公羊传》成功的例子。有了现实的利益驱动,读书人解经成风,以致有限的几本儒家经典——《易》《诗》《书》《礼》《乐》《春秋》《孝经》《论语》被大量阐释,到西汉末年,出现了大批衍生文本,这些新增的文本的大部分即被称为纬书,它们以《诗纬》《易纬》《礼纬》《乐纬》《孝经纬》《春秋纬》等七纬为主,共有 35 种,到后世大部分纬书都已亡佚,但从后人的辑录中仍可看出其大概。一般来说,经,指主要的、核心的;纬,"经之支流,衍及旁义"(《四库全书总目提要·易纬》),则围绕着经而展开,是其补充部分。经纬合称,意在把握对象更加全面和丰富。经、纬的核心思想都专注于解释世界的各种问题,在此意义上,纬也可以认为就是经的一部分。两者最大的不同在于经占据了首创的位置,且已被整个文化格局和历史证成,其多重意蕴有很大的解释空间;纬作为后起之学,失去了开山的气象,只能蛰居于某一隅进行阐发。汉代纬书的惯用路径大都借孔子或黄帝、尧、舜之名,运用阴阳五行学对灾异的解释来比附儒家学说,以引起社会关注,从而达到解经者个人的目的。从纬衍生出谶,[①]谶者,"诡为隐语,预决吉

[①] 一般认为纬书起源于西汉末期哀、平之际,主要依据是《后汉书·张衡传》的记载:"臣闻圣人明审律历,以定吉凶,重之以卜筮,杂之以九宫,经天验道,本尽于此。或观星辰逆顺,寒燠所由,或察龟策之占,巫觋之言,其所因者,非一术也。立言于前,有征于后,故智者贵焉,谓之谶书。"谶书即讳书。

凶"(《四库全书总目提要·易纬》),有的纬书就直接以谶命名,如《论语谶》,谶事实上是纬的进一步的推进,使用的办法是假借神的名义推出模棱两可的语词来预测未来,又称"符命"。谶纬合称仅限于以经书为根据的范围,如没有以经书为依托,谶即与纬分立开来,成为独立的现象。在历史上谶比纬延续的时间长。有的谶为了推广影响,编成歌谣,或以诗的形式传播,称为谣谶或诗谶,使用更直接明了的图式,称为"图谶",如后世的"推背图"和"烧饼歌"。谶比纬的现世意图更为显露,纬贴近经书原义进行适当延伸,而谶则往往急功近利,随意发挥,使这条解经之路走入死胡同。但权力的需要逼迫这种行为在一段时间内流行开来,也就出现了一种"以名求实"的现象,由此带来了系列独特的生活景观。

第一节　联类比附,制作人工图景

阴阳五行本衍自于儒家,但因其随意比附,荒诞不经,在先秦时期已沦为末流,成为民间术士谋取利益的手段。董仲舒在汉代重拾旧学,把阴阳五行提升为解释整个古人所能理解的世界的工具,由此也提升了现实帝制的品格,从而得到了汉武帝的重用。这种成功范例,大大鼓动了两批人即读书人与方士(或者说儒家与阴阳家)的合流。读书人的知识背景主要倚仗的是儒家经典,而江湖术士更关注的是现实功效,两者各有所长,一旦结合对双方都有好处。一方面,方士的一套说辞及做法有了经书的支撑,获得了合法性和权威性;另一方面,儒生读书的本来目的就是在现实找到施展抱负的机会,有了方士的点拨,也就迅速修改读书的进路,剪除那些大而空的观念,把主要精力投入到制造那些能产生现实功效的说辞中去。

阴阳五行为儒生与方士的结合提供了可能性,作为其产物的谶纬在指向现实方式上有两种:一是对现实的世界性描述;二是突出自然灾异现象与人世得失的关联。第一种指向除了为知识划定界限,核心在于为整个政权的合法性辩护;第二种指向则具有多变性,它随时为当权者的好恶服务,特别是自然界没有出现与主观意图相符的征兆时还可以人为地制造出来。第一种对真实世界不增加多余的图式,仅是在其经验世界里找到相应的理论加以比附,尽量做到逻辑自洽就能达到目的;而第二种有明显的人为性,在基于第一种被承认的逻辑框架中为真实自然界增添了人工造物,也就必然带来某种环境效应,在一定意义上也可以把这种人工造物当作艺术品。

一、神化

谶纬向现实渗透的逻辑进路首先表现为直接对作为其所阐释对象的经书的神秘化。例如把五经当成经天纬地之作,对于五经之首的《易》,着意指出天道与人道复杂的相通,称:"气之节,含五精,宣律历,上经象天,下经计历。《文言》立符,《彖》出其节,《象》言变化,《系》设类迹。"(《春秋纬·说题辞》)《书》"上天垂文象,布节度"(《尚书纬·璇玑玲》),成了记载上天象征与人间警示之作。《礼》能揣度阴阳,彰显天意,"与天地同气,与四时合信,阴阳为符,日月为明"(《礼纬·稽命征》)。《诗》被当作"天地之心,君祖之德,百福之宗,万物之户"(《诗纬·含神雾》),成了纲举目张之渊薮。《春秋》更是与现实权力有直接的联系,"以天之端,正王者之政"(《春秋纬·元命包》)。总之,天即天神,经书,就是天神对人间昭示的圣言。

其次是把君王或圣人神化。早期儒家只颂扬传说中的君王,对现实的帝王没有拔高的说法,甚至压低,孟子就说"君轻民贵"。而随着汉代新儒家的出现,董仲舒开始宣扬君权神授的思想,谶纬则进一步把君王本身神化。具体的做法是确认受命的君王原先就是天帝的子孙,他们依照五行的相生秩序轮流下凡登基,每一次将降世时,人间会出现一系列神奇的预兆,比如"感生""异貌""受命""符瑞"等。《书纬》就说到舜母登感枢星而生舜的感生事件,禹则为白帝之精,禹母"山行见流星,意感栗然,生姒戎文禹"。说到异貌,《河图·稽命征》有:"帝刘季,日角,戴胜,斗胸,龟背、龙眼,长七尺八寸,明圣而宽仁。"圣人的主要神化对象是孔子。孔子在世时,其弟子已认为孔子犹如神龙一般,至两汉,孔子则被全面神性化,其展现的内容包括感生、符命、异表、制法、先知等。孔子本有父母,可谶纬罔顾历史事实,一味抬高其非常人特点,说孔子是"乾坤""大帝所挺""玉汁之精"。《春秋纬·演孔图》说孔子母亲"游于大泽之陂,睡,梦黑帝使请己。已往,梦交,语曰:'汝乳必于空桑之中。'觉则若感,生丘于空桑之中,故曰玄圣"。这种"梦交"的怀孕方法,完全有违真实世界的经验。出生以后,孔子的外表也大大异于常人,《礼纬·含文嘉》说:"孔子反宇,是谓尼丘,德泽所兴,藏元通流。"《春秋纬·演孔图》说:"孔子长十围,大九围,坐如蹲龙,立如牵牛,就之如昂,望之如斗。"《孝经纬·钩命决》说:"仲尼斗唇,舌内七重","仲尼虎掌","仲尼龟脊","仲尼辅喉骈齿"。为突出孔子与常人之别,谶纬不惜从出生到相貌把孔子塑造成怪异甚至是恐怖的丑陋之人,可以看出,为达到神化目的,重点在于尽量夸大,哪怕违背常识、丑化本应敬重的对象也关系不大。

此外,按五行"木火土金水"相生的顺序,孔子原本应出生在苍周(木德)之后,可是孔子作为黑帝之子,依照"黑不代苍",不行火运,得位者为赤帝之子,孔子有德无位,只能当"素王"。谶纬之书解释出现如此错位的原因在于黑帝急于让孔子现世,原来是另有使命,即不在于成为世俗政权的帝王,而在于代天立天,为后世立法,《孝经纬·钩命决》就说:"圣人不空生,必有所制,以显天心。丘为木铎,制天下法。"特别是为汉之兴起立法,《春秋纬》说:"丘览史记,援引古图,推集天变,为汉帝制法,陈叙图录。"《孝经讳·援神契》说:"丘水精,治法,为赤制方","玄丘制命,帝卯行"。《尚书纬·中候》说:"夫子素案图录,知庶姓刘季当代周,见薪采者获麟,知为其出,何者? 麟者,木精;采薪者,庶人燃火之意,此赤帝将当周。"孔子制法指的是作《春秋》和《孝经》:"孔子作《春秋》,制《孝经》既成,使七十二弟子向北辰磐折而立……告备于天,曰:'《孝经》四卷,《春秋》、《河》、《洛》凡八十一卷,谨已备。'天乃洪郁起,白雾摩地,赤虹自上下,化为黄玉,长三尺,上有刻文。孔子跪受而读之,曰:'宝文出,刘季握,卯金刀,在轸北,子禾子,于下服。'"(《孝经右契》)《春秋经·元命包》

单就《春秋》也说："麟出周亡，故立《春秋》制素王，授当兴也。"孔子的神化，虽不能巩固其世俗权力，却在"立言"方面增加了其威慑力。

二、比附

最明显体现天神意志的是祥瑞灾异现象与人间兴盛衰败的比附。如对于《春秋》记载定公元年(前 509 年)十月"陨霜杀菽"一事，《公羊传》和《穀梁传》都解释为自然界的奇异之事，没更多发挥，而《春秋纬》则认为："定公即位，陨雪杀菽。菽者，稼最强，李(季)氏之萌也。"(《春秋纬·考异邮》)明确把自然灾异与政治事件联系起来。自然界的旱灾、水灾、火灾、天象的异常皆可作为神秘的预言，如："国大灾，冤狱结。旱者，阳气移精不施，君上失制，奢淫僭差，气乱感天，则旱征见。"(《春秋纬·感精符》)"辰星之南斗，天下大水，五谷伤，人民饥。"(《春秋纬·文耀钩》)"日久不见，主夺势，群臣盗，谗蔽行。"(《春秋纬·感精符》)"妻党翔，群臣恣横，则日月无光。"(《春秋纬·感精符》)"星在日角者，臣与黄门僮女人阴奸为贼。"(《孝经·内事图》)

纬书收集了大量先秦至汉代君王的得失故事，掺入神秘的能代表天意的传说，特别是围绕着君王的合法性展开的各种征兆的描述是整个附会的核心，它们以此来印证天象与人间互动的可能性，从而为新的当政者提供借鉴。尧梦长人而举舜，舜受命时凤凰来仪，夏桀无道，天下血雨、地吐黄雾，天乙受命黄鱼双跃于坛。姬昌受命"赤雀丹书止于其门户"，十日雨土于亳而纣卒国灭。《尚书大传》又有另一关于周兴的说法，其文曰："周将兴之时，有大鸟衔谷之种，而集王屋之上者。"[1]到西汉，具有政治征兆的物象越来越多，《汉书·郊祀志》载，汉文帝时"黄龙见于纪"；汉武帝时出现了麒麟、宝鼎、星孛、神光、陨石等，例如"陨石二，黑如黳，有司以为美样，以荐宗庙"。甚至出现了专门记录各种征兆的官员，

---

[1] 伏胜撰，郑玄注：《尚书大传》卷三《周传》，见于《四部丛刊》初编经部，上海：上海书店 1989 年影印本，第 9 册。

《后汉书·百官志》载:"太史令一人,六百石。本注曰:掌天时、星历。凡岁将终,奏新年历。凡国祭祀、丧、娶之事,掌奏良日及时节禁忌。凡国有瑞应、灾异,掌记之。"①灾异代表天在谴责人间的观念深入汉人的心里,以致有责任感的帝王常以此来警醒自身,甚至下诏罪己,为天下祈福。光武帝建武六年(30年)秋九月丙寅"日有食之",光武帝于十月下诏自责曰:"吾德薄不明,寇贼为害,强弱相陵,元元失所。诗云:'日月告凶,不用其行。'永念厥咎,内疚于心。"②可见,谶纬思维对政事的进步有一定的促进作用。

在汉代,最充分利用谶纬的思维方式人为制造环境征兆为其政治服务的人当数王莽。如早在公元4年,王莽派宫廷禁卫中郎将平宪前往羌中引西羌呈献土地,成功后,平宪呈报:"安汉公至仁,天下太平,五成熟,或禾长丈余,或一粟三米,或不种自生,或茧不蚕自成,甘露从天下,醴泉自地出。凤皇来仪,神爵降集。"很明显,这些祥瑞都是虚构出来的,它们只存在于文字之中。而后王莽又密令部下呈一系列祥瑞给太皇太后王政君,成功从安国公晋升为代皇帝;为夺取真龙天子之位,公元8年,在齐郡、巴郡、雍县竟出现新井、石牛、仙石三样奇迹之物,王莽以此请王政君去其代理二字,见王政君犹疑,又命梓潼人哀章造铜匮,献图谶"王莽为真天子,皇太后如天命"。③ 于是次年王莽终于登上了皇帝宝座。

为方便记忆、易于宣传,社会上出现了形象化的图谶。如班固《白雉鸡》:"启灵篇兮披瑞图,获白雉兮效素乌。"④王逸《九思·逢尤》:"羡咎繇兮建典谟,懿风后兮受瑞图。"⑤依图行事,到东汉成为风尚。隋代杜台卿《玉烛宝典》载汉代应劭《风俗通义》里记有当时人按图书来布置环境的事,其文曰:"七日名为人日,家家剪彩或镂金箔为人,以贴屏风,亦戴之

---

① 司马彪:《后汉书志》,北京:中华书局1965年版,第3572页。

② 班固:《汉书》,第49、50页。

③ 同上书,第3007页。

④ 李善注:《文选》,北京:商务印书馆1959年版,第24页。

⑤ 《四部丛刊》(影印本),第97页。

头鬓。今世多刻为花胜，像《瑞图》金胜之形。"汉代女子根据《瑞图》中金胜的图案来剪彩，装饰屏风和头鬓。王充记下了当时的这一现实："儒者之论，自说见凤凰、麒麟而知之。何则？案凤凰、麒麟之象。……如有大鸟，文章五色；兽状如獐，首戴一角：考以图象，验之古今，则凤、麟可得审也。……世儒怀庸庸之知，赍无异之议，见圣不能知，可保必也。夫不能知圣，则不能知凤凰与麒麟。"[①]

三、瑞应

东汉瑞祥之图深入社会，普及性极高的《瑞应图》已亡佚，但通过六朝时的敦煌《瑞图》残卷描绘的灵龟、青龙图像及文字，人们还是可以辨认出当时的大致模样，而能更真切看到东汉祥瑞图模样的当数保留至今的石画像。在山东嘉祥武翟山武梁祠墓群石刻中有两块石像雕刻的祥瑞图，据清代道光年间冯云鹏、冯云鹓所编《金石索》记载，能清楚辨识的祥瑞图有浪井、神鼎、麒麟、黄龙、璧流离、金胜、比目鱼、蓂荚、白虎、六足兽、白鱼、白鹿、比翼鸟、比肩兽、赤罴、玄圭、玉马、木连理、渠搜献裘、白马朱鬣、银瓮、玉胜，总共 22 幅，可见当时人已对祥瑞有着丰富的认识。

在武梁祠屋顶前坡中，第一层石画像自右至左排列有浪井、神鼎、麒麟、黄龙、蓂荚。浪井的画面左边刻一双瓣莲台，其下两旁长着两朵花蕾，形状犹如一口井；右边上方有一人躬身扶着莲台作腾空状，右下另一人站在石板上一手持锹，一手扶着近身的花蕾。莲台自古以清洁恬静名世，浪井不凿自成，愈发衬托出莲花的圣洁，腾空者与持锹者似乎在呵护这种浑然天成之物，希望给人间带来吉祥。浪井的左面是神鼎，呈圆形（汉代的典型风格，西瓜状），大耳，三只足，上有盖，寓意是每逢国君有道时，这种大鼎不用盛物、烧火，就能煮出美味佳肴来。麒麟作为祥兽的历史由来已久，传说在黄帝时期就出现，真正见于文字记载是在战国的《春秋》。《左传·哀公十四年》载："春，西狩获麟。"《公羊传》和《穀梁传》也

---

① 王充：《论衡》，上海：上海人民出版社 1974 年版，第 255—256 页。

记有此事,说的是公元前481年,有人在鲁国的西部大泽地打猎时,捕获到一头传说中的麒麟。武梁祠所在的嘉祥县就因其境内有获麟处而得名,因此在画像石中表现此神兽是自然之事。另一神兽是黄龙,在石画像中,昂首翘尾,四足爬行,犹如在水中游,预示着国君施仁政,德及水中,把龙从远方召来。第一石刻的最左吉祥物是蓂荚,共有两株,左面一大株,右面一小株。小株只长两芽,皆下垂。大株左右各长七个茎,茎皆下垂有实,唯独顶端有茎无实,代表着一月之中从十五日开始生长的转向。前十五日一天长一荚,而从十六日开始则一日落一荚,这样,人们通过算豆荚的生长与掉落就可以知道一月的时间流变,蓂荚就是一部活生生的日历。

许多图像都有相应的文字标题,如麒麟的榜题为"不剋胎残少则至",白虎的榜题为"白(虎),王者不报(虐,则白虎)至,仁不害人",木连理的榜题为"木连理,王者德能给(或'治')四方。为一家,则连理生",玉马的榜题为"(玉)马,(王者)清明尊贤(则出)",六足兽的榜题为"谋及众则至",比翼鸟的榜题为"王者德及高远则至",等等。按《金石索》的看法,这些文字可以跟南朝沈约的《符瑞志》对勘。如在《符瑞志》中,对麒麟的解释是:"麒麟者,仁兽也。牡曰麒。牝曰麟。不剋胎剖卵则至。"[1]白虎则解释为:"白虎,王者不暴虐,则白虎仁,不害物。"[2]木连理的释词是:"木连理,王者德泽纯洽,八方合为一,则生。"[3]六足兽解为:"六足兽,王者,谋及众庶则至。"[4]

图像具有直观的说服力,而文字使图像的含义更为明确,两者产生一种互文的效果。一个家族的祠堂建筑雕刻上如此多样的画像,集中反映了其认同的价值观,最核心的表现就是对当时拥有现实权力的政治、

---

① 沈约:《宋书》,北京:中华书局1972年版,第791页。

② 同上书,第807页。

③ 同上书,第853页。

④ 冯云鹏、冯云鹓编撰:《金石索》第四册,《石索》(2),成都:电子科技大学出版社2017年版,第538页。

伦理观念的认同。即使是私人化的物品如作为妇女头饰的金胜也被赋予了"国平盗贼,四夷宾服则出"①的政治符号。象征着夫妻情深恩爱的"木连理"的出现则意味着皇恩浩荡,八方归顺,天下统一,同样是迎合政治的表征。石画像的这种思路主要来自纬书,特别是最具有政治含义的帝王的出现经常会被渲染有许多祥瑞事物相伴而生,如纬书说:"王者上感皇天,则鸾凤至,景星见。"②"王者德礼之制者,泽谷中有朱鸟、白玉、赤蛇、赤龙出焉。"③"帝王将兴,比目鱼出。"④"德至于草木,则木连理。"⑤这些比附方法以及出现的吉祥物因其权威性,成为当时各种社会生活竞相采纳的内容。

第二节 画像刻石,汉人身后设计

画像石兴起于西汉,盛行于东汉,作为石刻画,主要镶嵌在祠堂或墓室之中,其出现是厚葬的一个重要表现。汉代画像石主要集中出现在山东、江苏和河南这些地区,这些地方除了经济富裕,还有一个特殊的因素是出过很多皇亲国戚和达官贵人,如江苏徐州是刘邦的故乡,河南南阳是刘秀的老家,这就决定了当地会比其他地方有更多的发展机会。没有这些条件,要付得起昂贵的刻石费用是不可能的。

一、现世生活的延伸

从画像石的存放场所可看出,它的主要功能与整个建筑物一样都在表达生者对逝者的怀念,至于生者如何表达则透露出当时人的文化思维方式。画像石的题材极为丰富,除了表现历史故事、天文符图、嘉祥神鬼,一大部分内容就在于展示当时人的生活习俗。从人的常情出发,生

---

① 沈约:《宋书》,第 852 页。
② 安居香山、中村璋八:《纬书集成》,石家庄:河北人民出版社 1994 年版,第 741 页。
③ 同上书,第 509 页。
④ 同上书,第 419 页。
⑤ 同上书,第 975 页。

者对逝者的追思怀远最终都会落实到美好的寄托上,因此,画像石的表现主题就是力求搜集当时人认为最好的东西来送给阴阳两隔之人。相比于其他题材,记录当时人的生活内容无疑具有更多的现实意义,对后代人来说,又增添了一层不可多得的历史内涵,况且以画面的形式类如连环画一幅幅渐次出现,其形象性产生了极大的说服力。凡是能被选入图画的皆不是一般的生活内容,都是当时人起码是创作者所理解的最好的生活,因为只有这样设计才能对死者有个完满的交代。这就好像埃及的金字塔,其筹划的就是法老死后的生活,其寄托的愿念自然就是死者生前美好生活的延续以及在想象力所能及之处加以进一步改善的生活。

二、各种生活图景

美好的生活首先建立在生产劳动的基础上,汉画像石记载了农耕、渔猎、放牧和各种手工业的画面。最能体现农耕过程的就是牛耕,汉代文献中记载当时较先进的牛耕技术为"耦犁",《汉书·食货志》称:"耦犁,二牛三人,一岁之收常过缦田亩一斛以上,善者倍之。"由于没有详细记载,今人解释"二牛三人"主要有两种看法:一、用二牛挽二犁,二人各执有一犁,一人牵引二牛,那么就可得出共有二牛三人(范文澜在《中国通史》中提出的看法)。二、"耦"指两头牛合挽一犁,由一人扶耕,另两人在前面各牵一头牛(《中国农业史》上册,1959年版)。而通过汉画像石中的"牛耕图",人们看清楚了其真正的含义。山东金乡香城堌堆石椁牛耕图显示,确实有两牛合为一犋共挽一犁的发明,耕作中,前面一人双手各牵一牛引路,图右上方有一人手执竿子赶牛,长辕犁后有一人扶犁掌控方向和深度。有趣的是,正被驱赶的牛肚下有一牛犊正在吃奶,两头牛之间还有一孩童扶辕似在嬉戏,最后方还跟着一牛犊随行。在实际劳动中,牛犊和小孩绝对不可能在田间掺和,图中对这两个对象的处理,是一种艺术加工的结果。"二牛三人"的牛耕方式比较浪费人力,随着耕作技术的熟练,更多的耦犁指的是"二牛一人"的耕作方法。如江苏睢宁双沟东汉画像石和陕西米脂东汉画像石的牛耕图,画面就只有"二牛一人"。

在陕西绥德王德元墓出土的石刻画只有"一人一牛",说明耕田技术不只有耦犁,还有其他各种更灵活的应对措施。

牛耕之外,围绕着田地,还有其他生产画面。山东滕州黄家岭的一块画像石刻的就是牛耕之后,接着一个农夫赶着一头牛拉的耙开始松地,其他农夫有的耘锄,有的撒种,左边还有担食送饭到田间的,整个农忙气象生动感人。

农闲之时,农夫即上山下河打猎捕鱼。打猎时,突出猎人的主要动作是托鹰、牵犬、荷戟、执毕、弯弓,至于那些骑马的、徒步的则可当作配角。作为空中猎物的飞禽有的中箭落地,有的惊慌飞逃。被围捕的野兔、麋、鹿等走兽或为猎犬所咬,或四下逃窜。山东嘉祥武梁祠左石室前坡西段画像石所刻狩猎场面较为壮观,能显示英雄本色。它刻画的是一个猎人肩扛一头已被打死的野牛,一只手还和前面一人共同抬着一只死去的老虎,令人赞叹的是另外这个人肩上还扛着一只死老虎。更不可思议的是前方还有两人,右边一个用手拉住一只活野牛的尾巴,左边一个竟用单手托起一只活野猪。

打猎一般发生在平原、丘陵地区,动物只有数只,而在畜牧业发达之地,呈现的画像则有大群牛羊。陕西绥德东汉王德元墓出土的一块画像石,刻的是牧场的生产场面,其中有一人骑马执鞭赶着一群马向前奔跑,另一个人也骑马执鞭,赶的是一群肥壮的牛羊。

画像石表现的捕鱼活动有叉鱼、罟鱼、罩鱼、鱼鹰叨鱼、执竿钓鱼等,捕鱼者或在大桥之下,或在水榭之中,或撑船而行,或干脆脱衣下水,捕的鱼以鲤鱼为主,也有鲢鱼、鳗鱼、龟、鳖之类。在山东微山出土的一块画像石,就刻有多种捕鱼方式,在小舟上的一边刻的是三个人,一人负责划桨,一人把弓射鸟,一人布网捕鱼,表面上各自为政,实际上相互之间有合作关系。另一边刻有两个人,一人用罩子罩鱼,一人则执叉刺鱼。

画像石表现手工业主要是制轮、冶铁、纺织和酿酒等生产图像。例如在山东滕县宏道院出土的一块有关手工制作过程的画像石,最下层左侧刻有三个人(一人躺地上)正在鼓动皮囊,排出的风通过皮囊右侧的一根管道输送进炉内。与之相配合,炉的右边有四人正在锻打铁器,他们的身外挂有环首刀。再向右又有四人,对锻打后的产品进行加工、打磨。其中一个工匠双手举着一件刀剑类的产品,正在检验其品质,从整个场所看,可推断不是农具作坊,而是武器作坊。

1954 年在山东嘉祥洪山村发现的一块画像石,其第二层左侧为制车轮图。画面中一男人左膝跪地,右手执斧正在砍削木料,下有一段辋(车轮的外圈),面前有一辆快要制成的车;他的背后有一妇人,背负小孩,手里拿着一段辋。右侧有两人,一人正在往容器里倒材料,另一人佩刀而立,似为监工。①

有关纺织的画像石至今面世的有十几块,其中较为清晰的是出现在江苏铜山洪楼东汉祠堂的雕刻有关庄园生活的一个纺织画面。整个纺织图共有五人,右起第一个女人正用络车调丝,右起第二个女人用纬车(即后世的纺车)摇纬,右起第三个女人承接上两个工序已开始织布。在她们的左侧屋檐下,则刻有两个侍女站立着。

有关酿酒的画像石主要出现在山东、四川、河南三省,内容较丰富的是山东诸城前凉台汉墓和河南密县打虎亭 1 号墓东耳室南壁西郊的画像石。山东诸城前凉台汉墓的酿酒图,作为庖厨图中的一部分内容,生动刻画了酿酒工艺从蒸煮谷物、搅拌到沥酒、挤酒、贮酒的主要过程。②

身为墓室主人,肯定不愿在身后成为劳动之人,所以在很多劳动场面中,总有某一位置凸显出他们的身后角色。在陕西绥德东汉王德元墓画像石所描绘的牧场中,除了那些劳力者,画正中还刻有一幢两层小楼,楼下有两人正盘腿抄手相对而坐,好像在闲谈,可推断他们就是牧场的主人,这正是墓主为身后设计的模样,即死后依然能成为牛羊成群的大牧主。同样的,山东微山那块刻有捕鱼画面的画像石中,在显眼的水榭里,安排了两位观赏者,可能就是庄园的主人。当然这些权贵富豪也参

---

① 参见欧阳摩一《画像石》,沈阳:辽宁画报出版社 2001 年版,第 31 页。
② 参见杨爱国《走访汉代画像石》,西安:三秦出版社 2006 年版,第 53 页。

与打猎和垂钓,但他们不是为了谋生,而是为了娱乐。在江苏铜山洪楼东汉祠堂的纺织图中,除了五个劳动妇女,还有一个主人模样的人正在看乐舞百戏,明显就是以享乐的姿态出现,这种安排,就是能操纵整个建筑物的那个最有权力的意愿之所在。

能装饰画像石以纪念逝者的建筑物,都是富贵人家所为,画面上所表达的美好生活就是他们想过的生活。这些生活内容可分为:①

第一,食有鱼肉。注重饮食是中国人生活的首要内容,汉代画像石此类题材极为丰富。鱼肉是衡量生活质量好坏的标志,活着的人在祠堂或墓室刻上此类形象,就是希望亲人死后能过上吃得上这些好食材的生活。山东诸城前凉台汉阳太守孙琮墓画像石所刻庖厨图的内容极为多样,最上边是挂肉食的横杆,上面挂满禽、鱼、兔、猪头、猪腿、猪下水等食材,一庖丁正持刀割肉。在两个叠案的人的身后有两个仆人,一个在切肉,一个在剖鱼,切肉的可能是个学徒,身旁有个师傅正在指导。井边汲水者身后,一人在烫鸡;剖鱼者对面有数人在烤肉串,烤肉串的情景被强调为一个视觉中心,围绕着它,有持扇子扇风的,有穿肉串的,有翻肉串的。如此着意烤肉串,可能与墓主生前的口味偏好有关。著名的山东嘉祥武梁祠的庖厨图以带烟囱的灶台展开,灶上置甑,有人在灶台前烧火。灶旁的墙壁上挂着剥好的兔子、杀好的鸡、猪头、猪腿、鱼等,正等着下锅被蒸煮。另一边画的是一口井,井上装有可用来提水的桔槔,桔槔的立柱上挂着一只狗,一人正持刀给这只狗开膛破肚。此外有的人在和面,有的人在捉鸡,场面热闹非凡。男女主人分别坐在二楼和三楼上,仆人们则用方形案托着碗、盒、耳环之类的物件,通过楼梯递饭菜给主人就餐。这同样聚焦出画面所要表达的核心,即死者身后要过的就是这种主人的生活。

第二,性有交欢。告子曰:“食、色,性也。”色(即性欲)与食一样是人的天性需求,先秦时人对这种自然表现给予了充分的合法性,随着专制

① 参见杨爱国《走访汉代画像石》,第36—46页。

对人性的禁锢,色逐渐成为人们必须慎重对待的问题。在汉代,儒家获得了统治者的青睐,成了规定人们如何思想的霸权话语,从后代的发展趋势看,其思想惯性对人们的这一自然需求的压制极为明显,在这个专制制度形成的开端阶段,性还不属于隐晦问题,人们还可以自如地表达性给生活带来的欢愉。山东作为儒学重镇,其汉代画像石对性内容的表现极为自然,还没出现回避的态度。山东莒县沈刘庄东汉墓室的立柱上刻有接吻图,平阴孟庄东汉画像石墓立柱上刻的是男女交媾图,而在昌平,人们发现有一画像石墓的立柱上刻的是一男子手握生殖器的图像,这些都寄予了人们对死者身后的某些愿念。另外,远在西南边陲,思想钳制较为宽松地带,人们在四川汉画像砖上发现更富有生命力的野合图以及彭山崖墓中的接吻图。除了表现与人有关的性题材,汉画像石、画像砖上还可以看动物界中双鸟交颈、鸟衔鱼等图像,其寓意与人的性活动密切相关。

第三,居有庄园。居是生活的一个重要组成部分,其好坏可看出贫富之别。住得起庄园是大富大贵之家的标志。山东诸城前凉台画像石就刻有一处庞大重深的庄园图。大门设在前院右侧,两旁耸立双阙,院内有一个仆役正躬身迎接两位执笏来宾。中门两侧有廊庑,二进院中有一小溪,溪中二人撑船而行。院庭中还有一人执勺行走,另一人持帚扫地。后侧有配院。二进院和三进院之间以廊庑相隔,院后部是悬山顶堂屋,其前、左分别有配院,堂后为四进院,庭院四周以回廊相围。另外,在围绕微山湖周围的鲁中南地区,常见到水榭与楼堂相连的画像,易让人联想到整个庄园宏大的场面。

第四,出有车骑。几乎所有画像石都涉及出行图,题材包括权贵征战、巡游、田猎、嫁娶、丧葬、赴宴等场面。这些排场有的是与墓主生前身份相配的真实记录,有的是身后的某种寄托,即希望出行时能有前呼后拥的待遇。山东嘉祥武梁祠前石室三壁上部的车骑出行图,表现的就是墓主为官时的履历,图上有“令车”“君为市掾时”“为督邮时”“君为郎中时”等榜题来表明其不同时期。嘉祥宋山、南武山等地的小祠堂底部的出行图,表达的是在世的亲人对逝者的愿念,希望他们在阴间能得到某种官位,出行时有车骑随从,过上富贵的生活,它们不是死者在世时的生活再现。一般说来,车队出行,在前面开道的有步卒、导骑和导车,后有随从和护卫的骑吏,有的还伴有斧车,甚至配上鼓、钟、磬、箫、笙等鼓吹乐队。出行的队伍中有辎车、骈车、安车、辒车、斧车、鼓乐车等各种有其特别用途的车辆,驾车的马从一匹到四匹不等,画像石和画像砖中的马大多以前撑后扬式为主来进行动态式呈现,马头部瘦削,身子肥壮,四肢瘦巧,显得遒劲有力,生动灵巧,尤其颈部的刻画相当细腻到位,微微前倾,准确地把握了马匹奔跑的姿态。

汉画像石的墓主对身后生活的设计,基于有一个神仙存在的世界的判断。这种作为中介的观念在画面中即表现为对神仙活动的呈现。西王母和东王公是最为常见的神仙角色。山东嘉祥出土的小祠堂西壁石上的第一层刻的就是有关西王母的题材。画面中西王母凭几端坐在高台座上,头上戴着胜,身上穿正襟袍服,左右各有一人执灵芝侍奉,侍者身后又各立一执灵芝的披发仙人;左端有一肩上生翼的玉兔正在捣制不死之药;右端画的是两个鸡头神怪跪在地上,手执灵芝。第二层中央是两只玉兔相对捣药,左边一仙人骑在二头人面兽身上,手执仪仗;其后是一仙人执笏而立;左端为三青鸟,下为九尾狐。右边一仙人执幡,骑玉兔,向左奔来;其次为三只鸟驾一云车紧跟其后,车上坐着一主一御。第三层,仙人们右向出行。最右边的两个仙人骑着马做前导,中间是配备有两匹马拉的辎车,车上也坐着一主一御,车的上方位是一仙人骑马作为后从。

神仙车骑的模样大致依照世间的形象来设计,只是加了许多神仙世界的物象,以此制造一种出离尘世的效果,有了这种超越感,也就达到了身后升天的目的。

第三节　《白虎通义》,百姓移风易俗

《白虎通义》又称《白虎通德论》,可简称为《白虎通》,它是汉章帝在

白虎观大会群臣、亲自主持裁定系列经义的会议记录，由史家班固编撰而成。其意图就在于要克服西汉末年王莽新政和农民暴动所造成的思想混乱："昔王莽、更始之际，天下散乱，礼乐分崩，典文残落。及光武中兴，爱好经术，未及下车，而先访儒雅，采求阙文，补缀漏逸。"[①]通过思想的拨乱反正，来改变世事环境，而能提供这一思想资源的就是儒家经典。通义，就是要对儒家重要经典进行融会贯通，得出一套最适合新时代的思想文化。最快速的途径就是借助权力来推行，《后汉书》对这一点交代得很清楚："建初中，大会诸儒于白虎观，考详同异，连月乃罢。肃宗亲临称制，如石渠故事，顾命史臣，著为通义。"[②]会议讨论到的儒家经典有《易》《诗》《书》《礼》《乐》《论语》《孝经》及各家《春秋》等，具体针对这些圣言所涉主要问题在传播中出现的各种歧见进行甄别，从中选择出符合当下社会生活要求特别是最能体现最高权力意志的见解进行分门别类，以便给社会生活各方面作出示范，从而起到移风易俗的作用。

一、"永为后世则"

这一思想从西汉初年贾谊上书文帝就已见端倪。贾谊针对当时豪强兼并土地、匈奴扰边侵掠诸等内忧外患的国情，在其向文帝所献《治安策》中说："今世以侈靡相竞，而上亡制度，弃礼谊，捐廉耻，日甚，可谓月异而岁不同矣。……至于俗流失，世坏败，因恬而不知怪，虑不动于耳目，以为是适然耳。夫移风易俗，使天下回心而乡道，类非俗吏之所能为也。"[③]汉武帝时期，董仲舒等儒生同样是为世俗献策："今上即位，招致儒术之士，令共定仪，十余年不就。或言古者太平，万民和喜，瑞应辨至，乃采风俗，定制作。"[④]儒家风化世人的主要渠道是礼制。礼制不是停留在一些外在的行为方式上，而是对人们思维习惯和内在世界都进行全方位

① 范晔：《后汉书》，北京：中华书局1999年版，第1717页。
② 同上书，第1718页。
③ 班固：《汉书》，第1723—1724页。
④ 司马迁：《史记》，第1025页。

的梳理和安置。《白虎通义》所要表达的就是站在国家的高度，"永为后世则"（《后汉书·杨终传》），向世人展示一套有所凭依的思想指导和行为准则。

作为一项国家设立典籍行为，它最先确保的是政权的合法性。与一般的思路一样，它视最高行政长官皇帝为神圣天意代言人。天，在古人的心目中，至高至尊，至大至圣，有绝对的权威性。"天者，何也？天之为言镇也。居高理下，为人镇也。"①董仲舒所言更明确："天者，万物之祖，万物非天不生。"（《春秋繁露·顺命》）②日月仅是天的帮手："日月所以悬昼夜者何？助天行化，照明下地。"（《白虎通义·日月》）天为王之父："王者所以祭天何？缘事父以事天也。"（《白虎通义·郊祀》）天有如此之威望，作为天之子的帝王当然也具有不可置疑的地位，天下百姓都必须服从天子的统治："受命之君，天之所兴，四方莫敢违。"（《白虎通义·文质》）天以气贯注人间，五行是天生万物的材料，整个世界发展过程都是由最高的天神安排的。天造就了人，人事事模仿天，天人相互感应。作为天下人的表率，天子的行为好坏直接影响到天下的兴衰。天下大治，世间有祥瑞之物出现以嘉赞天子治国有方："天下太平，符瑞所以来至者，以为王者承天统理……故符瑞并臻。"（《白虎通义·封禅》）如天下大乱，则相应的就有各种灾异现世，此时天子就负有不可推卸的责任："天所以有灾变何？所以谴告人君，觉悟其行，欲令悔过修德，深思虑也。"（《白虎通义·灾变》）天子如不能行德政使民安乐，天即可剥夺其权力。这样，规定了天子的权力与责任，使天子的地位在人们的心目中更为牢固。

二、最佳的秩序设计

有了权力的保障，统治者的风化对象当然是整个社会。特别是如何使被统治者服从统治，同时又能提升其道德水平成为一个有为帝王的追

---

① 班固：《白虎通义》，第 352 页。
②《白虎通义》受《春秋繁露》的影响很大，思维方式和主要论域几乎都来自董仲舒。

求。整个社会呈现出一派和谐幸福的景象，又能进一步巩固帝王的统治。就此，《白虎通义》从梳理社会秩序的角度入手，提出了著名的"三纲六纪"论。

什么是"三纲六纪"？《白虎通义》中有《三纲六纪》一篇，明确"三纲"即"谓君臣、父子、夫妇也"。并引纬书《含文嘉》："君为臣纲，父为子纲，夫为妻纲。"同时又提出"六纪"作为"三纲"之辅助，即"诸父（叔伯父——引者）、兄弟、族人、诸舅、师长、朋友也"。纲法天、地、人，数为三；纪法六合，数为六。何为纲纪？"纲者，张也。纪者，理也。大者为纲，小者为纪。"其关系准则为："敬诸父兄，六纪道行，诸舅有义，族人有序，昆弟有亲，师长有尊，朋友有旧。"这样，父子以至亲族之间的血缘婚姻关系和君臣以至师长朋友之间的社会政治关系合起来构成所谓"纲纪"。就像罗网一样，只要抓住纲纪，网目自然张开。"三纲六纪"就是为了"张理上下，整齐人道"，所以人们应"以纪纲为化"。

《白虎通义》进而阐明各项纲纪之间的关系。"六纪"是辅助"三纲"的：师长为君臣之纪，诸父、兄弟为父子之纪，诸舅、朋友为夫妇之纪。在"三纲"中，又以君臣关系居于首位，它是父子关系的升华："夫臣之事君，犹子之事父。"而且"不以父命废主命"，即君命与父命矛盾时必须从君命。"三纲六纪"释"父"为"矩"："以法度教子。"而子则应"孳孳无已"地学习、遵循法度。又释"夫"为"扶"："以道扶接。"释"妇"为"服"："以礼屈服。"《白虎通义·嫁娶》指出妇事夫应兼有臣事君、子事父、弟事兄及朋友之道。妾事正妻则等同于侍奉公婆，其地位更为低下。

君臣是政治关系，夫妻、兄弟等是人伦关系，通过家国同构，《白虎通义》把两者统一为一个整体秩序。这是对孔子"君君、臣臣、父父、子子"的引申，不同之处在于《白虎通义》使这一秩序建立在宇宙论之上，显得更为神圣和牢不可破。

教化的主要内容为"礼乐"，理论根据在于《孝经》。《孝经》曰："安上治民，莫善于礼；移风易俗，莫善于乐。"《白虎通义》对"礼乐"进一步发挥："礼乐者，何谓也？礼之为言履也，可履践而行乐者；乐也，君子乐得其道,小人乐得其欲。王者所以盛礼乐何? 节文之喜怒。乐以象天,礼以法地。人无不含天地之气,有五常之性者,故乐所以荡涤,反其邪恶也,礼所以防淫佚,节其侈靡也。"①

教化体系分为三个层次,第一层次为天子之学,它在三个重要场所进行,即辟雍、灵台和明堂。

> 天子立辟雍何? 所以行礼乐、宣德化也。辟者,壁也,象璧圆,以法天也;雍者,雍之以水,象教化流行也。……天子所以有灵台者何? 所以考天人之心,察阴阳之会,揆星辰之证验,为万物获福无方之元。……天子立明堂者,所以通神灵、感天地、正四时、出教化、宗有德、重有道、显有能、襃有行者也。②

第二个层次为诸侯之学,其场所为泮宫。

> 诸侯曰泮宫者,半于天子宫也,明尊卑有差,所化少也。半者,象璜也,独南面礼仪之方有水耳,其余壅之,言垣,宫名之别尊卑也。明不得化四方也。③

第三个层次在最基本的行政单位——乡里进行,教化对象为普通老百姓,活动场所是庠序。

> 乡曰庠,里曰序。庠者,庠礼义;序者,序长幼也。④

具体途径是:

> 教民者,里皆有师,里中之老而有道德者,为右师,教里中之子弟以道艺、孝悌、行义。立五帝之德,朝则坐于里之门,弟子皆出就农而后罢。示如之,皆入而复罢。其有出入不时,早晏不节,有过,故使语之,言心无由生也。若既收藏,皆入教学,立春而就事,其有

---

① 班固:《白虎通义》,第74页。
② 同上书,第213—217页。
③ 同上书,第213页。
④ 同上书,第215—216页。

贤才美质知学者，足以闻其心，顽钝之民亦足以别于禽兽，而知人伦，故无不教之民。①

这样，通过从上至下的"行礼乐""宣德化"，即能"通神灵、感天地"，"为万物获福"。

三、安置"五性六情"

人能与禽兽有别，愚钝之人能成为可教之民，源于对人有"五性六情"的基本判断。《白虎通义·性情》指出："性者，阳之施；情者，阴之化也。人禀阴阳气而生，故内怀五性六情。"五性即五常，也就是仁、义、礼、智、信。其中"仁"为"不忍"，是爱人的情感。"义"为"宜"，是合理的准则。"礼"为"履"，是行为的规范。"智"为"知"，是观察、判断的能力。"信"为"诚"，是专一不移的意志。该篇还将五常之性与五脏、五行、五色、五方捏合在一起。例如：肝的颜色和树木一样都是青的，木的方位为东，象征万物始生，而仁者好生，所以仁同肝、木、青、东相配应。同样，义同肺、金、白、西相配应，礼同心、火、赤、南相配应，智同肾、水、黑、北相配应，信同脾、土、黄、中相配应。通过这种"五行"比附，将本属道德和行为规范的五常，说成和生理特征、自然特征一样，均为天生具有的东西，由此证明"人皆有五常之性"。

六情即喜、怒、哀、乐、爱、恶，均起自人情欲的即时表现。《白虎通义》认为性有仁而情有利欲，因袭了性善情恶的观点。但又不是一味否定情欲，而是认为六情可以"扶成五性"。善性也并非天然完善，尚需加以陶冶，因此需要学习，即"民有质朴，不教不成"（《白虎通义·三教》）。《白虎通义·辟雍》释"学"为"觉"，即"悟所不知"，指出："学以治性，虑以变情。"学习的作用在于知"道"而觉悟，从而陶冶良好的性情。而体现"五常之道"的典籍就是儒家五经。《白虎通义·五经》指出："经，常也。

---

① 班固：《白虎通义》，第216—217页。

有五常之道,故曰五经:《乐》仁,《书》义,《礼》礼,《易》智,《诗》信也。人情有五性,怀五常,不能自成,是以圣人象天五常之道而明之,以教人成其德也。"五经与五常相配应,也进入天人关系的法则体系,从而确立其神圣性与不可替代的教育作用。

对人性的教化,使孝道大行于天下——"孝道之美,百行之本。"(《白虎通义·论九锡》)在此基础上,帝王的统治才能得到进一步的加固,"亲亲"才能"尊尊"。

第九章　《论衡》的环境美学思想

　　王充思想在东汉的出现可以说是一个异类,因为当时整个思想界的主流是谶纬之学,而王充对这种现实之外的虚构采取了一种怀疑的态度,因此显得与众不同。当然他只是在局部的方法上批判了谶纬的错谬,并没有从整体走向上对谶纬有一个清晰的认知并给予彻底的否定,甚至在很多方面他使用的思维方式也是谶纬的套路,从这一意义上说,他并没有在思想上取得革命性的转变。谶纬的兴盛主要与统治者的推波助澜有关,要真正堵塞这条道路,最好是从权力运动这一根本意义指出其为统治正当性提供服务的虚假本性,从历史的更大视野指出其产生的必然,这样,才能看清谶纬的思想根源和发展方向。否则只能算是某种局部的反动。也就是说,"论衡"事实上并没有对所有问题进行"平衡之论",只是在部分与常识相违太甚的谶纬现象中进行质疑,形成了一种反向之力,从而给人造成某种均衡之感。撇开与权力的纠缠关系,谶纬所发展出的虚拟环境在精神活动中是一种创造力的表现,王充的怀疑反而是一种阻碍,因为把人类的精神活动拖入到常识范围来规定,就会大大地影响自由的创造。虽如此,警惕这种起点不正常的虚幻活动也有其独特的存在的必要性,举国都把错误的幻象当常识的时候,有人勇敢地站出来抗拒这种趋势,这个人本身就值得称赞。

第一节 平衡环境的方法论

王充花了一生写就的《论衡》包含了大量经书内容,而这些内容所涉及的问题又大多反映在纬书之中。具体地说,王充所关注的是大量流传在经书中的怪异现象及人们赋予与常识相违的解释,对此,王充极为愤慨,毅然把《论衡》的主题定为"疾虚幻"①。

一、疾虚幻

在全书 85 篇(一篇缺文)中,直接表明与怪异虚幻现象相关的篇目就有"奇怪""书虚""变虚""异虚""感虚""福虚""祸虚""龙虚""雷虚"和"道虚"等。② 如在"奇怪篇"中,文章开头有关奇异的记载就有"禹母吞薏苡而生禹""契母吞燕卵而生契""后稷母履大人迹而生后稷"。禹、契是难产,是破开他们母亲的背才生出来的;后稷是顺产,正如《诗经》所言,"不坼不副"(不裂胎衣,不伤母体)。对这种现象,儒者的判断是:难产的子孙会遭凶险而死,顺产的子孙则注定能正常死亡,所以前两者的子孙夏桀、商纣被讨伐处死,原来应验的是祖先作恶必遭报应的道理,而后者的子孙周赧王只被夺去城邑,同样印证了因果报应之理。王充认为,"不坼不副"说婴儿出生时不伤及母体是可信的,而破背而出则是荒谬之说。自然界中蝉即是从幼虫复育(开背)而来,以此方式来套圣人的出生未免背离常理。如从母兔因舔公兔的毛导致怀孕,到分娩时又从口中吐出小兔这一现象来推导圣人的出生方式可能比较合理。因为据记载,"禹母吞薏苡""契母吞燕卵"与母兔舔公兔毛的现象有相似之处,以此来推断圣人从口中生出,在形式上有相合之处,相比之下,"破背而出"这一解释却显得与常理相去甚远。此外,历史上凶死的人很多,难道都是

①《诸子集成·论衡》,第 181 页。
② 王充自述《论衡》有"九虚",不包括"奇怪篇",本书认为在"虚奇怪异"上可以把"奇怪篇"纳入一起论述。

因为其先祖出生时难产？秦亡之际，阎乐逼死了胡亥，项羽又诛杀子婴，难道其先祖伯翳是难产所生？显然儒生们关于顺生顺死、逆生逆死的说法，用夏、商、周三代的先祖的事迹一验证，都是错误的。进一步说，薏苡、燕卵、大人迹都是有形实体，根本没有气的贯注，怎么可以生出由精微之物所构成的人呢？① 至此，王充基本上批驳了儒生有关君王先祖怪生及导致其后代报应两种违背常理的传统说法。虽然当中他还承认世上有人从口中生出的可能性，说明王充运用常识破除反常识的逻辑不够彻底，但总体上已能达到推翻所批驳对象的目的。

对这种夸张事实的做法，王充除了以常识来批驳其逻辑的错谬，也试图在更深层次上分析其成因。从著书的目的看，"立奇造异"，为的是"以骇世之人"（《论衡·书虚》），写这些奇谲之书，可显扬自己的名声。从经书的流传历史看，如先秦五经，遭秦火浩劫，至汉朝，已损毁不全，晁错这类人随意附会，以讹传讹，自然给异端之说留下了很多可能的空间。董仲舒作"道术之书，颇言灾异政治所失"（《论衡·对作》），起了推波助澜的作用，最终酿造了谶纬横行，众书失实，华文放流的现象。雕琢文采之风的兴起事实上也是起自虚幻之言的盛行，两种倾向皆是失实之语，但它们能迎合世俗之性，原因是"实事不能快意，而华虚惊耳动心也"（《论衡·对作》）。基于夸大事实、用辞华丽，王充特作《语增》《儒增》和《艺增》来批判充斥于经书中之此类现象。

二、重效验

如何扭转这种在罔顾事实基础上猎奇说怪、增益辞藻的趋势呢？王充的《实知》和《知实》在指出俗儒所易犯的错谬的基础上，集中提出了他的解决途径。

---

① 王充在《论衡·案书篇》中重提这一事情，他举司马迁对这几位先祖的出生事实上有两种记载，在《三代世表》中言三王、五帝皆是黄帝的子孙，即契与后稷是黄帝的子孙；而在《殷本纪》中则说契乃简狄吞鸟蛋而生，《周本纪》说后稷是姜嫄履大人迹而生。王充认为司马迁对此缺乏辨别的眼光，明确后两种记载是"违尊贵之节，误是非之言"。

在《实知》这篇文章开头，王充明确把批判矛头指向谶纬，事实上上述两种倾向都可以纳入谶纬。谶纬的基本套路可归为三个环节：一是经书中先记有某些圣贤及所行之事；二是在相关语境掺入增益的怪异之事；三是与制作者现实指向相配合。当中利用了圣贤的权威使日常的事件变得非正常化和合理化，又糅合了传统阴阳五行的配伍方式和物象的联络习惯，其最终目的可追溯到为权谋家服务这一起点上。王充举出的例子是常见于谶书中所谓"孔子遗谶书"一事，它说的是孔子临终前，预言了三件事，即"秦始皇至孔宅""董仲舒乱我书"和"亡秦者胡"。假定这三件事在历史上都发生过，问题的重点就在于编排者用了一个小伎俩，即建立在已知的事实上硬性杜撰了三句孔子在世时从没说过的话，以此来说明圣人有预知未来的能力。王充指出，基本事实是：当初也许孔子有说过"将有观我之宅""观我之书"的话，后人又看到秦始皇到过孔宅以及董仲舒翻过孔子的书，造谶纬者就把诸事串联在一起，加以比附润色，最终就造出了一个到处流传的故事版本。围绕着这种事件，人们就会产生对奇异之事的认同和传播，这样，思维的随意跳跃也就有了权威事件的支持而变得合理，圣贤也就被吹捧成"生而知之"、有着超凡预见力的神人。

圣人是否有先知能力？王充《知实》用了有关孔子、舜、周公（以孔子为主）的16个例子来证明圣人没有此类能力。这些例子包括：孔子从公明贾才得知公文叔子"不言、不笑、不取"的实情，子贡解释孔子能了解各个国家的途径，孔子对颜渊的误解，孔子不能避匡人之害，孔子不能预知颜渊在匡地之围中的生死，孔子不能避开阳货的求见，孔子不知隐者之节操，孔子不知其父葬所，孔子不知父母墓崩，孔子进太庙学习，孔子入危国被辱，孔子不知龙与老子有关系，舜不能替父亲和弟弟隐去罪责，周公卜三龟才知道武王病况，孔子不知晏子礼仪，周公不知管叔之畔。王充用这些事实说明圣人"耳目闻见，与人无别；遭事睹物，与人无异"（《论衡·知实》）。但圣人为什么有异于常人之处呢？在某些重大问题上圣人成功的决断获得了有异于常人的能力，而这些能力是靠努力所难达到的,这种现象是人们赋予圣人有先知能力称号的关键,王充没就此问题展开说明。他所列举的事件有些过于琐碎,如按这些事例所述圣人都能通达一种完满的结果,那就可以推论圣人一生中什么事都能预知,进一步设想,有这么一个圣人就够了,他可以把整个世界所有的秘密都揭示出来,但这恰恰是不可能的。

可能的情况是先有一定的预兆、苗头,通过显示出来的迹象,依据由表及内、由近及近、由浅及深的顺序,从而推出可能的结果,即借助经验类推,而不像谶书秘文那样,"远见未然,空虚暗昧,豫睹未有"(《论衡·实知》),搞得古怪神奇,不合常理。类比的能力,就像鸟能预知风向、蚂蚁能预知下雨一样,不用谈及圣人,一般人也有。能预见未来并不是什么神怪的能力,都是根据先兆类推出来的。天地之间,含血之类,没有天生就知道的。王充举出很多类推例子,比如从"夫妇和气,子则自生"推出"天地合气,万物自生",从"人之温病"推知"国之乱亡",由地无口目推出天亦无口目,等等。

推类的正确必须建立在"实知"的基础上,王充承认感官在提供材料方面的重要作用。他说:"实者,圣贤不能性知,须任耳目,以定情实。其任耳目也,可知之事,思之辄决;不可知之事,待问乃解。"(《论衡·实知》)"任耳目"作为认识对象的初始阶段,它是个人的直接经验,虽然是一个认识的重要环节,但毕竟有一定的局限性,为确保理性推理的完整,须借助他人的间接经验。而获得间接经验最好的途径是"学问",为此,王充说:"人才有高下,知物由学,学之乃知,不问不识。"(《论衡·实知》)如能做到多学多问,成功推测未来的可能性就更大。相比之下,"任耳目"比"问学"重要,"远不如近,闻不如见"(《论衡·案书》),因为所有经验最终都来自亲身践行。

三、开心意

有了一定的直接和间接经验,在进行推理之前尚需有一个"开心意"的阶段。何为"开心意"?

夫论不留精澄意，苟以外效立事是非，信闻见于外，不诠订于内，是用耳目论，不以心意议也。夫以耳目论，则以虚象为言；虚象效，则以实事为非。是故是非者不徒耳目，必开心意。墨议不以心而原物，苟信闻见，则虽效验章明，犹为失实。①

由上可见，"开心意"就是建立在现象基础上的精心思考，使得整个对象得到全面而又深入的把握，在认识层次上属较高级阶段。王充认为有了本质性认识，还需检验其在经验应用领域中的有效性。"效验"包括两个方面：一是"以实验之"，即通过经验观察、实际测试、同类比较、结果印证来检测各种"开心意"后的观念。对历史上存在的虚妄之说，他即采用此类方法去批驳，如用没有心腹就不会产生感情这种常识，来驳斥杞梁氏之妻哭崩长城墙之事为虚言；用寒温变化自有时的事实，来指出陨霜是邹衍之叹所造成的说法为谣言，等等。二是"以道论之"，综合前人理论和个人亲身得出论断去验证经书中的记载。这方面的论证逻辑性较强，如在江涛的形成问题上，历史上传说这种自然现象与伍子胥和屈原的冤魂推动相关，王充则完全不信此类说法，而用海潮兴起的时间与月相的变化相应的事实，得出海潮是由冤魂所推动的观点为妄说；此外，在鬼神问题上，很难用经验来验证，王充大多用逻辑来反驳此类妄说。总之，没有"效验"，任何权威都不能作出最后结论："无兆象效验，圣人无以定也。"（《论衡·知实》）

第二节 奇域正论的可能性

汉代统治者为巩固政权，确立了以儒学为核心的思想观念系统。由于政权的得来主要依靠暴力途径，与儒家施仁义的主张相违，其合法性在理性层面不管如何论证都有缺陷，故随着时序的更迭，儒学逐渐接受了其一直反对的非理性的资源，借助神秘性来补充解释力的不足，以转

---

① 《诸子集成·论衡》，第 202 页。

移人们对新政权合法性的注意力。其主要思路是先将经书神化,然后把经书中的圣贤从出生到成长的过程也神化,在此基础上,再将掌权的帝王纳入神圣的谱系,从而完成其政治目的。谶纬之学就是在文化与政治的如此合谋中产生的。在先秦,思想家避谈死后的问题,在文化的形成期,中国人只关注现世生活,对超越性现象存而不论。但随着经书在汉代的谶纬化,现实环境所建立的文化景观不满足人们观念中所形成的疆域,原来在实在与虚拟之间那条明晰的界限被打破,人们在观念中也就塑造出了各种在现实中找不到的景象。这些景象或以梦境或以死后的关怀等形式加以展开,极大地拓展了精神的丰富性。在东汉,王充横空出世,对愈演愈烈的那种制造幻象的趋势表达不满,从方法上批驳了其荒谬性,在使人们返回到如何真切地认识现实世界方面有一定的意义,可也抑制了精神在此方面的创造力。

王充在批判谶纬的过程中,必然把谶纬所拓展的境域重提一遍,循着他的论述所及,又可进一步明确谶纬在精神空间所展开的类型和范围。

一、鬼域

确立生死界限是人们对幻境进行设想的起点。王充要批驳的对象是人死后没有知觉,也不会变成鬼来害人,那么他在批驳目标时,就自然地描述了当时人对鬼域的一般理解。从经书可知,人死后变冤鬼到凡间报仇的著名例子有杜伯杀周宣王和庄子义杀燕简公的记载,说明鬼是有知觉的,甚至死后精魂还会"立形见面,使尸若生人",特别是魂魄强劲之人,死后会长留阴间,其魂魄"犹能凭依人以为淫厉"①。在人们的常识里,从气论的角度看,"鬼者,死人之精也"②。鬼神可合称,即"阴阳称鬼

---

① 《诸子集成·论衡》,第187页。
② 同上书,第209页。

神,人死亦称鬼神"①。阴气阻止万物生长而使它们归入地下,这股能伤人的阴气则称为鬼,"鬼者,人所见得病之气也"②;阳气促动万物生长使它们获得生命,这股阳气则称为神。神,即延伸之意,可具体表现为舒展还原、周而复始、永不止息。阳气使人获得了生命,其出生为人如同水结成冰一样,最终人死了,又像冰化作水,从死生两种状态的不同名命,人们推断鬼有知觉,能变成形体来害人。淮阳郡都尉尹齐生前是名酷吏,死后怕冤家寻仇,逃到了埋藏之地,结果枯骨被抛弃于荒野,不时发出哀鸣声,如同夜晚的哭声。

　　鬼经常托梦于人,因为两者相通于精神,"人之死也,其犹梦也"③;"夫梦用精神,精神,死之精神也"④。有人认为梦是人的精神自然停留于自己的身体中所产生的兆象,也有人认为精神不是停留在自己的身体中,而是离人而去与别的人或物相接触而产生的现象,第一种情况与死后人的精神相同。史传秦晋在辅氏大战时,晋大将魏颗之所以能俘虏秦大力士杜回,是因为有一老人用草结绊倒杜回。魏颗夜梦时,这位老人告诉他所有的缘由,原来老人借形体变成鬼现身助阵是报恩来的。可见,鬼也有德性。史上说齐景公要讨伐宋国时,经过泰山梦见两位老者站在面前向他表达极端愤怒之意。景公以为遇到的是泰山神,而晏子却认为梦中的两位老者是宋国人的祖先成汤和伊尹。景公不信,晏子描述了两个人的模样:成汤面部上尖下宽,下巴长满胡子,皮肤白皙,身材修长,昂首挺胸,声音洪亮;伊尹则面部上宽下尖,身材矮小,皮肤黝黑,头发胡子蓬乱,曲腰驼背,声音柔和。晏子的这一说法,与景公梦中所见一模一样。⑤ 两位宋国先贤在梦中显灵是作为一种不祥预兆出现的,表明齐景公将出师不利。占梦者认为,做梦是魂(一种精气)在行走。如梦见

---

① 《诸子集成·论衡》,第 181 页。
② 同上书,第 197 页。
③ 同上书,第 182 页。
④ 同上书,第 184 页。
⑤ 齐景公还曾梦见彗星,但当时实际生活中并没有出现彗星。

天帝,就表明魂到天上去了。相传赵简子就曾魂飞上天,梦见天帝,天帝还下命令让他杀死所有熊、罴。

二、妖象

比鬼范围更大的怪异现象即称为妖,妖往往展现某种魅力。相传卫灵公要访问晋国前,在濮水边听到一首新曲,找不到谱曲之人,左右呈报说可能是鬼所创作,卫灵公太喜欢此曲,赶紧命师涓记下谱子。到了晋国,晋平公接见卫灵公于施夷宫时,师涓出场演奏这支新曲,曲子进行到一半,晋国师旷上前阻止继续演奏,称这是亡国之音。大家问明原委,才知道此曲名为"清商",是师延为纣王所作的靡靡之音。武王诛纣王时,师延投濮水自杀。卫灵公在濮水之畔听到的新曲,就是师延的鬼魂所为。虽然有此忌惮,晋平公仍坚持听完。从卫灵公和晋平公听鬼魂之乐可看出,鬼借助音乐的魔力展现了其蛊惑人的力量,以致两位国君竟置国家兴亡于不顾,在此意义上,鬼超出了其行事的直接目的,绽放出了某种美艳,鬼也就变成了妖。

比"清商"更悲戚的是"清征"。师旷演奏"清征"曲时,奏第一遍从南方飞来 16 只黑鹤,停在高高的屋脊上;奏第二遍黑鹤排列成队形;奏第三遍黑鹤伸长脖子鸣叫,展翅起舞,叫声与宫商之声相应和。

最令人感到心中产生悲哀之情的曲子是"清角"。传说黄帝在西大山上奏此曲时,先要将鬼神集合起来,驾着象车,车键上并列排着六条龙和毕方,蚩尤坐在车前,雨师洒水,风伯扫地,虎狼在前方开道,鬼神紧跟其后,虫蛇匍匐在地上,白云飘在车的上空,看到众多鬼神都已集在一起,这时候才开始演奏"清角"曲。从此曲还没演奏前的铺排,就可推知其惊心动魄的效果。如没有相应的胸怀德性,一般人是不敢倾听的。可晋平公仗着年老的资历,硬逼师旷演奏。结果师旷吹奏第一遍时西北方就已乌云密布,奏第二遍暴风雨来临,撕裂了帷幕,打翻了作为礼器的俎、豆,廊房上的瓦片也纷纷都被大风吹落下来,在座的人吓得四处逃散。晋平公也惊慌失措。此后三年,晋国遭受特大的旱灾,以致寸草不生,闹着饥荒,平公手脚也得了麻痹症。由"清角"曲所带出的这种情景,就是一幅妖象。

一般认为,妖的现形离不开人的模样,"妖怪之动,象人之形,或象人之声为应,故其妖动不离人形"①。天地之间妖怪的种类不止一种,有表现在言语方面的妖怪,有表现在文字方面的妖怪,有表现在声音方面的妖怪。妖变得像人一样就是鬼,因为妖气既然能模仿人哭泣,当然也能模仿出人的模样来现世。

三、毒气

王充不承认世人所说的鬼和妖,但他同意妖象属于一种气的表现,而且这种气是毒气。他说:"天地之气为妖者,太阳之气也。妖与毒同,气中伤人者谓之毒,气变化者谓之妖。"②毒作为极强的阳气,因能伤人,人们在不太了解的情况下,就称之为鬼。阳气呈红色,人们能看见鬼就是因为鬼的颜色是纯红的。人与鬼的区别在于阴阳气构成的不同。人出生主要就在于禀受了天地的阴阳之气。阴气形成人的骨肉,阳气形成人的精神。精气产生知觉,骨肉产生力量,有了形体就能维持生命,有了精神就能说话,骨肉和形体一起交错相持,使人体能长期存在。而鬼则只由极盛的单一阳气构成,没有阴气的存在,不能构成形体,只能呈现恍恍惚惚的虚象。至此,王充对鬼、气的看法尚属唯物论的范围,可随着对此话题的深入,王充的思路与谶纬无异。他竟认同儿童唱童谣受荧惑星诱惑所致。理由是荧惑星是火星,属阳气所聚之所,儿童也属阳,两者有相通之处。当荧惑星侵犯心宿时,表明妖气炽盛正在作恶,国家将有祸害出现,妖言作为童谣也从儿童口中流出,天上人间相互应和,预示着某种不祥的事情将要发生。巫师的咒语也有这种妖气,被投射之处,即有霉事发生。这种灾异观,完全是随意比附的结果。

---

① 《诸子集成·论衡》,第 198 页。
② 同上。

撇开王充将妖毒与王朝命运相联系的思路,单就气本身来论毒,王充这方面的思想有其自家特色。就人的中毒状况,比如:人受蝮蛇、蜂、虿的攻击,人会疼痛不已,毒素遍及全身;或者吃了巴豆、野葛,人会感到肚涨胸懑;鱼类能令人中毒的有鲑等,人如吃了鲑肝就会死亡。这些现象,王充认为都是人吸进了极盛的阳气(即毒气)所致。如何证明呢?人中毒后,全身如火烧,说明毒与火有极大的关系。有人被蛇咬了,把受伤之处割下扔到地上,肉会焦枯沸腾,说明中毒之处染上了火气。吃甘甜食物对人有益,可是吃蜂蜜过多,人会中毒。南方是产毒的主要地方,鸩鸟生在南方,全身有毒性,人饮了泡鸩的酒就会被毒死;冶葛、巴豆皆有毒素,原因同样是地理造成的,因为冶葛产在东南,巴豆产于西南,都是长在有毒之地;生活在太阳旺盛的地方,百姓性情暴躁,口舌容易产生毒液。如楚、越之地的人就是这样,他们言行急促,说话时口水如喷到别人身上,别人身上就会肿胀,以致生毒疮;在南部极热之地,巫师以口中毒气诅咒大树,树就会枯死,诅咒病人,会使其病情加重;人对鸟吐唾液,鸟会坠落。

这些产毒的动物,有的喜欢生在干燥地,如长江以北有很多蜂、虿,而且生活在屋顶树上等靠近阳光的高处,其阳物悬空向下垂,用尾针刺人施毒;有的喜欢生在低处、潮湿靠近阴气的地方,如活动在长江以南的蝮蛇,伏地曲体而行,其毒藏在口部。

与论妖气之害的推论方式一样,王充在引申毒气的危害时也应用了类比的方法。他认为,口舌引起纠纷与毒气的伤害有同构作用,言语属火,是一种热毒,小人专擅口舌是非,其酿就的妖象就是毒发的结果。在毒气发作的过程中,王充注意到一个独特的现象,那就是毒与美的关系。比如蝮蛇身上有很多美丽的花纹,骄横无度的帝王常讲究奢侈华丽,心术不正的人常常说出美妙的辞藻,这些都是"毒之美"的表现。王充把人的恶行理解为毒性外化的结果,而在外化的过程中又常常披着一件美丽的外衣,他说:"妖气生美好,故美好之人多邪恶。"[1]在说明人外表的美与

---

[1]《诸子集成·论衡》,第 200 页。

行为的恶毒之间的联系时,他以历史上叔虎母亲生叔虎的故事为例,叔虎是个勇士,其母是个美人,勇力会引来祸害,所以说"美色之人,怀毒螯也"①。母亲与儿子毕竟是不同的人,把外在的美与内在的毒联系在一起,未免有些跨度太大。

总之,美酒、美色、勇夫、辩士以及蜂蜜都有一种诱人的因素,那就是毒气,招惹它们,就会出现"美味腐腹,好色惑心,勇夫招祸,辩士致殃"的结局。在世间这四种剧毒中,口舌之毒害最为严重。如何证明呢?孔子一见到阳虎,吓得连连后退,脸色变得苍白,气喘吁吁,大汗淋漓。孔子反应如此剧烈,因为阳虎好辩的缘故。在孔子看来,口舌之毒对个人来说,会引来杀身之祸,而对国家其祸害更大,它会导致溃败混乱。《诗经》也说:"谗言罔极,交乱四国。"可见,"谗夫之口,为毒大矣"!②

第三节 风水环境的破与立

东汉时期的谶纬之学,始发形态主要表现在国家观念层面,随着此类知识活动范围的扩张,逐渐渗透到社会生活的各个方面。谶纬学的服务对象是统治者,学说核心是为其提供统治合法性的说明。在解释各种活动的过程中,又集中在维护现实处身性的合理化和对未来命运的预测上。它的解释工具就是阴阳五行,《四库提要》说:"术数之兴,多在秦汉以后,要其旨,不出乎阴阳五行、生克制化。"阴阳五行有一套解释力很强的义理和类似逻辑推理的术数运算,原则上它可以通晓世间古往今来的各种事件,但事实上仅有经验上类比的真实,它的预测主要借助大概率事件来推断,并不能得到一种绝对必然性的结果。虽如此,它作为一种本来只有上层人物才能拥有的秘术,一旦流入民间,其价值被进一步扩大,在社会活动中受到极大的欢迎。老百姓在其日常生活中,极为关心的问题之一就是其所处环境的好坏,而谶纬学恰恰在这方面提供了当时

---

① 《诸子集成·论衡》,第 201 页。
② 同上。

人们所能获得的知识指导。如何让自己在世界中处于最佳位置？考虑此问题包括两个内容：一是针对固定空间，如居住的处所、获得食物的田地、埋葬死者的坟墓等的最佳设计；二是对移动空间的筹划，集中思考生活过程如何避开灾祸、接纳福气的问题。

一、居、行之宜忌

与对其他虚幻现象的批驳一样，王充在《论衡》中并不是要替世人建构一个宜居的环境，相反地，他要反对的是世人所认为的好处所是没根据的。那么在此问题上所了解的汉人的相关看法就不是王充的主张，而是当时人的普遍看法，王充的作用在于提供了历史的材料，或者说通过王充的批判可看出东汉时人们关注环境的热点。就如何把物象与术数相结合，《论衡》就保留了具有史料价值的记载，如《物势》说："寅，木也，其禽，虎也。戌，土也，其禽，犬也。……午，马也。子，鼠也。酉，鸡也。卯，兔也。……亥，豕也。未，羊也。丑，牛也。……巳，蛇也。申，猴也。"引文记有11种生肖与地支的配置，所缺者为龙。在《言毒》篇又有："辰为龙，巳为蛇，辰、巳之位在东南。"这样，十二地支与十二生肖的配属便齐备了，后代算命以及风水对这一系统的运用再也没有变化。

汉时住宅吉凶的判断依据主要来自《图宅术》，书中主要思想认为选择住宅有八种方术，按六十为一甲子的顺序来排列住宅的次第，各住宅有了甲子的命名也就赋予了相应的五音，同样宅主命中也带有五音，如果宅主的五音与住宅方位的五音不相符，预示宅主居住环境有问题，不是出小灾，就可能出大祸。当然这种道理只适用于民宅，对府廷或吏舍来说就不起作用。在门的朝向上，以五音中的"商""征"两音为例，《图宅术》认为："商家门不宜南向，征家门不宜北向。"原因是"商"属"金"，南方属火，火克金，故不相配；同样，"征"属"火"，北方属"水"，水胜火，征家开门不宜北向。如房屋方位座向与主人的五音相合，但还是遭遇灾祸，可能窜进了"客神"。如无法搬迁，有一个解救办法就是"祭祀"。通过"祭祀"，驱除房中的飞尸流凶，整个过程称为"解除"。当然"解除"的对象不是宅中的十二主神,因为主神是护宅的,如青龙、白虎,它们是天上的正鬼,不能随意撼动。据王充考据,"解除"的民俗沿袭远古时期驱逐疫鬼的仪式。传说颛顼氏有三个儿子,一生下来都变成了鬼,一个住在长江被称为虐鬼,一个住在若水被称为魍魉鬼,一个住在小屋角落主管疫病害人。为了驱逐屋宅这个疫鬼,每到年终人们总要进行送旧、迎新、纳吉的活动,这些仪式被竞相仿效,后来就有了"解除"这一祭礼形式。具体进行的方法有很多种,其中有一种方式称为"解土"。说的是屋宅建成后,宅主做一个象征鬼神的土偶,请巫师祝祷告,以求土地神的谅解,祭毕,心中释怀,就会以为疫鬼也接受了禳解认错,不再制造祸害。可见这种避害方式主要是一种心理暗示的过程,从开始到结束都在心境里进行,处在的房屋所形成的环境只是作为一种引发的因素在起作用。

汉人民俗有四大禁忌,即"讳西益宅""讳刑徒上丘墓""讳妇人生孩子""讳举正月、五月子"。其中"讳西益宅"明确指向的就是关于居住环境的问题,具体意思是忌讳往西边扩建住宅。一般说,阴阳五行学主张住宅居住好坏与是否触犯"宅神"有关,按王充的话即是"言治宅"在于看有无"犯凶神",因为"宅有形体,神有吉凶,动德致福,犯刑起祸"①。可在此问题上,王充认为"西益宅"恰恰与"宅神"无关,而是触犯了伦理方面的禁忌。依照当时人的礼仪,西方是辈分高或年长者就座的方位,晚辈或小孩只能坐东方,尊者为主坐尊位,从者为次坐偏席,尊长只能一个,晚辈却可以多个。向西扩大住宅,只是增加了长辈而晚辈却没有增加,从礼义上看是不吉利的。从文化整体心理的发展历史来理解,中国自古就对西方和北方这两个方位有一种天然的抵触态度,可能与整个地质板块的构造、走向以及太阳的照射有关。有了大方向的避嫌,在屋宅的建造中,人们也就形成了相应的禁忌。

生活过程主要指"起功移徒、祭祀丧葬、行作入官嫁娶"②,这七个方

①《诸子集成·论衡》,第203页。
② 同上书,第213页。

面可理解为动态的环境,即人们在某一特定行为中会搅动相关的环境效应,在相信者看来,其结果与人的吉凶祸福息息相关。环境从表面看是一种空间布置,但如与人的命运相连,考虑它产生效应的主要因素必须转向时间维度。上述七种改变生活空间的行为在民俗看来都必须选择吉日,最值得注意的事项是不要犯太岁神①,否则就会遭遇鬼神并受其害,以致事情难成。《移徙法》说:"徙抵太岁,凶;负太岁,亦凶。"搬迁的地方面对太岁叫作"岁下",背对太岁叫作"岁破",遇到这两种情况都属不吉利。假如太岁在甲位或子位,天下的人都不可往南北方向搬迁,盖房、嫁女、娶媳妇也都要避开这个方位。至于往东西方或四角搬迁,则不会出现问题。兴土建房方面,假如太岁在子位,岁神就会侵害西面的人家;建寅定为正月,岁神的危害情况不用考虑,而必须关注月神,因为月神会对南面人家有所伤害;此外,如不懂风水,在北面、东面轻易破土建房,西面、南面的人家就会受到冲克。遇到这些因动土所可能出现的祸害,民间用"厌胜"之法来制伏,具体的做法是:"以五行之物,悬金木水火。假令岁、月食西家,西家悬金;岁、月食东家,东家悬炭。设祭祀以除其凶,或空亡徙以辟其殃。"②

　　丧葬方面的禁忌,当时人认为辰日埋死人不能哭,否则还有丧事发生;如果在戊、己两日死了人,死人的事还会接着来。有关下葬的历书规定:"葬避九空、地臽,及日之刚柔,月之奇耦,日吉无害,刚柔相得,奇耦相应,乃为吉良。不合此历,转为凶恶。"有雨的日子不要下葬,要改在庚寅日中午才下葬。

　　此外,据《沐书》记载,"子日沐,令人爱之;卯日沐,令人白头"。有关"裁衣"的历书规定禁忌有"凶日制衣则有祸,吉日则有福"。由于仓颉死于丙日,丙日不宜写字;殷纣、夏桀死于子日、卯日,这两日不宜奏乐;血

---

① 最初的太岁,是古人以岁星纪年时,用来体现岁星运行规律及其方位的称号。后来,方术之家以太岁为中心,根据与太岁的向、背、前、后,或冲、迎、生、克等诸关系,组成了年神类神煞系统。

②《诸子集成·论衡》,第 206 页。

祭日不能宰杀牲口;上朝日不能会见众人;往亡日不要出门,否则会暴尸野外;归忌日不要回家。总之,出门办事各方面都有选择吉日以回避凶日的禁忌规定。

二、环境之祭

中国古人生活中的祭祀是人与环境的一种交流方式,从朝廷到民间在不同的时节都会定期举行这种活动。人们面对星辰日月、四时寒暑、山川动植物及其变化,总会相应地想象出各种神灵以掌管这些自然现象,如风有风神、雨有雨伯、雷有雷公等称呼,以此来代表这种人格化的对象。作为神灵,其相关的谱系有的偏向社会历史,这样就有了祖先崇拜,但不管是有明确自然对象所指,还是专指历史上的圣贤,在被神化的意义上,都具有了超乎寻常的能力。当中起联络作用的基本逻辑是:人死后变成神鬼,而奇妙自然的守护者也是神,故两者可相通。坟墓是诸方面结合最好的场所,且坟墓的存在本身就是一个能带起特别意义的环境。王符在描述东汉造坟现象时说:"或至刻金镂玉,櫺梓楩柟,良田造茔,黄壤致藏,多埋珍宝偶人车马,造起大冢,广种松柏,庐舍祠堂,崇侈上僭。"[1]坟墓花费了生者大量人力物力,在其周遭营造了一种肃穆的氛围,围绕着整个坟墓,人们每一次在祭奠时,总会把生与死、灵与肉、世俗与神鬼诸多问题集中起来思考,撇开世俗意图的考虑,在无意识层面最大的收获是灵境得到了一次整理和提升。

自然提供了各种"象",祭祀在对这些"象"的处理中,通融了多种"意"进行"象类若是"的联络,并借助神灵实现"以象见实"。如在雩祭中,"设土龙以致雨"的根据就在于龙与云在阴阳气的配置上属同类之故,《易》曰:"云从龙。"这种"意"与"象"的关系在论"礼"中王充给予了明确的标示,当中"意象"的产生机制同样适用于祭祀过程。在《论衡》中,王充说:"天子射熊,诸侯射麋,卿大夫射虎豹,士射鹿豕,示服猛也。名

---

[1] 彭铎:《潜夫论笺校正》,北京:中华书局1985年版,第137页。

布为侯,示射无道诸侯也。夫画布为熊、麋之象,名布为候,礼贵意象,示义取名也。土龙亦夫熊麋布候之类。"这里的"象"就是有关熊、麋、虎、豹、鹿、豕的画像,古人将君臣上下礼仪之"意",寓于兽象之中,"象"以"意"为贵,以象表意,象是意的外化。"礼贵意象"表明在礼仪活动中重视有一定象征意义的意象,这里的意和象结合使用在中国流传至今的古代典籍当中尚属首次。就在同一篇文章中,王充又从"立意于象"的角度重提"意"与"象"的关系:"礼,宗庙之主,以木为之,长尺二寸,以象先祖。孝子入庙,主心事之,虽知木主非亲,亦当尽敬,有所主事。土龙与木主同,虽知非真,示当感动,立意于象。"①文中的"以象祖宗"的"象"借用了联想的功能,将木牌想象为祖先,具有感动的效果,故可以"立意于象",这一思想实际上是对《周易·系辞上》"圣人立象以尽意"这个原则的继承。

人们祭祀的目的是趋利避害,用王充的话,其作用可概括为"报功"和"修先",在身心都得到安置的基础上,进而营造一个风调雨顺的人居环境。祭祀祖先、自然的传统由来已久,《礼记》曰:"有虞氏禘黄帝而郊喾,祖颛顼而宗尧。夏后氏亦禘黄帝而郊鲧,祖颛顼而宗禹。殷人禘喾而郊冥,祖契而宗汤。周人禘喾而郊稷,祖文王而宗武王。"这是对祖宗的祭祀。又曰:"燔柴于泰坛,祭天也。瘗埋于泰折,祭地也。用骍犊。埋少牢于泰昭,祭时也。相近于坎坛,祭寒暑也。王宫,祭日也。夜明,祭月也。幽宗,祭星也。雩宗,祭水旱也。四坎坛,祭四方也。山林、川谷、丘陵能出云,为风雨,见怪物,皆曰神。有天下者祭百神。"②这是对自然的神化。

祭祀的规模依不同的身份有大小的规定,且祭祀的神灵也会不同。一般礼制是规定君王祭祀天地,诸侯则祭祀山川,卿及大夫只祭五祀,士与百姓祭祀祖先。具体规定有:"王为群姓立社,曰大社;王自为立社,曰

① 《诸子集成·论衡》,第142页。
② 王文锦:《礼记译解》,北京:中华书局2001年版,第670页。

王社。诸侯为百姓立社，曰国社；诸侯自为立社，曰侯社。大夫以下成群立社，曰置社。王为群姓立七祀：曰司命，曰中霤，曰国门，曰国行，曰泰厉，曰户，曰灶。王自为立七祀。诸侯为国立五祀：曰司命，曰中霤，曰国门，曰国行，曰公厉。诸侯自为立五祀。大夫立三祀：曰族厉，曰门，曰行。适士立二祀：曰门，曰行。庶士、庶人立一祀，或立户，或立灶。"①王者祭天地源于对父母尊敬的类比，祭祀鬼神源于人间对有功之人进行犒劳这种活动的启发，祭山川社稷之神源于它们促使万物生长有功，人们进行五祀，则是为了报答门神、户神、井神、灶神、室中霤神对人们日常生活中的场所的庇护之恩。

"祭则鬼享之"，为完成祭祀，取悦神鬼，人们宰杀了大量牲畜；祭天的时候，砍伐大树作为燃料；祭地的时候，将牲畜埋进土中；祭四时之时，将猪羊掩埋，以及用牲畜的毛、血进行荐献，用带骨的血肉在庙堂上行祭。甚至在某些祭仪中，还保留远古将人当作牺牲的陋习，如遇久旱不雨，巫尪被当作罪魁祸首，难逃被焚烧和暴晒的命运。《春秋繁露·求雨》载："暴巫，聚尪。八日。"②又："暴巫尪至九日。"③对社会、自然环境及个人产生了一定的危害。

上古很多祭礼到后来不再流行，如禹帝兴建社坛、稷坛来祭祀后稷的规矩就被后人废除了。当然它们会随着新情况的出现被重新启用，据史料记载，汉高祖四年天大旱，下诏令全国祭灵星以求雨，起用的就是古代的雩礼。雩礼一年举行两次，在春天二月份祈求的是雨水，在秋天八月份祈求的是丰收，都在表达对谷物的尊重。到王充时，春天的雩礼已不进行，只保存秋天的雩礼，但世人搞错了祭礼的对象，因为灵星属岁星，与东方相符，只属于春天，在秋天祭灵星，完全失去了意义。如要纠正其错误，在秋天祭祀的应是龙星。

---

① 王文锦：《礼记译解》，第 673 页。
② 苏舆：《春秋繁露义证》，第 427 页。
③ 同上书，第 434 页。

三、天地大观

王充对祭祀持否定态度,但他在批判人们以牺牲品供奉神鬼这一仪式时,在无意中表达了他的天地观。在王充看来,天地可以用人体来作比:"风犹人之有吹煦也,雨犹人之有精液也,雷犹人之有腹鸣也,三者附于天地,祭天地,三者在矣;人君重之,故别祭。必以为有神,则人吹煦、精液、腹鸣当复食也。日月犹人之有目,星辰犹人之有发。"①这种天地与人同形同构的观念,是天人合一思想的一种表现。

对于天地,远古时代的人认为共工怒触不周天,导致东南方的天柱折断,维系大地四角的绳子也断了。为此,女娲神熔炼五色石来修补苍天,又砍断大海龟的腿来当作天柱,但不能完全修复天地原来的模样,留下后遗症,天的西北角残缺,以致太阳、月亮就往那里倾斜;地的东南角残缺,所有的江河都从西北往东南流去。就此,王充否定天是由实体性物质构成的说法。这一点,他支持儒家以元气解释天地的学说。据《周易》所言,原先"元气未分,浑沌为一",儒者接着解释,等到气分开以后,"清者为天,浊者为地",天地刚分开时,形体尚小,也许天枕在不周山上是合理的,但包含元气的事物会不断扩大,故天地之间的距离以及各自的远近宽窄随着时间的流逝,已经不可估量了,所以再用天柱和补天的说法来解释天地的模样显得极为勉强。

天分两层,一层由气构成,距离地很近,正如儒者所言,"天,气也,故其去人不远"②,也正因如此,人间有好事坏事天总能感应到;但气总是缥缈不定的,如何用里数来丈量天,日月如何停留在二十八星宿之上,这就可以推断天还有一个实体的部分(即秘传所记载的"天有形体"),"所据不虚"③。

---

① 《诸子集成·论衡》,第 222 页。
② 同上书,第 96 页。
③ 同上。

天地形成以后,天下有所谓大、小"九州"之说。《尚书·禹贡》所说的"小九州"是邹衍"大九州"中的一个州,它处于"大九州"的东南隅,又称为"赤县神州"。与"赤县神州"并列的八大州,都有四海环绕,海的名称为"裨海"。"大九州"之外,还有"瀛海"包围着。对邹衍"大九州"说法,王充认为很荒唐。他的根据是禹帝治水时,足迹遍及四海之外,直到四山以及三十五国,由他的助手伯益记下鸟兽草木、金石水土等各种事物,唯独没有关于"大九州"的记载。再依照西汉初期几乎囊括了当时人所能接触的知识全部的《淮南子》一书来看,它也没有"大九州"的证据。可以看出,邹衍的观点是没有根据的,王充主张天下只有"小九州"。

天与地之间有一座神山,称为昆仑山,按《禹本纪》和《山海经》的记载,山的高度有2 500多里,太阳和月亮在山上相互避开各自发光,山顶有玉泉、华池。这些人们信以为真的说法,王充引《尚书·禹贡》有关"九州"的表述,加上司马迁的疑问"今自张骞使大夏之后,穷河源,恶睹《本纪》所谓昆仑者乎",判定神山意义上的昆仑山及山上的"怪物"皆不存在。在《淮南子》成书时期,世间还没有张骞去"穷河源"一说,昆仑山基本上还作为神山面世,到了王充所在的时代,昆仑山现出了其作为现实山脉的面目,王充以其"重效验"的怀疑方法,剔除了围绕在昆仑山上有关神圣的诸多说辞,使其变成了地理环境,失去了人文环境的生成点。

王充认为前人关于天极(作为天的正中)与中国的关系的说法也颇多问题。如主张天极在中国的北面或在西北面,从最东面(大海)或最西面(沙漠)观察太阳,太阳的大小都差不多,由此推断,人们所描绘的中国或九州的规模都不准确。

在天地之间有一个与人生活关系最密切的天体——太阳(古人称为"日"),王充在《论衡》中花了很多篇幅集中讨论了当时人围绕着太阳所形成的知识。

第一个问题:儒者认为,太阳早晨从阴气里升起,傍晚又坠入阴气里,阴气晦暗不明,所以太阳在夜晚被遮住使得地上的人看不见。王充反对这种看法,他以三个经验来反驳:一、夜晚人们能看得见火把,太阳那么大不可能被阴气给遮没;二、与太阳同在天上的星星那么小,人们看得见,而对太阳反而看不见,不合常理;三、冬天太阳从东南方或西南方出没,依阴阳学道理,两个方位都不存在阴气。综合上述三个常识,可断定夜晚时的太阳不可能在阴气里,至于太阳夜晚处于什么状态,王充没有给出描述。

第二个问题:儒者认为,夏天阳气足,能与太阳同辉,所以日照时间较长,冬天则反之。王充对于将日照之所以在夏天长、冬天短说成是由于阴阳气分配不均这一看法持反对意见。他的理由依然是用北方的星星来验证,即冬天与夜晚一样都是阴气旺盛之时,但都不能遮去星星的光亮,可见用阴气阳气来解释白昼长短的理由不符合客观事实。王充认为真实的解释是夏天时太阳处在东井,东井星宿离天极近,太阳远行轨道长,所以夏天日照长;冬天时处于牵牛,牵牛离天极远,太阳运行轨道短,所以冬天日照时间短。到了夏天,太阳向北移到东井,冬天太阳向南移到牵牛,这两个点成为一年中白昼时间最长和最短的日子,在节气上分别称为"夏至"和"冬至"。在太阳移向东井和牵牛的中间点,一天中白天和夜晚时间平分,在节气上则分别称为"春分"和"秋分"。

第三个问题:有人说,夏天阳气旺盛,阳气在南方,天就升高,以致太阳运行的路线多,白天也就长;冬天阳气衰微,天压低,太阳运行线路短,白天也就短。王充对这一看法也持反对意见。他的直接理由是太阳在夏天和冬天的运行方式,月亮也应照搬。可事实上夏天太阳从东北方升起,月亮从东南方出来;冬天则相反,太阳从东南方升起,月亮则从东北方出来。月亮与太阳这种运行方式的差异,说明在夏天和冬天时天并没有升高或降低,夏天白昼长冬天白昼短是因为太阳所由出的星宿处于南方或北方。

此外,王充还讨论了天如车盖、太阳的出没与天的高低关系、天的运行路线与人的运近距离、天的运行是否进入地中、天的四方是否都一样平正、太阳升落时与人的距离、大小及温度、太阳是否从扶桑升起从细柳落下、天与太阳月亮的旋转等等问题,涉及当时人所能设想的有关天地的各种知识,从中可看出王充蕴含经验与推断相结合的天地环境观。

第十章　两汉生活环境及灾异救治

生活环境与自然环境虽都属于外部环境,但两者有很多不同,生活环境是专属人创造的环境,它以居住为首要功能。两汉时期的生活环境主要包括都城、宫殿、一般城市、农村以及生活起居等内容。

当然,生活环境首先要放在整个国家领土的大视野之中来考察。

两汉时,中国幅员空前辽阔,其格局主要承继秦朝。秦结束了战国时期的割据局面,形成一个大帝国,其疆域"东至海暨朝鲜,西至临洮、羌中,南至北响户,北据河为塞,并阴山至辽东"(《史记·秦始皇本纪》)。到了西汉极盛时,范围有所变化,东至乐浪郡(今朝鲜平壤一带),南到九真郡(今越南河内之南),西面开设河西四郡,北至大漠。在两汉之交,匈奴趁中原内乱,一度控制西域,并侵入汉朝北部边境。东汉前期,汉王朝多次出击匈奴,迫使匈奴远徙。东汉的管辖范围变成"东乐浪,西敦煌,南日南,北雁门,西南永昌"(顾祖禹《读史方舆纪要》卷二)。东汉的疆域与西汉大致相当。

两汉广阔的领土,对其都城郡县布局、建筑风格、文化心态、生活方式等方面都产生了重大的影响。

两汉时期出现了严重的自然灾害,国家政治、经济环境出现巨大的失衡,朝廷为此出台了各种措施以挽救损失,在设立保护环境的律法以及官职上对后世有很好的示范作用。

第一节　汉代都城美学

汉承秦制,都城长安建于秦都咸阳南区之上,皇家宫殿也是在秦咸阳宫的基础上发展起来的。张衡《西京赋》说:汉长安"乃览秦制,跨周法"。《史记·货殖列传》也说:"孝、昭治咸阳,因以汉都。"虽然如此,汉代的都城及宫殿还是有所创新,在建筑风格上有自身的特色。

一、两汉都城

班固在《两都赋》中极为准确地表达了环境美学的思想,班固认为长安城极尽奢华,"极众人之所眩曜"(《两都赋序》),偏重于建筑美;而洛阳城则重礼法,"折以今之法度"(《两都赋序》),注重礼制美。张衡《西京赋》也作了类似表达:"高祖都西而泰,光武处东而约。""泰",奢侈,指长安;"约",节俭,指洛阳。

西汉初实施"休养生息",其无节制的都城和宫殿建设是与整个国策相悖的。而东汉洛阳城在刘秀的倡导下,遵祖先旧制,建设呈现出节俭的趋势。例如,后来的汉章帝要为原陵、显节陵起陵邑时,东平宪王刘苍上书,认为"园邑之兴,始自强秦",以光武帝"俭约之行"来劝谏,最终章帝听取了刘苍的建议,尊重当初刘秀定下的规矩。

（一）长安城

汉初经过一番争论,统治者决定定都长安。起先有一批人主张在洛阳定都,因为洛阳交通发达,又距离统治者("左右大臣皆山东人"——《史记·留侯世家》)的故乡近,在心理上容易安心。后来刘邦力排众议,接受了娄敬和张良的意见,从长治久安的角度决定在长安设都。① 依《西

---

① 娄敬主张定都关中的理由主要有两条:一是关中"地被山带河,四塞以为固",二是"膏腴之地"(《史记·刘敬列传》)。最后张良重申了娄敬的两条意见,谈及洛阳地盘小,"田地薄",关中沃野千里,地势易守难攻,进一步稳定了刘邦的决心(《史记·留侯世家》)。

京赋》,刘邦考虑建都的因素有:

一是工程方便。秦都咸阳就建在渭水的北面,在其基础上建都可以省去很多重新布局的麻烦,符合经济的考虑。

二是自然条件。扩大了的长安城同样具有秦都的地理优势,它三面环山一面平原,左有函谷关所在的崤山,右有险隘陇山,前有产蓝田美玉的终南太一山,吸入沣水,吐出镐川,后有辽阔的沃野,凭渭水倚泾川。这种山形水势在军事上易守难攻,确实是建都的好抉择。从更大范围的关中考虑,同样利于建都,《汉书·项籍传》:"关中阻山带河,四塞之地,肥饶,可都以伯。"

三是天意因素。虽然秦都有失败者的霉气在,好像刘邦不太在意,而是注意到了他入关中的"天启":"五纬相汁,以旅于东井。"历史上也流传着天神赐福秦穆公的故事,因此这块与天上鸠首星对应的土地,最终出现统一六国的奇迹。这些神秘的体验和传说,一定程度上也影响了刘邦的选择。

在具体的规划中,除了一般度量四周长短、广狭方圆以及开掘护城河,建设者不再遵循过去八方的格局,也嫌弃周代百堵之墙和九筵之堂过于狭隘简陋,于是在形状和规模上进行了革新和增扩,形成了长安城的特色:

首先,以修筑宫殿来带动整个都城建设。汉高祖五年(前202年),对秦朝幸存下来的兴乐宫重加修饰并改名为长乐宫,并暂时以长乐宫为皇宫。汉高祖七年(前200年),在萧何的主持下修建了未央宫,建成后,未央宫取代长乐宫成为皇宫。有了皇宫,京城围绕皇宫的模式而拓展开去。

汉惠帝元年(前194年)开始修建长安城墙。《汉书·惠帝纪》:"三年春,发长安六百里内男女十四万六千人城长安,三十日罢。"郑氏说:"城一面,故速罢。"城墙全部用黄土夯筑而成,高12米,宽12—16米;墙外有壕沟,宽8米,深3米。同年"六月,发诸侯王、列侯徒隶二万人,城长安"。《汉宫阙疏》说:"(孝惠帝)四年筑(长安城)东面,五年筑北面。"

《汉书·惠帝纪》:"五年……春正月,复发长安六百里内男女十四万五千人,城长安,三十日罢。……九月,长安城成。"有了一定范围的城墙,长安城已初具帝都规模。其中重要宫殿也都筑有宫墙,形成了一个个宫城。长乐、未央二宫不但墙筑得宽厚,而且四隅还建有角楼,以增强防御能力。

汉武帝太初元年(前 104 年)开始兴建桂宫、北宫、明光宫和建章宫,并开凿昆明池以及在昆明池中建上林苑。前后历时 90 年,汉王朝把长安这一都城建设推向汉代塑造环境文明的顶峰,长安城成为汉帝国强盛的标志。

由宫殿建设带动的其他城市区域主要有工商业区、市民区。工商业区就是指集市,它集中在西北隅的横门大街两侧,从文献记载中,可得出有二大市和九市之说。公元前 201 年,汉高帝于长安立大市。公元前 190 年,汉惠帝又于大市之西建西市,同时更名大市为东市。所谓二大市,就是东市和西市,是汉长安城中两个规模最大的集市。除此而外,如《三辅黄图》引《庙记》所说,长安城中还存在九市的说法。除了上述东市、西市,见于记载的有柳市、直市、孝里市、交门市、交道亭市等,可能还有南市和北市,加起来正好符合九市之数。根据考古发掘,东市和西市分别位于长安城西北部横门大街两侧,也就是未央宫的正北方,今人在这一带遗迹中发现许多钱范、陶俑,可以说明当年曾有手工作坊和集市。从东西两大市与皇宫的关系讲,符合《考工记》所说的"面朝后市"的说法。

居民区在城东北隅宣平门附近。据梁章钜《文选旁证》卷一二引《三辅黄图》:"长安闾里一百六十,室居栉比,门巷修直,有宣明、建阳、昌阴、尚冠、修成、黄棘、北焕、南平等里。"汉平帝时,人口达 24.6 万。实际考古勘查确认的居民区,面积容不下那么多人,估计有些居民住在城外。

长安城外林木环绕,众多离宫别馆,星罗棋布,风景优美。《西都赋》中曾描写了长安的周围:"若乃观其四郊,浮游近县,则南望杜、霸,北眺五陵,名都对郭,邑居相承。"

其次,"斗"形结构。长安城城墙的修建晚于长乐和未央两宫的修建,为迁就二宫的位置和城北渭河的流向,把城墙建成了不规则的正方形,缺西北角。西墙南部和南墙西部向外折曲,所以南墙的走向就只能西段偏南,东段偏北,巧合南斗星形状;北墙呈西南、东北走向,弯曲达六七处之多,又暗合北斗星,据此,《三辅黄图》中明确说,长安"城南为南斗形,北为北斗形,至今人呼汉京城为斗城是也"。这种设计的结果,既利用了地理的优势,又符合古人"法天"的思想,可谓巧夺天工。全城共有12个城门,其中4座与未央、长乐二宫相对,其他八座与城内的8条东西向或南北向大街相连,由此将城内分成11个区。每个城门有3个门道,一般城门宽32米,较重要的城门宽可达52米。东面城门自北而南为宣平门、清明门、霸城门,南面城门自东而西为覆盎门、安门、西安门,北面城门自西而东为横门、厨城门、洛城门,西面城门自北而南则为雍门、直城门、章城门。

再其次,走向礼教的都城。礼仪一般指朝会、丧葬以及人们的衣、食、住、行等活动反映出来的仪规,而对都城来说,则表现在社稷、宗庙等礼仪性建筑上。汉初高祖时开始营造社稷,《史记·高祖本纪》曰:"(二年)二月,令除秦社稷,更立汉社稷。"但这类建筑较少,影响不了都城的整体特性。文帝以后,长安城基本没有再进行改造和扩张。到了西汉晚期,长安南郊才出现了较具规模的礼制宫殿建筑,如成帝建始元年建立圜丘,同时在北郊立后土祠;平帝元始元年立官稷,平帝元始四年起明堂、灵台、辟雍和太学;王莽新地皇元年立九庙,在四郊设五帝時,这些都大大改变了长安城的格局和功能,也说明有了对较高礼制秩序的追求。据考古统计,在南郊此类礼仪性建筑共有三组15座,祖庙和社稷的布置风格是"左祖右社",符合《考工记》的思想。研究者认为,长安城这种变化可称为从"汉家都城"转变为"礼制都城"。

汉都长安周长25 700米,面积约36平方公里,规模宏大,气象不凡,成为西汉政治、经济、文化、军事、交通的中心,在开通丝绸之路后,又成为国际大都会。后来西晋的愍帝、前赵的刘曜、前秦的符健、后秦的姚苌、西魏的孝武帝和北周的孝闵帝都曾以长安为首都,几度使长安城重现繁华。但到了公元 581 年,隋文帝杨坚徙都大兴城,长安城不再作为都城,渐被废弃。

(二)洛阳城

张衡《东京赋》以周成王经营洛阳来提出其作为都城的地理条件优势。周成王在巡视九州看遍天下后,用土圭测日影,确定出洛阳是天下的中心。再具体审察其四面形状,"泝洛背河,左伊右瀍。西阻九阿,东门于旋。盟津达其后,太谷通其前",这种山形水势,极为大气,确实可以成为一国之重镇。之后,召公、周公来度量相地,也认为洛阳建都合礼制,最吉祥。最后,苌弘、魏舒终于把它扩建成了一座宽阔至极的王城,其模样"经途九轨,城隅九雉。度堂以筵,度室以几。京邑翼翼,四方所视"。

从春秋以后到西汉,洛阳一直被忽视。虽然曾作为西周的成周城、东周的王城、战国吕不韦的封城以及秦、西汉时的洛阳城,一直显示出它的重要性,但都没成为都城。只有到了光武帝刘秀时,"区宇乂宁,思和求中。睿哲玄览,都兹洛宫",从天子应居中心地位统领天下且具有光明前途的角度确定了洛阳作为首都的意义。刘秀虽为刘邦九世孙,但他不算皇家嫡系,为确保其政权的稳固,其建国以及建都的说辞都力图从汉代历史找到合法性,《东观汉记·光武皇帝纪》载:刘秀"案图谶,推五运,汉为火德。周苍汉赤,木生火,赤代苍,故上都洛阳"。汉时盛行天人感应、五德终始说,刘秀建都洛阳,按图谶说将汉定为火德,承接木德的周统,洛阳也与传说中的周公在洛阳制礼作乐之事联系了起来。

相比之下,班固《东都赋》解释建都洛阳较为抽象。他把光武帝新开人伦秩序追溯到伏羲氏,划州土、建集市、制舟车、造器械有轩辕氏为榜样,顺应天意、惩罚叛逆也有商汤周武作为示范。至于最重要的迁都改邑,从盘庚找根据,是《东都赋》较好的说辞。可见,定都洛阳完完全全是一个政治行为,是权力运作所引发的一系列事件的结果。

洛阳较之长安建都已有更多经验,对整个城市的结构、功能的设置

有了进一步的认识,主要表现在以下几方面:

一、追慕周制。班固《东都赋》从永平年间"修洛邑"概括出了洛阳建都的整体特点在于"增周旧"。"增周旧"的意思不是讲在周代的遗址上增设,而是说整体上按照周代都城制度来营建。周代营建都城的指导思想记录在《周礼·考工记》中的"匠人"篇,其"营国"理论的核心含义是:"匠人营国。方九里。旁三门。国中九经、九纬,经涂九轨,左祖右社,面朝后市,市朝一夫。"依照文中意思,一个周代特色的都城必须具有三个要点:四面各长九里的方形城;左为祖右为社;面朝后设市。

在具体的建造中,就形状大小而言,《后汉书志》卷一九《郡国志》刘昭注引《帝王世记》:"城东西六里十一步,南北九里一百步。"又引《晋元康地道记》:"城内南北九里七十步,东西六里十步,为地三百顷一十二亩有三十六步。"《元河南县志》卷二也说:"俗传东西六里,南北九里,亦曰九六城。"《元和郡县图志》又引华延隽《洛阳记》:"洛阳城东西七里,南北九里。"《洛阳县志》亦云:"大城东西七里,南北十余里。"从这些文献可看出,南北的长度大致做到了九里的要求,可东西的长度只有六里多,就此,洛阳城又被称为"九六城"。再从今人考古的结果看,除了古城遗址南城墙已被大水冲毁不可勘测,西城墙长约 4 200 米,北城墙长约 3 700米,东城墙长约 3 895 米,与古代文献记载相当。由此可断定,东汉洛阳城的形状大体上合周制,因东西较短,呈长方形。这种与周制的差异,又符合另一条来自《管子》的有关都城建制更灵活的规矩:"城郭不必中规矩。"

蔡邕说:"平城门,正阳之门,与宫连,郊祀法驾所由从出,门之最尊者也。"[1]南宫有很多城门,以平城门为尊,可说明洛阳朝向是坐北朝南。陆机《洛阳记》载:"洛阳旧有三市:一曰金市,在(北)宫西大城内;二曰马市,在城东;三曰羊市,在城南。"可见,早期洛阳城的工商业区主要有南市、马市和金市三个。马市在东郊,南市在南郊,都在城外,只有较为重

---

[1] 范晔:《后汉书》,第 2228 页。

要的金市在城内,其位置在北宫西大城之内、南宫之后,南宫在光武帝时是主要帝宫。这样,从朝向和市场的位置看,洛阳的布局也符合周代"前朝后市"的规制。

此外,《后汉书》卷九九《祭祀下》记载:"建武二年,立太社稷于洛阳,在宗庙之右。"由此可见,东汉的宗庙与社稷,也是按照"左庙右社"的周制来规划的。

二、南北两宫。西汉长安采用多宫殿制,而到了东汉洛阳则变为南北两宫制。南宫位于洛阳城内中部偏东南,四面有门阙,北宫位于洛阳城内北部近中,南边通过中东门大街和复道与南宫相连。《后汉书》卷一《光武帝纪》李贤注引蔡质《汉典职仪》曰:"南宫至北宫,中央作大屋,复道,三道行,天子从中道,从宫夹左右,十步一卫。两宫相去七里。"①南北两宫占据了城市的中心地带和大部分地区,这种设置在历史上绝无仅有,原因可能跟两宫早已存在且规模太大不好再拆分有关。

《史记》卷八《高祖本纪》张守节《正义》引《舆地志》说洛阳"秦时已有南、北宫"。到西汉,汉五年(前 202 年)高祖"置酒雒阳南宫"②,与群臣探讨楚汉战争胜负之因。迁住长安前的两年中,刘邦一直居于此宫。《汉书·高帝纪》记载:汉六年(前 201 年),刘邦居南宫,从复道上可看到诸将领在窃窃私语。有复道这类建筑,足见南宫相当庞大。王莽新朝地皇三年(22 年)曾经命令"司徒王寻将十余万屯雒阳填南宫"③。由上诸例,可见西汉一朝,南宫一直在使用。有学者从古籍记录的活动次数推断,东汉初期南宫是政治活动的主要地点,如汉光武帝建武元年(25 年),"冬十月癸丑,车驾入洛阳,幸南宫却非殿,遂定都焉"④;"建武四年冬,嚣使援奉书洛阳。援至,引见于宣德殿"⑤;建武十四年(38 年)春正月,建南

---

① 王仲殊以为此"七里"当为"一里"之误。参见王仲殊《汉代考古学概说》,北京:中华书局 1984 年版,第 20 页。
② 司马迁:《史记》,第 268 页。
③ 班固:《汉书》,第 3064 页。
④ 范晔:《后汉书》,第 18 页。
⑤ 同上书,第 555 页。

宫前殿;光武帝最后死于南宫前殿;等等。明帝永平三年(60年)建起北宫及诸官司府后,东汉政治中心逐渐转到北宫。北宫地势较高,远离水患,也是其能取代南宫的原因之一。除北宫外,东汉基本没有兴建新的宫室。在北宫中,比较有名的宫殿是永安宫。

永安宫位于洛阳城东北隅,据《后汉书·百官志》:"永安,北宫东北别小宫名,有园观。"设永安丞一名来管理。汉朝末年,在永安宫发生了两个重要的事件:一是汉灵帝被张让蒙蔽不敢登永安宫台榭;[①]二是董卓囚禁何太后于此宫。

南北宫城之内既有朝会之所,又有寝宫。南宫以却非殿为正殿,北宫以德阳殿为正殿,皇帝与嫔妃所居之地皆在正殿以后,这和《考工记》所记之"前朝后寝"制度大体相当。

洛阳南北宫制为以后的单一宫城制奠定了基础。

三、突出礼制。西汉长安城的筹建主要出于军事考虑,忽略了文化教化功能,整个不规则的城区缺少形式的美感。洛阳的建设则淡化了军事功能,[②]形状也较为整齐,显示出统治者的自信。这种转变在汉代就被有识之士道破,班固的《两都赋》和张衡的《二京赋》都明确指出洛阳是一座礼制都城,两篇赋文都把写作重点放在洛阳的风化作用上,不再刻画和炫耀以宫殿为主的建筑的美,为此,班固赋的末尾还特意为礼制的三个重要场所——三雍(明堂、辟雍、灵台)赋诗加以歌颂。

三雍在西汉后期及新莽时期的京城附近已初步确立,但并未形成独立的礼制建筑区。东汉时,明堂、辟雍、灵台以及太学、雩场等建筑都建在洛阳城南,就形成了一个比较完整的祭祀礼制区。《东京赋》说明堂"复庙重屋,八达九房。规天矩地,授时顺乡"。国家按不同月令在明堂

---

① "帝常登永安候台,宦官恐其望见居处,乃使中大人尚但谏曰:'天子不当登高,登高则百姓虚散。'自是不敢复升台榭。"(《后汉书·宦者列传·张让》)
② 傅毅《洛都赋》中写洛阳:"寻历代之规兆,仍险塞之自然。被昆仑之洪流,据伊洛之双川。挟成皋之岩阻,扶二崤之崇山。砥柱回波缀于后,三涂太室结于前。镇以嵩高乔岳,峻极于天。"从军事角度看,洛阳山势险峻,也具有较好的防护位置。

举行祭祀、颁布政令。明堂左有辟雍,右有灵台,"造舟清池,惟水泱泱。左制辟雍,右立灵台。因进距衰,表贤简能。冯相观祲,祈禳禳灾"。辟雍为帝王行教化之所,经常在辟雍举行乡射、饮酒礼,按照《礼记·王制》的说法,辟雍也为教育之所。班固《辟雍诗》:"乃流辟雍,辟雍汤汤。圣皇莅止,造舟为梁。皤皤国老,乃父乃兄。抑抑威仪,孝友光明。于赫太上,示我汉行。洪化惟神,永观厥成。"班固在此讲到的大射礼、养老礼,明显指出了其教化功能。班固《灵台诗》:"乃经灵台,灵台既崇。帝勤时登,爰考休征。三光宣精,五行布序。习习祥风,祁祁甘雨。百谷蓁蓁,庶草蕃庑。屡惟丰年,于皇乐胥。"在灵台辨云物、观休征,充分利用这些礼制建筑进行礼仪活动。东汉建武五年(公元 29 年),光武帝在南区兴建太学,太学中居住大量太学生,加上设有南市,使这一地区充满了生活气息。

东汉末年董卓挟汉献帝西迁,"悉烧宫庙官府居家,二百里内,无复孑遗"(《后汉书·董卓传》),洛阳遭受空前浩劫,到曹魏政权建立时,才重现光彩。

二、西汉宫殿

西汉初年实施休养生息的政策,事事节俭,可统治者从巩固政权的角度,还是大兴土木建成了未央宫,以此来树立新王朝的威严形象。此后,汉武帝时期国力大增,又新建了明光宫、建章宫等建筑。其中,建章宫规模超过未央宫,集朝堂、后宫、园苑于一体,代表着当时居住环境的最高水平。

（一）未央宫

未央宫位于西汉长安城西南部(即今西安市未央区未央乡),汉高祖七年(前 200 年)二月,在秦代章台宫的基础上,由萧何主持监造,至高祖九年建成。《史记·高祖本纪》有清楚的记录:

> 萧丞相营作未央宫。立东阙、北阙、前殿、武库、太仓。高祖还,见宫阙壮甚,怒,谓萧何曰:"天下匈匈苦战数岁,成败未可知,是何治宫室过度也?"萧何曰:"天下方未定,故可因遂就宫室。且夫天子以四海

　　为家,非壮丽无以重威,且无令后世有以加也。"高祖乃说。

从文中可以看出,未央宫的主要功能是为政治服务,政治主要通过权力来表现,那么,统治者的权力又如何体现呢?除下级执行上级命令这种形式外,很多时候权力是通过实施权力的场所和仪式来彰显的。萧何"非壮而无以重威"就很好地体现了未央宫作为宫殿的这一功利目的。为达到"壮威"的效果,建筑未央宫注意到了以下特征:

　　一、雄伟威严。未央宫坐落于长安城地势最高的龙首原上,其布局是"前朝后寝","前朝"的主体建筑便是前殿。《三辅黄图》曰:"营未央,因龙首以制前殿。"《西京赋》有:"疏龙首以抗殿,状巍峨以岌嶪。"《水经注·渭水》也记载:未央宫前殿,"斩龙首而营之","山即基,阙不假筑"。前殿坐南朝北,是举行重大典礼和朝会之所在,"正殿路寝,用朝群辟",作为政治活动中心,位于帝都长安的最高点,其凭高御下的意图极为明显。据考古资料,对未央宫前殿遗址测定的结果是南北长约 350 米,东西宽约 200 米,北端位于龙首山丘陵,[①]与文献记载一致。

　　宫内殿堂林立,《西京杂记》载未央宫有"台殿四十三,其三十二在外,其十一在后宫"。未央宫的宫墙,东西墙各长 2250 米,南北墙各长 2150 米,周长 8800 米,占地面积约 5 平方公里,约相当于汉长安城总面积的七分之一。[②] 宫中"嘉木树庭,芳草如积"(《西京赋》),以正殿为中心修筑了四通八达的道路,"辇路经营,修除飞阁"(《西都赋》)。宫内宫外无数哨所,"徼道外周,千庐内附"(《西京赋》),"周庐千列,徼道绮错"(《西都赋》)。宫廷戒备森严,"奸宄是防","卫尉八屯,警夜巡昼。植铩悬瞂,用戒不虞"(《西京赋》)。

　　这样,整个宫殿群以山为基,主要宫殿居中央高处,辅助类宫殿则居后并向两侧借势铺开,显得气象不凡,雄浑大气。从后人的评价中都可以看出达到了当初萧何兴建宫殿时的意图,刘敦桢《大壮室笔记》中引元

---

① 刘叙杰主编:《中国古代建筑史》第一卷,北京:中国建筑工业出版社 2003 年版,第 404 页。
② 参见刘庆柱、李毓芳《汉长安城》,北京:文物出版社 2003 年版,第 9 页。

代李好问的话:"予至长安,亲见汉宫故址,皆因高为基,突兀峻峭,萃然山下,如未央、神明、井干之基皆然,使人望之神志不觉森竦。"(《长安志图》卷中)李好问确实捕捉到了未央宫的威严慑人的特征。

此外,高耸的宫殿还能防水、防敌,充分利用了"形胜"的益处。

二、体天象地。《西都赋》一开始介绍长安宫殿,即指明整体的建制特点在于"体象乎天地,经纬乎阴阳"。接着说"据坤灵之正位,仿太紫之圆方"。在占尽地利的基础上,充分仿照了天上星座的形体而建。"太紫"指太微、紫微两星座,其中的紫微星座指向的就是未央宫。作为最重要的宫殿,未央宫又称紫宫,延续了秦朝对皇宫的称呼。[1]《西京赋》也说:"正紫宫于未央,表峣阙于阊阖。"中国古代天文学分天体恒星为三垣,中垣有紫微十五星,也称紫宫,是天帝的居室。把人间的未央宫称为紫宫,上应星宿,表达出至尊无上的意义。在具体的建筑技术运用上,尽量做到使笨重的体量能够有"飞翔"状。"树中天之华阙""重轩三阶"(《西都赋》),华阙直入中天,楼台三重之高,最直观显示出与天比肩的意图。"洪钟万钧"似乎往下沉坠,可是"猛虡趪趪"(《西京赋》),猛兽背负着大钟气势非凡,好像张开了双翼。"亘雄虹之长梁,结棼橑以相接"(《西京赋》)[2],棼(栋)橑(椽)[3]相互承接本为壮固,可借如彩虹般的长梁伸向天空,显得更为轻灵。置身其中,"仰福帝居,阳曜阴藏"(《西京赋》),犹如生活在天宫,天晴显象天阴藏形。

围绕着未央宫正殿周围,依照天上群星拱托紫宫的形态,建造了各种各样的离宫高台:"徇以离宫别寝,承以崇台间馆,焕若列宿,紫宫是环。"(《西都赋》)比较著名的宫殿有清凉殿、宣温殿、长年殿、金华殿、神仙殿、白虎殿、玉堂殿、麒麟殿八座,其中清凉殿、宣温殿注意到了实用和

---

[1]《三辅黄图》记咸阳宫"端门四达,以制紫宫,象帝居",可见秦皇宫也称为"紫宫",至汉已是传统。

[2]《西都赋》表述为"抗应龙之虹梁。列棼橑以布翼,荷栋桴而高骧",语意相当。

[3] 栋椽配置,符合"大壮"卦象,陈梦雷《周易浅述》解释为:"栋,屋脊,乘而上者;宇,橑也,垂而下者,故曰,上栋下宇。风雨动于上,栋宇覆于下,雷天之象,又取壮固之意。"

天时的变化。宣温殿为武帝时所建，"以椒涂壁，被之文绣，香桂为柱"（《西京杂记》），其中有屏风、羽帐，地面铺厚氍，以供冬天居住。清凉殿则以"玉晶为盘，贮冰同色"（《西京杂记》），为夏季所用。《西京赋》列的八个殿中名与《西都赋》相同的有神仙殿、长年殿、玉堂殿、麒麟殿，其他不同的四个是宣室殿、朱鸟殿、龙兴殿、含章殿。① 这些命名除了顾及实用，也考虑到了升天求仙、祈求吉祥富贵等含义。《西京赋》也指出其他殿环绕正殿的特征："譬众星之环极。"稍有不同在于"紫宫"换成了"北斗"。

未央宫中的其他殿堂各有特色，没有统一的规定样式，并非正殿的成比例缩小，宫室营造比较灵活，在整体符合"体天象地"的前提下，"殊形诡制，每各异观"，帝王每每"乘茵步辇，惟所息宴"（《西都赋》）于其中，又显示出随心所欲的特点，可见当时宫室营造制度尚不完备。

三、华丽辉煌。刘邦虽要求宫室不要"过度"，但在具体的营造中，作为皇家建筑，其奢华自然就呈现出来。依《西都赋》的记载，未央宫主殿建筑屋顶有藻井，为"倒茄"的形状，红花披拂。楹柱雕绘，璧玉做基石，华彩斗拱，云花屋梁，雕镂栏杆，彩饰榆板，样样都显得富丽堂皇。②

后宫规模不大，奢侈程度超过天子宫室。那里美貌嫔妃成群，金梯玉阶，到处是宝石珍珠、翡翠珊瑚。椒房殿是皇后居所，其命名极有特色，之所以称椒房，一是以花椒涂墙，"皇后居椒房，以椒涂房，取其温且香也"（《风俗通义》佚文）；二是花椒多籽，寓意王朝子孙繁衍无穷，《汉宫仪》曰"皇后称椒房，取其蕃实之义也"。

当然，后宫最著名的是汉成帝时的昭阳殿，"昭阳特盛，隆乎孝成"。《西都赋》介绍后宫时，主要篇幅都用来写昭阳殿，其文曰：

> 屋不呈材，墙不露形。裹以藻绣，络以纶连。随侯明月，错落其间。金釭衔璧，是为列钱。翡翠火齐，流耀含英。悬黎垂棘，夜光在

---

① 据《三辅黄图》，外殿有名字的有 27 座。
② 《三辅黄图》记叙前殿与《西都赋》大致相同，其文曰："以木兰为枌橑，文杏为梁柱，金铺玉户，华榱璧珰，雕楹玉碣，重轩镂槛，青琐丹墀，左城右平。黄金为壁带，间以和氏珍玉，风至其声玲珑然也。"

焉。于是玄墀扣砌,玉阶彤庭,硬碱彩致,琳珉青荧,珊瑚碧树,周阿
而生。红罗飒纚,绮组缤纷。精曜华烛,俯仰如神。后宫之号,十有
四位。窈窕繁华,更盛迭贵。处乎斯列者,盖以百数。

此殿的特色是梁栋和墙壁都被豪华的饰物遮蔽了,"自后宫未尝有
焉"(《汉书·外戚传》),因赵飞燕姐妹在此居住,其事迹为环境增添了更
多的色彩,以致《西京杂记》不惜用夸张的语词来渲染其独特性,说昭阳
殿有"玉几、玉床、白象牙簟。绿熊席,席毛长二尺余。人眠而拥毛自蔽,
望之不能见,坐则没膝。其中杂熏诸香,一坐此席,余香百日不歇。有四
玉镇,皆达照无瑕缺"。绿熊席、四玉镇这些宝物大多非人间所有,因其
稀有,更见居所和人物的尊贵。

作为西汉的帝宫,未央宫虽金碧辉煌,在西汉末年也难以躲避战火
之灾。东汉初年,光武帝下令修缮,虽基本殿堂仍在,但难以恢复往日风
采。汉末董卓挟汉献帝西迁长安时,仍然把未央宫作为皇宫。后来有西
晋、前赵、前秦、后秦、西魏、北周等多个朝代也以之为帝王理政之地。到
唐朝末年,因战火不断,政治中心东移,未央宫被弃,沦为了废墟。就这
样,未央宫结束了它的使命,这个曾作为 10 个朝代、30 多位皇帝的大朝
正殿的宫殿,被使用长达 360 多年,存世 1 041 年,是中国历史上经历朝
代最多、存在时间最长的皇宫。

(二)其他宫殿风采

除未央宫外,西汉还有其他著名宫殿,它们或是在秦宫的基础上改
建而成,或是汉武帝朝国力强盛时增建的产物,政治色彩较弱,主要作为
皇后、妃子的居处或为游乐憩息之用。

1. 长乐宫

"长乐未央",汉瓦当常见的文字,既说明汉人的美好愿望,又指出了
一个事实,即汉代有两座重要的宫殿——未央宫和长乐宫。

汉高祖七年(前 200 年)二月,"长乐宫成,丞相已下徙治长安"(《史
记·高祖本纪》)。长乐宫是在秦朝兴乐宫基础上兴建起来的。《三辅黄

图》说:"长乐宫,本秦之兴乐宫也。高皇帝始居栎阳,七年,长乐宫成,徙居长安城。"又引《三辅旧事》《宫殿疏》曰:"兴乐宫,秦始皇造,汉修饰之,周回二十里。"①《史记·叔孙通列传》也指出:"孝惠帝为东朝长乐宫。"《集解》引《关中记》说:"长乐宫,本秦之兴乐宫也。"长乐宫起先作为皇宫使用,高祖在此布政,高祖九年(前198年),皇宫由长乐宫迁往未央宫,长乐宫被当作太后的临时居所。到汉惠帝时,未央宫正式成为皇帝的居所后,长乐宫也才真正成为太后之宫。王莽时,长乐宫改名为常乐室(《汉书·王莽传》)。因为长乐宫位于整座城的东南部,也就是在未央宫之东,又可称为东宫或东朝。

据考古资料,长乐宫规模也较为宏大,因从秦的离宫改建而成,缺少规划,故形状不太规则,呈长方形,周长达10公里,总面积6平方公里,大小约占长安城总面积的六分之一。

据《三辅黄图》记载:"长乐宫有鸿台,有临华殿,有温室殿。有长定、长秋、永寿、永宁四殿。"又:"前殿东西四十九丈七尺,两序中三十五丈,深十二丈。"②此外,有明渠经过和置铜人也是长乐宫的特征,《水经注·渭水》载:"明渠又东经汉高祖长乐宫北……殿前列置铜人。"殿前列置铜人之制仿秦朝。

2. 桂宫、北宫

桂宫、北宫俱在未央宫北,都属后妃之宫,《汉书·平帝纪》记载,孝成皇后曾居北宫,哀帝皇后傅氏曾住桂宫。

据《西京杂记》,桂宫建于汉武帝时期,因宫中有以"宝"字为名的四件家具:七宝床、杂宝桉、厕宝屏风、列宝帐,又被称为"四宝宫"。桂宫规模较大,周回十余里,有"紫房、复道,通未央宫"(《汉书》),《三辅黄图》引《三秦记》说其"中有明光殿,皆金玉珠玑为帘箔,处处明月珠,金陛玉阶,昼夜光明"③,西至神明台。

① 何清谷:《三辅黄图校注》,第127页。
② 同上书,第128页。
③ 同上。

北宫因位于未央宫北而得名。《三辅黄图》载:北宫"近桂宫……周回十里。高帝时制度草创,孝武增修之"①。《汉书》记载,汉武帝曾在北宫"礼神君"(《汉书·郊祀志》)和"游戏"(《汉书·东方朔传》)。又据《玉海》,北宫有画堂,绘有九子母壁画,为后妃企盼多子之意。

3. 建章宫

经过西汉前期的休养生息,随着国力的加强,汉武帝不再拘泥于前朝多方面俭约的习惯,开始大兴土木,增建了桂宫、明光宫和建章宫。其中建章宫的工程最为浩大,超过了未央宫和长乐宫的规模,突破了萧何定下的后代不敢逾越开国宫制的规矩。建章宫建于汉武帝太初元年(前104年),《三辅黄图》载:"(建章宫)周二十余里,千门万户,在未央宫西、长安城外。"可见其规模壮观。建章宫中有骀荡、駊娑、枍诣、天梁、奇宝、鼓簧等宫,还有许多小宫,其命名取自宫殿特点,如:"駊娑宫……马行迅疾,一日之间遍宫中,言宫之大也。……天梁宫,梁木至于天,言宫之高也。"(《三辅黄图》)又有玉堂、神明、鸣銮、奇华、铜柱、函德等26殿。这些宫殿都属建章宫,都是帝王游息之所,如汉武帝就常在建章宫置酒宴饮,后来的汉昭帝也常居建章宫,有时它几乎就等同于皇宫。

造建章宫还有一个直接原因。很多文典记载,柏梁台发生火灾后,汉武帝听信越巫有关大宫殿可以压制火害的说法,于是开始造当时最大的宫殿——建章宫。《西京赋》曰:"柏梁既灾,越巫陈方。建章是经,用厌火祥。营宇之制,事兼未央。"有关大屋压火的事,《史记·封禅书》说是越俗,意思差不多,其文曰:"越俗有火灾,复起屋必以大,用胜服之。"此外,越俗还影响到整个宫殿的建筑风格,《史记·封禅书》载"其东则凤阙",《西都赋》也说建章宫内"设璧门之凤阙,上觚棱而栖金爵",《西京赋》介绍建章宫"闛阖之内,别风嶕峣",《三辅黄图》说建章宫"正门曰闛阖,高二十五丈。"这些文本中的"凤阙""闛阖",就是来自吴越的称呼。《说文·门部》曰:"闛,天门也。楚人名门曰闛阖。"《吴越春秋·卷四》

---

① 何清谷:《三辅黄图校注》,第161页。

载:"立闾门者以象天门,通闾阖风也。"可见,"闾阖"来自吴越对通风门的命名。至于"凤阙",据有关学者研究①,脱胎于吴越人在闾阖门上装的"相风乌"(古代乌形风向仪)的造型。

为了镇压火气,依照水能克火的五行之理,汉武帝在建章宫主殿的西北部开凿了著名的太液池,其水源引自昆明池。《史记·封禅书》载:"于是作建章宫……其北治大池,渐台高二十余丈,命曰太液池,中有蓬莱、方丈、瀛洲、壶梁,象海中神山、龟鱼之属。其南有玉堂、璧门、大鸟之属。"这样,蓬莱、方丈、瀛洲三神山加一人工湖,开创了中国古代园林中的"一池三山"模式。池中有各种游船,《西京杂记》卷六:"太液池中有鸣鹤舟、容与舟、清旷舟、采菱舟、越女舟。"帝王在此流连忘返:"成帝常以秋日与赵飞燕戏于太液池。以沙棠木为舟,以云母饰于鹢首,一名云舟。又刻大桐木为虬龙,雕饰如真,夹云舟而行。"(《三辅旧事》)

对于太液池的美景,《西都赋》这样描述:

> 前唐中而后太液,揽沧海之汤汤。扬波涛于碣石,激神岳之嶻嶻。滥瀛洲与方壶,蓬莱起乎中央。于是灵草冬荣,神木丛生,严峻崔崒,金石峥嵘。抗仙掌以承露,擢双立之金茎……庶松乔之群类,时游从乎斯庭。实列仙之攸馆,匪吾人之所宁。

此类人间仙境,大大迎合了汉武帝求仙的心理需要。赋中的承露盘,建在神明台上,《三辅故事》记曰:"建章宫承露盘,高二十丈,大七围,以铜为之,上有仙人掌承露。"神明台是汉武帝祭神仙之处,铜盘玉杯捧在铜铸仙人舒开的掌上,以承接甘露,据说如和玉屑服下,人即可以升仙,因而为汉武帝所青睐。

除了宏大、求仙,汉武帝的"天下观"还表现在"博物"上。在太液池畔,他尽力搜罗植物和禽鸟:"太液池边皆是雕胡(菱白之结实者——引者,下同)、紫择(葭芦)、绿节(菱白)之类……其间凫雏雁子,布满充积,

---

① 参见吴郁芳《建章宫与东南文化》,《文博》1992 年第 2 期。

又多紫龟绿鳖。池边多平沙，沙上鹈鹕、鹪鸪、鸂鶒、鸿鹨，动辄成群。"（《西京杂记》）有了这么好的人工自然，又招来了更多物类，《汉书·昭帝纪》载，始元元年（前86年）春二月，有"黄鹄下建章宫太液池中"，为此汉昭帝作歌一曲："黄鹄飞兮下建章，羽肃肃兮行跄跄，金为衣兮菊为裳；唼喋荷荇，出入蒹葭，自顾菲薄，愧尔嘉祥。"

4. 甘泉宫

甘泉宫因处于甘泉山而得名。早在秦时已有甘泉宫，建在渭河南面。汉代甘泉宫则建在渭河北面，因在云阳县里，又称云阳宫，是汉武帝以秦林光宫改建而成，为的是"定郊祀之礼，祠太一于甘泉，就乾位也"[1]。《三辅黄图》载："汉武帝建元中增广之，周十九里。"[2]《三辅黄图》又引《遁甲开山图》说，汉武帝在甘泉宫建前殿。和未央宫一样，前殿被赋予重要功用，是主体建筑，也称为紫殿或紫宫，以象天，极为宏伟，扬雄为此写《甘泉赋》歌颂："前殿崔巍兮，和氏玲珑。炕浮柱之飞榱兮，神莫莫而扶倾。闶阆阆其寥廓兮，似紫宫之峥嵘。"《西京杂记》载，"成帝设云帐、云幄、云幕于甘泉紫殿"[3]，所以人们又称之为"三云殿"。

甘泉宫包括竹宫、高光宫、长定宫、通天台、通灵台等台殿。

因为建在山上，出现过灵芝，古人就认为这是一处充满灵气的地方。其中，风景最美之处当数以竹子为材料建成的竹宫，《三辅黄图》载："竹宫，甘泉祠宫也，以竹为宫，天子居中。"即是皇帝的寝宫。汉武帝在甘泉祭祀时，夜间出现神光如流星般停止在祭坛的上空，于是"天子自竹宫而望拜"（《汉书·礼乐志》）。

第二节　汉代生活美学

秦朝统一天下后，对整个社会生活进行了规范，中国文化出现了一

---

① 《二十四史全译·汉书》，第455页。
② 何清谷：《三辅黄图校注》，第163页。
③ 葛洪：《西京杂记》，西安：三秦出版社2006年版，第42页。

体化的趋势,在某些比较容易施行的层面如"车同轨,书同文"很快就已完成,在"行同伦"方面则一时难以做到,以致一直到汉代很多行为都还带有随意化的倾向。

秦在行为方面的约束主要依据先秦的一套礼法。自贾谊提出"移风易俗"后,汉代儒生一直积极地倡导。社会大文化的背景相同,而地域文化有其特色,政治一统与区域特色并存,多元化与一元化相辅相成,每个家庭都是一个文化传承的场所,汉代生活美学就这样在"百姓日用而不知"的环境中形成。

一、汉代居住环境

秦朝城市的特色没能充分展示出来,甚至为了利于统治,还毁坏城池。[1] 汉朝则存在四百余年,其城市得到多方面的长足发展,最引人注目的是成为全国政治、经济和文化中心的西汉长安城和东汉洛阳城。此外,先秦以来的一些古老城市也焕发了新的生机。同时,帝国疆域的扩展以及郡县制的确立和巩固,也带动了一批新的城邑的出现。

因两汉设立郡县而兴起的城市,可用东汉王符在《潜夫论·浮侈》中所言"百郡千县"概括。《汉书·地理志》载,西汉平帝时"凡郡国一百三,县邑千三百一十四"。《续汉书·郡国志》载,东汉顺帝永和五年(140 年)全国有 105 个郡国,1 180 个县级行政区。可见自西汉到东汉,郡县的数目基本上没太多改变,相应的所在地的城市数目也大致相当。《潜夫论》还说"市邑万数",指的是乡邑的数量,可能是泛指。一般说的城市着眼于县级以上城市。

《史记·货殖列传》举出西汉初年至武帝时的著名城市(都会)有 21 处,包括:燕、陶、宛、雍、吴、陈、杨、睢阳、寿春、番禺、临淄、邯郸、栎阳、咸

---

① 贾谊《过秦论》中有秦朝"堕名城"的说法,《史记集解》引应劭的解释曰:"坏坚城,恐人复阻以害己也。"汉则大修城郭,在地方上建立起一个个牢固的统治据点。汉六年(前 201 年),汉高祖"令天下县邑城"(《汉书·高帝纪》),即命令全国所有县城一律修筑城垣。

阳、长安、平阳、温、轵、洛阳、江陵、合肥。《盐铁论·通有》中通过大夫介绍天下的著名都会有："燕之涿、蓟，赵之邯郸，魏之温、轵，韩之荥阳，齐之临淄，楚之宛丘，郑之阳翟，三川之二周。"①其中除长安、洛阳外，多数是郡城，而且大多分布在黄河中下游和淮河流域，相比之下，南方城市则显得稀少。之所以如此集中，原因在于这些地区历史悠久，②地理位置优越，自古交通便利，加上经济发达，具有成为大都会的明显优势。司马迁和桑弘羊对这些名城的认识重在指出其商业特色，从"货殖"和"通有"的说法就可以看出他们认为城市的生命在于与其他地区通商的能力。

此外，为了防御匈奴人的入侵，两汉时期北部边疆又增设了数目众多的边城。是否建有城郭，是分别华夏农耕民族与北方游牧部落的重要标志。关于这一点，东汉的梁商就有清楚的认识，他在给马续的书中说："良骑野合，交锋接矢，决胜当时，戎狄之所长，而中国之所短也。强弩乘城，坚营固守，以待其衰，中国之所长，而戎狄之所短也。"③

目前全国发现两汉（包括秦）大小城市遗址 600 多座，其中边城就有100 多座，占全部城址的六分之一。它们分布在西起甘肃、东至辽宁的秦汉长城沿线内侧的 20 多个边郡故地，《史记》《汉书》及《后汉书》中提到的匈奴及鲜卑南下所及的郡大约有 20 个，《汉书·宣帝纪》颜师古注引韦昭曰："中国为内郡，缘边有夷狄障塞者为外郡。成帝时，内郡举方正，北边二十二郡举勇士。"陈梦家的结论也相近："北边边塞西自敦煌，东至乐浪，凡二十一边郡。"④它们是朔方、五原、云中、定襄、雁门、代郡、上谷、渔阳、右北平、辽西、辽东、玄菟、敦煌、酒泉、张掖、武威，以及位置稍南的西河、北地、安定、太原等。即今内蒙古西部地区，陕西、山西、河北北部，

---

① 王利器校注：《盐铁论校注》，北京：中华书局 1994 年版，第 41 页。

②《史记·货殖列传》说："唐人都河东、殷人都河内、周人都河南。"三河之内，成千上百年，帝王都围绕着黄河流域建都，故历史极为久远。

③ 范晔：《后汉书》，第 2002 页。

④ 陈梦家：《汉简缀述》，北京：中华书局 1980 年版，第 39 页。

甘肃、宁夏、内蒙古东部,以及辽宁西部的一部分。①

这几类城市各有其独特性,下面以都城为代表简述汉代城市的生活美学特征:

（一）文化环境的改善

都城的文化氛围,较其他地方浓烈,但长安与洛阳的文化表现方式又有不同。

西汉初年多为布衣将相,出身草莽,多质而少文。刘邦和将领们刚入秦宫时看重的是享受,唯独萧何考虑的是长治久安。定都长安后,朝廷议事也常常没有礼节,嬉戏闹事。直到西汉中期以后,儒林之士增多,粗鄙习惯才逐渐改变。这种变化并非凭空出现,而是与以萧何为代表的少数有识之士有关。早在建未央宫之时,萧何就在其北部修筑了天禄阁和石渠阁,成为国家的图书馆和档案馆。汉初几代皇帝"求遗书于天下",把搜集来的书籍收藏于此,先后有 596 家,共 13 269 卷。著名学者扬雄、刘向、刘歆都曾在天禄阁校对过书籍,司马迁就是参照了这些藏书才能完成 50 多万字的巨著《史记》。可见,在皇宫设国家图书馆为整个国家的文明化作出了巨大的贡献,又对秦"焚书坑儒"造成的文化断层进行了重大的修补。

到了东汉,光武帝刘秀自建都洛阳之日起就大力提倡经学,运载"经牒秘书"到洛阳的车达两千余辆,大量儒生"抱负坟策,云集京师"(《后汉书·儒林列传》)。汉明帝时,"坐明堂而朝群后,登灵台以望云物,袒割辟雍之上,尊养三老五更。飨射礼毕,帝正坐自讲,诸儒执经问难于前,冠带缙绅之人,圜桥门而观听者盖亿万计"(《后汉书·儒林列传》)。明帝竟亲自到辟雍讲学,与儒生辩难,"听者"亿万计,可见其盛况。这种好学情形,直至东汉末年蔡邕等人在太学立熹平石经时,仍有儒生们竞相抄写经文,所用的车辆堵塞了街巷(《后汉书·蔡邕传》)。

---

① 参见徐国龙论文《北方长城沿线地带秦汉边城初探》,载《汉代考古与汉文化国际学术研讨会论文集》,济南:齐鲁书社 2006 年版,第 33 页。

洛阳南宫的东观是皇家专用图书馆,内藏有五经、诸子、传记以及百家艺术,典籍极为丰富,被称为"道家蓬莱阁",它不仅是皇族阅读之所,也向近臣开放,"又诏中官近臣于东观受读经传"(《后汉书·皇后纪》)。自和帝起,班昭、刘珍、崔寔、蔡邕等硕儒先后奉诏修国史,历时百余年撰成143篇的《东观汉记》。东观成了"宣明圣化……以消天下之谤"(《后汉书·酷吏传》)的重要场所,文人学士聚集于此,受"征实"和"宣化"的影响,写出了"繁缛壮丽"的辞赋。在统治者的推动下,很多人参加到读书的行列中,洛阳城中多有书肆,贫困学子买不起书也可以到书肆看书,曾游学洛阳的王充在出仕之前,就是当中的一员。经过文化的熏陶,京都人服饰与言谈举止有了特殊的气质,《西都赋》谓:"都人士女,殊异乎五方。"

(二)繁荣发达的市场

城市,顾名思义,市场是其重要的一个组成部分,市民生活与市场息息相关。西汉长安城里素有"东西二市"或"九市"之说。《两都赋》《二京赋》和《三辅黄图》持"九市"说。《西都赋》说到"九市"时重点描述其热闹非凡的景象:"九市开场,货别隧分。人不得顾,车不得旋;阗城溢郭,旁流百廛。红尘四合,烟云相连。"《西京赋》则说九市"旗亭五重,俯察百隧。……瑰货方至,鸟集鳞萃。鬻者兼赢,求者不匮。……彼肆人之男女,丽美奢乎许史。若夫翁伯浊质,张里之家,击钟鼎食,连骑相过",重在勾勒其货物品类之多和市场的众生相。

如不主张"东、西二市"说,而把东、西二市列入九市中,东、西二市也当数九市中最有名的两个集市。有学者认为东市为官僚贵族居住区,商业色彩较弱,西市接近中渭桥,商贾云集,比东市繁荣。也有学者持相反说法,认为西市以手工业作坊为主,根据是在长安城西北隅,曾发现铸币、陶俑、砖瓦等作坊遗址。相应地,商业中心应在人流密集的东市。文献记载,东市也是公开惩罚犯人之所在,如吴章、晁错、成方遂、刘屈氂均被腰斩于东市,这样做有利于警诫更多的人,反过来也说明了东市的中心显要地位。

据考古勘察,东市、西市的四面均设有两门,市内各开辟有东西向或南北向的道路,形成一市八门、纵横交通有序的格局。联络东西两市之间的横门大街上曾发现一处大型的汉代建筑群遗址,其中央主体建筑东西 147 米,南北 56 米,[①]可能是管理市场的官署所在。《三辅黄图》记载:"当市楼有令署,以察商贾货财买卖贸易之事,三辅都尉掌之。"可见,市场不是无序混杂之地,而是有国家设官员专门管理之所。

张骞通西域、河西四郡设立后,西汉对外的交往和商业活动愈加频繁,人们有更多机会接触与品味异域风情。长安城作为都城,有着其他地方所没有的优势,客商云集,市场商品极为丰富,"殊方异物,四面而至"(《汉书·西域传》)。司马迁在《史记·货殖列传》中,罗列了市场上众多的商品种类,据推测正是长安的情况。平帝时,王莽受到不少人赞誉,王崇上书说王莽每天"籴食逮给",全部依赖市场,无隔夜之储(《汉书·王莽传》)。可见长安市场中的商品极为丰富。

长安"街衢洞达,闾阎且千"(《后汉书·班彪列传》),街市上各色人等都有。酒市熙熙攘攘,热闹非凡,当中藏龙卧虎,"酒市赵君都、贾子光,皆长安名豪,报仇怨养刺客者也"(《汉书·游侠传·万章》)。

洛阳作为天下的中心,其位置有利于周转货物,洛阳人左右逢源,"东贾齐鲁,南贾梁楚"(《史记·货殖列传》),正因为地理上的优势,洛阳自古就是一个商业大都市。汉朝建立之初,许多城市凋敝萧条,可洛阳市容依然整齐,引起汉高祖刘邦的赞叹,说明其城市经济没有受到战争的影响,一直在持续发展。

洛阳商业兴盛的标志主要有三:

一是从商风气浓厚。《史记·货殖列传》记载:"洛阳街居在齐秦楚赵之中,贫人学事富家,相矜以久贾,数过邑不入门。"如此执着于商贾之事,在重农轻商的国度,显得尤为突兀,而且这种观念由来已久,据《史记·苏秦列传》载,洛阳人苏秦出外游说失败回家,他的家人竟以"力工

---

① 参见刘庆柱、李毓芳《汉长安城》,第 161 页。

商,逐什二"为正业来讽刺"事口舌"的作为。可见,洛阳人不但对经商没有偏见,甚至以之作为正道。

二是富商大贾众多。"商贾之富,或累万金"的现象,在洛阳普遍存在。据《史记·货殖列传》载,洛阳人师史运送货物的车辆数以百计,"贾郡国,无所不至",富至千万家财。

三是经商策略成熟。"天下言治生祖白圭",战国时洛阳人白圭已成为商人的楷模,其"人弃我取,人取我与""趋时若猛兽鸷鸟之发"的经商战术广为流传。白圭也把计谋提升到了"用兵""治国"的高度,他说:"吾治生产,犹伊尹、吕尚之谋,孙吴用兵,商鞅行法是也。是故其智不足以权变,勇不足以决断,仁不能以取予,强不能有所守,虽欲学吾术,终不告矣。"白圭在长期商业活动中形成的商业理论,可视为洛阳商业文化发达的重要标志。

（三）较为完备的城市设施

都城有多种设施,之间形成复杂的配套关系,城市的供水、排水系统是其中一项关系到国力和民生的重要工程,可由此大致了解当时城市的建造水平。

长安城人口众多,如何满足用水是个大问题。无论是宫城还是里居,生活用水都来自井水。汉长安城内的渠、池设施,主要是用于兴造都城的园林。

西汉建都后,一方面利用周、秦时期原有的水路来供水,另一方面开发潏水作为长安城新的主要水源。潏水基本流线是沿长安城西城墙由南向北,在章城门分一支流引入未央宫西南部的沧池,为未央宫和长乐宫供水,称为明渠。从明渠故道遗迹可知其走向为章城门—沧池—椒房殿—天禄阁两边—出未央宫—北宫南郊—长乐宫北—长乐宫东北—清明门,[①]即明渠由西南向东北流至清明门附近出城。而潏水主流沿西城墙平行向北流,供应西城、北城附近居民区的生活用水。

---

① 参见刘庆柱、李毓芳《汉长安城》,第42页。

汉武帝即位后大肆扩建宫殿,原有的水供应无法满足需要,因此需要扩充蓄水源和拓展水系。在扩充蓄水源方面,主要是开凿昆明池,引秦岭北麓水量较充足的交水入城;在拓展水系方面,则是在建章宫前殿以北处开掘太液池,后来又在太液池以南开掘唐中池,并将揭水陂的水引入太液池作为水源的补充。至此长安城的整个供水系统基本形成体系。

长安城的排水系统也比较完善。《汉长安城》总结了排水系统的特点,认为:"排泄污水、雨水则于建筑群内地下化,全城排水渠网化,由宫内排到城内,由城内排到城外,由城壕汇流至渭河。"[1]但作为排水器具的砖砌或陶制排水管道主要分布于宫殿、官署等重要建筑内,其他地区则缺乏相应的设施。

东汉洛阳城的城市用水主要来自 18 公里以外的涧谷之水,该凿渠引水工程始于光武帝建武五年(29 年),成于建武二十四年(48 年),"汉司空渔阳王梁之为河南也,将引谷水以溉京都,渠成而水不流,故以坐免。后张纯堰洛以通漕,洛中公私穰赡"(《水经注·谷水》)。这条水渠经过"引谷入洛""堰洛通漕"两次工程落成通水,不但为百姓日常生活提供了方便,"百姓得其利"(《后汉书·张纯传》),还为护城河、宫城以及整个都城的园林提供了充足的水源;同时漕运也得以通行,能使运粮船只直达仓廪,"大城东有太仓,仓下运船常有千计"(《水经注·洛水》)。东汉对洛阳周围自然河流的开发、利用,是我国古代史上一大创举。

咸阳排水系统也较发达。考古发现地下排水管道多处,均由水池、漏斗、圆状排水管组成,甚至利用了虹吸现象,加快了水的流速,防止沉淀和沉滞。[2]

二、汉代日常审美追求

汉代统治者的道德宣传以儒家思想为核心,本意是阻止世俗社会对

---

[1] 刘庆柱、李毓芳:《汉长安城》,第 44—45 页。
[2] 徐卫民:《秦都城研究》,西安:陕西人民教育出版社 2000 年版,第 79 页。

物质生活的渴求,可随着社会经济的发展,人们追求物质的欲望被激发出来,民间逐渐形成了一股崇利求财、炫耀富贵、及时享乐的风尚。这种风尚与商人阶层的崛起有关。汉初沿袭过去观念,对商人采取抑制措施,规定"商人不得衣丝乘车""重税租以困辱之"(《汉书》卷二四),但并没能阻止商人敛财及奢侈风气的盛行。文帝时,贾谊等人就对这种舍本求末的现象表示担忧,在其奏议中说:"今背本而趋末,食者甚众,是天下之大残也;淫侈之俗,日日以长,是天下之大贼也。"那时期商人结驷连骑,以卓王孙等为代表的商人富倾一方,"田池射猎之乐,拟于人君"(《史记·货殖列传》),商人们"千里游遨,冠盖相望,乘坚策肥,履丝曳缟"(晁错《论贵粟疏》)。这种生活方式影响了社会各个阶层的偏好,从中央到地方,从权贵到皇帝所重用的豪强,人们竞相夸富,追求生活的享受成为一种趋势。"天下熙熙,皆为利来;天下攘攘,皆为利往"(《史记·货殖列传》)是当时人们普遍求富趋利心态很好的写照。后人从秦汉瓦当、铜镜中看到的"安乐富贵""君宜高官""千秋万岁富贵""千秋万岁宜富安世"等文字,反映的就是当时多数人难以遏止的对富贵的渴望。

其中,拥有"良田广宅"是富有的主要标志,理所当然地成为人们的追求目标。董仲舒就指出"因乘富贵之资力……广其田宅,博其产业,畜其积委"(《汉书·董仲舒传》),可见,拥有广阔的田宅是新贵的一个成功指标,也为其开始享受提供了必要的基础。

依照财富和权力的不同,汉代最高统治者住的是雄伟壮丽的宫殿园囿,贵族住的是雕梁画栋的高楼连阁,一般民众的居住条件与之相比,则大为逊色。在中原地区,半地穴式的房屋仍有相当数量,虽如此,汉代人普遍都住得起在地面上营建的"一堂两内"的院落,并且在这种住宅中以"五口之家"作为理想的居家模式,稍富裕者可增至两重院落,少数贫寒者则只能与破屋为伍。

居住条件改善以后,对富裕阶层来说,为了享受,追求住宅的形式美与装饰美是一种必然的趋势。那些富豪的居室"连栋数百"者,进而会"穷极技巧"(《汉书·董仲舒传》)。由于地面建筑遗迹很难保留,后人不能看到汉代建筑的真实模样，人们只能从汉墓的形制以及画像石、画像砖上的大量建筑图像中出现的陶楼、陶仓房等，来推测出当时富贵人家深宅大院、前堂后室的豪华情景。

汉代是统一王朝的开创阶段，专制政治体制虽要求等级有序，但整体制度上还比较宽疏，在作宅营建方面也还没有太多严苛的规定，加上经济发展的活力的冲击，此期的居住风格呈现出比较自由的特征。

（一）市井风情

城市是国家统治的核心地点，多位于交道要塞和人口密集之处，也是四方货物进行交易的聚散地，市井生活也极为热闹。

居民区占据城市大部分地方，居民房屋至少被三重墙垣（城墙、里墙、院墙）所包围。《三辅皇图》载：城内"室居栉比，门巷修直"，人们的居所列向而立，秩序井然。从居延汉简所记录的材料推测，每家每户似乎有门牌号码作为标记，如"安定里方子惠所，舍上中门第二里三门东入""□包自有舍，入里五门东入""富里张公子所舍，在里中二门东入"（《居延汉简甲乙》）。由城门到里名，再到里中第几门以及什么方向进入，就可以找到所在的居家，这对控制、邮政和各种交流都提供了方便。

除了居民区，另一处重要生活地带就是商业区。居民区称为闾里，商业区称作市，城市中的居民住所与市场一般是分开的，两个区域加起来就是市井，《风俗通义》："市，恃也。养赡老少，恃以不匮也。亦谓之市井。俗说：市井者，谓至市鬻卖者，当于井上洗濯，令其物香洁，及自严饰，乃到市也。"汉代有很多为人所熟知的说法如闾（里门）、阎（里中门）、肆（市中陈物处）、廛（市物邸舍，税其舍不税其物）等，指的就是市井中的重要的地点。

市场中也有住户，店铺与居所合于一身，劳作与生活起居均在其中，呈现出前店后屋的格局，成了古代社会商镇住户的普遍模式。商人是两汉时期非常活跃的阶层，他们的活动成了城市充满活力之所在。

两汉时期，除京都长安和洛阳之外，蜀地成都的市井之气就比其他城市浓厚。蜀地历来富庶，成都作为"天府之国"，名闻天下，引发很多文人墨客的赞颂。左思《蜀都赋》描述成都的繁荣"比屋连甍,千庑万室","亦有甲第,当衢向术,坛宇显敞,高门纳驷"。扬雄《蜀都赋》从成都的商业说:"东西鳞集,南北并凑,驰逐相逢,周流往来。"蜀锦的传统由汉而盛,是重要的工艺品和商品,他们深以家乡的蜀锦为自豪:"尔乃其人自造奇锦……一端数金。"(扬雄《蜀都赋》)"阛阓之里,技巧之家,百室离房,机杼相和,贝锦斐成,濯色江波。"(左思《蜀都赋》)依照左思的理解,成都主要特色就在于商业,因此他的《蜀都赋》又增加了对成都西部少城商业盛况的描述:"亚以少城,接乎其西,市廛所会,万商之渊。列隧百重,罗肆巨千,贿货山积,纤丽星繁。"①

县城有两类,一类是郡治下的县,一类是郡所在的县。作为地方行政中心,其居住环境也较为优越。汉代南阳郡所在的宛县就是这方面的典型。

据《史记·货殖列传》载,南阳早先为夏人之居,从事农耕。秦昭襄王三十五年(前 240 年),秦设南阳郡,"秦末世,迁不轨之民于南阳。南阳西通武义、郧关,东南受汉、江、淮"。《汉书·地理志》也讲:"秦既灭韩,徙天下不轨之民于南阳。故其俗夸奢,上气力,好商贾渔猎,藏匿难制御也。"外来的"不轨之民"打破了当地的古朴之风,②农商并重,好事者大多善货殖,动辄"家致富数千金",社会风气开始崇尚夸富任侠。汉宣帝时,南阳太守召信臣曾对"南阳好商贾"的习俗进行治理,其具体做法,一是兴水利,开通沟渎,使民在事农中得到实利,不思货殖;二是戒奢靡,"禁止嫁娶送终奢靡,务出于俭约",谴责、严惩游手好闲的人。《汉书》将他列为循吏,并称赞说:"其化大行,郡中莫不耕稼力田,百姓归之。"③然而召信臣并不能杜绝商贾之风,到两汉之际,南阳的一些名门望族仍是

---

① 李善注:《文选》,第 79 页。
② 如大梁(今河南开封市)以冶铁致富的大商人孔氏被迁往南阳,"大鼓铸,规陂池,连车骑,游诸侯,因通商贾之利",并与南阳"游闲公子"交往,因而名气更大,盈利更多。
③ 班固:《汉书》,第 2699 页。

农商并重。刘秀的舅家湖阳樊氏就依然"善农稼,好货殖"①。东汉时,南阳是"光武旧里",作为"帝乡",其风光非他处可比,汉画像石记录下当时众多皇亲国戚、富商大贾车骑出行、宴饮歌舞的豪华场面,说明禁止奢靡之风成为历史。南阳人宁成有一句名言:"仕不至二千石,贾不至千万,安可比人乎!"意为做官、经商都要做到最好,否则就不要为人,这喊出了南阳人那种"争强斗狠"的共同心声。

作为南阳郡治所在的宛市,始建于周宣王时期,受南阳郡这一大环境的影响,商业活动也极为发达。桑弘羊说:"宛、周、齐、鲁,商遍天下。"宛城列为商城之首,可见其经商风气之浓,带动了人口和财富的增长,《史记·高祖本纪》:"宛,大郡之都也,连城数十,人民众,积蓄多。"当然也是农商并重,《史记·货殖列传》讲:"秦、夏、梁好农而重民,三河、宛、陈亦然,加以商贾。"粮食是当时交易的重心,刘秀就曾在宛城卖谷(《后汉书·光武帝纪》)。宛地出产的铁兵器以其锋利闻名天下,也是工商业的一大产业。商业带来的好处竟导致有人连官都不愿意做,宛人李通就是这样的人,他"世以货殖着姓","居家富逸,为闾里雄,以此不乐为吏"(《后汉书·李通传》)。宛市还是士人集中的地方,"宛为大都,士之渊薮"(《后汉书·梁翼传》),读书人活跃了市井的气氛。文化和富庶,使得宛市成为能与京师长安、洛阳并列的游乐去处,"府县吏家子弟好游敖,不以田作为事"(《汉书·召信臣传》)。《后汉书·种拂传》:"南阳郡吏好因休沐,游戏市里。"《古诗十九首》中的《青青陵上柏》就专门写到了宛城的这种娱乐游玩的状况:"斗酒相娱乐,聊厚不为薄;驱车策驽马,游戏宛与洛。"

张衡的《南都赋》集中了对宛市的环境整体的一种提炼和美化。宛市周围风水独好,西有武阙为关,东有桐柏横卧,汉水为护城河,楚长城可当作城之外廓,地势险峻,交通便利。从整体上看,宛市处于一个大盆地之中。这里矿产丰富,金彩璞玉,夜光随珠,铜锡铅铁,应有尽有。作

① 范晔:《后汉书》,第751页。

为一个天然乐园,到处是丛笼树木,山果香草,瓜芋菜蔬,水族龙蛇和走兽飞鸟。人们放马田猎,泛舟浮船,载歌载舞。在宫室旧庐、先朝遗风中,举行多姿多彩的游乐,享用各种美酒佳酿。这一切,犹如一幅内容丰富的画卷。

南阳宛市真正美好的时节是在春光明媚的三月,人们纷纷来到野外踏青郊游:"于是暮春之禊,元巳之辰。方轨齐轸,被于阳濒。朱帷连网,曜野映云。男女姣服,骆驿缤纷。致饰程盅,便绍便娟。微眺流涕,蛾眉连卷。"但见齐僮高唱,赵女成列,唱起楚歌,跳起郑舞,英勇无比的壮士催马射猎,炫武逞强,这一幕幕情景,展示出人们安居乐业、欢畅昂奋的精神风貌,洋溢着浓郁的生活气息。

两汉初有一特别的县——新丰县,是专门为刘邦的父亲解闷而设。据《西京杂记》卷二记载:

> 高帝既作新丰,并移旧社,衢巷栋宇物色惟旧。士女老幼相携路首,各知其室;放犬羊鸡鸭于通涂,亦竞识其家。其匠人吴宽所营也。

新丰城模仿刘邦家乡丰邑而建,街道房屋依旧,迁移来的乡亲故人、家禽牲畜,竞都识得归家的路,确实是一个特别的环境建造,从中人们可以看到当时三秦的某些人情风俗。

(二)居处礼仪

汉代居处生活中,迎来送往有一定的礼仪。孩童自小随长辈习礼,若不讲礼仪,便会被人耻笑。人们居处长大的过程,便是熟悉各种礼仪的过程。从汉画像中各种生活场景都可依稀看出当时人普遍的施礼现象。

居处礼仪作为儒家礼乐文化的切入点与主要载体,在汉文化形成过程中起到了重要作用。汉代的居处礼仪有一个重要的表现就是席地而坐。席居的来源,有不同的看法。有学者认为,跪坐是尚鬼之商朝的起居法,后演变成了一种供奉祖先、祭祀天神以及招待宾客的礼节,此行为

227

方式被加以发扬光大,成了两千年来中国礼教文化的基础。席可以说是最重要的坐具,一般使用蒲草或蔺草编织而成,有的也可以用竹为材料来做。先秦《周礼·春官·司几筵》中讲到席有莞、藻、次、蒲、熊。熊席是熊皮褥子,为国君所专用。《吕氏春秋·分职》也说:"公衣狐裘,坐熊席。"按地位的不同,席划分出不同的等级,《礼记·礼器》曰:"天子之席五重,诸侯之席三重,大夫再重。"不仅天子与诸侯、大夫所用席的贵重不同,而且在祭祀不同的对象时,所用的席也不同。《旧仪》:"祭天用六采绮席,祭地登紫坛用绀席,祭岳用白菅席。"《曲礼》说"群居五人,则长者必异席",以显示对长者的尊敬。入座时,主客双方须"脱履上堂","侍坐于长者,履不上于堂"。① 更为谦卑的方式还须"解袜跣足"。《尚书·顾命》更是从座次朝向、质地花纹的不同进行了详细的规定:"牖间南向,敷重篾席,纯,华玉仍几。西序东向,敷重底席,缀纯,文贝仍几。东序西向,敷重丰席,画纯,雕玉仍几。西夹南向,敷重笋席,玄纷纯,漆仍几。"如此摆设,可看出席居礼仪有一种严肃端庄的整饬美。

而有的学者则认为汉代才是席居的中心时期,这种制度来自楚国的生活方式,因为长期保持上堂脱履、登席脱袜的居仪习惯,不可能在黄河流域产生和推广,只能来自炎热的南方。不管源自何时何地,席居存在于汉代社会各个阶层已是普遍现象。

汉代朝堂或寝宫中均席地而坐。据《西京杂记》记载,未央宫的昭阳殿中就有熊席。一般用的席子形制为六尺,属大席,供多人同坐使用。一般的家居中,大席较多。《淮南子·说林》:"今有六尺之席,卧而越之。"居延汉简中除"六尺席"的记载外,还有三尺余的小席。与席配套的器具有镇,镇的用途是压住席角,使之平整。常以金器或玉石制作。汉代常见的镇有人形、动物形等,以动物形为多。席地时还需着深衣,在室内可尽见其雍容揖让的风度。

席地而居能表达多种感情。如在朝会宴饮时,"避席"是向某人表敬

---

① 阮元校刻:《十三经注疏·礼记正义》,北京:中华书局1980年版,第1240页。

意。《汉书·灌夫传》写道:"蚡起为寿,坐者皆避席伏。已婴为寿,独故人避席,余半膝席。"田蚡位尊,众人不但"避席",还"伏地"。而灌夫地位较低,只有故交离席,其他人对他有成见,摆出半起长跪的"膝席"姿态,表示对他的敬酒不以为然。显然不同的坐姿可以表达出不同的感情。

"侧席"表达的是哀伤之情。《汉书·原涉传》记载,原涉是侠客,在一次集会中,得知友人无财力为母办丧事时,他在酒宴上"侧席"以致哀情。颜师古对此礼节的说明是:"礼,有忧者,侧席而坐。今涉恤人之丧,故侧席。"

此外,"绝席"意为专席,特为某人设置,表示对他的尊重。"具独坐",表示为特殊的人物如官员而设座。座次也有讲究,汉代以"坐东向西"为尊贵。《汉书·田蚡列传》记载田蚡"坐其兄盖侯北乡,自坐东乡","东乡"即坐在东席面朝西方,田蚡以此来表现自己比兄长尊贵。

席本身还可表达出与成就和尊严相关的含义。东汉光武帝力倡儒学,常让儒生在朝堂讲经义。有一次,规定在每次讲经胜者可加一席,有一位儒生竟赢得50余席,席成了一种荣誉的标志。在学舍中同席而坐,可表明志同道合,反之,"割席分坐"则表示情谊绝断。东汉末华歆与管宁就曾同坐于一席读书,可是华歆因羡富读书不专心,"宁割席分坐曰:'子非吾友也'"(《世说新语·德行》)。

席地而坐作为先秦至两汉时期从殿堂到民间集会、议事和家居的主要行为方式,到了两汉时期,没有了先秦那种严格的礼制约束,人们普遍不太在意其规范性,认为可以有例外,因而拥有了更多的自由行为空间,但也可能被认为是粗鲁的表现。这种对循规蹈矩行为的突破,很多上层人物是始作俑者。西汉刘向《新序·杂事》记载:秦始皇宴会群臣,其子胡亥将大臣脱在阶下比较好看的鞋子通通踩坏,完全把礼仪当儿戏。出身平民的刘邦,为人随便,颜师古注《汉书》中就说到刘邦曾作"箕踞"状:"谓曲两脚,其形如箕。"此类伸腿向前的坐姿,甚是傲慢无礼,这与《礼记·曲礼》要求"坐毋箕"完全相违背。即使身为皇帝,礼仪逐渐规范后,刘邦也保留某种当初的习气,曾特许萧何可以"剑履上殿",视君臣之礼于不顾。这种风气在民间也普遍存在,说明一般下层民众对于循规蹈矩的席居也不习惯。

张骞通西域后胡床传入中原,对坐姿有一定的冲击,但并没有改变整体的习惯,以至到魏晋南北朝时期席地而坐仍是主流。

除座席外,官宦之家,也有坐榻的。榻类似于床,但比床轻便,且不是用来睡的。榻一般呈方形,铺有坐垫,可单人坐一榻,也有两人同坐一榻者。其坐姿同座席,也是跪坐。

汉代的床一般用于睡眠,也可当坐具。床多用木制,较矮,床上铺席。与先秦时床三面有栏杆围绕的款式不同,汉代的床一般无栏杆。

与席地而坐密切相关的器具是几案,可以给坐者提供倚靠或摆放各种物件的方便,如放置装有食物和饮品的碗、盘、杯等,也可以当书桌,当然无形中也给坐者带来一种完整和踏实的感受。从材质上可分为木案、石案、陶案等,以木案为多,形状多为方形或长方形,也有圆形。装饰方面常刻有云气和宗教题材的纹样,"云"和"气"相生相长,与宗教内容一起营造出一种精神寄托的氛围。几案最突出的特点是腿短,特别适合汉人跪坐的姿势。

室内用来装盛物品的器具有箧、篚、笥等,都是用竹制成的箱子。既实用又能在视觉和味觉上产生刺激作用的室内物件是灯烛和香炉。汉时的灯样式众多,制作精巧。今人能知的灯具类型主要有羊尊灯、雁足灯、牛灯、朱雀灯、凤鸟灯、花树连枝灯、象形的人俑灯等。还有仿器皿的豆形灯、卮灯、奁形灯、檠灯、耳杯灯、三足炉灯等。这些灯具使用的材质有铜、铁、陶等。香炉也是家居常备之物,可用陶制,或用铜制。

汉代居仪及室内布置围绕着席地而坐这一日常主要身体行为展开,案几、榻和床等家具都做得低矮,形成了独特的室内环境。这种设计风格,不太符合人体的舒适度,给人造成了拘束感,但对施行礼仪有好处,那种紧张的压迫时刻提醒人们不要过于随便,要注意礼节和人伦,所以家居环境具有强烈的礼教色彩。

（三）车船交通

秦统一中国后，秦始皇发号施令建成四通八达的驰道与直道，为汉代的陆路交通奠定了基础。西汉交通有两大系统：一个是以长安为中心，"然四塞，栈道千里，无所不通"（《史记·货殖列传》）。向西有渭水，经陇西、天水、河西走廊等地而通西域，可至地中海滨；向北有直道，经云阳、栎阳、上郡、五原等地，成为同匈奴作战的主要路线；向南，经斜谷道、陈仓道和子午道，会于南郑，最后入巴蜀；向东有漕渠，经函谷关达洛阳，再向东可达海滨。二是以河西走廊的张掖为中心。从这里向北，途经驿道、亭、隧各种设施，可抵达肩水、居延；向南经大斗拔谷，可进入青藏。这一交通中心是长安中心的拓展和延伸。

东汉基本上因循西汉的陆路交通线，有较大变化是长安这一中心移到了洛阳。海上交通则有长足进步，可南下南海诸国，远通大秦、安息、印度，东可至朝鲜、日本。海运发达的原因主要归于高水平的造船技术。考古发现，当时的船体已具备了桨、橹、帆、舵、锚等设备。航海时舟师主要靠观察日月星辰的方位及现象来测定航向和气象变化，战国时发明的指南针，至汉时尚未用于航海。《汉书·艺文志》记有六种航海天文书，早已失传。内地航运也随海运的发达而兴盛起来，为以后水路交通的继续发展奠定了良好的起点。

汉代交通的动力主要还是人力，人行担负是运输的基本形式之一。如借助工具，陆行主要用车马，水航则使用舟船。在边疆的民族聚居区，受地理环境和生产力水平的限制，仍较多地使用独木舟。拉车的畜力是马和牛。马车称为小车，牛车称为大车。"古之贵者不乘牛车。"①汉承秦乱，在其建立政权之初，经济衰败，天子所用车辆的马颜色都不能齐一，而"将相或乘牛车"②。汉武帝时实行削弱地方的政策，有的诸侯王穷困潦倒同样只能乘牛车。到后来，牛车不再是低贱和出于贫穷才选择乘

①《二十四史全译·晋书》，第 578 页。
② 司马迁：《史记》，第 1203 页。

坐,人们改变了观念,对牛车开始重视,到了东汉后期,从天子到士大夫都常常愿意乘坐牛车,并不以之为耻。

马作为重要的陆路交通工具,一般在驿传或宾客相过时使用。先秦时代专为作战设计的可立乘的"高车"已不多见,比较普及和流行的是设有屏帷的可以坐乘的"安车",以及没有屏帷的比较轻便、快速的"轺车"。从先秦到东汉,马车的一个重大变化在于单辕车向双辕车的过渡。双辕车的出现,改变了单辕车系马至少要两匹才能行走的局限,从而使单马拉车成为可能。

古人观念中乘车并不是一项简单的行为,其发生被纳入整个仪礼系统的运作中。依照等级的不同,三代时天子以德厚者处于最高的位置,乘坐用黄金装饰、象征祥瑞的山车。山车的车盖用黄缯做里子,左骖马轭上竖起蠹旗。辅助天子的贤士坐的叫轩车,车上竖着画有降龙图案的旗子。后来天下秩序大乱,君臣的礼制被打破,也就没有了山车、轩车的分别。时至汉代,天子的座驾称为乘舆,其式样沿袭的是孔子时代的轩车。

乘舆极为华美,坚固的车轮其双辋、双毂、双辕都刻有朱色花纹,车厢的倚和较贴着金箔做成的互相交错的金龙,龙首衔在轭上,画在车前扶手木栏(轼)上的是伏虎,车辕头上的横木(衡)立着金鸟,左右各配有一个吉祥筒,鹿头龙纹画在辀上,羽毛装饰的车盖四周配有金花,车上竖着高达九仞、系着 12 条飘带、画有日月和飞升龙形的大旗。象牙做的马嚼子,镂刻着涂金的马面当卢,金马冠连接铁制方形纥,纥上插有雉尾,马腹带和颈带用金色双丝细绢做成,左侧蠹旗有牦牛尾装饰。整辆车要用六匹马来拉动,如此讲究,充分体现了皇帝的尊贵。皇帝亲耕时,乘坐的耕车(又称芝车)的装饰基本上与乘舆同,只是多了三个伞盖,放箭的地方改为放耒耜。出征时乘坐的戎车、校猎时乘坐的猎车的样式整体上也没太大变化,只是出自实用和符合具体环境的要求,局部装备稍有不同而已。

乘舆用做"大驾"仪仗时,场面极为浩大,启用最高的规格,以显示权力的威严。行进中,公卿在前面导引,太傅驾车,大将军做陪乘。随行车辆有 81 骑,都黑盖赤里,朱色车幡,备用的车辆则不计其数。在西都由于甘泉宫的存在,能提供各种方便,这种大驾经常进行,而在东都,出于节俭,"唯大行乃大驾"①。如天子行"法驾"礼仪时,规格较低,公卿不用再编入仪仗之中,用河南尹、执金吾和洛阳令做导引,奉车郎在前面驾车,侍中做陪乘。虽如此,随从尚有 36 辆车,坐的都是大夫。"大驾"和"法驾"都用在郊外祭天仪式中,区别在于"法驾"的规模比"大驾"的随从车减半而已。相比之下,"小驾"则规模较小,它用在祭地、祭明堂以及祭宗庙的仪式之中。

妇女乘坐的车叫"辁车"。"辁,屏也,四面屏蔽,妇人所乘。"这种有屏风的遮掩一定意义上迎合了女性的身份和生理特点。太皇太后、皇太后不使用法驾仪仗时,就乘坐紫色毛线做屏幕的辁车,长公主坐的则是以赤色毛线做成衣蔽的辁车,公主、王妃和贵人则乘油画辁车。此外,还有青盖车、绿车、皂盖车、轻车、大使车、小使车、载车、导从车,以及跟具体用途相关的辒辌车(载尸枢)、栈车(载竹木)、槛车(囚罪犯)、辎车(载衣物)、柏车(赴任时坐)等等,都在汉代生活中发挥作用。

《后汉书·舆服志》详细记载了乘车制度:皇太子、皇子都乘安车,车轮饰有朱色花纹,青色盖,金花装饰伞骨,黑色鹿头龙纹,车幡上有绘画,车轭上有文饰,黄金涂饰车的五个端头。公侯也乘安车,车轮也饰有朱色花纹,较上画倚鹿形,轼上画伏熊形,黑缯车盖,黑色车幡,右侧有騑马。中二千石和二千石的官员的乘车都有黑色伞盖,两侧车幡是朱色。一千石和六百石的官员,其突出标志是左侧车幡呈朱色。三百石乘黑布车,二百石以下乘白布车。此外,"公卿以下至县三百石导从,置门下五吏、贼曹、督盗贼功曹皆带剑,三车从导;主簿、主记两车为从。县令以

---

① 范晔:《后汉书》,第 2493 页。

上,加导斧车"①。商人不能乘马车,只能与三老等乘小型、轻便、快速的辎车。

当权者用车这些做派形成了一个强大的环境气场,背后蕴含多少劳作和辛酸,花费了无尽的财物,却没太多实际用途,纯粹就是为了摆设,其目的仅仅是展示权力。操纵仪式的当权者以铺排程度的大小来衡量权力,这些仪式成为证明这些权贵存在的手段。铺排规格愈高,权力的表现愈令人印象深刻。在整个权力场中不只是受支配者晕眩,掌权者很多时候也是身不由己,重点是,不是每个人都被伪装迷惑,而是每个人不得不参与或静观以保持沉默。他们之间似乎有某种默契,不服务于某种明确的目的,甚至也不是为了欺骗,然而当权者们却乐此不疲。

汉代交通环境中,在郡县中设有一种提供特殊服务的居所——传舍,这是汉代交通的一个特色。

传舍在先秦时已有,《史记·廉颇蔺相如列传》就记有秦昭王"舍相如广成传舍",而真正普及是在秦汉时期,从史书上可知有"高阳传舍"(《史记·郦生陆贾列传》)、"六传舍"(《史记·外戚列传》)、"平阳传舍"(《汉书·霍光传》)、"上党传舍"(《后汉书·鲍永传》)等。汉代时由长安出发,北至涿郡,东至琅邪,南至楚地,都设有传舍。边远地区比如西北的敦煌、居延,南方的桂阳也有关于传舍的记载。传舍名称的来源,依颜师古注《汉书·郦食其传》的说法,"谓传置之舍也",具体指"人所止息,前人已去,后人复来,转相传也",意思就是宿驿的旅店。又由于有不断流转之意,汉宣帝时的盖宽饶,把富贵变化亦称为"传舍"(《汉书·盖宽饶传》)。一般人不能随便出入传舍,它是国家设立的免费为传送公文的吏卒、过往的官吏以及朝廷特许的某些人提供食宿的地方,进去的人需出具凭证。

作为国家机构,传舍的主要功能还是为了保证国家政令畅通无阻地

---

① 范晔:《后汉书》,第 2495 页。

传到全国各地,这注定了它首先服务的是来往官员的住宿。《风俗通义》佚文载:"诸侯及使者有传信,乃得舍于传耳。今刺史行部,车号传车,从事督邮。"刺史巡视地方时,应住在传舍。宣帝时,扬州刺史何武到郡国巡视,先到学校见儒生,然后再"入传舍"(《汉书·何武传》)。昌邑王刘贺入长安主持昭帝丧事时,竟在其所住传舍纵欲,"居道上不素食,使从官略女子载衣车,内所居传舍"①。但有时传舍也住进一些有特别身份的人,如《汉书·龚胜传》记载,昭帝时,涿郡有一个叫韩福的人本来以德行被征用,可人到长安后,未被重用而只能回乡,昭帝就特许"行道舍传舍,县次具酒肉,食从者及马"。

传舍在很多地方可称为"传",是邮政的一个重要设施。据《风俗通义·穷通》记载,中山人祝恬为公车所征,过汲县时得病,诸儒生向汲令应融报告,应融到客舍探望后,就带祝恬"宿止传中"。东汉初年,桂阳太守卫飒为加强统治,凿山通道五百余里,"列亭传,置邮驿"(《后汉书·循吏列传》)。

有关居所的大小,后代考古从敦煌悬泉遗址中测定,汉代传舍庭院约 2 500 平方米,院内有 20 多间房屋,房间的大小不一,大的房屋达 36 平方米,小的房屋只有 9 平方米,此外,院内还设有马厩 3 间。作为常设的吏卒止息之地,传舍的食宿有一定的标准。据云梦秦简《传食律》记载,不同地位的人在传舍中就有不同的伙食标准。从居延汉简中又可知道,在边远地区的传舍竟还储备有鸡、鱼、酒、粟、牛肉、羊肉等食材,这么丰富的食物足见传舍在行政生活中的重要性。一般生活设施方面也较为齐全,如沐浴场所与盥洗用具在传舍中就是常见的配备。郦食其到高阳见刘邦时,"沛公方踞床,令两女子洗"(《汉书·郦食其传》),这种令郦食丽不堪的场面就发生在传舍。窦太后入选皇宫时,在传舍也发生类似的沐浴场面,她与其弟"决于传舍,丐沐沐"(《后汉书·外戚传》)。1958年,贵州西北乌蒙山脉中的赫章县出土了一件汉代用于取暖的铁炉子,

---

① 《二十四史全译·汉书》,第 1408—1409 页。

其内壁铸有"武阳传舍比二"的铭文,可见传舍的生活还是比较安逸的。

由于有完备的食宿条件与安全设施,在战乱之时,传舍常常成为人们的存身之地。刘邦从沛地招兵买马驻扎在陈留时,就"止高阳传舍"(《汉书·郦食其传》)。两汉交际之间,刘秀转战到河北饶阳,所属部队缺乏粮食,"光武乃自称邯郸使者,入传舍"(《后汉书·光武帝纪》)。后由于食相太差,引起传吏的怀疑,传吏"乃椎鼓数十通,绐言邯郸将军至,官属皆失色"(《后汉书·光武帝纪》)。从传吏的椎鼓,可看出传舍还有应对紧急事件的能力。

第三节　灾荒与环境救治

两汉历时四百余年,其间各类自然灾害的发生极为频繁,单从几本主要的史籍(《史记》《汉书》《后汉书》等)统计,高达 375 次之多(包括秦代)。其中旱灾 81 次,水灾 76 次,地震 68 次,雨雹 35 次,风灾 29 次,蝗灾 50 次,饥荒 14 次,疫灾 13 次,霜雪 9 次。[①] 发生自然灾害的原因主要有两个:一是自然本身,二是社会方面影响的结果,合称为"天灾人祸"。相比之下,自然是导致灾难的主要因素。在传统农业社会人们技术水平不高,对自然的影响力较小,引发自然灾害的能力也就不大。整体上可以说自然灾害还是自然运动的自然现象。虽如此,也不能就此忽略人为因素在当中所起的作用。特别是在自然灾害发生以后人们如何应对,最能充分说明其生活的社会机制与灾变的关系。

中国气候史上两汉时期曾发生一次重大的气候变化,就是从汉初就开始的从暖向寒的突变,由此引发了降水量的剧烈变动,其直接结果即是爆发了多次水灾和旱灾,这种灾害可以认为是纯粹自然原因。此外,这一时期的灾害原因也可归入自然本身的一个现象是频繁的太阳黑子活动,据《汉书·五行志》所记,汉元帝永光二年(前 42 年)就出现"日黑

---

① 邓云特:《中国救荒史》,长沙:商务印书馆 1937 年版,第 11 页。

居仄,大如弹丸";河平元年(前 28 年),"日出黄,有黑气大如钱,居日中央"。太阳黑子发生前后,会伴有水、旱、大风、春霜、夏冰、地震等灾异发生。如公元前 28 年黑子发生时,其先后就有系列灾害的出现,《汉书·成帝纪》记下了这些相关的事件。之前有:"十二月,是日大风……郡国被灾什四以上,毋收田租"(前 32 年);"夏大旱"(前 31 年)。之后又有:"春二月丙戌,犍为地震山崩"(前 26 年);"秋,关东大水,流民欲入函谷、天并……勿苟留"(前 23 年)。现代科学指出,太阳黑子活动确实会对地球的生态产生作用,古人虽也注意到了这种天象与人间灾害的联系,其解释却使用了巫术式的类比思维,他们把太阳的异常附会成人间作恶的显像,对结果的理解偏向于道德的报复逻辑,意在告诫当权者须道德自律。这种观点只对相信的人的心理产生作用,并不能解释太阳黑子与地球上灾害发生的因果关系。在自然灾害发生以后,会引发各种社会问题,可以当成是自然灾害的延伸。单从社会方面引起灾荒的原因看,主要有大兴土木、苛捐杂税和发动战争等人类活动,农业生产技术的低下在一定程度上也会导致灾荒。

在大多数情况下,自然灾害的发生往往有着复杂的社会和自然原因,灾害频繁出现又往往遭遇严重的社会冲突,两者相互催发,导致了政治文明、社会经济的巨大倒退,这种现象,在两汉时期有两次典型的表现。

一、自然灾害与武帝末年的溃败

由于有文景之治的积累,加上个人的雄才大略,汉代到武帝时期,国家实力达到了空前强盛的地步。可是到了武帝晚年,长期的边疆战争和统治者的穷奢极欲,加上频繁严重的自然灾害给社会经济带来的致命打击,天下竟出现了"人复相食"(《汉书·食货志上》)、"户口减半"(《汉书·昭帝纪》)的衰败局面。

就自然灾害而言,武帝在位 54 年(前 144—前 87 年),其间发生各类灾害就达 43 次,数量和受灾程度在西汉各朝中居首位。研究者发现,元

鼎元年(前116年)以后,灾害又来得特别密集和凶险。① 自然灾害主要表现有:

水灾。黄河作为一条灾难之河,元光三年(前132年)东郡白马的瓠子堤发生大决口,引起了极大灾情,这是有史记载以来黄河所发生的1 500多次溃决中的一次特大灾害,"蔷梁楚、破曹卫,城郭坏沮,蓄积漂流,百姓木栖,千里无庐,令孤寡无所依,老弱无所归"(《盐铁论·申韩》),政府治水不力,虽花费巨大,却无功效,泛滥时间竟长达20多年,至元封二年(前109年)才把当初的决口堵住。元鼎二年(前115年),黄河在山东段水灾为害亦十分严重。"是时山东被河灾,及岁不登数年,人或相食,方二三千里。"(《汉书·食货志下》)早在这年春天,就发生"大雨雪"(《汉书·武帝纪》),其程度"平地厚五尺"(《汉书·五行志中之下》)。这场大雨雪,破坏了春耕生产的顺利进行。到夏天,"大水,关东饿死者以千数"②。到秋天,水灾祸及江南地区,武帝为此忧惧不安,下诏说:"今水潦移于江南,迫隆冬至,朕惧其饥寒不活。"(《汉书·武帝纪》)这一年从春到秋,水灾遍及关东、山东和江南等到地,汉武帝不得不组织救灾,并听任饥民到处流散就食,以此来缓和社会矛盾。

冰雹。元鼎三年(前114年)夏四月,"雨雹,关东郡国十余饥,人相食"③。

旱灾、蝗灾。从元鼎五年(前112年)起,旱灾、蝗灾交替出现或者并发为害。首先,这一年秋天就发生了一次蝗灾。之后,元封元年(前110年)至元封四年(前107年)连续四年出现干旱,其中元封四年旱灾最为厉害,以致"民多喝死"(《汉书·武帝纪》)。接着又是蝗灾,从元封六年(前105年)至太初三年(前102年)连续四年发生蝗灾,其中太初元年(前104年)波及的范围极大,从关东一直肆虐到敦煌,"关东蝗大起,飞,西至敦煌"(《资治通鉴·汉纪》)。旱灾和蝗灾并发主要出现在元封六年

（前 105 年）夏、秋。此后又是旱灾、蝗灾交替出现。天汉三年（前 98 年）夏，大旱。太始二年（前 95 年）秋，旱灾。征和元年（前 92 年）夏，又大旱。可怕的干旱造成的伤害尚未平息，接着又是两次蝗灾，它们分别出现在征和三年（前 90 年）秋和四年（前 89 年）夏。

　　这些灾害，使得农业经济特别是小农经济的遭到巨大破坏，"城郭仓库空虚，民多流亡"（《史记·万石张叔列传》），"官旷民愁，盗贼公行"（《汉书·石奋传》）。对这种情况，诗中描述道："阳风吸习而熇熇，群生闵瘁而愁愦。陇亩枯槁而允布，壤石相聚而为害。农夫垂拱而无为，释其耰锄而下涕。"[1]人口大幅度减少，武帝初人口约 3 000 万，至武帝末期，人口数只剩"二千五百万左右，四十年间人口减少五百万以上"[2]。整个灾情一直延续到昭帝初期，从始元四年（前 83 年）的诏书可看出情况还没好转，诏书中说："比岁不登，民匮于食，流庸未尽还。"（《汉书·昭帝纪》）

　　对自然灾害，汉武帝本人是有所认识和警醒的。元鼎五年（前 112 年），汉武帝看到"间者河溢，岁数不登"（《史记·封禅书》），他从自身的德性不足找原因，说他自己"德未能绥民，民或饥寒，故巡祭后土以祈丰年。……朕甚念年岁未咸登"（《汉书·武帝纪》）。能体恤天下百姓生活并为其祈福，说明最高统治者作为人还是有良心道德的。宣帝即位时，要为武帝改庙乐，长信少府夏侯胜对汉武帝晚年发生的"蝗虫大起，赤地数千里，或人民相食，畜积至今未复"的情况颇有微词，认为"亡德泽于民，不宜为立庙乐"（《汉书·夏侯胜传》），这也可以说明统治阶层对武帝末年这段历史一直耿耿于怀，表面虽都是自然之祸，可当权者认为人事也脱不了干系，后代人必须从中吸取教训。

二、自然灾害与王莽政权的覆没

　　王莽时期是西汉发生自然灾害的第二个高峰。西汉自武帝之后，除

---

① 严可均辑：《全汉文》，北京：商务印书馆 1999 年版，第 259 页。
② 曾延伟：《两汉社会经济发展史初探》，北京：中国社会科学出版社 1989 年版，第 51 页。

了昭、宣时出现一段"中兴",元、成、哀、平诸帝,一代不如一代,荒淫无耻,把朝政搞得昏乱黑暗。就这种情形,成帝时可以作代表,《汉书》说在成帝统治期间,"天下亡兵革之事,号为安乐。然俗奢侈,不以畜积为意"①,可见社会问题主要是统治层造成的,但由于其伤害较小,当中没有大范围的内乱外患,社会还相对稳定。问题出在自然方面,自然引起的灾害俨然成为困扰社会发展的重大因素。以历史更长时间看,王莽末年社会危机的总爆发,早已在之前诸帝频发自然灾害时就埋下了祸根。

元帝即位第一年(前 48 年),就发生了可怕的水灾和疾疫,"关东郡国十一大水,饥,或人相食"(《汉书·元帝纪》),"疫尤甚"(《汉书·翼奉传》)。初元二年(前 47 年),地震引发饥荒,"齐地饥,谷石三百余,民多饿死,琅邪郡人相食"(《汉书·食货志上》),灾害使元帝"惨怛于心"(《汉书·元帝纪》)。永光年间,"岁比不登,京师谷石二百余,边郡四百,关东五百,四方饥馑"(《汉书·冯奉世传》),又遭遇羌人叛变,可谓祸不单行。关东是汉朝的重要经济区,它直接关系着国运的兴衰,不只元帝,很多朝臣都有注意到这种情况,贾捐之说:"今天下独有关东,关东大者独有齐楚,民众久困,连年流离,离其城郭,相枕席于道路"②,所以必须放弃对珠崖的出兵,用国力来救助关东。这个意见得到了丞相于定国的赞同。

成帝时,水灾、旱灾交替为害。在建始二年(前 31 年)夏天,出现大旱。第二年(前 30 年)也是夏天,又大水泛滥,致 4 000 多人受害,被毁官寺民舍 83 000 多所。又过了一年,到了秋天,依然是水灾,黄河在东郡决口。河平元年(前 28 年)春,又换成旱灾,"伤麦,民食榆皮"(《汉书·天文志》)。到前 26 年,黄河在平原决堤。阳朔二年(前 23 年)秋,重要经济区关东又发生大水。鸿嘉三年(前 18 年)初夏,天大旱。第二年,渤

---

① 班固:《汉书》,第 960 页。
② 同上书,第 2138 页。

海、清河、信都河水泛溢，"灌县邑三十一，败官亭民舍四万余所"①。永始二年（前 15 年），"梁国、平原郡比年伤水灾，人相食"（《汉书·食货志上》）。永始三年、四年又接连出现大旱。

这么密集的灾害，梅福的概括极为准确，他说："日食地震，以率言之，三倍春秋，水灾亡与比数。"②自然的降祸给社会心理带来了极大的阴影，人们生活在惊恐之中，稍微见到风吹草动，就可以摧垮他们的意志。建始三年（前 30 年）秋，"京师民无故相惊，言大水至，百姓奔走相踩躏，[老弱号呼，]长安中大乱"，谣言竟能引起京师大失方寸，足见社会心理脆弱到何等地步。

针对成帝时的整体的社会状况，谷永大胆地上书指出："百姓财竭力尽，愁恨感天，灾异娄降，饥馑仍臻。流散冗食，馁死于道，以百万数。公家无一年之畜，百姓无旬日之储，上下俱匮，无以相救。"③

在哀、平二帝短短的在位时间中，自然灾害发生次数不多，但为害程度却很大。

绥和二年（前 7 年）秋天，哀帝的诏书中就说到河南、颍川郡的洪水"流杀人民，坏败庐舍"（《汉书·哀帝纪》）。到了建平四年（前 3 年）春天，发生大旱，致使春耕不能进行。《汉书》对哀帝时的自然灾害概括为"灾异重仍，日月无光，山崩河决，五行失行……阴阳错谬，岁比不登，天下空虚，百姓饥馑，父子分散，流离道路，以十万数"。与天灾相连，人祸更为惨痛："百官群职旷废，奸轨放纵，盗贼并起，或攻官寺，杀长吏。"（《汉书·孔光传》）

至平帝，在元始二年（2 年），发生一场大规模的蝗灾和旱灾，青州地区特别严重，后又出现疾疫，加大了灾情，百姓家破人亡（《汉书·平帝纪》）。人祸方面，平帝时期的社会危机进一步加剧，"公家屈竭……百姓困乏，疾疫夭命。盗贼群辈，且以万数，军行众止，窃号自立，攻犯京师，

---

① 班固：《汉书》，第 1344 页。
② 同上书，第 2201 页。
③ 同上书，第 2572 页。

燔烧县邑"(《后汉书·申屠刚传》)。这种混乱不堪的局面,"自汉兴以来,诚未有也"(《后汉书·申屠刚传》)。一场社会变革即将来临,西汉王朝正处于土崩瓦解的前夜。

王莽政权就是在这一危难时刻出现的,王莽本想有所作为,可由于政策失措,主观愿望和客观现实往往不可调和,结果事与愿违,导致了西汉王朝最后的终结。在这一衰败过程中,天公不作美,进一步助长了社会崩溃的步伐。

王莽时代的自然灾害也十分严重。始建国三年(11 年),黄河发生又水灾,"河决魏郡,泛清河以东数郡"(《汉书·王莽传中》)。同年,在黄河泛滥区又发生大蝗灾,"濒河郡蝗生"(《汉书·王莽传中》)。在王莽统治的最后几年,几乎年年发生灾情,成为继武帝朝以后的又一次陷入的大灾难时期。从天凤元年(14 年)起,就出现大饥荒的惨象,"缘边大饥,人相食,……边郡无以相赡"(《汉书·王莽传中》)。第二年,水灾,"邯郸以北大雨雾,水出,深者数丈,流杀数千人"(《汉书·王莽传中》),以致引起"谷常贵,边兵二十余万人仰衣食,县官愁苦"(《汉书·王莽传中》)。第三年,由于国用不足,民众开始骚动。接踵而来的几年主要灾情是各地大饥荒,"连年久旱,百姓饥穷"(《汉书·王莽传下》)。到了地皇二年(21年),"关东大饥,蝗"(《汉书·王莽传下》),蝗灾引起人相食的惨状。地皇三年,南阳之地闹饥荒,北部及青州、徐州诸地人相食,洛阳米价飞涨,山东数十万难民"饥死者什七八"(《汉书·食货志上》)。四年,在青州、徐州严重的饥荒没能缓和过来之际,南方又出现了同样的灾情。王莽末年这些频繁的自然灾害,与人祸互相促动,造成大批人口死亡,再加上战争的损失,"及莽未诛,而天下户口减半矣"(《汉书·食货志下》)。西汉在哀帝时,天下户口最盛,近 6 000 万,王莽在位仅 15 年(8—23 年),由于各种灾难的摧残,死亡人口竟达数千万,人口的锐减,进一步给新莽政权以毁灭性的打击。

灾荒引起了百姓造反。青、徐诸地是重灾区,因而成为暴动的首发地,"杨、徐、青三州首乱,兵革横行"①(《后汉书·祭祀志》)。此外,天凤五年(18 年)在荆、扬地区,六年在关东,地皇三年(22 年)在南阳,都发生了不同程度的骚动,新莽政权在多重势力的打击下,走到了尽头。

对兵灾的关系问题,早在文帝时的贾谊就曾将两者并提,认为"兵旱相乘,天下大屈……政治未毕通也"(《汉书·食货志上》)。之后的晁错更是从根本的角度找解决办法,他主张平时就要"广畜积,以实仓廪,备水旱",否则灾害袭来,"腹饥不得食,肤寒不得衣,虽慈母不能保其子,君安能以有其民哉"(《汉书·食货志上》)! 这种见地是极为深刻的。

三、赈灾措施

两汉统治者面对灾荒给社会带来严重的后果,并不是一味地无所作为,他们为了维护政权的稳定,往往会采取一定的措施来救助灾情,实行赈灾的方法主要有:

(一)转移灾情,异地救助。在汉朝建立之初,关中出现大饥荒,米价高涨,高祖就采用了分散灾情的办法,"令民就食蜀汉"(《汉书·高帝纪》);前 115 年,关东、江南地区发生大水,灾民无所为生,汉武帝下诏令"巴蜀之粟致之江陵"(《汉书·武帝纪》),使灾区得到了粮食。

(二)积蓄仓储,以备荒年。积储以备不虞之需是中国古代的优良传统,《礼记·王制》就提出:"国无九年之蓄,曰不足;无六年之蓄,曰急;无三年之蓄,曰国非其国也。"两汉开明统治者也沿用此法,如汉宣帝就曾接纳魏相的建议:"本于农而务积聚,量人制用以备凶灾。"(《汉书·魏相传》)前 54 年,汉宣帝在边郡设立由政府直接管理的粮仓——常平仓,谷贱时购进贮存,谷贵时压价售出,用以"平抑粮价、储粮备荒"。在两汉时,用于积储的仓库还有敖仓、细柳仓、嘉仓、幕府仓、嘉禾仓等等,这些仓储的粮粟在赈灾中发挥了重要的作用。

---

① 如地皇四年(23 年),又出现"青、徐大饥,寇贼蜂起"(《后汉书·刘盆子传》),可见青、徐是事故的多发地。

（三）兴修工程，克制水旱。与水有关的灾害主要有水灾和旱灾，水害在各种自然灾害中造成的损失最大，《管子·度地》就说："五害之属，水最为大。"从战国起，人们为消灾兴修了许多水利工程，如著名的都江堰、郑国渠等就是在先秦时代完成的。到汉代，时人继续兴建许多水利工程。汉武帝时，就先后开通渭水至黄河的漕渠，引洛水灌溉龙首渠[1]，以及六辅渠、白渠等。在对黄河的治理方面，最著名有公元69年的王景治河。这些工程对减少水、旱灾起到了很大的作用。

（四）减缓赋刑，安定灾民。遭遇灾难，政府及时减租免赋，对灾民重建家园有重大作用。初元元年（前48年），元帝"令郡国被灾害甚者毋出租赋。江海陂湖园池属少府者以假贫民，勿租赋"（《汉书·元帝纪》）。另外，对那些无力进行正常耕种者，政府贷给种子和耕牛，使其能按时生产。建武二十二年（46年），南阳地区发生地震，光武帝对罪犯进行减刑，令"其死罪系囚在戊辰以前，减死罪一等；徒皆弛解钳，衣丝絮"（《后汉书·光武帝纪》）。

（五）纳粮拜官，救困缓灾。灾荒来临之际，国库空虚，政府允许有钱人出钱粮买官。这种方法从秦朝开始使用。秦始皇四年，同时出现蝗灾和疫灾，秦统治者无力单独救灾，就出台了"百姓内粟千石，拜爵一级"（《史记·秦始皇本纪》）的政策。到汉朝，这种应急之法偶尔也被采纳。汉文帝后元六年（前158年），因为旱灾和蝗灾，"发仓庾以振民，民得卖爵"（《汉书·文帝纪》）。汉景帝时，"上郡以西旱，复修卖爵令，而裁其贾以招民"（《汉书·食货志》）。汉成帝永始二年（前15年），关东有灾，成帝诏曰："关东比岁不登，吏民以义收食贫民、入谷物助县官振赡者，已赐直，其百万以上，加赐爵右更，欲为吏补三百石，其吏也迁二等。"（《汉书·成帝纪》）

（六）改元祈运，心理安慰。前100年夏发生大旱，据应劭说："时频

---

[1] 在龙首渠的开凿中，首创井池法。后推广到甘肃、新疆等地，称为坎儿井。这种方法对改善干旱地区的生产条件，发挥了巨大作用。

年苦旱,故改元为天汉,以祈甘雨。"[1]可见,统治者除运用具体的救灾措施外,有时也会使用一些神秘的诉求办法来应对灾荒。汉武帝改元以求雨,受方士的迷惑,试图以修德勤政来感动上苍,说明他深信阴阳五行这一套学说,可结果旱灾仍旧。这种迷信救灾的方法,只有一些精神的舒缓作用,并不能真正解除灾情。

四、设立环境保护的官职和立法

秦统一后,出现很多荒地,秦朝设田啬夫管理国有土地,设苑啬夫管理苑囿园池,这两类官员分别称为畴官和苑官。据金少英的《秦官考》,秦代还设有林官、湖官、陂官,以及负责管理山林川泽的啬夫。

汉代沿袭秦制,为管理和保护自然资源,同样设苑官、林官、湖官、陂官,[2]他们又都由更高阶的少府领导。《汉书·百官公卿表》:"少府,秦官,掌山海池泽之税,以给共养。""凡山泽陂池之税,名曰禁钱,皆属少府。"[3]汉武帝时设水衡都尉,主管上林苑,有五位副官,据《汉书·百官公卿表》记载:"水衡都尉,武帝元鼎二年初置,掌上林苑。"后来权力扩大,连农田水利、造船都管,与少府几乎平起平坐。王莽新政后,改水衡都尉为予虞。东汉时不再设职,其所管事归少府。

现存最早保护环境的律法是《秦律十八种》中的《田律》,有关环境保护内容的文字,主要是:"春二月,毋敢伐材木山林及雍(壅))堤水。不夏月,毋敢夜草为灰,取生荔麛卵谷,毋毒鱼鳖,置井罔,到七月而纵之。"

由于汉代继承了秦律,可以推定,同样有对山丘、陆地、水泽以及园池、草木、禽兽、鱼鳖等的保护内容,如西汉宣帝元康三年(前63年)夏六月,就曾下过一道诏书:"令三辅毋得以春夏摘巢探卵,弹射飞鸟,具为令。"(《汉书·宣帝纪》)

---

[1] 班固:《汉书》,第 144 页。
[2] 此制度沿袭至清朝。
[3] 徐天麟:《东汉会要》,上海:上海古籍出版社 1978 年版,第 208 页。

第十一章　玄学的环境美学思想

　　魏晋南北朝时期，社会大变动，出现了历史上最长的混乱时期，朝代更迭频仍，从秦汉建立起来的专制政治屡经变动给社会生活带来两种走向。在政权短暂统一的时间内，人们的思想、言行受到超乎寻常的钳制；在统一政权的真空时期，又出现了社会心理的极度涣散，人们从专制的恐慌中走向虚无的绝望，这两种极端的心理波动，同样给人们对环境的看法带来深刻的影响。面对极权，有思想的士人选择的首选方式就是回避其锋芒，忌谈现实问题，一时自觉不自觉地就汇成了一股谈玄论虚的时代思潮。

　　玄学的出现，最直接的资源来自道家的"贵无"思想，在汉代从印度传入的佛教"谈空"也是玄学重要的话语。经玄学，"空""无"的合流找到了其现实基础，同时道在玄学中也失去了其原创时所展示出来的鲜活的力度，佛家谈"空"时所搭起的"逻辑"架子（如因明学）也被玄学忽视。玄学对道家和佛教的吸收主要就在于两家思想对神性维度的重视，特别是编织神性话语能成为其实现许多意图从而在心理上得到变相满足的文化场所，更是其执着于这种表现方式的原因。玄学既无暇去拓展道家式的思想空间，也不愿如佛教似地去建立一个来生的理想国度，其天马行空的话语背后是充斥着各种现实考虑的情怀，以这种眼光去看外在对象,其眼中的环境即更具个人情感。

第一节　王弼

　　王弼(226—249 年),玄学"贵无"派的代表人物之一,在 24 年短暂的生命中,对古代"三玄"(《论语》《老子》和《周易》)进行了深刻的阐释,由此形成的《论语释疑》(已佚,只存片断)、《老子注》和《周易略例》三部重要著作对后代的思想产生了重大的影响。在环境美学方面,由于王弼强调老子的"道"之"无"方面的首要意义,引发了另一玄学派对"有"的重视,两种对立观点经过融通,逐渐开始关注"物"。"物"的凸显,为人们对环境的认识增加了更多有关自然对象的事实层面的关注。吊诡的是,玄学在人们的印象中是在谈玄论虚,可它在更为玄虚的"形而上"的"大道"和由于受"大道"影响也较为模糊的作为"形而下"的"器物"之间,引进了大量"有""无"的话语,使得"大道"和"器物"变得拥有更多的属性,"道"和"物"两者得到充实,古人对环境的理解也显得更为全面。当然,相比之下,郭象的"崇有"说对经验中的物的借用较多,对物的强调也较为突出。

一、"以无为本",世界整体美

　　王弼的思想核心是从老子论道中发展而来。老子《道德经》第一章曰:"道可道,非常道;名可名,非常名。无,名天地之始;有,名万物之母。故常无,欲以观其妙;常有,欲以观其徼。此两者,同出而异名,同谓之玄。玄之又玄,众妙之门。"道,在道家甚至在整个中国古代文化思想的学说中都是理解这个世界的关键。它既可以代表天、地、人的存在及其展现过程,又涉及人对这个世界的思维和表达,是中国古代文化所能理解并加以展现的世界的全部。道的次一级范畴即为"有"和"无"。"有"和"无"是道在展开之初——"天地之始"和"万物之母"的两种样态。通过整个世界的生成过程,可更明确看出"道"与"有""无"的关系。老子说:"道生一,一生二,二生三,三生万物。"(《老子》第四十二章),在这个总纲之下,"天下万物生于有,有生于无"(第四十章),"无"较接近于"道","有"则偏向于"物"。受此启发,王弼更为直接地指认出"无"是"道"的主要特性,相比于"有",是更为本源性的样态。

王弼说:"天下之物,皆以有为生。有之所始,以无为本。将欲全有,必反于无也。"①"有"从存在地位和功能上皆不及"无",其原因是:万物之"有"皆本于"无","有"本身不能自生;"有"显得质实、明确,而"无"则显得蕴蓄、奇妙;"无"有更大的包容性和统一性。当然,"无"也不能脱离"有"而独存,"夫无不可以无明,必因于有,故常于有物之极,必明其所由之宗也"。② 此外,"无"因接近于"有",比"道"更能道出"有"的特性,在此意义上,"无"甚至可以取代"道"。他说:"道者,无之称也,无不通也,无不由也况之曰道。寂然无体,不可为象。"(《论语释疑·述而》)又说:"道无形,不系,常不可名,以无名为常,故曰道常无名也。"(《老子》第三十二章王弼注)可见,"无"更能表达出"道"的含义,"有"仅是"道"的贯注,一定意义上,"无"就是"道"。

"无"提升为"道"的层次并不是混淆两者的关系,而是在表达"道"的整一功能上更为清晰,"道"分派给"无"以"本"的地位,从"有"获得的"器物"则处于"末"的位置。只有先"本立",才能确定"末"的位置,否则就会出现失序的状态。例如,作为万物具体对象,其美如局限于个别的属性,则会出现"舍其母而用其子,弃其母而用其子,名则有所分,形则有所止,虽极其大,必有不周;虽盛其美,必有患忧"③之结果。此"不可舍本(无)求末(有)"的道理在看"大美配天"时更为明确,王弼说:"用夫无名,故名以笃焉;用夫无形,故形以成焉。守母以存其子,崇本以举末,则形名俱有而邪不生,大美配天而华不作。故母不可远,本不可失。"④抓住根本,即能获得"纲举目张"的效果,因而也就能产生整体通融为一的美。

---

① 楼宇烈校释:《王弼集校释》(上),北京:中华书局1980年版,第110页。
②《易传·系辞》韩康伯注引王弼《大衍义》。
③ 楼宇烈校释:《王弼集校释》(上),第95页。
④ 同上。

王弼在注《老子》第三十八章时指出,天清、地宁、神灵、火盈、万物生长、侯王贞一这些都属于美,它们之所以有"清""灵""盈""生长""贞一"的状态,就是因为"皆有其母,以存其形"(《老子》第三十九章王弼注),即有被称为"母"的存在对其影响的结果。"母"使这些对象获得了整一性,如"清"这种美态,就是因为"用一以致清,非用清以清也",又"守一则清不失","故清不足贵……贵在其母,而母贵形"(《老子》第三十九章王弼注)。万物有分有止,各自都有其局限性,天地虽大,终有不及之处,能弥补这种不足的就是因为世间还有从这些"有"中超越而出的"无",使它们从个别到整体都呈现出一种完整性。王弼明确指出"一"与"无"的等同关系。他说:"万物万形,其归一也。何由致一? 由于无也。由无乃一,一可谓无。"(《老子》第四十二章王弼注)同时,"一"也是"母":"一,数之始而物之极也。各是一物之生,所以为主也。物皆各得此一以成,既成而舍以居成,居成则失其母。"(《老子》第三十九章王弼注)"一"作为本体,通于"道""无",它能够统一万有,并能派生出万有,既是万有差别的出发点,也是万有成立的最后根据。

"无"只能从意念上去感悟,它是一种语言难以表达、从实体中来又不属于实体的精神产物,甚至能够逾越美丑之间的界限:"甚美之名,生于大恶,所谓美丑同门。"(《老子》第十八章王弼注)美、丑只有外表上的不同,在"无"这一精神层面上,它们是相通的。

"无"为"母"、为"本"、为"体"、为"一","有"为"子"、为"末"、为"用"、为"多","有"以"无"为基底性存在,"无"是"有"的旨归。在"有"趋向"无"的过程中,作为美的境界即呈现出一种从有限追求无限的自由意识。"大爱无私,惠将安在? 至美无偏,名将何在? 故则天同化,道同自然。"(《论语释疑》)真正的大美,无限自由,与天同化,之所以"叹之者不能尽乎斯美,咏之者不能畅乎斯弘"(《老子指略》),就因为没有意识到"道""无"这一世界的本体,因此,只有发出"夫大之极也,其唯道乎"的感慨,才能超越有限的现实,进入到无限自由的至美境界。在此意义上,"无"既是王弼玄学思想的核心,又是其美学整一性的基本思想和价值取向。

二、"自相治理",环境自然美

自然,在老庄思想中是一个重要概念,它有两层含义,一方面是指有实体作为根据的现实自然;另一方面又可以指道理本身的自生成性,即"自然而然",在此意义上,它甚至比"道"还高级,①所谓"道法自然",就是指"道"之上还有一层称为"自然"并为"道"所必须遵循的东西。自然的这两层意义之间相互引发和印证,后一层更具精神性的含义是建立在前一层偏事实基础上的观念呈现。王弼继承了老庄的自然观,特别强调所谓"自然"就是事物本然自性的状态,而这种特性恰恰就是"道""无"的本性。王弼在注释《老子》"人法地,地法天,天法道,道法自然"时从"道"的高度给"自然"下的定义是:"道不违自然,乃得其性。……自然者,无称之言,穷极之辞也。"(《老子》第二十章王弼注)天地万物正是自然本性最好的体现,其变化运动纯任自然,不受其他因素影响:"天地任自然,无为无造,万物自相治理,故不仁也。""天地之中,荡然任自然,故不可得而穷。"(《老子》第五章王弼注)王弼所谓"自相治理",就是将整个的自然和人类社会都看作一个有机和谐的系统,系统内的各部分之间、系统本身与外界环境之间均存在着协调的互动关系。为了保持系统的和谐发展,就要顺应自然,避免人为破坏,使系统中的万事万物充分发展,符合自然之旨。

宇宙作为一个大的系统,各个组成部分之间相互依存、相互制约,具有自生成的能力,不需借助外来的干预,它们共同形成一个和谐美的整体。王弼认为,对具体的事物而言,都有其自然本性,称为"分"。在每个个体自身的系统里,其"分"处于完善的自足状态:"自然之质,各定其分,短者不为不足,长者不为有余,损益将何加焉?"(《周易注·损卦》)如果

---

① 人们所敬仰的人格神,与道一样也要服从于自然,王弼说:"神不害自然也。物守自然,则神无所加。神无所加,则不知神之为神也。"(《老子》第六十章王弼注)

万物都能基于自己的"分"而行动，世界就不会产生混乱。对于物来说，明确一己之"分"非常重要，依据自己的"分"而行，就会远离忧患。而人为性是这种自然性的威胁，人对自然的增益都是一种破坏，"造立施化，则物失其真。有思有为，则物不俱存"(《老子》第五章王弼注)。"夫燕雀有匹，鸠鸽有仇；寒乡之民，必知旄裘。自然已足，益之则忧。故续凫之足，何异截鹤之胫。"(《老子》第二十章王弼注)对于事物来说，其自然属性是与生俱来的。如凫足和鹤胫的长短，它们之间的差异非常明显，但却是这两种动物自然而然之特点，它们存在的状态与其发挥出的功能达到完美的统一。依照这个道理，凫之足不能算短，鹤之胫也不能算长，都是其不可或缺的特点。如果任意强行"拉长"或"缩短"，破坏各自的自然性，只能带来忧患。

当然，从人类历史看，对自然的自足状态伤害最大的是来自政治的计谋："甚矣！害之大也，莫大于用其明矣。……若乃多其法网，烦其刑罚，塞其径路，攻其幽宅，则万物失其自然，百姓丧其手足，鸟乱于上，鱼乱于下。"(《老子》第四十九章王弼注)"明"就是指天下之中最有权力的话语。从王弼注《老子》二十八章"朴散则为器，圣人用之则为官长"时可更明确看出，王弼虽在谈玄论虚，事实上时刻都在紧扣现实主题，他的自然观最终是要应用到人类社会之中的。因此，为了保护包括人在内整个生态系统，人类的正确做法是："万物以自然为性，故可因而不可为也，可通而不可执也。物有常性……故因而不为，顺而不施。"(《老子》第二十九章王弼注)海德格尔曾说："栖居的基本特征乃是保护。"此处所谓"保护"，并不单指使用物质的措施和手段来保护，而是一种精神意义的保护，即"把某物释放到它的本己的本质中"①来对待，才能做好物我的关系。

对王弼来说，美就是合乎自然，能体现作为本体的"道""无"的事物。这种自然，并不是消极无为的表现，而是能蕴含创造性在其中。特别是

---

① 孙周兴选编：《海德格尔选集》(下册)，上海：上海三联书店1996年版，第1193页。

美的创造,最能体现这种自然性。最高的美就是自然界那些不加人工修饰纯任自然的东西,违反自然的事物则为丑,是否合乎自然是判断美的标准。具体到艺术创作,从创作对象、创作者、创作过程甚至到使用的媒介,都各有定性,各有自然之理,不能随意妄为,必须按照艺术的本来规律来创作,才能达到通道的目的,即"顺物之性……可得其门"(《老子》第二十七章王弼注)。最高的创造体现在那种能呈现出素朴保真的美的艺术,所谓"将得道莫若守朴"(《老子》第三十八章王弼注)。① 王弼认为人类不能以自己的美恶、喜怒为标准来衡量万物、处理人与自然之间的关系。他说:"美者,人心之所进乐也;恶者,人心之所恶疾也。美恶犹喜怒也,善不善犹是非也。喜怒同根,是非同门,故不可得而偏举也。"(《老子》第二章王弼注)如果人类以自己所喜欢的为美、所不喜欢的为恶;以自己所是者为善、所非者为不善,以人类的喜好善恶观作为衡量万物的尺度,会否定万物的存在意义,会犯一种"以偏概全"的错误。在人类发展过程中,人总是以自我为中心来对待其他生存物,以对自己有用与否来取舍自然物,这已然对自然界带来了伤害。人类应该摆正自己在自然界中的位置,正视每一物种的生存权利,处理好人与自然之间的关系,实现人与自然的和谐相处。

三、"物情通畅",圣人心境美

王弼从道家处进一步强调了自然的位置,以自然悟道,以自然解道,得出"自然至美"说。可是道家眼中的自然是无情的自然,②如何能够成为审美的对象呢? 至此,王弼提出了"圣人有情"说,把情感的表现也纳入了自然的过程,这就为真正的环境审美引进了一个重要的生成条件。如果没有情感的活动,对环境的认识仅停留于科学或道德的层面,环境

---

① 王弼在注《周易》时,也是多处谈到崇尚朴素自然的看法,比如"履道恶华""履道尚谦""饰终反素"等。

② 《庄子·德充符》即主张圣人"无人之情"。

就不能成为审美的对象。从这个意义上看，王弼对情感的申辩，开启了环境审美的先河。

"圣人有情还是无情"是魏晋玄学争论的主题之一。何晏、钟会等人主张"圣人无喜怒哀乐"，作为玄学家，王弼在"贵无"这一核心思想上与他们相同，可在情的问题上，王弼与他们的看法相左，认为情与性一样，都是人的自然，"道不违自然，乃得其性"（《老子》第二十五章王弼注），"圣人达自然之性，畅万物之情"（《老子》第二十九章王弼注），自然乃天下之大道，宣泄情感符合大道之理。王弼说："圣人茂于人者神明也，同于人者五情也，神明茂故能体冲和以通无，五情同故不能无哀乐以应物。然则圣人之情，应物而无累于物者也。今以其无累，便谓不复应物，失之多矣。"[1]意思是说圣人虽然有异于常人的禀赋，特别是"神明茂"且"体冲和"，故能"悟道""通无"，可他们依然是人，常人有的"哀乐"之情他们同样也具有，而且同样符合自然之道。在此，王弼关于圣人如何对待物的看法很重要。针对世俗对圣人的偏见，王弼区分出了两种人与物的关系：一种是圣人的"应物"，另一种是常人的"累于物"。"应物"指的是人与物保持某种心理距离，其前提是承认物的存在，并不是为了怕"受物所累"而把具体的物"无化"，而恰恰是要使物在人的观念中形成的物象与心理上的情感相配，在"自然而然"的状态驱使下通向大道，这是一种人与物共同形成的审美过程。"累于物"则是一种功利心作用下的人与物的互动过程，它表明物对人有用人才愿意与之打交道，物的其他物性若与人的实用无关皆可忽略不顾。人的欲望无穷尽，物有用的存在方式也无穷尽，两种方式一结合破坏了人的存在的丰富性，导致人为了占有物疲于奔命，受物所累，失去了追求生命中其他重要的东西，这是一种片面的人与物的互动模式。

王弼完全赞同圣人"应物"的态度，它探讨了人与物打交道的一种较好方式，即必须有一定的以先认清物的某些特征为基础的心理行为模

---

[1]《魏志·钟会传》注引何劭《王弼传》。

式,哪些物的特征能纳入被感知的"度"完全以情感是否能与之融洽为标准。这种处理物的方式也同时导引出了情感的发生路径,是王弼作为玄学家在探讨外部世界和内部世界使用同一种思想方法的结果,即以是否符合"自然"之道作为衡量标准,这样,既能认清某种物性,又能解放魏晋之前被束缚的情感,这无疑是一种时代的进步。

"物""情"关系毕竟较为简约,王弼在释《周易》时提出了有语言参与的由"言""意""象"构成的三维关系,增加了整个问题域的复杂性。

《易传》说:"子曰:书不尽言,言不尽意。然则圣人之意,其不可见乎?子曰:圣人立象以尽意。"这段话的要点一是"言不尽意"①,二是"象以尽意"。在此,"物"蕴含在"象"中,还没从"象"中分离出来;"情"也一样,为"意"所统摄。"意"与"象"是更靠近"道"的分属内在世界和外在世界的呈现较为抽象形态的等位概念,而"物"与"情"则是在较为具体的形态上能代替"象"与"意"的概念。"物"与"情"离"道"较远,在先秦时代是被忽视的概念,甚至是被当作不值一提的低级层次而搁置起来,王弼是在讨论"自然"时才把两者诱导出来。当然,"物"与"情"含义较为单一,要把人与世界的丰富性提示出来,还须借助"言""意""象"这三个概念。

王弼在《易传》的基础上说:

> 夫象者,出意者也。言者,明象者也。尽意莫若象,尽象莫若言。言生于象,故可寻言以观象。象生于意,故可寻象以观意。意以象尽,象以言著。故言者所以明象,得象而忘言。象者所以存意,得意而忘象。……是故存言者,非得象者也。存象者,非得意者也。象生于意而存象焉,则所存者乃非其象也。言生于象而存言焉,则所存者乃非其言也。然则忘象者乃得意者也,忘言者乃得象者也。得意在忘象,得象在忘言。故立象以尽意,而象可忘也。(《周易略例·明象》)

---

① 在先秦,与"言不尽意"意思相同的表达见于《庄子·天道》,文中说:"语有贵也,语之所贵者,意也。意有所随,意所随者,不可以言传也。"又说:"可以言论者,物之粗也;可以意致者,物之精焉。"但都不如《易传》的意思明确简要。

如把"意"当作世界真理的存在,怎样把握真理,在王弼的思想中就有三种方式:一种是在思想上直接契入的方式。它是最佳的选择但同时难度也最大,这一点,王弼没有言明。第二种是"象"的方式。"象也者,像也"(《系辞传》),指的是人类用象征式的符号来达"意"。"象"在《周易》中呈现的就是卦象(六爻、八卦的象征)、爻象(阳爻、阴爻的象征)。就卦象而言,它直接意思可以是指"相像",如坎卦(像水),离卦(像网),鼎卦(像鼎)等;也可以是指示性表征,如井指井,晋指日升,明夷为日落等;更多的是全符号表意,如干为马,坤为牛,震为龙等。第三种完全符合语言式的标记,即作为"言"的卦辞、爻辞。

在《周易》中,"象"与"言"都可以认为是表达"意"的符号,两者之不同在于它们达"意"的程度有差别。"卦象、爻象"作为达"意"的第一梯度符号,指明了人能达"意"的最高限度,即所谓"尽意莫若象""意以象尽",但"象"毕竟不是"意"本身,"得意"可"忘象"。对有限的人来说,"象"弥补了"意"的不足,使人可以借"象"达"意",但"象"有一部分"迹象"是有碍于理解"意"的,故能达"意",最好"忘象"。能完全达"意"的只有不借任何中介的直达"意本身"这一途径,而这是一种理想的状态,只存在于假设之中。从简约方式看,圣人本来"设象以尽意"就可以了,可世人毕竟有差别,"象"对有些人来说还较抽象,因此必须"设言"以进一步"明象","象以言着",但"存言者,非得象者也",人们尚需采用"得意忘象"的思想方法,进行"得象忘言"这一升华,才能更好地"得象",进而去"得意"。

在三种对真理的把握方式中,王弼重视"象"思维,原因是这一途径较为全面且切实可行。广义而言,"象"可以指"物象"(自然现象,如天、地、山、河、风、水、雷、电等),也可以指"事象"(社会现象,生产、战争、饥荒、婚姻、祭祀等),更重要的是可以通向"意象"(在外在对象刺激下形成心理图像)。其中,与"物""情"有关的线索在于"象"联络了作为外在世界的"物"(象物,象征自然界以及社会中的物和事),同时又指向与外在物相通的"意象",能把"物象"和"意象"贯穿在一起的就是当中起关键作用的"象"(相像)。"意象"可以进一步被符号抽象化为科学思维的基本单位(相应地有一套形式语言与之相配),也可以就此直接与情感挂靠,成为情感产生的动因(同样地,也有一套形象化的艺术语言与之相配)。

总之,"情""物"是"意"和"象"关系中的一部分内容,对"意""象"的解释有利于理解"情""物"在整个世界发生中的位置。人与世界的关系除了"意""象"(以及"言"),还有一个是人的感官(眼、耳、鼻、舌、身)所接触到的外在世界及其反映,而能统一所有感官的就是人的身体,对此,王弼也有相应的观点,即"圣人体无"论。《魏志》卷二八《钟会传》注引何劭《王弼传》云:"裴徽为吏部郎,弼未弱冠,往造焉。徽一见而异之,问弼曰:夫无者诚万物之所资也,然圣人莫肯致言,而老子申之无已者何?弼曰:圣人体无,无又不可以训,故不说也。老氏是有者也,故恒言无所不足。"身体的发生比语言、思维更为本源,"体无"直接避开了"言"的不足,甚至也不借助"象",可以理解为直达"意"的途径。

第二节 郭象

在魏晋之前,人们对环境的关注虽也涉及情感,但大多限于阴阳五行化的情感类型,没有更具个人化的表现,环境的完整含义也就没能被展示出来。而能对物我相混的状态稍作澄清,特别是让物得到更多维度的关注,从而总结出一个新的环境模式的关键,在于玄学家郭象的出现。

郭象(252—312 年),玄学"崇有"派的代表人物之一。郭象的思想主要反映在他的著作《庄子注》当中。

一、"自然独化"说

自然作为人们物质活动的外在场所,与人们有着密切的联系。面对各种各样的自然对象,人们为了能够从中获得自身所需要的物质,首先必须产生一种建立在生存基础上的认识关系,即识别出何种自然对象可以成为食物。这一层次的认识过程极为根本且重要,它与人类的存在息息相关,只有满足了这一层次的认识,早期的人才有动力去发展其他与自然物之间的认识及情感关系。

早期中华文明围绕着黄土地展开,广阔深厚的黄土层带来大面积播种从而有了能够养活多数人的方便,可是黄河泛滥又给这些先民带来了不安,在这一由"忧水"和"喜土"构成的冲突心理结构中,人们最终还是选择了定居下来的生存样态。黄土地的好处使人们固守家园,不愿搬迁;黄河的威胁又使人时刻不得不承受着生存的焦虑,这种焦虑由于有了整体生存的保障而能得以控制,一定程度上又转化成了激发先民的创造力。

为克服焦虑,黄河两岸的先民深感个体力量的弱小,经过长期的摸索,懂得了通过协调相互的关系去适应恶劣的生存环境的重要性,长此以往,也就形成了一种以和谐为核心的文化特色,最能表达出这种生存样态的就是儒家的学说。

儒家学说之所以能被多数人接受,不是因为它的高深和精妙,而是它的实用。实用的直接意义在于所有的知识都是围绕着是否有利于生存而展开,知识的范围尽量限定在此岸世界,对个人来说一生中能用到的知识就是知识的界限。基于此,孔子教导弟子:"多见而识之,知之次也。""次",就是"次要"的意思,整句的含义指的是掌握太多的知识,不是首要的问题,言下之意,人的一生中能用到的知识才是学习的重点。一生时间是规范知识范围的重要节点,"不知生,焉知死?"与此相关,那些飘忽不定的非理性知识也不要去涉猎,"子不语怪、力、乱、神"。在这种实用知识观的支配下,早期儒家看物仅在于取其大概模样,不愿观照物的细处,过泰山不描述其作为山的特别之处,转而关注"苛政猛于虎"这种与山本身关系不大却与人生关系重大的事,看水也忽略其具体的描摹,只借用其流动态,感叹起"逝者如是乎"之类的终极关怀的事。这些对山和水的观照最终典型地归结为"智者乐水,仁者乐山"这种在关联中以人性来取舍物性的"比德"方式,物到底如何不是关键所在,人们重视其真理(truth)的引发,而对物极为重要的事实(fact)则只取其能为人事所用的大致轮廓就可以了。

同样,道家对物的把握也没在观念层次中调整出一个能把物独立出来的环节。在老子看来,"物"的含义主要有二:一是从道经过一段天数的演变最后创生出来的"万物",如"道生一,一生二,二生三,三生万物"①;二是作为道的直接显现,在形象化的意义对道貌的描述,如"道之为物,惟恍惟惚"②。两种物皆不涉及具体的物,仅在道与物的关联上给予了物以道义上的规定。庄子在关乎物的知识的界限划定上与儒家不谋而合,他主张"六合之外,君子存而不论",即人们只要学习经验界的知识就可以了,至于"六合"外的彼岸知识追求则可以回避。庄子对"物"的理解则离不开老子的套路。《庄子·达生》云:"凡有貌象声色者,皆物也。"③此处的"物"明确在道貌意义上,但比老子进了一步,即"物"与声、色有关。但庄子总体上论物时刻离不开道,《庄子·田子方》云:"吾游心于物之初。"④可见,早期道家对物的认定一直源自道的发生处,没有让物在更为"形而下"的层面得到其该有的位置,仅靠道的力量预设其存在,似乎如越雷池一步即会受到物的束缚而失去精神的逍遥和快乐。《庄子·知北游》就透露出这种想法,其文曰:"山林与,皋壤与,使我欣欣然而乐与!乐未毕也,哀又继之。哀乐之来,吾不能御,其去弗能止。悲乎!世人直为物逆旅耳。"⑤山林、皋壤虽能给带来"欣欣然"之乐,可接着就有哀伤相伴而生,这些情感"来去"极为随意,不能受人左右,其祸根在于自我过于受物的存在的限制,如要得较大的愉悦,最好不要过多与物的实体层面打交道,才能获得更多的自由。

到了魏晋时代,如何看"自然"?王弼从"以无为母"的角度解放了被先秦道论吞没的"自然",让"自然"中的"物"呈现了出来,使"自然"有了

① 楼宇烈校释:《王弼集校释》(上),第117页。
② 同上书,第52页。
③ 曹础基、黄兰发整理:《庄子注疏》,北京:中华书局2011年版,第343页。
④ 同上书,第343页。
⑤ 同上书,第408页。

更为符合经验性的存在。而郭象则试图从"有"的角度找出"自然"的本然存在方式,在离开"道""无"强加给自然过多特性的思考方向上有一定的意义,给"自然"以更多的事实层面,丰富了经验性内容。

郭象否定王弼"无中生有"的观点,他说:"无既无矣,则不能生有;有之未生,又不能自生。"(《齐物论注》)不但"无"不能生"有",而且"有"也不能生"有":"有之未生,又不能为生。"①物无所倚靠,它是自生成的:"夫庄老之所以屡称无者,何哉? 明生物者无物,而物自生耳。"(《在宥注》)万物"块然""自生"以后又"独化",郭象说:"是以涉有物之域,虽复罔两,未有不独化于玄冥者也。"(《齐物论注》)所谓玄冥,即是一种神秘的自生自灭,玄冥之境指的则是在神妙发生中形成的混沌深幽的境域,是万物"有无未分"的原发生状态。"物"在"玄冥"之境中"独化",独立自主,无所凭依。表面上看,事物之间相互联系,不可分割,"天下莫不相与为彼我"(《秋水注》),"彼我相因,形景俱生"(《齐物论注》),似乎"有所待","若责其有待,而寻其所由,则寻责无极,卒至于无待,而独化之理明矣"(《齐物论注》)。甚至认为"相因之功,若莫于独化之至也"②。可见,事物在根本上"无所待"。"物"之所以有如此生成的力量在于以"自性"作为其存在的根据,《大宗师注》云:"以性言之,则性之本也。夫物各有足,足于本也。""物各有性,性各有极"(《逍遥游注》),作为一种生生不息的力量,每一事物天生都有这种独特的自然之"性","因其本性,令各自得,则大均也"③。"性"保证了物"自生独化"无可置疑的必然性,"不知其然而然,非性如何"(《则阳注》)。

二、"玄应唯感",审天地之大美

郭象把"自然"理解为玄妙独化的过程,自然中的"物"虽"相为你

① 曹础基、黄兰发整理:《庄子注疏》,第 26 页。
② 郭象注,成玄英疏,曹础基、黄兰发点校:《南华真经注疏》,北京:中华书局 1998 年版,第 142 页。
③ 曹础基、黄兰发整理:《庄子注疏》,第 456 页。

我",本质上却具有"自生""自待""自性""自尔"等特性。人作为自然界的一员,同样享有这种独立的精神。这样,人对环境的审美就产生了一种奇特的吻合,不只"物"独化于"玄冥"之境,人在"真宰"的驱动下,同样汇入到了与"自然"的玄妙统一之中。

"忽然自生,制不由我,我不能禁。"[1]"物"也一样,从其本性中而来,"凡物云云,皆自尔耳,非相为使也,故任之而理自至矣"[2]。外在的"理"与内在的"性"相通,共同冥合为圆融的整体,"故任而不助,则本末内外,畅然俱得,泯然无迹"。这种状态用庄子的描述就是"逍遥游",郭象在注"乘云气,御飞龙,而游乎四海之外"时进行了详细的描述:

> 夫体神居灵而穷理极妙者,虽静默闲堂之里,而玄同四海之表,故乘两仪而御六弃,同人群而驱万物。苟无物而不顺,则浮云斯乘矣;无形而不载,则飞龙斯御矣。遗身而自得,虽淡然而不待,坐忘行忘,忘而为之,故行若曳枯木,止若聚死灰,事以云其神凝也。其神凝,则不凝者自得矣。世皆齐其所见而断之,岂尝信此哉!

在"坐忘""神凝"的过程中人变成了"神人",其中呈现出的那种不可把握性,主要是时间变化难以言喻所造成的,"游于变化之涂,放于日新之流",因此人们做到"无心玄应,唯感是从",就可以激发自身的原发性潜能去捕获这种不期而然的到来,在当下与大道冥化。

当然,郭象没有完全遵循庄子,把"神人"极端化,让其住在姑射山,"肌肤若冰雪,绰约若处子"(《逍遥游》),完全不食人间烟火,而是借助"圣人"把"神人"与"俗人"联系在一起:"夫神人即今所谓圣人也。夫圣人虽在庙堂之上,然其心无异于山林之中,世岂识之哉!徒见其戴黄屋,佩玉玺,便谓足以缨绂其心矣;见其历山川,同民事,便谓足以憔悴其神矣。岂知至至者之不亏哉!"诸类人都相通于顺承自然、自

---

[1] 郭庆藩撰、王孝鱼点校:《庄子集释》,北京:中华书局1961年版,第918页。
[2] 郭象注,成玄英疏,曹础基、黄兰发点校:《南华真经注疏》,第29页。

足其性。

　　与王弼"圣人有情说"相反,郭象主张在"物我冥合"中"情"是有害的:"人之有所不得,而忧娱在怀,皆物情耳,非理也。"[1]而之所以为"情"所累,恰恰就在于人在现实中拘泥于得失,以至横生忧娱,与理相悖。因此,要达到"与物独化"的境地,就须去物欲、无哀乐,以无心无情的状态去感悟"物"的自性,才能达到最终的"大美"。

三、朝隐,山水都市化

　　郭象玄学主要据庄子思想阐发而出,又在整个生存品相的走向上具有自家特色。

　　庄子学说分出方内之士和方外之士两类人的生活方式,方内之士深受俗世所累,痛苦异常,而方外之士则离世独立,不为物羁。两相比较,明显方外之士的生活是方内之士必须追求的目标,可是具体实施时,两者很难调和,而且方外之士不食五谷只吸风饮露的活法,只有神人才能做到,因此庄子的学说仅能迎合某些高级精神层面的解脱需求,对很多人并不适合。

　　郭象在注《庄子》的过程中,给庄子思想中的超越之途找到了一条世俗化的路径。他认为方内、方外的矛盾是可以得到较好解决的。《庄子·大宗师注》说:"夫理有至极,外内相冥,未有极游外之致而不冥于内者。"由此推论,通融内外的途径不在虚无缥缈的气功修炼,而就在道家早已指明的自然山水之中。道家看自然之物注重对其本性之悟,忽略了其实还可以有一条将身心投入到自然的游玩之途,当中产生的乐趣并不低俗,同样能给人带来自由的体验。

　　郭象的这一解释给当时的士大夫找到了一条"朝隐"的理论根据,也就是"身居庙堂之上",心却可以"无异于山林之中"。它调和了入世与出世的矛盾,打破了朝廷与山林的沟壑。很多士大夫即通过切实可行的纵

---

[1] 曹础基、黄兰发整理:《庄子注疏》,第 133 页。

情山水调整了身心的平衡,或者通过建私家园林来获得身在闹市却能转身幽遁的享受。当然作为知识分子,他们还注重对这一巧妙的处身性进行表达,最终促进了田园诗和山水诗的滥觞。

第三节 《世说新语》

《世说新语》由南朝宋代临川王刘义庆组织编撰、梁代刘孝标作注而成,记录了从东汉末年到东晋时期许多士人的趣事逸闻和清议玄谈,反映出这个时期士人生活的自然环境、社会状况和精神面貌。

从汉末到魏晋,王室衰微,天下大乱,民不聊生,长年的战争使得人口锐减,自然和社会环境遭到巨大破坏。令人惊奇的是,《世说新语》不是如实反映完整的现实,其所展示的是纯化了的与黑暗现实面目完全不一样的审美环境,两种环境在性质上就产生了巨大的反差。作为知识分子,士人依附于王权而存在,为了生存,不敢评议时政,转而遁入山林,寄情于自然风光之中,形成独特的处世态度和生活环境,从而获得精神上的解脱。可以说,士人所寻求的是一种应对苦难的办法,其营造的氛围有一种麻醉的功效。当时士人的主要思想资源除了儒家,就是道家和释家,后两家特别适合避世者的生活。魏晋玄学就是士人在这种政治气候下利用其能接触的并能投其所好的思想资源而发展起来的。玄学中不管是"贵无"派还是"崇有"派都在"道"的次一层面开启了对偏向于外在世界的"物"的重视,圣人"有情""无情"论则引发了"情"在内在世界的突显。"物"和"情"虽各有侧重,可在精神层面上是等位的概念,刘勰把两者极为准确地联系在一起:"情必极貌以写物。"①玄学家王弼、郭象等人把"物"与"情"从先秦"道"学中引发出来,反映了当时士人精神的逻辑走向。从"为文"的角度,刘勰很好地把握了这一时代的特征,《文心雕龙·物色》说:"自近代以来,文贵形似,窥情风景之上,钻貌草木之中。吟咏

---

① 周振甫:《文心雕龙今释》,北京:中华书局 2013 年版,第 61 页。

所发，志唯深远，体物为妙，功在密附。故巧言切状，如印之印泥，不加雕削，而曲写豪芥。"与此相关，宗白华说："晋人向外发现了自然，向内发现了自己的神情。山水虚灵化了，也情致化了。"①而记录这种"物""情"结合的具体结果较好的就是《世说新语》。

一、问山川之美

士人谈论幽玄之理，一是为了宣泄的需要，二是可以躲避政治对言谈的审查。这种学术态度在面向外在世界时，尽力避开纷纭复杂的人际关系，转而投入大自然，纵情于山水之中。在与山水的具体接触中，玄学家也不再从中参悟什么玄妙之理，而是尽情释放自身被"名教"禁锢的心性"自然"。人的身体本身也是自然的一部分，在身体外的自然被解放出来以后，人的本身自然也同样得到了肯定。

走入自然的第一步，首先要看清楚当中的"物态"，在《世说新语》中，此类著名的探寻莫过于"言语"篇中第 87、88、91 则所记：

> 林公见东阳长山曰："何其坦迤！"
> 顾长康从会稽还，人问山川之美，顾云："千岩竞秀，万壑争流，草木蒙笼其上，若云兴霞蔚。"
> 王子敬云："从山阴道上行，山川自相映发，使人应接不暇。若秋冬之际，尤难忘怀。"

从引文中可看到，魏晋人看自然，不再像远古时代慑于外在的力量，把日月山川当作神灵，如《山海经·海外北经》记载的"钟山之神"："名曰烛阴，视为昼，瞑为夜，吹为冬，呼为夏。不饮、不食、不息。息为风。身长千里，在无晵之东。其为物，人面蛇身赤色，居钟山下。"也不像先秦时代，以"比德"的方式把自然万物比附为人的德性，而是开始注重自然物的具体样貌，支遁见东阳长山，看出了其"坦迤"的外表，诸如此类的事

---

① 宗白华：《美学散步》，上海：上海人民出版社 1981 年版，第 215 页。

实，在很长时期是被人忽视的。顾恺之的会稽之旅以及王子敬的山阴之行，收获更大，他们所看到的不仅仅是某一物象，而是一个系统的存在，"千岩竞秀""自相映发"表明自然物之间相互有某种协调性，山川、草木、云霞共同耦合为生动的场域。顾的回忆，恰如其分地回答了人们对"山川之美"的提问。自然美的发现，把自然从人的其他需求中纯化出来，人尽力发现物象的美态，不按有用性去衡量物的价值，物象从物的质料中分立出来有了一种独立的存在，这种超越性出离，是人的精神作用的结果。首先，唤起了人的情感，正如黑格尔所说，自然美"由于感发心情和契合心情而得到一种特性。例如寂静的月夜，平静的山谷，其中有小溪蜿蜒地流着，一望无边波涛汹涌的海洋的雄伟气象，以及星空的肃穆而庄严的气象就是属于这一类。这里的意蕴并不属于对象本身，而是在于所唤醒的心情"①。其次，这种"唤醒"又反衬出人本身更多的自觉意识和人格独立性。景物如此模样，都是人观察的结果，人始终与之相伴而行，如王子敬所说的"（山川）使人应接不暇"，人也成了景色的一部分。欣赏方式也归于率意自在，随时随地都可以得到与自然的亲近："简文入华林园，顾谓左右曰：'会心处不必在远，翳然林水，便自有濠、濮间想也，觉鸟兽禽鱼自来亲人。'"（《言语》第 61 则）晋简文帝司马昱"会心处"之谓，着实能会通古今，与庄周、惠施一同体验自由自在的"鱼之乐"。

从山川获得好心情，一时成为士人的时尚和急需，他们纷纷投入大自然，动辄整日赏玩，遍游名山，至死不渝。如：

> 刘尹云："孙承公狂士，每至一处，赏玩累日；或回至半路却返。"②

> 羲之既去官，与东土人士尽山水之游，弋钓为娱。……遍游东中诸郡，穷诸名山，泛沧海，叹曰："我卒当以乐死。"③

---

① 黑格尔：《美学》（第一卷），北京：商务印书馆 1979 年版，第 170 页。
② 徐震：《世说新语校笺》，北京：中华书局 1984 年版，第 65 页。
③《二十四史全译·晋书》，第 1791 页。

　　许椽好游山水,而体便登陟。①

　　最能显示士人纵情山水的审美方式是其中"玩""游"的心态,这些人遍历心中诸境,转而行走于山水之间,在自然中有着明确的目的性,为的是获得另类极限心情的安慰。

　　如何达到更高的欣赏自然的境界,凝神关注、保持心中纯净是关键。"司马太傅斋中夜坐,于时天明月净,都无纤翳,太傅叹以为佳。谢景重在座,答曰:'意乃不如微云点缀。'太傅因戏曰:'卿居心不净,乃复强欲滓秽太清邪!'"②引文中谢景重认为月夜必须有"微云点缀"才美,而司马道子"叹以为佳"的则是明月天空"无纤翳"这种纯粹性,相比之下,记录这一事件的作者更偏向于司马道子的观点。司马道子所言反映了大部分士人追求心中无杂质的境界,从历史传承看,它是对汉末以来出现的"清"这一审美观念的认同。

二、品人物风情

　　魏晋人钟情山水,欣赏自然物象的同时也带动了对人本身的品鉴。人本来就是自然的一部分,欣赏自然,必然包括对人作为自然这一部分的欣赏。两种做法其实是同一行为的两面,它们在人的精神观念层次中同样有对等性,是玄学家们对"物象—心情"认知的结果。

　　《世说新语》用自然景物来描述人物的文字处处可见,如:

　　王戎云:"太尉神姿高彻,如瑶林琼树,自然是风尘外物。"(《赏誉》)

　　嵇康身长七尺八寸,风姿特秀。见者叹曰:"萧萧肃肃,爽朗清举。"或云:"肃肃如松下风,高而徐引。"(《容止》)

　　裴令公有俊容仪,脱冠冕,粗服乱头皆好。时人以为玉人。

　　时人目王右军"飘如游云,矫若惊龙"。(《容止》)

---

① 余嘉锡:《世说新语笺疏》,北京:中华书局 2011 年版,第 76 页。
② 同上书,第 133 页。

有人叹王恭形茂者云：濯濯如春月柳。

王右军见杜弘治，叹曰："面如凝脂，眼如点漆，此神仙中人。"（《容止》）

上述品评人物风姿的词语"璞玉浑金""瑶林琼树""松下风""玉人""凝脂""点漆""春月柳""游云""惊龙"等无不给人一种超越世俗的感受。有些是自然界并不存在的景观，纯粹出于夸张和想象。这种对于奇异而又明净高洁之美的欣赏源于玄学贵清尚远、重虚崇无的追求，也是一种努力疏离现实的理想，间接地表达了对现实的否定与不满，某种意义上也是对现实的补偿与超越。

这些士人虽然有"栖逸"之好，但并不是"隐士"，他们借行为的怪诞来显示与众不同的特质，重点是要成为"名士"。何谓名士？王孝标言："名士不必须奇才，但使常得无事，痛饮酒，熟读《离骚》，便可称名士。"（《任诞》）从中可看出，名士的标志不在于才华，而在于是否"有闲暇""痛喝酒""读《离骚》"三个方面。为了出名，当时出现了很多"行为艺术"。"竹林七贤"中，刘伶纵酒裸形、阮籍葬母豪饮、诸阮与猪共饮、嵇康临刑东市等放浪形骸的动作，部分原因可认为是源于对天性的放任，部分原因则含有刻意的成分，以此来博得名声。

作为士人，"任诞"只是情性的一部分，也不是每个人都必须具备的品格。士人首先是读书人，善说雅言，有一种从书本中学来的典雅气质，也因为此等能与一般俗人区别开来的品性，为魏晋上流社会所认同，所以在其品人论事时，往往以典雅为评判标准，例如：《品藻》第 5 则武赞陈玄伯的父亲"通雅博畅"，《赏誉》第 36 则谢鲲评价嵇延祖"弘雅劭长"，《赏誉》第 47 则王导夸周侯"雅流弘器"，等等。描绘人物时，也以雅言、雅行、雅态、雅质为准则来展现人物。如写清雅："山公举阮咸为吏部郎目曰：'清真寡欲，万物不能移也。'"（《赏誉》第 12 则）写高雅："公孙度目邴原：'所谓云中白鹤，非燕雀之网所能罗也。'"（《赏誉》第 4 则）写博雅："裴仆射，时人谓为'言谈之林薮'。"（《赏誉》第 18 则）《雅量》第 28 则描绘谢安临危不惊的儒雅。

　　总之，魏晋士人，通过畅玄谈禅、纵情山水园林、饮酒服药品茗、精研琴棋书画、讲学著述等行为，营造了一种独特的人文氛围。

三、相同情性聚居处

　　在对自然山水的审美中，一批士人有了共同的趣味，他们往往聚集在某一适合其特殊爱好的风景名胜，抒千古之幽情，浇心中之块垒，一些地点或景物成为他们固定的审美对象，引发的情感也有一定的迹象可寻。建安之时，依附于权力组织（曹氏集团）的邺下文人就开创了此类活动的先河。[①]　正始年间，以阮籍、嵇康为首的名士们常常畅饮于竹林之中，时人称"竹林七贤"。《任诞》第 1 则记载："陈留阮籍、谯国嵇康、河内山涛，三人年皆相比，康年少亚之。预此契者：沛国刘伶、陈留阮咸、河内向秀、琅邪王戎。七人常集于竹林之下，肆意酣畅，故世谓'竹林七贤'。"[②]"竹林"，并非指某一地名，"七贤"也未必是七人。陈寅恪就认为此称号是东晋人受佛教"格义"学风影响，取释迦牟尼说佛法的"竹林精舍"之名，附会《论语》"作者七人"之事数而成，并非历史实录。也有学者通过考察，主张实有此地，它在河内山阳（今河南省修武县云台山百家岩一带），处于邺至洛阳之间，自古至今都生长竹子，魏晋之际为达官贵人的庄园别墅区，属政治敏感地区，竹林之游发生于此地更易引人注目。[③]从历史的传播来看，"竹林七贤"的意义远远超过地名、人数之争，人们的关注点主要在于它所表达的文化含义，阮籍的穷途之哭、嵇康的刚肠嫉恶、王戎的悲情动天、刘伶的嗜酒等行为，已被人们提升为追求个性自由的符号。

---

① 曹丕兄弟和邺下文人"白日既匿，继以朗月，同乘并载，以游后园"（曹丕《与吴质书》）。但以曹丕的《芙蓉池作诗》、曹植的《公燕诗》等为代表的诗其主旨在于表现游宴之乐，重点不在自然之美。
②《诸子集成·世说新语》，第 178 页。
③ 王晓毅：《"竹林七贤"考》，《历史研究》2001 年第 5 期。

西晋元康年间,潘岳、石崇等"二十四友"受权臣贾谧庇护,集于金谷园,《品藻》第57则,刘孝标注引石崇《金谷诗叙》云:

> 时征西大将军祭酒王诩当还长安,余与众贤共往涧中,昼夜游宴,屡迁其坐,或登高临下,或列坐水滨。时琴瑟笙筑,合载车中,道路并作;及住,令与鼓吹递奏。遂各赋诗以叙中怀,或不能者,罚酒三斗。感性命之不永,惧凋落之无期,故具列时人官号、姓名、年纪、又写诗着后。

园内"有清泉茂林、众果竹柏、药草之属,金田十顷、羊二百口,鸡猪鹅鸭之类,莫不毕备"①。这些士人作乐宴饮,赏景赋诗,为一时之盛。

随着风气日炽,士人集结更倾向于个人志同道合的方式。如洛水之畔,就曾是一批名士宴游之地:"诸名士共至洛水戏,还,乐令问王夷甫曰:'今日戏,乐乎?'王曰:'裴仆射善谈名理,混混有雅致;张茂先论《史》《汉》,靡靡可听;我与王安丰说延陵,子房亦超超玄着。'"②这些名士在游玩中谈论学问名理,尽显人生风采。

会稽郡在当时也是文人们的聚会中心,《晋书·王羲之传》记载:"会稽有佳山水,名士多居之,谢安未仕时亦居焉。孙绰、许询、李充、支遁等皆以文义冠世,并筑室东山,与羲之同好。"聚居于会稽山的文人大多士族出身,衣食无忧,"以文义冠世",具有极高的文化素养,他们闲暇日子多以集会作诗、欣赏美景为主,在自然山水中获得各种心灵的满足。著名的兰亭之会,地点就在会稽山阴郊外的兰亭。《企羡》第3则注引王羲之《临河叙》:

> 永和九年,岁在癸丑,暮春之初,会于会稽山阴之兰亭,修禊事也。群贤毕至,少长咸集。此地有崇山峻岭,茂林修竹,又有清流激湍,映带左右,引以为流觞曲水,列坐其次。是日也,天朗气清,惠风

---

① 《诸子集成·世说新语》,第133页。
② 余嘉锡:《世说新语笺疏》,第105页。

和畅,娱目驰怀,信可乐也。虽无丝竹管弦之盛,一觞、一咏,亦足以畅叙幽情矣。①

与金谷相比,兰亭要素雅幽静的多,也不像金谷名士那样把对生命的珍惜之情寄于音乐美酒,而是将其移入山水草木,在自然中畅叙幽情,在山水审美中完成对生命的体认。

除了集聚地,一些自然物象也逐渐成为士人固定的审美对象,它们积淀了很多文化内涵,成为生存品格的象征。这些物象主要有:

1. 竹

《世说新语》中"竹"有不同含义。首先,它的基本意思指与人们生活息息相关的植物,如《任诞》第41则记载:罗友跟随桓温平定蜀城,记下当地"内外道陌广狭,植种果竹多少"。《政事》第16则和《捷悟》第4则分别有关于陶侃、曹操将剩余的竹料重新利用的记载。其次,在生产中,竹子被制作成了"竹钉""竹篙""竹柙榍"等实用工具。在娱乐中,竹竿被儿童当作"竹马"骑,如:"帝曰:'卿故复忆竹马之好不?'"(《方正》第10则)又如:"少时与渊源共骑竹马。"(《品藻》第38则)再其次,竹子在音乐中被制成箫笛之类的管乐,称为"丝竹"。如:"正赖丝竹陶写。"(《言语》第61则)又如:"嵇侍中善于丝竹。"(《方正》第17则)

魏晋时期,竹被提升为重要的人文意象,主要是"竹林七贤"的出现,作为语词的"竹林"(或"林下")在《世说新语》中甚至可以用来指代"七贤",如:"谢遏诸人共道'竹林'优劣。"(《品藻》第71则)"林下诸贤,各有俊才子。"(《赏誉》第29则)在《贤媛》第30则中,"林下"成了一种评判王凝之妻谢道韫是否有风貌的标准,称她为"神情散朗,故有林下风气"。

魏晋名士中将爱竹发挥到极致的是王子猷,在《世说新语》中竟有多处事例记叙他的相关表现。第一例,暂寄人空宅,竟也要种竹,遭人质询,说出千古名言:"何可一日无此君?"(《任诞》第46则)第二例,过吴中,见一士大夫家有好竹,径造竹下,忘记了谒见一事(《简傲》第16则)。

①《诸子集成·世说新语》,第157页。

第三例,因竹而爱笛子,令人请素不相识的笛子名家桓子野吹奏三调,两人自始至终不交一言(《任诞》第 49 则)。三件事都凸显了"竹痴"王子猷的魏晋风度,他的行为颠覆了一般做人的常识,不符合伦常之理,可却能彰显人性的魅力。

从上可见,竹为人所重视,除了它的材质的实用性,更重要在于它在外在环境中的生长姿态。作为自然物象,竹挺拔修长,四季青翠,傲雪凌霜,常常被人们与君子孤高清雅、刚正不阿的人格相提并论,竹的风韵成了人的品质象征。气度不凡的魏晋名士走进竹林,人竹合一,也是一景,这大大地丰富了环境审美的内涵。

2. 松

"松、竹、梅"在中国文化中是最重要的喻君子的自然物象。"梅"在《世说新语》还没有成为引人注目的对象,可"松"①与竹一样,也是《世说新语》中出现频率很高为人所称道的自然对象。它的意义来源可分为两类。

第一类来自儒家"比德"传统。《论语》的"岁寒,然后知松柏之后凋也",最早以松柏的耐寒来比喻做人道德的坚韧。这种类型又有两种表现方式:

一是他喻,如山涛称"嵇叔夜之为人也,岩岩若孤松之独立"②。庾子嵩目和峤"森森如千丈松,虽磊砢有节目,施之大厦,有栋梁之用"(《赏誉》第 15 则)。再如有人品评张威伯为"岁寒之茂松,幽夜之逸光"(《赏誉》第 20 则)。这三例皆是以松喻人,从松自然形态的四季葱茏、刚直挺拔引申为对人的赞美。

二是自喻,《言语》第 57 则中顾悦用"松柏之质,经霜弥茂"来为自己早生华发辩解。在《方正》第 2 则中,宗世林以"松柏之志犹存"来对抗曹操的霸道。又如《方正》第 24 则中,陆玩以"培塿无松柏"来表达不愿屈

---

① "松"常与"柏"合称,两者含义不尽相同,但在具体使用中也可以通过合称而混用。
② 张万起、刘尚慈:《世说新语译注》,北京:中华书局 1998 年版,第 588 页。

身于王导的联姻。以上三例中以"松"喻己,都显示出魏晋名士鲜明的个体意识。

第二类是魏晋的审美品评。魏晋在人物品藻中创造性阐发出"松下风"意象,将松的挺拔与风的清爽结合起来,动静结合,刚柔相济,给人一种高雅飘逸的美感。如世目李元礼"谡谡如劲松下风"(《赏誉》第2则)。又如刘尹云:"人想王荆产佳,此想长松下当有清风耳。"(《言语》第67则)

"松下风"这一审美意象除了对以往只重"比德"评品的突破,还冲击了对松柏的刻板印象。夏商周三代,松柏用于天子诸侯墓葬,清惠士奇《礼说·春官二》云:"天子树松,诸侯树柏。"到了汉魏六朝时期,等级礼制被打破,民间墓地也开始普遍种植松柏。汉乐府有:"遥看是君家,松柏冢累累。"(《十五从军征》)《古诗十九首》有:"青青陵上柏,磊磊涧中石"(《青青陵上柏》)"驱车上东门,遥望郭北墓。白杨何萧萧,松柏夹广路。"(《驱车上东门》)"古墓犁为田,松柏摧为薪。"(《去者日以疏》)墓地植松柏,着实会产生一种庄严肃穆的氛围,同时也把松柏这一形象与生死问题联系在一起。"松柏摧为薪"重点就在于借松柏的长青却也躲不开被毁为柴薪的命运,蕴含着对生命无常的无限感慨。

在一般人的理解中,松柏代表死亡,有晦气,不可靠近。可魏晋名士毫无顾忌,《世说新语》记载孙绰"斋前种一株松,恒自手雍治之"(《言语》第84则)。又记张湛"好于斋前种松柏"(《任诞》第43则)。世人评张湛这一行为就是"张屋下陈尸",明显把"松"与"尸体"等同。

至此,可以看出,如把"松下风"与"墓地树"连在一起会给人的心理产生何等的反差效应,可在魏晋时期,士人已能容纳两者的差异。

《伤逝》第5则:"有人哭和长舆曰:'峨峨若千丈松崩。'"其中,千丈松倒下来这一意象甚至具有在三种意义,它除了表示死亡,还把松的德性含义和巍峨姿态赋予了名士和峤(字长舆)。此类悲情审美,正是乱世中孤苦心灵的真实写照。

3. 玉

以玉比人或喻人的说法早在《诗经》中就出现了。《秦风·小戎》:

"言念君子,温其如玉。"《秦风》中还有:"何以赠之,琼瑰玉佩。"《大雅·民劳》:"王欲玉女。"此后荀子、刘向用玉来比喻君子,称:"夫玉者,君子比德焉。"①在他们看来,玉之美可比君子之仁、智、义、勇、情、辞。玉本属石,即土,其德性主要为仁,可其形态又极富灵性,在比附中较为固定地指向那种奠基在仁厚之上内外皆秀的一类人。《世说新语》受此类"比德"习惯的影响,也出现很多以玉喻人的例子,如:"王戎目山巨源:'如璞玉浑金,人皆钦其宝,莫知名其器。'""骠骑王武子是卫玠之舅,俊爽有风姿。见玠,辄叹曰:'珠玉在侧,觉我形秽。'""王大将军称太尉外众人中,似珠玉在瓦石间。"这些以玉比人的说法,充分利用了玉温润高洁的自然品相,以之评人,或称赞人的才干本领,或赞其心地纯洁,进一步固化了作为自然物的玉在品藻人物方面的符号意义。由于魏晋士人比前人具有更大的自由思想空间,以玉喻人不再局限于两者之间的德性比附,而是关注到了风姿仪态方面的相互映衬,开拓了对人和玉审美的维度。

此外,在《世说新语》中,日月、霞电、清风等也常用来评判人物,②但相对于松、竹、玉来说,意义没那么丰富,从后代的传承看,也没那么流行。

一系列以物喻人的符号的确立和固化,形成了一道文化景观。从人的维度看,有了自然物的对位延伸,无形中增强了人的评议、赏识内涵;从物的维度看,有了文化的附加训练,对其观赏时人们自然更容易形成某种环境效应,从而也就有了属于这一文化特定的标志。符号化不专属物或人,但它起到了更容易联络两者的中介作用,为形成特定品类的环境氛围提供了方便。

---

① 邓汉卿:《荀子绎评》,长沙:岳麓书社 1994 年版,第 593 页。
② 如:"时人目夏侯太初'朗朗如日月之入怀'";"海西时,诸公每朝,朝堂犹暗,唯会稽王来,轩轩如朝霞举";袁宏之妻李氏《吊嵇中散文》也称嵇康"风韵迢遰,有似明月之映幽夜,清风之过松林也";等等。

第十二章　陶渊明田园诗的环境美学思想

　　随着儒家正统地位的松动以及汉代经纬学的式微，魏晋玄学逐渐成为显学。玄学的自由表达使魏晋人向内发现了自己的深情，向外发现了山水自然。内外两个世界的融通使山水自然成了真正的审美对象，这对环境审美来说是一个重大事件。在此之前人们有各种审美存在，但与环境的关系主要停留在认知及构建阶段，并没有发展出独立而又纯粹的环境审美现象。

　　玄学的思想对话把情感引导出来以后，有一种世俗化的倾向。世俗化有两条途径：一是走入社会，一是走向自然。因为玄学天然与道家的亲近，必然排除在社会领域寻找得以表现情感的方式，于是玄学家们就把目光投向了自然。受玄学影响极深的一批诗人起先写的是玄言诗，等到投入自然的生活转向出现以后，其诗歌内容的玄学色彩也逐渐淡化，玄理逐渐被自然风光的描述代替，六朝时期也就出现了大量田园诗和山水诗。田园诗的代表人物是陶渊明，而山水诗的代表人物则是谢灵运。

　　陶渊明践行出了一个在古代农耕社会中可能有的理想环境，整个过程最终在诗中呈现。他的诗主动地贴近大地，体验劳作的艰辛，从诗中包括创作行为本身可看出他的生活并没有被穷困和单调压垮，而是在"诗化生活"或"生活诗化"中得到升华。诗人拥有"言"的能力，他不是那类"不能言"的农夫,他能给周围以价值,点亮其存在,让农村生活提升为诗,挖掘扩大乡村生活的意境。在陶渊明之前,乡野仅是作为自然的风光被接纳,成为山水诗的一部分内容,人们的耕种则作为另一类生活内容,两者没能像在陶诗那样如此集中地结合为一体。把农耕生活特别是田野景象纳入自然风光呈现在诗中,此类诗称为田园诗①,陶渊明开了这种诗风的先河。

循着他的诗文及史料记载,后人可以大致复现他的生活轨迹和思想感情。从环境美学的角度②,即他生活的所在和体验,可集中为环境的问题,包括周遭的风光、与人相处的情状和内在的心境,通过这"三境"可看出其生存的整体特征和可能的细貌。田园诗的写作,成为陶渊明生命最灿烂之所在。从田园诗入手,可以看出陶渊明所营造的生活之境和心境的可能限度。

第一节　投入自然真境——归园田

陶渊明所生活的东晋末年,军阀混战,民不聊生,社会长期处于动荡不安之中。据史载,陶渊明是大司马陶侃的曾孙,祖父陶茂也做过武昌太守,父亲似乎很一般,到陶渊明时家道已完全没落③,迫于生计,陶渊明一改自己"超脱不羁"的个性,"畴昔苦长饥,投耒去学仕"(《饮

---

① 对陶的田园诗一般有两种解释:一种直接指那些描写田园风光、抒发闲情逸致的诗篇,另一种则包括诗人全部反映农村生活的作品。历来陶渊明田园诗的研究者,多数主张后一种理解。依照在一个完整对象中其局部与整体的必然性关系,陶所有的作品都可以用来诠释其田园诗的意义。
② 环境美学家段义孚在谈到恋地情结(topophilia)时,特别突出地把对家乡地区的体验、对自己生活环境的熟悉以及对处在的情感的认识作为环境美学的重要内容,因此大致可以把陶相关的生活和思想纳入环境美学的视域来看。陶把乡村的风光纳入生活,进而又把生活美化,印证了车尔尼雪夫斯基在《生活与美学》里所说的,"任何东西,凡是显示出生活或使我们想起生活的,那就是美的"。
③ 陶多次自叙家居窘态,如在《五柳先生传》中就说:"环堵萧然,不蔽风日,短褐穿结,箪瓢屡空。"

酒·十九》）。凭着渊博学问和祖上传下来尚存的社会关系，出任州祭酒，可是不堪烦琐政务，不久即解职回家。之后又尝试当过几种小官，但都不能长久，官做不成，主要原因是陶渊明"耻复屈身后代"①，意思是官阶达不到先人的高位，干脆辞去不做。令陶渊明彻底与官场决裂的事件是当彭泽令时，县吏有一天通知他要衣冠整齐去见寻阳郡派来的督邮，这一下触碰了他简傲自矜的个性，他感到低声下气侍候此类乡下人实在不能忍受，立即拂袖而走，《饮酒·十九》说"是时向立年，志意多所耻。遂尽介然分，终死归田里"，从此再也不踏入官场，这一事件因"不能为五斗米折腰"②而青史留名。从功利或官场的角度看，这种主动弃官的行为完全不值得，在"官本位"盛行的国度，很多人为得一官职都不惜用去一生时光或丧尽人格去乞求，陶渊明竟因一些礼仪小事就放弃别人梦寐以求的东西，不是白痴就是一个不负责任的人。但如从陶渊明的个性去理解，他的弃绝官场是迟早的事，除非他的官位较高，满足了他与祖先并齐的要求，或许他就能安稳为官，这样，事情也就改变了模样，中国历史上也就可能失去了一个重要的文化符号。实际的情况是陶渊明对名利场的告别，失去了一些物质好处，却在精神领域获得了美誉。对官场的鄙视，一直存在于一部分传统理想知识分子的观念中，官场成为低俗肮脏的代名词，陶渊明诗中追慕的先贤，《扇上画赞》中就列出了九位，他们是荷蓧丈人、长沮、桀溺、於陵仲子、张长公、丙曼容、郑次都、薛孟尝、周阳珪。至于伯夷与叔齐、俞伯牙与庄周③，更是这方面的代表。

失去了入世的意愿和可能，陶渊明迅速遁入另一个与世俗界迥异的天地，在大自然的怀抱中寻找真义，从中得到补偿。自然在传统中形成

---

① 沈约：《宋书》，第 2288 页。
② 同上书，第 2287 页。
③ 对后两位古代高人的追思，陶竟虚拟出在他所处的时代还有"路边两高坟，伯牙与庄周"（《拟古·其八》）。

了独特的象征意义,恰恰就是那个污浊官场的对立面。陶渊明在短时间内经历了两个价值完全不同的生活世界,通过鲜明的对比,否定其中一个进而肯定另一个,使得他所认同的自然生活的价值倍增。对这两个世界一褒一贬的判词就集中表现在他著名的《归去来兮辞》(并序)和《归园田居》五首诗之中。

《归去来兮辞》《归园田居》可以看成是陶渊明进入“园田”的宣言。“归”很形象地突出了陶渊明那种挣脱某种羁绊状态进入渴望已久的新生活的心情。《归去来兮辞》直接写自离开旧生活的当下,[1]陶渊明似乎很想遗忘过去的生活,他在赋中仅提及以往的状态为“心为形役”和“迷途”,至于过程如何被他有意抹去。《归园田居》也仅将之比为“尘网”“樊笼”。[2] 总之,陶渊明认为很难适应这种生活。至于陶渊明为什么会形成这种性格,这与从小专心读书,不关世事有关,他曾自叙“弱龄寄事外,委怀在琴书”(《始作镇军参军经曲阿作》),“少年罕人事,游好在六经”(《饮酒·十六》),从小就形成“少无适俗愿,性本爱丘山”(《归园田居·一》)的品性,当然受不了官场那套应酬。此类读书人常被当成书呆子,他们一味相信书中学来的观念,缺乏践行的能力,对多数人形成的社会生活惯例有一定的偏见,又没有改进他们理解此类庸俗世界的能力,因此只能遁入人事较简单的乡村来安顿自己的身心。

一进入他梦寐以求的生活,如释重负,陶渊明在《归去来兮辞》用极大的篇幅来叙写他的这一值得庆贺的人生抉择。他用了三个移动场景来完成这个重大生活变化的交接过程,一是舟楫送归,二是仆僮相迎,三是引壶自酌。与轻快心情相伴的景致是“微风晨光”“远立衡宇”和“荒径

---

[1] 史书生动记下了这一写作事件:“义熙二年,解印去县,乃赋《归去来》。”房玄龄:《晋书》,北京:中华书局 1974 年版,第 2461 页。

[2] 对世俗界的遗忘,甚至表现在他著的文章所署的时间上,晋安帝义熙之前所写的文章,皆署上东晋皇帝的年号,自宋武帝永初之后,就只署上甲子纪年了。

松菊",似乎场面有点寒碜,可恰恰与隐者"孤寂""避杂"的心境相吻合。但由于这一线性递进的"归境"重在前行,不能做更多的铺叙,与歇停以后的氛围相比显得较单薄。回到家,有了更多闲暇来选择周遭的物象,每天可以不断重复着某一自娱动作,如"倚南窗""审容膝""园日涉""策扶老""时矫首",都是隐逸者日常的举动,一般人可能会感到无聊,可陶渊明却从中得到"易安""成趣"等心理愉悦。以致在这种心境的观照下,"云无心以出岫,鸟倦飞而知还。景翳翳以将入,抚孤松而盘桓"①。日子的步伐放慢了,时间似乎不动了。

能遏住时间的心理能力在于两种生活节奏对比的结果。陶渊明和其他隐者一样,都认为他们所避开的那个"世道"携带的是一种快节奏的时间,而他们却处于时间运行相对较慢的一方。此中有一个矛盾心理,是"息游"还是"交游"?"息游"即宣告了将被世道遗忘,继续"交游"还可能挽回世间那种时间感。但这种疑虑很快被生活积淀的惯性打消:"奚不委心任去留,胡为乎遑遑兮欲何之?"(《归去来兮辞》)陶渊明不再有复出的企求,认准了只按自己内心的意愿去生活:"请息交以绝游,世与我而相遗,复驾言兮焉求?"(《归去来兮辞》)杜绝了与官场中人的交流并不是不与任何人接触,在他的家乡他可以"说亲戚之情话",有"农人告余以上春",内心"乐琴书以消愁"(《归去来兮辞》)。心理稍作安顿以后,就开始营造他的田园居。

第一,禽草物语。

陶渊明与周遭物的照面,不是把乡村的物和事不分巨细原样照搬进诗中,而是"拟容取心"(刘勰《文心雕龙·比兴》),即自然物必须经过诗人心灵的过滤,物被唤起了某种韵味才能入诗。基于此,入陶诗的物象都有一定的亲缘性,如飞鸟、游鱼、青松、秋菊、幽兰、孤云、新熟之酒,夕阳下的山岚,车马罕至的穷巷草庐,欣欣向荣的风中新苗等,它们都显得

---

① 袁行霈:《陶渊明集笺注》,北京:中华书局 2003 年版,第 461 页。

高洁、清新,与一个从浊世逃出来的人的心境相契合。其中,"鸟""鱼"①在历史传承中已成了自由自在的代名词,最先把这两者结合起来并赋予不受羁绊这一含义的是《庄子·逍遥游》中的"鲲""鹏",后代的文化人以不同形式继续强调这种做法,使得"鸟""鱼"具有了更多的象征意义。同样,来自草木类的"松""菊"②却是品格高尚的表征,陶渊明专爱"四君子"(松、竹、梅、菊)中的这两类,可能跟当地较常见此类自然物有关。在《饮酒·四》)中写到"失群鸟","因值孤生松……托身已得所","松"俨然成了安居之所。至于南山、平泽、斜川、山涧、新畴、冷风、风雪、微雨以及茅茨、果菜、桃李、梅柳、园葵等物象,较有生趣和丰采,道德象征意味较弱,这是陶渊明与汉人在写物上区别开来的重要特征。在诗意的运用上,都可以称为"通象"。"通象"的意思是诗中涉及的这些物都不是结合在某一具体事件中所呈现的物,而是有一定的时空跨度支撑,它们可以不断出现,在使用中已被固化。这也在另一侧面说明整个田园风光是陶渊明改造的结果,它总体上服务于"平和闲适"心境的调度,其人为性由

---

① 陶诗文中"鱼""鸟"同时出现的句子还有:"密网裁而鱼骇,宏罗制而鸟惊"(《感士不遇赋》),"望云惭高鸟,临水愧游鱼"(《始作镇军参军经曲阿作》),"边雁悲无所,代谢归北乡。离昆鸣清池,涉暑经秋霜"等,都含有不受羁绊之寓意。如单独出现,就不一定具有自由自在的含义,如:"凤鸟虽不至,礼乐暂得新。"(《饮酒·二十》)"山气日夕佳,飞鸟相与还。"(《饮酒·五》)"洌洌气遂严,纷纷飞鸟还。"(《岁暮和张常侍》)"悲风爱静夜,林鸟喜晨开。"(《丙辰岁八月中于下潠田舍获》)"果菜始复生,惊鸟尚未还。"(《戊申岁六月中遇火》)"荆棘笼高坟,黄鸟声正悲。"(《咏三良》)"造夕思鸡鸣,及晨愿鸟迁。"(《怨诗楚调示庞主簿邓治中》)"晨鸟暮来还,悬车敛余辉。"(《于王抚军座送客》)"翩翩飞鸟,息我庭柯。"(《停云·四》)"青丘有奇鸟,自言独见尔。"(《读〈山海经〉·十二》)"鸟哢欢新节,泠风送余善。"(《癸卯岁始春怀古田舍·一》)"翼翼归鸟,戢羽寒条。"(《归鸟》四篇,都以归鸟为题)"重离照南陆,鸣鸟声相闻。"(《述酒》)"朝霞开宿雾,众鸟相与飞。"(《咏贫士·一》)"翩翩三青鸟,毛色奇可怜。朝为王母使,暮归三危山。我欲因此鸟,具向王母言;在世无所须,惟酒与长年。"(《读〈山海经〉·五》)"班班有翔鸟,寂寂无行迹。"(《饮酒·十五》)"日入群动息,归鸟趋林鸣。"(《饮酒·七》)"觉悟当念还,鸟尽废良弓。"(《饮酒·十七》)"栖栖失群鸟,日暮犹独飞。"(《饮酒·四》)

② "菊""松"并列还有:"芳菊开林耀,青松冠岩列。"(《和郭主簿·二》)单列开来,写松有"青松夹路生"(《拟古·五》)、"松柏为人伐"(《拟古·四》)、"班荆坐松下"(《饮酒·十四》)、"青松在东园"(《饮酒·八》)等。通篇写松有:"嫋嫋松标崖,婉娈柔童子。年始三五间,乔柯何可倚。养色含精气,粲然有心理。"(《杂诗·十二》)写菊的句子有"秋菊有佳色"(《饮酒·七》)、"酒能祛百虑,菊解制颓龄"(《九日闲居》)等。重阳节,寄言酒菊有:"余闲居,爱重九之名。秋菊盈园,而持醪靡由,空服九华,寄怀于言。"(《九日闲居·序》)

于整体大面积相同意象的冲淡，获得了另一个自然的效果。诗中的田园，是"人化的自然"。至于草屋、榆柳、狗吠、鸡鸣、鸣蝉、炊烟等用语则较近于田园的本色，虽被六朝诗坛上崇尚雕饰的人讥讽为"田家语"，可在诗中一点也不土气，恰恰成了支撑田园诗的核心意象之一。

陶渊明对物象的处理不是简单地布设，而是给予四时节律，并在季节变化中见出自然的生命意趣，写春天："鸟哢欢新节，泠风送余善。"（《癸卯岁始春怀古田舍·一》）"日暮天无云，春风扇微和。"（《拟古·七》）写夏天："蔼蔼堂前林，中夏贮清阴。"（《和郭主簿·一》）"孟夏草木长，绕屋树扶疏。"（《读〈山海经〉·一》）写秋天："清凉素秋节……露凝无游氛，天高风景澈。"（《和郭主簿·二》）"门庭多落叶，慨然已知秋。"（《酬刘柴桑》）"秋日凄且厉，百卉具已腓。"（《于王抚军座送客》）写冬天："凄凄岁暮风，翳翳经日雪。"（《癸卯十二月中作与从弟敬远》）"风雪送余运，无妨时已和。梅柳夹门植，一条有佳花。"（《腊日》）对四时的总叙："春水满四泽，夏云多奇峰。秋月扬明晖，冬岭秀孤松。"（《四时》）①

第二，稼穑风景。

最能体现田园居的是在自然物象中融入劳动内容，劳动过程就是一派风光。《归园田居·三》中的"种豆南山下，草盛豆苗稀。晨兴理荒秽，带月荷锄归"，《杂诗其八》说到"所业在田桑"，《归园田居·六》说"但愿桑麻成，蚕月得纺绩"等等，就反映了诗人参加农耕开荒，辛苦种豆种桑纺绩的场面，但诗人并没有把劳动写得让人痛苦厌恶，而是在归途时让月亮相陪，一定程度上美化了劳动的过程。但毕竟劳动有令人难以承受的一面，陶渊明与其他村民一样体验到的艰辛是必须计较着每天的生计，长年不间断地重复着与土地打交道这一动作，否则存活就没有保障，他说："开春理常业，岁功聊可观；晨出肆微勤，日入负耒还。……田家岂不苦？……四体诚乃疲。"（《庚戌岁九月中于西田获早稻》）衣食方面："寒馁常糟糠。岂期过满腹，但愿饱粳粮。御冬足大布，粗絺以应阳。政

---

① 据传此诗可能为摘句，不可考，本处只取陶诗有"四时"之意。

尔不能得,哀哉亦可伤!"(《杂诗·八》)如此疲惫不堪,也没办法摆脱这种命运,"弗获辞此难",还好不会遇到其他的灾难,"庶无异患干",还能保持基本的生存条件。之所以有如此的忍耐力,因为:"人生归有道,衣食固其端;孰是都不营,而以求自安。"(《庚戌岁九月中于西田获早稻》)对农夫来说,这是天经地义的道理,无可置疑。而对陶渊明本人,务农还有更重要的理由,那就是"舜既躬耕,禹亦稼穑"(《劝农·二》)。《劝农》组诗既是劝农人也是劝自己,他从古圣人处找到耕种的合法性,批判了一些读书人鄙视劳动的偏见,而且亲自耕作:"代耕本非望……躬亲未曾替。"(《杂诗·八》)"衣食当须纪,力耕不吾欺。"(《移居·二》)回答了一些人对他是否真正参加劳动的质疑,也有田父来拷问他归耕的志向,陶渊明以"吾驾不可回"(《饮酒·九》)来答之,为他的田园生活找到了圆满的依据。

第三,桃花落处。

陶渊明追慕孔子,认同凤鸟不至的时代。"羲农去我久,举世少复真。汲汲鲁中叟,弥缝使其淳。"(《饮酒·二十》)可到了他生活的乱世,这种存留已不可得,他只能借助田园设计来延续那种纯真。

田园生活完全允许有幻想成分,这种设想,即对理想世界的向往,可进一步为他的园田居的合法性辩护。这方面的文本就是《桃花源记》和《桃花源诗》。《桃花源记》较《桃花源诗》出名的标志之一在于它有一个切题的"芳草鲜美""落英缤纷"的"桃花林"作为以下要进入的美好天地的象征,至于涉及的田园风光则大同小异,两者都写到了田野上的美丽风光和人们辛勤劳动的景象。这种令人向往的生活环境就在于它的"自足性"①,村中的人们与世道无消息往来,"与外人间隔"(《桃花源记》),祭祀、衣裳都遵行古制,老人无忧无虑,小孩快乐玩耍,"秋日丰收不纳税"(《桃花源诗》),

---

① "自足性"指桃花源作为一群人的聚居地不用与其他地方发生联系即能维系其生存的各种可能性,即生活能给自足,可当作社会方面的人为性降低到一定程度的一个标志。《桃花源诗》更强调"自足性",集中呈现出了村中人完全按照自然的节律来生产和生活,诗中说到"草荣识节和,木衰知风厉""四时自成岁",自然时序给人提供了指引,所以"春蚕收长丝""菽稷随时艺",日历计时都失去了用处。

避开了现世中人们遭遇的各种生存烦恼，真正实现了"乐居"和"安居"，是古代小康社会的一个缩影。① 当中值得注意的是他的理想国就寄予在这派田园风光，可见，田园环境在古人心目中的位置。

第四，优游山水。

陶渊明写了很多游山玩水的诗，如："负杖肆游从，淹留忘宵晨。"（《与殷晋安别》）"匪惟谐也，屡有良游；载言载眺，以写我忧。"（《酬丁柴桑》）"久去山泽游，浪莽林野娱。"（《归园田居·四》）田园呆久了，出外再看看其他地方的风光："厌闻世上语，结友到临淄。"（《拟古·六》）犹如本地景致搬到别处，可称为"移动境"。魏晋人喜欢在游历山水中把书中所学进一步辩难析理，如《续晋春秋》就记载，当时的名人谢安"优游山水，以敷文析理自娱"。对这种时尚，陶渊明应该也有这种爱好。此外，本地人解决不了的难题，可以到更有文化底蕴的名地去请教："稷下多谈士，指彼决吾疑。"（《拟古·六》）。对于陶渊明心中来说，山泽之游隐隐约约还有寻找到一个真实"桃花源"的可能，他在《归园田居·四》中"携子侄"，"步荒墟"，就试图寻找这样一个去处，可只是看到"井灶有遗处，桑竹残朽株"，落了个虚无的感慨！但更多时候这种游玩还是有积极意义的，它使得多处相似风光在人的心理上产生的效应相得益彰，欣赏者所看到的依然是闲适的风景，如"游斜川"，陶渊明还是以隐逸者的眼光选择了"气和""天澄""远流""弱湍""闲谷""鸣鸥"等变化慢的"弱景"来与内心的"静穆"相呼应，由此可以看出，出外看到的"游景"是本土田园的延伸。

也只有生活在田园才能为优游提供保障，如果还身在衙门，出外公干看到的就是"山川一何旷，巽坎难与期。崩浪聒天响，长风无息时"（《庚子岁五月中从都还阻风于规林·二》）。可怕的风雨，把"优游"变成

---

① 陶追慕古代的盛世，在《戊申岁六月中遇火》写到另一种理想国："遥想东户季子世，余粮存放在田间。饱食终日无忧虑，日出而作日入眠。"诗中指的是在古代帝王东户季子时期，民风淳朴，道不拾遗，余粮储放在田中也无人偷盗。人们安居乐业，生活无忧无虑。《劝农》也提及这种状态："悠悠上古，厥初生民。傲然自足，抱朴含真。"

"忧游",只能"叹行役"了。

第二节　热衷乡居生活——爱吾庐

田园风光一大部分就包括围绕住地所开展的生活,陶渊明很多诗文记下他充满绿色生气而又恬静安适的住宅环境以及与友邻之间欢饮畅叙的情景。

第一,穷巷僻居。

陶渊明在整个田园描述中,时刻不会遗忘对自己居住环境的关照。有关这一方面的主题,最为集中反映在《归园田居·一》和《读〈山海经〉·一》。诗中写道,"草庐"有八九间,绕房宅周遭有十余亩地,它们位于僻静的村巷中,榆树和柳树①遮住房屋的后檐,院落前长满桃树和李树,远处邻村的房舍依稀可见,村落各处飘荡着袅袅炊烟。平日里在巷的深处不时会传来几声狗吠,桑树顶也偶有雄鸡鸣叫,不但未能打破平静,反而使居住地显得更加偏僻。远离喧嚣,"草庐寄穷巷"(《戊申岁六月中遇火》),"穷巷寡轮鞅"(《归园田居·二》),"穷巷隔深辙"(《读〈山海经〉·一》),老朋友偶尔驾车经过,看到居所就明白了主人的含义,只好打消探望的念头,掉头离去。离开官场,没了保障,住在草庐,"荣荣窗下兰,密密堂前柳"(《拟古·一》),为了生活,陶渊明"开荒南野际"(《归园田居·一》),"种苗在东皋"(《归园田居·六》),参加各种农事。初夏草木茂盛,绿树围绕,园中的蔬菜已熟,到黄昏,虽然"日入室中暗",但"荆薪代明烛"(《归园田居·五》),把采摘下来的菜配酒而食,也未尝不是一件幸事。偶尔阵阵和风伴着一场小雨从东而至,使人倍感自然的清新与惬意。更重要的是,耕作回来,还可以自如地阅读自己喜欢的《山海经图》《穆天子传》等书籍,做到了地地道道的"耕读人家"。至此,陶渊明回想到从前作为"羁鸟",而如今犹如"众鸟有托"、能够"俯仰宇宙",真切感到"不乐复何如",不

---

① 陶对柳树有特别感情,其住宅边"有五柳树",并自号"五柳先生",参见《五柳先生传》。

禁喊出"吾爱吾庐"这一爱家心声。

第二,陋室余闲。

在《答庞参军》中,陶称自己"我实幽居士,无复东西缘","岂无他好?乐是幽居"。如此居住,避开杂事可以说是到了极致的地步,"户庭无尘杂,虚室有余闲"(《归园田居·一》),"白日掩荆扉,虚室绝尘想"(《归园田居·二》)。柴门由于很少开关,甚至成了摆设,"门虽设而常关"(《归去来兮辞》),门成为道具,失去了它的实际用途。五六月间在北窗,遇凉风,发通古之幽思,飘飘然竟自谓羲皇上人。

陶渊明记录了发生在草庐的一次遇火事件:"正夏长风急,林室顿烧燔。一宅无遗宇,舫舟荫门前。"(《戊申岁六月中遇火》)这是生活中的悲剧事件,但从诗境的角度,可理解为在平常环境中突然出现了不平常境,好像老天搅动了一下,又可称为"搅动境"。

陶渊明还记录了发生在草庐的物候事件:"仲春遘时雨,始雷发东隅。众蛰各潜骇,草木纵横舒。翩翩新来燕,双双入我庐。"(《拟古·三》)诗中写道,伴随第一声春雷,下起了及时雨,各类蛰虫被唤醒,草木枝叶舒开,春回大地,大自然一派生机勃勃的景象。此时此景,一对燕子双双飞进草舍的旧巢。整个过程带有先后关系所引发的环境效应,成了一个生态链条。关于早春,《逸周书·月令解》说一月"东风解冻,蛰虫始振",《夏小正》有"二月……来降燕"。显然,陶渊明借着古人的记载或农谚,把开春这些充满诗意的物象串联了起来,最后诗意集中到燕子身上,称燕子的行为是"先巢故尚在,相将还旧居",并对燕子恋旧巢这一自然现象加以赞美,诗人假借燕子的口吻对屋的主人说:"自从分别来,门庭日荒芜。我心固匪石,君情定何如?"《拟古·三》燕子在此的表态具有普遍意义,指的就是人,人具有回归过去美好意愿的共性,陶渊明甚至用它来自喻:我就是这种"恋旧居"的人。

第三,家居友邻。

当时人的归隐方式有"渔隐""樵隐""医隐""吏隐"等,陶渊明不同于其他魏晋诗人对隐士生活不食人间烟火的描摹,同时也不入超凡进仙的彼岸世界,而是在归隐生活中充满了人间交往的真情。

拒绝了不必要的俗世交往,并不是完全与人隔绝,而是更为主动地找合适的人交谈:"时复墟曲中,披草共来往。相见无杂言,但道桑麻长。"(《归园田居·二》)乡村民风淳朴,乡民善良诚实,但也不是所有人都可以交谈,要注意人事中的度,恰恰有时与部分人保留在"话桑麻"之中更为适合。当然陶渊明自己是有某种"出离"的可能,能在更大的视野看这种有限制的又无障碍的交流,从中获得延伸上的自由。来往的人不可能也不想沾染他这部分的心灵空间,这样,就能得到各自的所需。如双方试图去突破相互之间的界限,反而出现"有杂言"的困局,变得更不自在。

陶渊明移到村的南面居住,不是出自风水的考虑,主要就是想到可以经常交流的佳邻:"昔欲居南村,非为卜其宅。闻多素心人,乐与数晨夕。"(《移居·一》)经过多方探寻,果不其然,终于找到了通情理的邻里乡亲,并且获得了往来的理想状态:"过门更相呼,有酒斟酌之。农务各自归,闲暇辄相思。相思则披衣,言笑无厌时。"(《移居·二》)在不同的时节,不管农忙或农闲,相互之间的都能得到对方在身心方面的恰当慰藉,处于这种单纯又充满温情的自洽环境中,陶渊明深情地感慨:"此理将不胜,无为忽去兹。"(《移居·二》)人际应酬,饮酒欢笑,能获得如此圆融的程度,世间已难找到了。

当然最高级的交往是"以文会友",一部分邻居有极高的文化,一定程度上能在心灵层面进行交流:"邻曲①时时来,抗言谈在昔。奇文共欣赏,疑义相与析。"(《移居·一》)通过学术的切磋,增长了见识,扩大了心

---

① 这里的"邻曲",并不是一般的村民,它类似指曾与陶交往过的殷景仁、颜延之等著名文人。陶在他的《与殷晋安别》诗中说"去岁家南里,薄作少时邻",指的就是殷景仁作为邻居一事。颜延之担任后军功曹时,在浔阳与陶交情很好,后赴任始安郡太守时路经陶住处,与陶饮宴通宵,临行送二万钱给陶渊明(见《宋书·隐逸传》)。宋元嘉四年,陶去世后,颜延之作《靖节徵士诔》一文以悼之。诔文发自肺腑,感情真挚,赞扬陶高行峻节之品格,文中称陶"弱不好弄,长实素心",可与陶诗《移居》中赞别人为"素心人"呼应。陶交友如此,身后有知,夫复何求?

理空间,也就有了更多力量超越现有的生存状况。大家以心观物,意识到"敝庐何必广,取足蔽床席",不再讲究住所的大小好坏,无意中收到了"学识能美化居住环境"的功效,从而反向又强化了过去一贯"乐道守贫"的生活信念。在此,可以看出,心境和物境之间的关系主要表现为心境的拓展可以弥补物境的不足,或者干脆就遗忘物境的存在。如果心理力量足够大的话,甚至可以把"敝庐"当成"广厦"来看,在这小屋内,纵谈古今,欣赏奇文,抗言辩难,它装下了天下,自然也就成了定居、安居之所。总之,通过读好书、会佳友,可以给生活带来很多温暖。

第四,旧居凋敝。

陶渊明的旧居,位于浔阳柴桑(今江西九江西南)。在回旧居之前,陶渊明已经历了辞官归田后的六年躬耕生活,回到阔别已久的柴桑故地,感触良多,于是写下《还旧居》。诗中看到的旧居所在地是一幅残破衰败的景象:"阡陌不移旧,邑屋或时非。履历周故居,邻老罕复遗。"只有某些地方可以留恋:"步步寻往迹,有处特依依。"这些能唤起注意的地方也许就在于它们曾是陶渊明年轻时立下雄心壮志之处,可是如今人老志颓,事业无成,不禁"恻怆多所悲"。因为有旧屋的美好记忆,对别人的故居,也很专注:"徘徊丘垄间,依依昔人居。"(《归园田居·四》)新旧对比,他对新居的生活自然倍加珍惜。

就此,不管旧居还是新宅,放在时间的长河中看,都是暂居之地:"家为逆旅舍,我如当去客。去去欲何之? 南山有旧宅。"(《杂诗·七》)人生犹如白驹过隙,生命最终的归宿是坟墓,此处的"旧宅"指陶家的祖坟。在生命还没有完结之前,解决困扰的办法是"一觞聊可挥",借酒来缓和一下,得到某种程度的解脱。

第三节　找出生存界限——乐天命

陶渊明是个能造境的人,特别是后半生的生活环境,大多是他主动创造出来的。出仕以后十几年断断续续的官宦生涯证明了他不适合那方面的营生,于是转而到一个民风淳朴的乡村隐居,虽然还曾乞讨过,但可能有些积蓄,又亲身参加劳动,加上农村生活费用不高,他带着一家人在僻静的小巷中盖了几间草房,周围种上树,环境极为清幽,衣食虽然困乏,但不时还是有酒水和小鸡入饭,农闲时更有大段时间读书和写诗,遇到困惑随时能找到志趣相投的高人来辩解,身心做到了极好的安置。对他来说,可能人生还有些不足,不时在诗文中抱怨,同时又在诗文中进行了各种自我安慰,但毕竟还是能看出其中的遗憾。从漫长的历史流程来看,对很多后人特别是读书人来说,陶渊明已达到了人生很高的境界,可见旁人对如何度过一生的理解与陶渊明本人相比产生的差异还较大。

人们看到陶渊明诗文中的田园风光,一部分是实地景观,一部分是陶渊明从古诗中借来的物象①,即使都算是当地风景,什么入诗什么被抹去,都经过选择,这种作诗法有很强的主观性。此外,陶渊明所呈现的诗事有意规避当时浔阳地战乱的事实②以及很多乡野的陋习,更大的规避是对农村生活全貌的无视,只关注个人的意向所及,这种纯化也是主观性极强的表现。诗境人为性程度的多少是评价诗艺高低的一个重要标准,也是诗人是否达到很高人生境界的一个标志,陶渊明为人所乐道就在于他的诗作已达到极为自然的创造,那么与明显的人工凿痕相比,他的诗的自然性是在那一层次而言呢?

诸多疑问都可以回到陶渊明的思想中找到缘故,陶渊明的居住地和劳动生活可称为外境,而他的内在精神却是决定外境走向的重要因素,可称为内境。内境可通过他的抱负追求、内心冲突和自我调适三方面的表现来看出大致的特征。

---

① 《诗经》和《古诗十九首》对人生多种样态的感叹以及建安诗风"慷慨以任气,磊落以使才,不求纤密之巧"等思想风格都对陶的创作有不同程度的影响。

② 即使偶尔涉及,也极为隐晦,如:"种桑长江边,三年望当采。枝条始欲茂,忽值山河改。"(《拟古·九》)此诗暗指当时刘裕立废晋恭帝一事,对陶来说,他倾向晋朝,对刘裕不满。义熙十四年(418年)至元熙二年(420年)这三年,正是晋恭帝在位时间,可是一事无成,令陶感到惋惜。《述酒》直面刘裕以毒酒杀晋恭帝,但行文多在铺陈晋祚,以史代事,淡化了切身之感。

第一，形影利欲。

陶渊明并不是天生就成为后来人理解的已固化为与世无争的那类人，而是经过了一段人生变化才形成的。从相关记载可看出他早年曾是一个意气风发，心存高远，试图创出一番事业的有志青年。《拟古·八》就写道："少时壮且厉，抚剑独行游。"《杂诗·五》也表明曾"猛志逸四海，骞翮思远翥"。为了寻找志同道合之人曾走遍天下："谁言行游近，张掖至幽州。"《拟古·八》"在昔曾远游，直至东海隅。"（《饮酒·十》）但这些慷慨激昂为天下考虑之心事，已随岁月一并离去："慷慨忆绸缪，此情久已离。"（《杂诗·十》）"恐此非名计，息驾归闲居。"（《饮酒·十》）陶渊明身处乱世，又崇拜荆轲，所以他的志向在于疾恶除暴、舍身济世，心属"三不朽"中的"立功"。可是心怀豪情侠义之人在现实中却难觅知音，势单力薄，先后建立的晋、宋政权又都不是他向往的朝廷，壮志难酬，只好抱憾离场，终死南山。身后诗文为人称颂，无意中成就了"立言"。

对于人生的志向类型，陶渊明在他的《形影神》组诗中归纳有两种：一种称为"形"，"愿君取吾言，得酒莫苟辞"，是及时行乐、放纵形骸的代名词；另一种类型称为"影"，反对"借酒浇忧"，主张"立善有遗爱"，指的是人在建立德行和功业以扬名的愿望。这两种意向陶渊明都具备，在不同的时期有不同的侧重，年轻时为苍生着想试图干出一番功业就是属于"影"方面的志向。他羡慕松乔成仙的思想则是追求永恒不死方面的欲望表达，这是世人普遍的心态："世短意常多，斯人乐久生。"（《九日闲居》）可以归入"形"方面的志向，而一旦发现功名和永生都不可及的时候，"富贵不可望，帝乡不可期"（《归去来辞》），"古时功名士……游魂在何方"（《拟古·四》），就借酒发泄抑懑，委弃理想，完全成了"形"所指的那种生活类型。可见，陶渊明以"形影互赠"为诗就是要理清自己的思想状态，从而回答切身遭遇到的困惑。

第二，闲散局促。

陶渊明从小就形成了一条情感主线，就是能够自娱："忆我少壮时，无乐自欣豫。"（《杂诗·五》）这也就使得他的那种在官场显示出来的高傲不会变得太偏执,能在其他环境找到继续存活的机会。他的田园诗为他在新环境的生活立言,一定程度上记录了他的某种真实处境。归田初期他显示出了某种"乐天知命""安贫乐道"的姿态,在《癸卯岁始春怀古田舍》中他说:"先师有遗训,忧道不忧贫。"在《归去来辞》中他说:"聊乘化以归尽,乐夫天命复奚疑!"那时的陶渊明以古隐者自喻:"山涧清且浅,遇以濯吾足。"他与古代这些避世之人惺惺相惜,且认为自己遗传他们的气质:"遥遥沮溺心,千载乃相关。"(《庚戌岁九月中于西田获早稻》)他对美好生活画面的表述也有多处借用了古代的说法,如《杂诗·四》"亲戚共一处,子孙还相保。觞弦肆朝日,樽中酒不燥"表现出来的家居燕乐实际上是《诗经》"妻子好合,如鼓琴瑟。兄弟既翕,和乐且湛。宜尔室家,乐尔妻孥"的翻版,又如在《时运》所写禊日(三月三)出游东郊:"游暮春也。春服既成"(序),"童冠齐业,闲咏以归"(正文)。整篇诗与《论语·侍坐章》如出一辙。"衡门之下,有琴有书"(《答庞参军》)明显来自《陈风·衡门》:"衡门之下,可以栖迟。"从此类仿写,可以看出文本一定程度上会制造出生活,或者说某些生活可以从文本中得到印证甚至美化。

这些说辞,不管是自我辩解,还是某种真情显露,都显得和平恬淡,与世无争,这也是为后人称道之处。当时很多人也走了从入世到避世这条为人所熟悉的"儒道互补"之路,[①]可都比不上陶渊明出名,陶渊明的独特性有两点:一是生活态度上,与那些"冰炭满怀抱"(《杂诗·四》)、"汲汲于富贵"(《五柳先生传》)的"当世士"形成了鲜明的对比,诗人对眼前之乐较为满足。二是作诗方面,不像当时的诗人作起诗来,"志深轩冕,而泛咏皋壤;心缠机务,而虚述人外"(《文心雕龙·情采》),陶诗不尚虚妄,也是其可贵之处。

[①]《晋书》记下与陶相近生活道路的四类人,"或移病而去官,或著论而矫俗,或箕踞而对时人,或弋钓而栖衡泌",各种生活方式都"含和隐璞,乘道匿辉,不屈其志,激清风于来叶者矣"。见房玄龄《晋书》,第 2466 页。

　　但更仔细推敲陶渊明这些行为,不能称为超脱,而是闲散。如他对自己喜欢的书,"泛览《周王传》,流观《山海图》"(《读〈山海经〉·一》)。这里道出的"泛览"和"流观"很符合陶渊明自己称为"不求甚解"的读书方式,很多人理解为不是为了读书而读书,称赞陶把读书当作隐居的一种乐趣,是一种高级的精神寄托,实际上按字面上理解更为恰当,它说的就是对读书"不太了解""不想理解"的意思,从陶渊明的生活态度上看他确实对读书不上心,而且难通大义。他一生对儒、道、释都有涉猎,但并没深研。他不愿参加慧远诸辈讨论烦琐高深的"形神"论,而只是模仿慧远字面上的做法,把"形""影""神"放在一起,穿凿附会,加以随意性发挥,与当时的学术话语并不接壤。"形""影"特别是"影"作为人的经验与其所指代的意思差别也较大。①他对音乐也一样,"性不解音",而竟摆着一张素琴,每遇友人集会,说:"但识琴中趣,何劳弦上声!"《晋书·陶潜传》。此外,他在诗中写到自己早出晚归,躬耕南亩,应该是自美之辞,更多时间是"缓带尽欢娱,起晚眠常早"(《杂诗·四》),这种懒散,更符合陶渊明的生活态度,他自己有时还很欣赏这种姿态,说:"栖迟固多娱,淹留岂无成。"(《九日闲居》)。

　　另一个埋藏在表面洒脱之中的真实状态是局促。陶渊明在官场厮混的时候,找不到晋升的机会赌气借故退出,这是他没能真正找到自己生活位置的开始。他回到乡村还天真地以为人生有机会,可是随着时间的流逝,田园风光并不能完全消弭他的那种戾气,不管在闲居还是在旅途中,所有的生活事件和景色都提醒他时间不多了。他思前顾后,"抚己有深怀,履运增慨然"(《岁暮和张常侍》),"深怀"为他高傲之所在,也是

---

① 历代学者因陶的名气,给《形影神》增加了很多溢出文本本身的含义。有的视之为"名教干城"(儒家),有的以为通篇"所说者庄、老"(道家),有的评之为"第一达摩"(释家),有的誉之为反宗教神学的"宣言书"(无神论),有的从中觅见了其对道、佛的解构(玄学),还有的从诗界革新的角度,认为超越了嵇康的旧自然说(新自然说)。这些说法都可以从陶的思想中找出某种印迹,但都不符合陶懒散的性格,因这种性格注定了他不可能去信奉什么学说。从《形影神》要解决人生欲望之苦这一主旨以及陶的人生过程看,陶提出的"自然神释"论,更接近道家。

作出各种选择有得有失的原因,在各种际遇中,碰撞出的愤慨也随时能溢出他宣称的那种自足状态。到晚年更是抑制不注激动的情绪,满腹牢骚,如《怨诗楚调示庞主簿邓治中》,从诗题就可以看出他的埋怨。他说:"天道幽且远,鬼神茫昧然。"以自己的遭遇证明天道、鬼神都是些迷惑人的东西。与此相近,他在《饮酒·二》诗中还说:"积善云有报,夷叔在西山。善恶苟不应,何事空立言?"对道德的信念也产生怀疑。由此可见,陶渊明并没有真正做到孟子所说的"放心",能彻底与田园生活融为一体。

第三,大化真宰。

"形赠影""影答形""神释"三个诗篇都共同承认生命短暂,神仙不可追,如果忽视这种定律,以为生命还有更多时间等待着人们去完成自己设定的目标,必然招来痛苦。陶渊明后半生进入田园是为了摆脱俗事,可是田园生活久了又使他遁入懒散,意识到如此平常又倍增不安。闲散时不动脑,使人不能找到实用功利价值,局促是对闲散的感受和判断,进一步显示出闲散的无用,也使得陶渊明没能把清静安适的生活提升到精神更为自由的状态,提醒或显示出陶渊明如此这般状态的就是时间。

陶渊明对岁月流逝有刻骨铭心的体验,他说:"人生无根蒂,飘如陌上尘。……盛年不重来,一日难再晨。及时当勉励,岁月不待人。"(《杂诗·一》)又说:"日月不肯迟,四时相催迫。"(《杂诗·七》)为追赶时间,显得极为窘迫,"掩泪汎东逝,顺流追时迁"《杂诗·九》》。甚至要止住岁月的步伐,"日日欲止之,营卫止不理"(《止酒》)。陶渊明的终极痛苦就源于这种对时间的焦虑,摆脱困境的权宜之计就是沉醉,在他的诗文中对酒的执着到处可见,如:"得欢当作乐,斗酒聚比邻。"(《杂诗·一》)"酒能祛百虑。"(《九日闲居》)"虽有荷锄倦,浊酒聊自适。"(《归园田居·六》)"寄言酣中客,日没烛当秉。"(《饮酒·十三》)"斗酒散襟颜。"(《庚戌岁九月中于西田获早稻》)"得酒莫苟辞。"(《形影神三首·

形赠影》)①对于时间的逝去,不完全采取虚无主义的态度,而是"达人解
其会,逝将不复疑"(《饮酒·一》),在当中有节制地把持住某种可以获得
的东西,借酒与"达人"心领意会。但喝酒只是暂时摆脱:"酒云能消忧,
方此讵不劣!"(《形影神》)真正较彻底解决心中忧郁的良药在于"通神",
这也是陶渊明写《形影神》的宗旨,他在"序"中就明确说:"极陈形影之
苦,言神辨自然以释之。"

　　神,是陶渊明解决他所理解人生之苦的最高精神状态,它指的就是
道家所谓能通"道"的那种"自然"。自然主要有两个层次,一个是与人相
对的自然物及其存在方式,人从中可感受到自然的伟大、圆满与充实,不
存在欲望,也就不会有痛苦,陶渊明称为"纵浪大化中,不喜亦不惧"(《形
影神三首·神释》)。由此得到了自然的第二层意思,即"大化自然",这
一层次的自然是宇宙中的真宰,也是大道之所在。人们生活中所有的得
失如能从自然的角度去评价,得出人本来就是自然的道理,就不会有太
多的情绪波动,参透了这一人生的真谛对解决痛苦的心理也就大有帮
助。落实到陶渊明个人身上,"神"具有某种更主动的能力,"形迹凭化
往,灵府长独闲"(《戊申岁六月中遇火》),它住在"灵府"内,比"形""影"

---

① 陶诗中与酒有关的诗题就有《饮酒》20 篇、《述酒》1 篇、《止酒》1 篇、《连雨独饮》1 篇,写及酒
不都是与"解愁"有关,其内容大致可分为:
　　1. 写"闲饮",如:"我有旨酒,与汝乐之。"(《答庞参军·三》)"或有数斗酒,闲饮自欢然。"
(《答庞参军》)"有酒有酒,闲饮东窗。"(《停云·二》)"清琴横床,浊酒半壶。"(《时运·四》)
"漉我新熟酒,只鸡招近局。"(《归园田居·五》)"春秫作美酒,酒熟吾自斟。"(《和郭主簿·
一》)"欢然酌春酒,摘我园中蔬。"(《读〈山海经〉·一》)"觞弦肆朝日,樽中酒不燥。"(《杂诗·
四》)"忽与一觞酒,日夕欢相持。"(《饮酒·一》)"何以称我情?浊酒且自陶。"(《己酉岁九月
九日》)"我唱尔言得,酒中适何多!"(《腊日》)
　　2. 言酒与志向,如:"故老赠余酒,乃言饮得仙。"(《连雨独饮》)"在世无所须,惟酒与长
年。"(《读〈山海经〉·五》)"虽无挥金事,浊酒聊可恃。"(《饮酒·十九》)"有酒不肯饮,但顾世
间名。"(《饮酒·三》)"且共欢此饮,吾驾不可回。"(《饮酒·九》)
　　3. 写酒醉,如:"数斟已复醉,父老杂乱言。觞酌失行次,不觉知有我。"(《饮酒·十四》)
"若复不快饮,空负头上巾。但恨多谬误,君当恕醉人。"(《饮酒·二十》)
　　4. 其他,有写青松与提酒壶之人相辉映,如:"青松在东园……卓然见高枝。……提壶挂
寒柯。"(《饮酒·八》)写死者眼中的酒,如:"在昔无酒饮,今但湛空觞。春醪生浮蚁,何时更
能尝?"(《拟挽歌辞·二》)写子云酒事,如:"子云性嗜酒,家贫无由得。时赖好事人,载醪祛
所惑。觞来为之尽,是谘无不塞。"(《饮酒·十八》)

自由,能"通神"即能使他的"形影之苦"得到释怀。

陶渊明在何等程度上"通神"不好把握,①但从他解决人生困境的几种生活方式看,作诗文是解决人生问题的好办法。陶渊明的酬、答、和、敬类的诗文是礼客赠友所用,咏怀、疏、述、赞诗文则是以古代先贤为倾诉对象,写作成了他进入现实生活的一种方式,诗文中的自然是他生活中自然的延伸,在这两种境界的交接处,他"采菊东篱下,悠然见南山"(《饮酒·五》),俯仰之间"意与境会",契机虽少见,但一旦来临,也是作诗最好的时机。

---

① 陶所看到的"神化自然"是"清气澄余滓"后出现的"杳然天界高"的天地,包括心灵世界,其形成过程能够化去过往的一切,人生的喜怒哀乐都会烟消云散,同时又生出新的天地,此谓之"化生"。而新出的天地是上一个天地的重复,"万化相寻绎,人生岂不劳"(《己酉岁九月九日》),没有新意,结果是"人生似幻化,终当归空无"。由此可见,陶想在恬淡的自然环境中寻求心灵的解脱,在静谧的田园中固穷守拙,在追慕先贤的期望中寄托超越苦难的人生理想,最终在"大化"过程中都只能是局部且有限地达到。

第十三章　谢灵运山水诗的环境美学思想

　　山水,在中国人的心目中,几乎就等同于外在自然,写山水,就是抒写自然之貌。当然,在文人墨客的关照下,比如写成山水诗或画出山水画,山水就不会保持在它原来的模样上,它会与人的情感、思想结合,从而生出外境(自然境、社会境)与内境(心境)的融通。

　　在《周易》中,山属于艮卦,水属于坎卦,将山和水复合起来的两个卦是蒙与咸。蒙卦,下"坎"上"艮",意为:"山下出泉,蒙。"山下泉水与启蒙联系起来,意思比较隐晦,可能指的是童稚阶段小孩从母亲怀抱挣脱而出,犹如潺潺泉水离开山体,呈现出某种欢快状。咸卦,下"艮"上"兑",卦辞为:"山上有泽,咸。""咸,感也。"表面显示出来的形态是山巅有水,因水灵动又在近天的高处,"感"指的就是对天的感应。把两个卦合起来,可以看出山水是一种能使人愉悦能感应天且富有生气的对象。

　　《诗经》写到的山水极有威严感受,如写山:"泰山严严,鲁邦所詹。"(《鲁颂·閟宫》)写水:"江汉浮浮,武夫滔滔。"(《大雅·江汉》)《诗经》由于句式所限,不能触及山水更多的样态和细貌。到了《楚辞》,表现方式的多样化以及南方提供的地理优势,大大拓展了展示山水的层次,如:"深林杳以冥冥兮,猿狖之所居。山峻高以蔽日兮,下幽晦以多雨;霰雪纷其无垠兮,云霏霏而承宇。"(《九章·涉江》)"皋兰被径兮斯路渐,湛湛江水兮上有枫；目极千里兮伤春心，魂兮归来哀江南！"(《招魂》)都带出山或水整个所在区域的立体构造。

游览山水的生活方式在先秦时代也已出现，孔子和他的弟子在学习之余讨论到郊外"浴乎沂，风舞乎雩"的一席话，成了儒家人生理想的一部分。

可是随着世俗权力的加强，人们迫于生存的压力，从秦汉以来，优游行乐的想法，一直被认为是种奢望，后起的儒家再也不敢阐发游玩的思想，甚至发展出一套礼教来钳制人们有关此类美好的愿念。曾兴起于"百家争鸣"思潮中明确主张感官享乐合法性的列子一派，在秦政以后再也难以行世。

到了魏晋时期，天下大乱，再没有一个统一的中央集权能压制思想的自由，知识分子开启了复兴先秦时期的思想姿态，在全面思考世界本质的过程中，开始探索个体存在的意义，玄学大讨论使他们意识到最能代表个体存在的是对人的情感领域的认可和给予其表现的合法性。王弼的"圣人有情论"是这方面思想具有代表性的突破。有了对个人价值的认定，一方面，大批士人勇敢地在社会上表达其富有个性的僭越礼教的行为；另一方面，在自然天地中此类行为则以纵情山水的方式来体现。选择在某一风景怡人的环境中尽情游玩宴饮，其前提即表明有了对构成风景的对象的先定识别和认可，最能体现风景价值的行为必须落实到对山水的赏识之上。欣赏山水，人的身心在对象的激发下达到了无滞无阻的圆融状态，这是一种极为高级的审美现象。作为诗人，他们不局限于这种私人心理空间的发生，而愿意借助艺术的途径来外化自己的审美过程，这种记下山水欣赏的诗篇就是山水诗。首开山水诗派的诗人是谢灵运。

谢灵运(385—433年)，东晋陈郡阳夏(今河南太康)人，原名公义，字灵运。

从环境美学的角度看，谢灵运围绕山水诗的创作和生活，具有以下三个主要内容。

第一节　游山水、写山水成为生活的内容

谢灵运出身南朝四大家族之谢家,从小饱读诗书①,《宋书》说他"自谓才能宜参权要,既不见知,常怀愤愤"。指的就是他恃才傲物,认为自己的才华应居要职,可却不被当权者重用,虽三度出仕,处于王谢旧式权贵与刘裕新兴集团的冲突之间却找不到自己的位置,加上性格桀骜不驯,"性偏激,多愆礼度"(《宋书·谢灵运传》)的行为自然会大受打击,败下阵来,只能在满怀忧愤中重新寻找生活的出路,最后,终于顺着本性的爱好在山水之间发现了能较好安顿自己身心的去处,"得性非外求,自已为谁纂"(《道路忆山中》)。

谢灵运第一次"不务正业",专注游山玩水之事发生在担任永嘉太守期间,当地"有名山水,灵运……肆意游遨,遍历诸县,动逾旬朔……所至辄为诗咏,以致其意焉"②。个人当官如此快意,以致民间诉讼等事都不放在心上,完全是一个不称职的官员。③

流连山水,心游太玄,并非什么独特的生活方式,谢灵运走的也是当时上层人物的时尚路线,其中的区别在于谢灵运比时人更为投入,且写出了一系列的山水诗篇。本传描述了他东归后纵情山水的情况:

> 寻山陟岭,必造幽峻,巖嶂千里,莫不备尽。登蹑常著木履,上山则去前齿,下山去其后齿。尝自始宁南山伐木开迳,直至临海,从者数百人。临海太守王琇惊骇,谓为山贼,徐知是灵运乃安。④

这种大规模伐林造路,发明登山木屐,涉险峰奇域的行为,引起所在地官

---

① 《宋书·谢灵运传》:"灵运少好学,博览群书,文章之美,江左莫逮。"
② 沈约:《宋书》,第 1753—1754 页。
③ 谢的这种率性行为,总是会不断地出现,即使到了宋太祖刘义隆时期,他备受器重,可依然"出郭游行,或一日百六七十里,经旬不归,既无表闻,又不诸急"。任临川内史时,同样"在郡游牧,不异永嘉"。(《宋书·谢灵运传》)
④ 沈约:《宋书》,第 1775 页。

员的惊骇,确实是几近疯狂的地步,这跟他"性奢豪"(《宋书·谢灵运传》)的做事风格相配,难怪被称为"山贼"。

从谢灵运第一次被刘义隆冷遇,在回始宁(今浙江上虞)前给朝廷的奏书看,他的一生主要志向在于建立功业。如果他更愿意沉湎山水,此去故园也就遂了他的心愿,没必要上书。在奏书中,他分析了一百多年天下大乱的总体局面,就当时形势,他指出河北表面显得混乱,可是那里有民心,在计算了进攻的成败得失以后,他劝朝廷进攻河北。由于没被朝廷采纳,看不出功效,但从文中可看出他不是一个简单的书生。他的历史感极为深厚,在《撰征赋》涉及的史实和遗址之多也可以看出。他之所以在任上,如当太守、秘书监时自暴自弃,缘于不得位。在得知最主要的志向不能得以施展之后,"遗情舍尘物,贞观丘壑美"(《述祖德诗》)。他把所有的心理能量集中放在山水的体验之中,这种爱好可能也跟遗传有关。① 他到处寻访名山,并把游踪所及写进《游名山志》(一卷)之中,从此书可以看出,他历经永嘉郡、东阳都、会稽郡、临川郡等地的名山,由此写成的诗文,成就了他另一方面的才能。

谢灵运最真切贴近山水的状态在于他是整个人嵌入到对象之中,诗《游南亭》曰:"逝将候秋水,息景偃旧崖。""偃"形象地说出了他那种与山崖同化的亲缘感。值得注意的是,谢灵运对自己的这种痴迷状态没有贴上任何标签,不会说成是"隐士托山林,遁世以保真"(张华《招隐诗》)。他扑向山水的姿势已经不用借以往的任何说辞,只要不断地写他所见所闻就可以。在他的视野中,山水意象纷至沓来,只要摇动他手中的笔,就能绘出美妙的景致。他自己对此也有明确的意识,称山水诗文创作是"研精静虑,贞观厥美"②。

当然,他对自己的这部分生活有一个称呼,叫作"山栖"(也称"山居")。在《登石门最高顶》诗中,他写道:"晨策寻绝壁,夕息在山栖。疏

---

① 《世说新语·品藻》记载:"明帝问谢鲲:'君自谓何如庾亮?'答曰:'端委庙堂,使百僚准则,臣不如亮;一丘一壑,自谓过之。'"可见,谢灵运的祖上就有这种钟爱山水的偏好。
② 沈约:《宋书》,第 1770 页。

峰抗高馆,对岭临回溪。长林罗户穴,积石拥阶基。"从诗中可看出,他的"山栖"不是一种比喻,而是真实地就住在山里的馆舍,有石砌台阶与外界相通。最集中写山里生活的作品,是他的《山居赋》。

这篇巨赋洋洋万言,包括自序和自注,全文收录于正史《宋书》,可见其意义之大。赋文所述的是作者祖父谢玄所开拓、作者加以扩建的始宁墅①庄园。它主要沿着曹娥江傍山依水自北向南推进,范围大体上北起今上虞上浦东山,当时称旧山、北山,南至嵊县崅浦仙岩一带,占有大片田园、山泽。早在谢玄手上,庄园的基本格局已形成,作者在第一次回乡隐居期间,已有永久归隐的打算,所以认真经营始宁墅庄园。他踏遍了始宁的山山水水,结交了大量隐者、道士、僧人。在保持祖居原貌的基础上,扩大了规模,增加了不少建制,特别是佛教、道教场所,②使得整个"山居"有了特别的意义,它不是一般的居住,也不仅仅是欣赏美景之处,而是成了具有宗教功能的修身静养的场地。当然,对谢灵运来说,他不会拘泥于某一种方式,狂放个性注定了他选择的多样性,最后能确定的就是对山水本身的依恋和投入。

与山水诗写山居偏重艺术提炼的方式不同,谢灵运的《山居赋》因体裁的原因可以对山居的多个侧面做详细质实的铺陈。具体内容有五个方面:

第一,山居四方略。整个庄园有农田、果园、山林、泽陂等板块,南北绵延长约 40 里,东西宽窄不一,距离约 15 公里,总面积近 600 平方公里。谢灵运对整个山居的描述是:"其居也,左湖右江,往渚还汀。面山背阜,东阻西倾。抱含吸吐,款跨纡萦。绵联邪亘,侧直齐平。"③不管形势如何崎岖不平,迂回曲折,总体上还是在一个平面上。庄园的东边有个大瀑布和无数覆盖森林的山麓:"决飞泉于百仞,森高薄于千麓。"(《山居赋》)南边是一大片由河沙和绿树组成的绿洲:"拂青林而激波,挥白沙而生

---

① 始宁墅的称呼,出现在谢诗《过始宁墅》,诗中写的就是 422 年谢被贬任永嘉太守后曾路过此故居的内容。
②《大清一统志》说:"谢灵运山居,在嵊县北五十里石门山。四面高山,回溪石濑。"
③ 沈约:《宋书》,第 1757 页。

涟。"(《山居赋》)西边山峰、岩洞、石壁连着溪水,沿岸的翠竹和赤色的岩石把水流映照得通红碧绿。北边主要是由湖泊,其接续的水流弯弯曲曲,别有风貌。在东、西、南、北的远方,由于选择透视点较为自由,谢灵运尽力发挥他的想象力,偏向虚写,如写遥远的东方,他加入了传说中的方石、太平等之类仙山,稍微有现实支撑的南方、北面(西边文字缺)的实景则选中险景奇峰且突出其迷离虚幻之感。

第二,山居多胜景。谢灵运具有发现山水美的独特目光,他在庄园中描绘了大量美景,如写湖水泛滥后新开的景象:

> 自园之田,自田之湖。泛滥川上,缅邈水区。浚潭洞而窈窕,除菰洲之纤余。怂温泉于春流,驰寒波而秋徂。风生浪于兰渚,日倒景于椒涂。飞渐榭于中沚,取水月之欢娱。旦延阴而物清,夕栖芬而气敷。顾情交之永绝,觊云客之暂如。[1]

他在"自注"中就明白说"此皆湖中之美",又补说言不尽意,可见还有更美的东西没说出来。在此,就谢灵运能表达出现的事情是谢灵运极为独特地选取了一种被意外事件唤起的美。当田园到湖泊都溢满大水时,整个湖区一派狼藉,这时,进行一番清理疏导,清除杂草,一股温泉潜流水在春风中涌动,降低了寒潮的冷意,为耕种提供了便利。绿洲上的风泛起了银色的波浪,日影投射在散发出花椒香味的道路上。小岛上名为"渐榭"的木屋伸出的檐角,像鸟儿一样展翅欲飞,此时犹如水月交融,是人生难得的欢娱契合时光。当太阳升起之时,把影像拉长使得万物更加清晰,与此相应,夕阳西下,却能把大地的芬香留在空中久久不会散去。物情如此胶着,人生却没有这么美好,知音茫然不知所去,要是能像神仙一样,在美妙的时刻随时来相会,即使时间短暂,也是多么美好的事情啊!

整段赋文,作者通过"自园而田,自田而湖"的线索,以充满诗意的整

---

① 沈约:《宋书》,第 1760 页。

齐句式提炼出湖光山色的几个细景，最后以友情难觅结束。在每一景本身以及景与景之间有着巧妙的对应和转换，渲染出的氛围既令人神往又有些迷离缥缈，以此得出的寂寞情怀也就显得自然贴切。

谢灵运这样写北面山居的美景："日月投光于柯间，风露披清于山畏岫。夏凉寒燠，随时取适。阶基回互，檐桴乘隔。此焉卜寝，玩水弄石。"①意思是说从远处看，太阳和月亮在密林中投下各种光影，微风和露水则给远近的山峦披上一层清爽。北居依山而筑，冬暖夏凉，会随着时令的变化而把室温调得很合适。台阶和地基互相衔接又环绕回转，廊庑曲折有序，屋椽和窗格相互交叉而错落有致，借窗桴可隔空取自然山水之景。选择了这样好的屋室，既可以游玩于山林又可观赏于水泽，真是美不胜收。

谢灵运对自己的审美意向有明确的意识，多次用到"美"字来强调他所涉对象的特质，如除了上述的"此皆湖中之美"，在其他处又提到"兼见江山之美""皆木之类，选其美者载之""此四鸟并美采质""以为寓目之美观""展转幽奇，异处同美""此章谓山川众美"等等，这些对美的说法，都从比较纯粹的角度来评判，精神趋于更为自由的层面。

第三，山居品物语。谢灵运在对庄园的描绘中，极为难得之处在于几乎实录了园中的诸多生物，而且不是简单地状物，而是有一定的景致布设，让物在说话，汇成了诸多物语。

就水草而言，名目繁多，诸如萍、藻、蕰、菱、蘸、蒲、芹、荪、蒹、菰、苹、蘩、蓶、荇、菱等等，在这些花草之中，他独爱荷花："独扶渠之华鲜。播绿叶之郁茂，含红敷之缤翻，怨清香之难留。"②可惜荷花的清香和花容难以永驻人间。

蔬菜有蓼草、蕺菜、荠菜，菿菜、萝卜、苏梗、生姜等等。其中，绿葵、白蓶、青葱、藿豆的生长极有特色。

---

① 沈约:《宋书》，第 1767 页。
② 同上书，第 1761 页。

竹类有二种叶子殊样的箭竹(大叶苦箭和细叶笄箭),还有四种叶子大体相同的苦竹(青苦、白苦、紫苦、黄苦),在不同的山谷长有水竹和石竹。这些竹子形成的林子,可与历史上著名的竹园(如关中上林苑、卫国淇澳园等)相比,代表了东南之地的某种风范,谢灵运虚拟地邀请"竹林七贤"来游玩,说不定这些名士还可能得到另一番趣味。

树木类有松、柏、檀、栎、桐、榆、檿、柘、榖栋,楸、梓、河柳、臭椿等,这些树"刚柔性异,贞脆质殊。卑高沃脊,各随所如"①。美态不一,但各得其所。

此外还有很多动物,比如鱼就有鱿、鳢、鲋、鱮、鳟、鲩、鲢、鳊、鲂、鲔、鲄、鳜、鲿、鲤、鲻、鳣等,鸟类则有鹍、鸿、鹔、鹄、鹙、鹭、鸨等,山上的野兽有猨、狸、貛、犴、獑、猰等;山下的野兽则有熊、罴、豺、虎、羱、鹿、麕、麖等。对这些动物,谢灵运提出一个很重要的保护主张,就是"缗纶不投,罝罗不披。磻弋靡用,蹄筌谁施"②,甚至对虎、狼也要把它们当作麒麟一样的仁兽,让其安度天年。

第四,山居稼穑图。庄园不全是用来居游的,也有一部分用于耕作。谢灵运对庄园里的农业生产极为熟悉,而且提出了如何应对生产资源的总原则——"山作水役,不以一牧",意思是做农活要不拘一格充分利用庄园里的一山一水。

如何伐木和获取竹林资源?谢灵运说:"陟岭刊木,除榛伐竹。抽笋自篁,擿箬于谷。"③

竹子除了实用,还可制作笛和钥这类乐器。野外采撷到的蘡薁,酿成清酒,向阳山崖上挖掘来的茜草和在北面树梢上摘取的鲜叶,制作成饮料,这些都可饱口福。在高高的树林中找到的桑实和在野花椒的根蔸上剥下来的陆英,则可用作药材。白天拔出来的茅草,夜晚制成绳索。那些处理掉的杂草和剪不下来的左香蒲叶子,可制成草垫子,或作为草

① 沈约:《宋书》,第1762页。
② 同上书,第1763页。
③ 同上书,第1766页。

料用来喂养牲口，也可以和上水土后当作造陶器的雏胚。到了六月份，重要的农事是采集花蜜；八月份，则是收取栗子。在此，谢灵运比较注重山中采集收成的事情，有关捕鱼打猎的事情则不予记载。①

第五，山居慕仙境。谢灵运比较了山野与村落不同的居住方式，称赞前者的"昭旷"，贬低后者为"膻腥"，言下之意，山野之居已是不错的生活方式，但通过阅读圣贤书可知还有更广阔的天地需要拓展，谢灵运认为最好把庄园建造成类如阐述过"四真谛"的鹿苑，解释《般若经》《法华经》的灵鹫山、论述"涅槃"的坚固林以及辨明"不思议"的庵罗园，有了这种清修净地，可以让四方僧侣都到这里修行。

有了计划，他便开始实施，不用看风水，凭感官看到有奇石绝崖之处就是好去处："面南岭，建经台；倚北阜，筑讲堂。傍危峰，立禅室；临浚流，列僧房。"②这些方外之所不以华丽为美，只能算是一些茅庐而已，但见素抱朴，整个环境"对百年之乔木，纳万代之芬芳。抱终古之泉源，美膏液之清长"③，"法鼓朗响，颂偈清发"④，是修行得道的好地方。

第二节　对环境中多种对象的发现

谢灵运山水诗虽然是艺术创作，但是他的纪实性风格使得诗的内容具有很多联系到实在环境的可能，通过诗中触及的具体环境的模样，可看出当时人们对环境理解的深度和广度。

第一，由状物趋向写景。以往有关写及山水的诗歌涉及的对象很有限，对所涉对象的描述也不细致，而谢灵运在描述对象的广度和深度上都远远越过了古人，当时也没人能跟他相比。谢灵运的山水诗给人印象

---

① 谢灵运还重视农桑，任永嘉太守时曾号召全郡百姓春播前在大路两旁种桑树，发展养蚕纺织业，后来又到多处地方考察种桑情况，写下了《种桑》一诗："旷流始毖泉，湎涂犹跬迹。俾此将长成，慰我海外役。"
② 沈约：《宋书》，第1765页。
③ 同上。
④ 同上书，第1769页。

极强烈的特征是物象纷至沓来,如《于南山往北山经湖中瞻眺》中写到了海鸥、乔木、阳崖、侧径、大壑涤、阴峰、林密、环洲、新蒲、天鸡等,在《登永嘉绿嶂山》中写了山路、溪涧、峰峦、山林、山岩、秀竹、落日、月色等,《石壁精舍还湖中作诗》写到了林壑、云霞、芰荷、蒲稗、南径,《石门新营所住四面高山回溪石濑茂林修竹诗》写了山、溪、石、竹、席、金等。这些意象在诗中不是刻意机械相加,作者以诗意将之贯穿在一起。

同样,在对人居环境的描述中也尽量触及其多个方位,《田南树园激流植援》就运用了"园""室""窗""户""扉""涧""井""槿""塘""田"等人化的物象,《登石门最高顶》有"高馆""户庭""积石""阶基",《过始宁墅》中有"葺宇""筑观",等等。

还有众多如岩岭、洲渚、白云、幽石、绿筱、清涟、茂松、乔木、大壑、密林、初篁、新蒲等意象本身就极具美的形态,在谢灵运的山水诗中更是被大量运用。

对这种尽情铺叙、展示物的现象,在日本学者小西异的《谢灵运诗考———自然素材的选择与审美意识》一书中,就详细统计过谢灵运诗中出现得特别多的自然对象。如他研究出"江"24次、"林"23次、"海"18次、"兰"18次、"水"17次。在文人研究中计算的方法不能说明有什么特别的意义,但证明谢灵运有一种"博物"的酷好,也发扬了儒家"多识鸟兽草木"的传统。诗毕竟受篇幅所限,在洋洋洒洒万言的《山居赋》中,谢灵运充分利用了赋体的特色,"曲写豪芥",把他的这一酷好推到了极致。赋中谢灵运不但就与他家始宁别墅所在的山川形胜、楼阁园林、飞禽走兽、庄稼竹林、菜蔬药材细述了一遍,还就题发挥,把相关的人文历史、地理方术、仙佛人物也纳入详叙,形成了自然风光与人文气息共同营造的大画卷。

第二,对环境的诗化处理。谢灵运山水诗广泛捕捉如此众多的物象,这些对象之间可能没有什么关系,可诗人利用诗特有的艺术处理能力,使这些物在作为意象的层面之间产生了有机的联系。这种引发,使欣赏者获得了发现多种自然对象美的眼光,从而会进一步推理出自然物本身应有某种必然的联系，虽然不知道那种联系的科学机制，可它在精神层面的意义上会给欣赏者造成了物物之间甚至是物与人之间都处于某种共同体之中，结果就会产生出物物、物人相谐相处的认同感。谢灵运在描述他家的"旧居"时，就充分利用了艺术的这一美化效果，使人们看到了不一样的景致，他说：

> 尔其旧居……粉槿尚援，基井具存。曲术周乎前后，直陌矗其东西。岂伊临溪而傍沼，乃抱阜而带山。……葺骈梁于岩麓，栖孤栋于江源。敞南户以对远岭，辟东窗以瞩近田。①

　　其实所有文字在处理对象的时候都有某种变形，也就是说它在选择写下什么对象时就必然隐去其他相关对象，但是这当中还是有不一样的结果，比如一般说明性文字在描述一个对象时，会有二个以上句子联系其相关的三个或三个以上的其他有形的物，或者就对象本身用二个或二个以上句子来展开刻画这一对象，产生出一个实在的空间定位，当然，其中的判定有人们常识的参与。但是如果在跳跃性的文字（如诗、赋类的韵文）中，惯常的做法是只联系两个相关对象即跳跃而去，这样，对象之间就有了很强的主观性联络。比如上述作为一篇"赋"的文字，每句话虽然都是围绕着"旧居蠆宅"②展开，可每一句诗行只联系两个对象构成一景，没有过多的停留和渲染，即快速移到另一个同样用两个对象构成的景，从前一部分的枌榆和木槿、墙基与水井、古城道路与房前屋后、田间小路与村东村西、溪水与小湖、土山与山岭，到后一部分的"骈梁"与岩崖脚、"孤栋"与水的源头、南门与远方的山岭、东窗与近处田园，诗人快速地切换两个物构成的景，使得最终要给出的那一对象得到了多方位、多角度的观赏。赋中还有意透露这一由叙述主体分化出来的观察视角，如

---

① 沈约：《宋书》，第 1760 页。
② 旧居，也是一个对象，是整个语境中最大的对象，所有的句子都在瞄准它。按三个以上的句子来衡量它似乎也成了一个质实的对象。为避免误会，在此要分清整体对象及其局部对象之间的差别。上述所涉说明性句子和诗化的句子的对象都是指局部对象。

"敞南户""辟东窗"①,从一个限制住的角度来看风景,更增加了诗人教育人们如何欣赏风光的方法,给了人们更多发现美的眼睛。

第三,对环境中生命力的阐发。谢灵运的山水诗充满了对自然界万物的热爱和向往,他通过审美的眼光,给予了对象活泼的生姿。如在他著名的《登池上楼》中的"初景革绪风,新阳改故阴。池塘生春草,园柳变鸣禽",诗句中用了富含革新意味的动作——"生"和"变",景色又集中在池塘长出春天的新草以及落寞了很久的园中柳树成了禽鸟欢歌的乐园,这些表述极为明显地引发出对新旧更替的关注,其赞美的口吻又突现了春天到来所带给人间的那种生机和力量。研究者从谢灵运更多的诗篇发现,其山水诗不仅止于对春天的挖掘,而是循着四季这一线索,继续吟唱其他季节景物的美。《游南亭》中的"泽兰渐被径,芙蓉始发迟",写的是夏季泽畔兰草的繁茂和荷花的绽放;《晚出西射堂》中的"连鄣叠巇崿,青翠杳深沉。晓霜枫叶丹,夕曛岚气阴",写的是秋日,曾经的深青淡翠笼罩在暮色之中,唯有染霜红枫透过厚重阴沉的岚气显出生机;《七里濑》中"石浅水潺湲,日落山照曜。荒林纷沃若,哀禽相叫啸",水浅山明,夕阳野林,秋天已至,禽鸟挣扎着想挽留最后的夏日盛景;《岁暮》中"明月照积雪,朔风劲且哀",冬夜的明月映照在皑皑积雪上,北风吹得猛烈又凄厉,严冬抑压着各种生机,可也彰显出某种试图冲破障碍的力量。在种种景象的更迭中,万物强劲、旺盛的生命力贯穿一年四季的始终,谢灵运从更大的视域,合成了一个以时间为主轴的节律,捕捉到了更大范围的生态美。

从根本意义上说,自然界的生机是人赋予的,在艺术创作中拟人的写法最能明白指出这层含义,谢灵运有很多诗句就用了这种修辞手法,如"鸟鸣识夜栖,木落知风发"(《石门岩上宿》)中的"识"和"知",就是用了拟人化的动作;又如"援萝聆青崖,春心自相属"(《过白岸亭》)、"白云

---

① 从窗户看景,是谢灵运很喜欢用的手法,如《田南树园激流植援》:"卜室倚北阜,启扉面南江。"

抱幽石,绿筱媚清涟"(《过始宁墅》)和"海鸥戏春岸,天鸡弄和风"(《于南山往北山经湖中瞻眺》),也同样以人之情移到物上,使之有了人的感受力,更有趣的是,这些动作都发生在物与物之间,它们与人与物的相通相知一样,肯定了万物生机与个体生机相感应的双向关系,也进一步表明了施行于整个世界的那种生气具有普遍性和统一性。

第三节　山水诗所拓展的境界

相比于陶渊明,谢灵运竟对田园风光视而不见,把诗的视角集中在山水,使山水诗的题材受到一定的限制。在谢灵运的心目中,乡野一带,农夫活动的区域,与鄙陋、低俗以及艰苦相系,是他这种贵族出身的人所排斥的,骨子里"既笑沮溺苦……耕稼岂云乐"(《斋中读书》),这种状态写就的诗作必然导致一大部分诗题的缺失,这是古代诗风表达典雅固有的传统使然。就谢灵运所处的时代,玄言诗风盛行,玄理表达占据了诗歌的大部分内容,如习惯于此类诗作的运思,必然在与农耕有关的风光中找不到"理趣"发挥的去处,这也决定了谢灵运诗的大致走向,就是在纯粹山水风光中寄托他所习得的玄理。

玄学所阐述的"理"如何入诗,从佛学家支道林"即色游玄"的说法中可见端倪。他说:"夫色之性也,不自有色,色不自有,虽色而空,色复异空。"(《即色游玄论》)色,可以理解为人们五官所获得的对象,这些对象并不是世界本身(道),把世界本身(道)当作真实的所在,那么相对而言,"色"仅是表面的现象,可当作"空",可"色"毕竟透露了世界本身(道)的某些消息,又不完全等同于"空"。"色"有它独特的存在价值,通过"即色"可以"游玄""悟道"。在绘画上,"色"即是"形",宗炳提出"以形媚道",同样是受玄学之理影响的结果。山水诗所摄入的物象及其所发生的关系过程皆属于"色",如山之貌和水之态对于山、水的本身存在来说都是假象,当然它们不可能是其他自然物如花草的假象,而是专属山水的。这种专属注定了山水呈现给人的价值,而山水表面的假象和它们存在的真相之间的关系就成了阐发"玄理"重要的去处。一般而言,山水作为自然的总代称,没有太多社会人为性的掺杂,能从中直接引发的诗境大多不离自然的生趣和其自足的存在状态。与明显人事相连,就引出了更多的"理",源于自然的轮回永在,就有了"生死"问题,从自然的"中立",又看出了人生的"悲欢离合""爱恨情愁"以及这些变化的意义大小。如谢灵运《过白岸亭》诗,自然物象及其过程主要有远处苍翠的青山、疏朗葱茏的林木、流过小石头的溪涧水、拽着藤萝攀上青崖、倾听林间黄莺与野鹿的叫声等,从白岸亭这些景象中,他与人生的"荣悴迭去来,穷通成休戚"联系在一起,得出"未若长疏散,万事恒抱朴"的主旨。"荣悴""穷通""休戚"都是指人生过于执着导致的狼狈模样,还不如自然心性的"疏散"给人带来的宽裕自如,从自然到人事,最终的真理是要"恒抱朴",保持自然纯洁的本性,即能获得真正的快乐。

从作诗的角度看,这种诗可分为两截,前一段写景抒情,后一段写理点题,相互之间关系不太紧密,"抱朴"之理可以从任何自然的生长意趣中得到,诗人"过白岸亭"之所见所感仅是得出此理的一种可能性,诗中所写到的"白岸亭"有其本身的"理",而这种"理"最好不要在诗中写出,这才是艺术性之所在。基于此,诗中写到的前一截作为诗来说已经完整了,没必要加个多余的尾巴,但从玄学的需求看,恰恰必须说出某种"理"才能成诗,谢灵运正是处于这种纯粹山水诗与玄言诗摇摆阶段的关键人物。对于这种两分状态,用谢灵运自己的话评价就是:"情用赏为美,事昧谁能辨? 观此遗物虑,一悟得所遣。"(《从斤竹涧越岭溪行》)第一句表达出只要针对景色之美作出纯粹欣赏的态度,保持住"山水质有而趣灵"(《画山水序》)的度,不要作更多的分辨真假的事,即可以看作是做山水诗的本色;后一句要人们看到风景后有所领悟而忘却世俗,排除一切烦恼,此处表明这种"理"则是典型的作玄言诗的套式。就纯粹的山水对象来说,从谢灵运诗中提炼出的诗境大概有三方面内容,它们是:

第一,清新。自然山水所给予人的一个很重要的印象就是与人群世态不一样的清爽怡人,直接刺激了诗人兴致。在谢灵运的笔下,"清新"

之诗首先表现为"清澈干净"之景，如："云日相辉映，空水共澄鲜"（《登江中孤屿》）；"野旷沙岸净，天高秋月明"（《初去郡》）。有的直接在诗中以"清"字点明，如："白云抱幽石，绿筱媚清涟"（《过始宁墅》）；"密林含余清，远峰隐半规"（《游南亭》）；"中园屏氛杂，清旷招远风"（《田南树园激流植援》）。最明显的"清新"就在"清涟"（清水）、"余清"（雨过天晴之后的清爽、清凉）、"澄鲜"（清明）等景致之中，作为诗，单独指出"清新"，其意义不大，甚至也不一定就能产生"清新"的效果，它必须与其他诗行搭配才能产生艺术美。《过始宁墅》中的"清涟"属写实，它借"媚"字与"绿筱"极富动态合在一起，又紧密地联系了"白云抱幽石"一景，两句整饬的诗共同营建出意趣盎然的境界。"清涟"也就由实在的"清新"引向了更大范围的"清"，使得诗意顿时拓展到了以精神占主导的场域，"清新"也就指向人的身心在自然物的洗涤下焕然一新之意。同样，《游南亭》中的"余清"也有精神意味，"密林含余清"中"含"字暴露出强烈的人为性，因此，诗中的清境很大部分是人造的。至于《田南树园激流植援》中的"清旷"则走得更远，似乎有点玄虚，诗人为了与浊世对抗，尽力扩大"清"的范围以致成了"清旷"（高旷清远，时空极大），以此来作为能消弭烦忧的去处。

更多情况下，"清新"主要表现为一种革新，去旧迎新，或者说是新生命、新状态的出现。如"白芷竞新苕，绿蘋齐初叶"（《登上戍石鼓山诗》）；"初篁苞绿箨，新蒲含紫茸"（《于南山往北山经湖中瞻眺》）；"陵隰繁绿杞，墟囿粲红桃"（《入东道路诗》）；"芰荷迭映蔚，蒲稗相因依"（《石壁精舍还湖中作》）。这些诗句清新明丽、生意盎然，明显的指示词在于"新"，有了新旧之别，自然给人一种清爽之感，从而心生怜爱、倍觉欣愉。基于这类诗作，鲍照极为中肯地说："谢诗如初发芙蕖，自然可爱。"（《南史·颜延之传》引鲍照语）汤惠休也说："谢诗如芙蓉出水。"（钟嵘《诗品》）陆时雍更是从谢诗对心境的影响方面说："读谢家诗，知其灵可贬顽，芳可涤秽，清可远垢，莹可沁神。"就《过始宁墅》而言，陆时雍又云："熟读灵运诗，能令五衷一洗，白云绿筱，湛澄趣于清涟。"这些诗评家都准确地抓住了谢诗的"清新"之意。

谢诗全方位地投向自然,在诗史上开了一代新风,给咏诗者带来了一种清新的感受,这也是谢诗的"清新"之意。刘勰《文心雕龙·物色》中说:"自近代以来,文贵形似,窥情风景之上,钻貌草木之中,吟咏所发,志唯深远;体物为妙,功在密附。故巧言切状,如印之印泥,不加雕削,而曲写毫芥。情必极貌以写物,辞必穷力而追新。"这些评论亦可用在谢灵运身上,谢诗的创新无疑给时人带来了赏诗的骚动,《南史·谢灵运传》记载:"(谢灵运)每有一诗至都下,贵贱莫不竞写。宿昔间士庶皆遍,名动都下。"[1]这种盛况,对谢灵运来说,未尝不是一种人生奖赏。

第二,致静。谢灵运本意在功业,可志向和才气与时势不合,故落得身单意颓,自暴自弃,虽几经沉浮,可改变不了整体的生活轨道。出于对时世的厌恶和自身的躁动,他求助于山水的宁静和平和,并把这种生活态度写进诗中,《初至都》有:"卧疾云高心,爱闲宜静处。寝憩托林石,巢穴顺寒暑。"诗人栖身林中,随寒暑更迭,不再受世事纷扰,做到宠辱不惊,恬淡自适。他看到的是"海鸥戏春岸,天鸡弄和风"(《于南山往北山经湖中瞻眺》)、"鸟鸣识夜栖,木落知风发"(《石门岩上宿》),做到"守道顺性,乐兹丘"(《答中书》),把"庐园当栖岩"(《初去都》),尽享大自然的恩赐。

王夫之就谢灵运的这方面诗意,评论说:"谢灵运一意回旋往复,以尽思理,吟之使人卞躁之意消。"(《姜斋诗话》)当然谢诗的这种"致静",只有某些局部疗效,并不能真正使生命得到彻底的平和。

第三,奇崛。谢灵运诗中体现"清新"和"恬静"的意境,其思想主要来自玄学,那么从他个人气质上看,围绕着他的山水诗,他的才气主要表现为猎奇。谢灵运平生自负,又才华出众,自然有各种出格的精神冒险行为,《宋书》记载谢灵运,"寻山险岭,必造幽峻,岩障千重,莫不备尽"在山水诗中,为表现与众不同,显示才学,他在诗中描述了很多常人难以达

---

[1]《二十四史全译·南史》,第445页。

到的奇峰绝岭以及这些地域所出现的特殊景色。如谢灵运任永嘉太守时写下的《游岭门山》一诗,其中"千圻邈不同,万岭状皆异。威摧三山峭,濿汨两江驶"用语偏僻险涩,使景观显得崎岖险巇,有一种大大出离人们的常态之感。他在《石室山》中写道"莅莅兰诸急,藐藐苔岭高。石室冠林卿,飞泉发树梢",更是有夸大之嫌,甚至出现了幻觉,山在树冠之顶,泉从树梢而发,明显与常识相背,虽整体上因诗兴而发,但总有一种怪异之感受。

　　谢诗的这种"尚奇"倾向,并非无中生有。早在汉代,王充在《论衡·对作》中对当时的"汉大赋"的用语就分析道:"世俗之性好奇怪之语,说虚妄之文。何则? 实事不能快意,而华虚惊耳动心也。"王符在《潜夫论·务本》也云:"今学问之士好语虚无之事,争着雕丽之文,以求见异于世,品人鲜识,从而高之。"可见,"尚奇"与"争丽"是共生现象,谢灵运山水诗多华丽文采,应该也是他才气过人的表现。

第十四章　道教的环境美学思想

阴阳五行建立起一个与庞大的帝国相匹配的程式化环境,由于整个汉文化思想来源的多样性,"独尊儒术,罢黜百家"并没有真正灭掉其他诸家思想,特别是道家,在汉代依然有旺盛的生命力,汉初国力及思想活力的恢复很大程度就是依赖于对黄老思想的提倡。于是,自然环境在道家的关照下就获得了其思想性存在,道家主张回归自然,受道家影响较深的《淮南子》即以此认为对自然要"各得其宜,因地之势"。道家的这种生命力更重要的是借道教得以张扬。

道教源自道家,但对道家的核心精神进行了世俗化和实用化的处理。从环境美学的意义来理解,道家主要塑造人的心灵空间,在先秦诸子争鸣中,道家以占据了回归自然环境的心性维度来彰显其特色,仅在语言的层面上得到阐发,并没有更多的实体空间可以对象化。而到了道教兴起以后,由于有了世俗界特别是政权的支持,修道者得以在现实界践行出他们理想的"洞天福地"。

魏晋时期的道教人物主要有郭璞、葛洪、陶弘景,他们内外兼修,不但是理论家,也是实干家,从内境到外境都营造出了他们理想的道教环境。当然,道教全方位的思想开端包括环境美学思想还必须从东汉的《太平经》说起。

第一节　《太平经》

据《后汉书》记载，《太平经》原名为《太平清领书》，作为早期的道教经典，通过假托神人（又称天师）与六方真人对答的方式来展示原始道教教义和方术，内容驳杂，既可以成为入世的指导，为天下开出一套太平的蓝图（书名就代表了全书的主旨），甚至成为造反的根据（张角的太平道起事就是以之为号令），又有人生伦理之则，以及道教所专长的长寿、成仙、养生、祛病、通神、占验之术，以顺应阴阳五行为宗旨，从中宣扬灾异祥瑞、善恶报应观念，可称为早期道教的百科全书。《后汉书》就记载襄楷上疏称《太平经》为"神书"，它"专以奉天地顺五行为本，亦有兴国广嗣之术"[1]。

"太平经"的"太"就是"大"或"天"的意思，"平"指"地"，地平即能养万物，"经"即"恒常"之意。《太平经》中描述了所谓"太平"的内涵，即："太者，大也。乃言其积大行如天，凡事大也，无复大于天者也。平者，乃言其治太平均，凡事悉理，无复奸私也；平者比若地居下，主执平也，地之执平也。"[2]合起来，"太平经"就是"以致治太平，除灾安天下"[3]。《太平经》把天地之理分第一善为"乐生"、第二善为"乐养"、第三善为"乐施"。[4]从对这至善之理的判断看，《太平经》的思想核心就是充满了对生命的肯定。

一、天下太平的图景

《太平经》作为教义，其核心指向就是为现世的人生所用，具有很强的实践性。因此，在观念层面，道理铺展得愈宽愈好，接受的人就愈多，

---

[1] 范晔：《后汉书》，第726页。

[2] 王明：《太平经合校》，北京：中华书局1960年版，第148页。

[3] 同上书，第128页。

[4] 原文是："理之第一善者，莫若乐生，其次善者乐养，其次善者乐施。"见王明《太平经合校》，第704页。

这也是传世经书的普遍说理方式。《太平经》为世人展现一幅美妙的蓝图：

> 元气与自然太和之气相通，并力同心，时怳怳有形也，三气凝，共生天地。天地与中和相通，并力同心，共生凡物。凡物与三光相通，并力同心，共照明天地。凡物五行刚柔与中和相通，并力同心，共成共万物。四时气阴阳与天地中和相通，并力同心，共兴生天地之物利。孟仲季相通，并力同心，各共成一面。地高下平相通，并力同心，共出养天地之物。蠕动之属雄雌合，乃共生和相通，并力同心，以传其类。男女相通，并力同心共生子。三人相通，并力同心，共治一家。君臣民相通，并力同心，共成一国。凡事悉皆三相通，乃道可成也。①

《太平经》以"气"贯穿天、地、人三个领域，万物都由三个要素"并力同心"促成，最终达于"道"。世界具体可分为三部分，即自然界、社会和个人。气在天显为"三光"，在地以山川阡陌为纹理，动为"盛衰动移崩合"，在人主要以言语呈现出来。天地合称，即等同于今人所说的自然界，对这领域，《太平经》指出："天地之性，万物各自有宜，当任其所长，所能为，所不能为者，而不可强也。"②这种天然地秉受了阴阳之气，就好像鱼有了水，木有了土，百姓相其土地而种，万物就能畅茂而长；对社会来说，无埋怨之气，贤明之臣愿为君计，孝顺之子愿为父用，则人间能现太平景象；对个人来说，无郁积之气，得心顺事，则爱家国。这样，由个人到天下，或从天下观个人，都能从"正气"中获得太平的生活。

追其究竟，《太平经》认为天下最大的气就是"众气所系属"的"王气"。它说："王气所处，万物莫不归王之。"③利用好"王气"，则天和景明，万民归心。通过寄望"王气"，人们可以隐约猜测到《太平经》有某种向世

---

① 王明:《太平经合校》,第148—149页。
② 同上书,第203页。
③ 同上书,第304页。

俗最高权势示好的意向。

《太平经》较为具体地指出了"天下"在地理上的两个层次,即华夏和夷狄,并从它们的关系来谈天下的和平相处。《太平经》主张夷狄之人也是可以通道的,所以"毕得天地人及四夷之心,大乐日至,并合为一家,共成一治者也"①。为道之人,有责任将"天师之书"传及夷狄。

"三才"最终要落实到人,人作为世上的"尊贵"者,如能安贫乐道,顺应自然,注重养生,就能得到健康、快乐、自由的生活,如此就能观出天下升平的景象。

二、天下太平的逻辑

《太平经》在其理想图景中,有两个重要的逻辑支架。

一个是"三元"论,这一论述又有两个来源,从偏向静态的要素上看,来自《易传》的三才说,即所有部分的构成都以"天、地、人"(三数)的方式出现;从动态的方式上看,来自老子著名的世界生成图式:"道生一,一生二,二生三,三生万物。"(《老子》第四十二章),《太平经》继承其思想,突现了老子"三生万物"这一环节的思维方式。动静两者结合,则有"上天下地,阴阳相合施生人,名为三也"②。在天、地、人的根底上又有"三气"相配,经文说:"元气有三名,太阳、太阴、中和。形体有三名,天、地、人。"③又说:"夫天、地、人本同一元气,分为三体,各有自始祖。"④以此为基础,《太平经》展开了对世界以"三"为单位的整体铺叙。⑤ 如家、国有"三":"父母子三人同心,共成一家,君臣民三人共成一国。"⑥人生有"三急"或"三实",即"饮食""牝牡"和"衣",这三件事是人生最为重要、最为

---

① 王明:《太平经合校》,第 333 页。
② 同上书,第 305 页。
③ 同上书,第 18 页。
④ 同上书,第 236 页。
⑤ 与"三才"说相连,《黄帝阴符经》表达索取关系有"三盗"说,即:"天地,万物之盗;万物,人之盗;人,万物之盗。"
⑥ 王明:《太平经合校》,第 149 页。

急迫之大事(卷三六《守三实法》)。对人的生命(形),须"精、气、神"三结合,《太平经》说:"欲寿者当守气而合神,精不去其形,念此三合以为一。"①这些"三"的思维套式衍生于"阴阳"的二维结构,有一定的特色,显示了中国文化的某种创造性潜力,从历史的长河看,"三"还是不能与"二"元的思维定式相比,成为主流。

另一重要的方法是"守一"。《太平经》说:"夫一者,乃道之根也,气之始也,命之所系属,众心之主也。"②又说:"一者,数之始也;一者,生之道也;一者,元气所起也;一者,天之纲纪也。"③与"守一"最为相应的心性特征是"畏":"天畏道,道畏自然。夫天畏道者,天以至行也。"④人守天道最好就是形成"敬畏"之心。畏比害怕、恐惧的含义更为丰富,本质上没有实体对象,可以直面大道,又能对世俗有所制约,有了这种心性,由人达天就能取得"纲举目张"的效果。

三、天下太平的措施

《太平经》在憧憬天下太平的同时,也注意到了其相反的一面。经书为世人描述了天下失序的状态:

> 今天地阴阳,内独尽失其所,故病害万物。帝王其治不和,水旱无常,盗贼数起,反更急其刑罚,或增之重益纷纷,连结不解,民皆上呼天,县官治乖乱,失节无常,万物失伤,上感动苍天,三光勃乱多变,列星乱行。⑤

上述引文指明了天下灾害连锁发生的过程。先是阴阳气不得其位引起自然内部各物失去应有的位置,导致万物病害,与此同时,祸不单行,统治者内部失和,随即又发生水灾、旱灾,盗贼乘机作乱。面对这种

---

① 王明:《太平经合校》,第 739 页。
② 同上书,第 12—13 页。
③ 同上书,第 60 页。
④ 同上书,第 701 页。
⑤ 同上书,第 23 页。

情况,官府不是采用安民宽松的政策,而是加重刑罚,结果怨气冲上云天,三光悖乱,星辰脱轨,秩序大乱。整个过程中天灾、人祸相互催促,愈演愈烈,最后酿造了不可收拾的局面。

针对日月星三光多变、阴阳失所、五行乖决、四时无常、寒暑颠倒、疾病肆虐等情况,如何整体性地避免这些环境灾害,《太平经》遵循大道之理来提出解决的办法,其最大的措施是从中国传统礼乐文化中去寻求资源,主张"以乐却灾法"。《太平经》说:"夫乐于道何为也?乐乃可和合阴阳,凡事默作也,使人得道本也。故元气乐即生大昌,自然乐则物强,天乐即三光明,地乐则成有常,五行乐则不相伤,四时乐则所生王,王者乐则天下无病,蚑行乐则不相害伤,万物乐则守其常,人乐则不愁易心肠,鬼神乐即利帝王。故乐者,天地之善气精为之,以致神明,故静以生光明,光明所以候神也。"①中国文字同音同形即有某一方面的意义相通,"乐(lè)""乐(yuè)"同形,说明两字意义有相通之处,在以"乐(lè)"激发天地太平的过程中,"乐(yuè)",应该是其中重要的一个途径。

落实到具体场所,它有更为细致的理路。古代中国作为农业大国,土地问题是个必须关注的首要目标,《太平经》与其他著作一样也不例外,它的《起土出书诀》较为全面阐明了道教的"土地"环境观。谈及土,必涉及天和人,《太平经》称天为父主生,称地为母主养,人为天地父母所生,当敬其父爱其母。可是在现实中人们却大伤地母,主要表现为:第一,兴土功没有节制。挖土就好像小小的疽虫居人皮中,不断啃噬,最后把人摧毁。不管用什么方式,"大起土有大凶恶,小起土有小凶恶"②。第二,乱挖水井泄地气。"今一大里有百户,有百井;一乡有千户,有千井;一县有万户,有万井。"③如此滥挖水井,严重破坏地形。第三,盲目采矿挖沟。"今天下大屋丘陵冢,及穿凿山阜,采取金石,陶瓦坚柱,妄掘凿

① 王明:《太平经合校》,第 12—13 页。
② 同上书,第 116 页。
③ 同上书,第 119 页。

沟渎,或闭塞壅阏,当通而不得通有几何乎?"①矿石为地之骨,乱采乱动,则同样坏了地气,必须谨慎对待。

损害了地母,必然危及天父,最终受害者则是人本身。可是为了生存,人不得已要动土,那就要有个折中的度,《太平经》的主张是:"凡动土入地,不过三尺。"②

再比如怎样对待山林和草木,《太平经》从阴阳平衡出发提出人们该如何对待它们的方法。对前者,它明确主张"禁烧山林",理由是:"山者,太阳也,土地之纲,是其君也。布根之类,木是其长也,亦是君也,是其阳也。火亦五行之君长也,亦是其阳也。三君三阳,相逢反相衰。是故天上令急禁烧山林丛木,木不烧则阴中。阴者称母,故倚下也。"从阴阳的角度看,山、地、火均为阳、为君,三君三阳相逢反相衰,纯阳之物聚集在一起,没有了相克的一方,走的是一条"灭亡之路,无后之道",所以必须禁止焚烧山林。

对后者,《太平经》用的是相反的办法,主张烧下田草。原因是:"草者,木之阴也,与乙相应。木者,与甲相应。甲者,阳也,与木同类,故相应也。乙者,阴也,与草同类,故与乙相应也。乙者畏金,金者伤木,木伤则阳衰,阳衰则伪奸起,故当烧之也。又天上言,乙亦阴也,草亦阴也,下田亦土之阴也。三阴相得,反共生奸……火者,阳也,阴得阳而顺吉,生善事。故天上相教,烧下田以悦阴,以兴阳,故烧之也。"③同样从阴阳的角度,把"下田、草"与乙相配属阴,三阴相遇会生奸,所以以阳火烧之,可以悦阴兴阳,达到阴阳平衡。从今人的眼光看,阴阳学与生态平衡观在整体精神上应该是相吻合的,具体如何理解某一环境的平衡可能会出现差异。如上述例子,为什么草要烧而林就不能烧呢? 一般常识把草木归为同类,排除一些特殊情况,两者都属于不能随便焚烧的对象。《太平经》针对的是"下田草",并不是所有的草。烧田地的草可以增加肥力,应

---

① 王明:《太平经合校》,第119页。
② 同上书,第120页。
③ 同上书,第670—671页。

该就是属于特殊的对象需特殊处理。

受传统"月令"思想的影响,《太平经》同样主张不能伤害那些幼小的动植物。其理论基础从元气说起,它认为天上飞鸟,地上走兽,水中鱼类以及各种谷物草木蚑行喘息蠕动类,与人一样皆秉有元气,出于同类相惜的考虑,人就应该给予这些有元气的存在物以尊重,不能随意杀伤。它说:"元气归留,诸谷草木蚑行喘息蠕动,皆含元气,飞鸟步兽,水中生亦然,使民得用奉祠及自食。但取作害者以自给,牛马骡驴不任用者,以给天下。至地祇有余,集共享食。勿杀任用者、少齿者,是天所行,神灵所仰也。万民愚感,恣意杀伤,或怀妊胞中,当生反死,此为绝命,以给人口。"①在《写书不用徒自苦诫》同样强调给幼小者以保护,说:"人亦须草自给,但取枯落不滋者,是为顺常。天地生长,如人欲活,何为自恣延及后生? 有知之人,可无犯禁,自有为人害者。但仰成事,无取幼稚给人食者,命可小长。"②这些说法含有某些以人为中心从实用性方面考虑(如不杀生可延长寿命)的因素,但至少意识到了他者存在的价值和意义,一定程度上保护了自然环境。

《太平经》对农业生产中的"自粪"观念也极为认同,它说:"太平气,风雨时节,万物生多长,又好下粪地,地为之日壮且富多,可能生长,凶年雨泽不时,地上生万物疏少,短而不长,不能自粪,则地之为日贫薄少,无可能成生万物。"③在太平时节,风调雨顺,地肥物丰,良好的气候、植被使土壤有"自粪"能力,生态保持平衡。否则万物生长即受挫。更具体的耕作还要懂得"相地相种"。比如种木,"本索善种,置善地,其生也,本末枝叶悉善"④。这种做法就是懂得根本,能与天心相合。反之,如种木"不择善木,又植恶地,枝叶华实,安得美哉"? 由此可见,整个生态所联系的面是多样的,从自然到人事都要考虑,才能符合实情。

---

① 王明:《太平经合校》,第581—582页。
② 同上书,第572页。
③ 同上书,第706页。
④ 同上书,第308页。

人的身体也是一个独特的环境，它的变化与外在环境息息相关。《太平经》注意到了身体失衡的几种情形。一种是外在各类"不悦之气"的影响，会导致相应部位的疾病，如："多头疾者，天气不悦也；多足疾者，地气不悦也；多五内疾者，是五行气战也；多病四肢者，四时气不和也；多病聋盲者，三光失度也；多病寒热者，阴阳气忿争也；多病愦乱者，万物失所也。"[1]另一类，司各路器官之神"去不在"，也会导致相应部位功能的失效，如："故肝神去，出游不时还，目无明也；心神去不在，其唇青白也；肺神去不在，其鼻不通也；肾神去不在，其耳聋也；脾神去不在，令人口不知甘也；头神去不在，令人眴冥也；腹神去不在，令人腹中央甚不调，无所能化也；四肢神去，令人不能自移也。"[2]此外，《太平经》还特别注意到过度牵挂钱财引起的"苦愁"心理对人的身体的极大损害，它说："可无久苦自愁，令忧满腹。复有忧气结不解，日夜愁毒大息，念在钱财散亡，恐不得久保，疾病连年，不离枕席，医所不愈，结气不解，计念之日夜羸劣，饭食复少，不能消尽谷，五藏不安，脾为不磨。"[3]针对上述几种失衡情况，相应的救治方法也就在理气、回神及消除过分欲念，只有与大道同行，才能顺遂安康。

四、天下太平的局限

《太平经》追求天下太平，其自然和谐的思想有助于生态的平衡和保护，但在具体讨论养生的环节，一直有个逻辑的误区，就是为了人的长生，遗忘了对其他物种的真正尊重和保护，结果就出现了这样一个冲突，即表面上好像为其他物种考虑，实际上还是为了人类自己的利益。比如它认为人的富足在于物种的丰富："富之为言者，乃毕备足也。天以凡（万）物悉生出为富足，故上皇气出，万二千物具生出，名为富足。中皇物

---

[1] 王明：《太平经合校》，第23页。
[2] 同上书，第27页。
[3] 同上书，第617页。

小减,不能备足万二千物,故为小贫。下皇物复少于中皇,为大贫。无瑞应,善物不生,为极下贫。"①甚至连瑞应的多少都成为是否富足的标志,这就把希望寄于不切实际的玄虚之上,这种判断标准是不可靠的。

以人的功利考虑为首项选择,在治病方面表现得更为明显:"生物行精,谓飞步禽兽跂行之属,能立治病。禽者,天上神药在其身中,天使其圆方而行。十十治愈者,天神方在其身中;十九治愈者,地精方在其身中;十八治愈者,人精中和神药在其身中。此三者,为天地中和阴阳行方,名为治疾使者。"②源于"天人合一"的说法,道教从养生到治病,皆认为人与其他生物的相应的部位有互补关系,所以饮食中"吃什么就能补什么",治病时"缺什么就补什么",这种方法必然会导致先考虑到人的自身利益而漠视其他生物的存在,当中如有好坏之分仅在于破坏程度的大小,稍微符合人性的做法就是考虑到对象的充裕或成熟的程度,但整体上性质没什么区别。由于传统此类需求对环境的影响不大,尚没有造成灾难性效果,故其偏狭性未能完整显示出来,还能从道家的整体思想上找出其合理性来为生态保护作辩护。

第二节　郭璞

郭璞,字景纯,山西闻喜人,生于晋武帝咸宁二年(276 年),卒于晋明帝太宁二年(324 年)。近 50 年中,除了太康年间有过一段短暂的平静生活,其余时间一直处于极度的混乱和痛苦之中。可郭璞却有着惊人的创作量,曾为《尔雅》《方言》《山海经》《穆天子传》作注,传于世,明人有辑本《郭弘农集》。他的诗文著作达百卷以上,数十万言,代表作是《游仙诗》19 首和《江赋》。郭璞为正一道教徒,除家传易学外,还承袭了道教的术数学,是两晋时代最著名的方术士,传说他擅长预卜先知和诸多奇异的方术,著《葬书》,开中国风水学之先河。

---

① 王明:《太平经合校》,第 30 页。
② 同上书,第 173 页。

一、《葬书》,首创最佳风水环境

王充在《论衡》中批驳阳宅中的"图宅术"和搬迁时的"太岁禁忌",可见汉代已有较成熟的风水学。到魏晋时期,出现了中国历史上第一部风水名著——《葬书》。

《葬书》,亦称《葬经》,对风水及其重要性作了论述。

风水术,又称堪舆、青囊之术等,它是中华民族特有的理解和创造环境以适应人们安身立命的学问。古人"仰以观于天文,俯以察于地理"(《周易·系辞》),观天,发展出了星象学,看地,就出现了风水学。

中国古代思想文化大致可分为两个部分,一个是义理,一个是术数。风水(堪舆)与星命、卜相、占验、谶纬、爻辰、卦气、纳甲、纳音、风甲、壬遁等就属术数一类。由于术数的运作过程有一个经验层面的参与,没有西方文化中那种以逻辑作为思维构架的明晰性,以致术数的演绎过程也是晦涩难懂的,但因其经验结果很能迎合世俗心理,有广泛的社会基础,又由于其复杂过程显示出一定的神秘性,因而使之充满了吸引力。

整个中国古代社会,从都城到乡村、从殿堂到民居、从阳宅到阴宅、甚至寺院庙宇,其建造过程无不贯穿着风水的道理。从西方文化的角度去理解,风水具有地理学、生态学、景观学、建筑学、心理学、伦理学、美学等学科研究的内容和要素。

《葬书》虽偏重阴宅,但基本思想却与阳宅相通。《葬书》首次归纳出了与人有关的居住处须"藏风纳水",这一基本主题展开为"前朱雀,后玄武,左青龙,右白虎"。其构造过程对于选址的水源、水质、藏风、纳气、采光、土壤、生物和人文等因素十分讲究,实际上形成了一种理想的人居环境模式。

单从环境美学这一维度看,《葬书》具有以下特性:

第一,以"气"论为核心的整体和谐的环境观。《葬书·内篇》开篇提出"葬者,乘生气也",把埋葬的事情直接与气联系起来。气论是中国古代思想的核心范畴之一。气浑元一体,在天则周流六虚,在地则以生万物。气磅礴大化，贯通品汇，无处不在，无时不运。风水就是环境的代名词，气则又使风水合二为一。《葬书·内篇》认为人秉天地阴阳五行之气，人死后被埋在土里不是一了百了，而是活着时的气凝结成骨，死而独留。埋葬死者，就是要"反气入骨，以萌所生"，死者的骨骼接着地气仍然能够影响活着的人的生活。这样，如何埋葬死者就成了活着的人必须考虑的问题。由于气"乘风则散，界水则止"，故在选择葬地时，必须考虑到是否有挡风之处和有水来环绕，以取得"藏风得水"的最佳功效，从而荫庇亲人。

如何"藏风得水"呢？《葬书·内篇》首次给出了理想的"风水宝地"模式。中国风水术中强调好的穴地应该山势连绵起伏，蜿蜒回转，土色光润，草木茂盛。此种地相山势形成一个"左青龙，右白虎，前朱雀，后玄武"的所谓"四神兽"格局。在此格局中，"玄武垂头，朱雀翔舞，青龙蜿蜒，白虎驯俯"，则形成最基本的"风水宝地"模型，所有的风水考量都须具备这四个要素。这种模型的建立，其基础还是实用的生活经验。先民察看地形，就是为了选择适宜的居处。不同的环境有不同的标准，如在中国的西北部，先民的居住标准是"河澳、向阳、穴居"；在东南部，则是"平冈、居丘、巢居"。其中有一个重要的标准是"依山近水""平地朝阳"，如关中渭河流域的仰韶文化遗址，多建在土质较好的马兰高地上，特别是有河流的交汇处。负阴抱阳，背山面水，这是风水观念中宅、村、城镇基址选择的基本原则和基本格局，这些朴素的标准，就是风水学的雏形。

阳宅风水的择基原则与择穴大致相同，基址背后有主峰来龙山，也称靠背山，来龙山后面要有连绵高山所谓龙脉作为屏障（后玄武）；基址左右有略次于来龙山的低岭岗阜，俗称扶手，即左辅山，右弼山，青龙砂山，白虎砂山，青龙在左，白虎在右，青龙白虎环抱围护（左青龙，右白虎）；基址前要有月牙形池塘或河流婉转经过，水的前面又有远山近丘的朝案来呼应（前朱雀），基址恰好就处于这个山环水抱的中央。具体展开就是一幅生动而又实用的画面：基址背后的山峦屏挡冬季北来的寒风；东西面低岭岗阜缓坡避免淹涝之灾和保持水土、绿化植被；南面有流水经过可以接纳夏季南来的凉风,既能解决生活饮水和灌溉问题,又利于舟楫之便,有了污水还可以排出;南面向阳,明堂开阔,具有充足的日照,这样形成了良好的生态环境。

由此形成的风水,不管是阴宅还是阳宅,都吐纳有序,富有生机,体现了"气"的贯注的原则。董仲舒说:"天地之气,合而为一,分为阴阳。"(《春秋繁露·五行相生》)二程认为:"阴阳,气也。气是形而下者,道是形而上者。"(《遗书·第十五》)"气"的阴阳两个方面能穷尽世间的各种样态,可以是真实的气流,也可以是各种地形地势、生态小气候及景观,后者从引发意义上被视为"气"的聚结或运动。由此形成的对象就不仅是指实体环境方面的地景,也包括一种精神和心理层面的因素,正是在这个意义上,一般所说的环境才具有了整体意义上的"环境"的含义。美国环境美学家阿诺德·伯林特曾指出,环境包括了我们制造的特别物品及其物理环境以及所有与人类居住者不可分割的事物。可见,环境是个很大的词,人类和环境是统一体。风水就是以"气"来构造整个适合人居住的环境,把大地看成是一个富有灵性的有机整体,并且像人体一样有着经络穴位。何谓"生气"?《葬书·内篇》说:"夫阴阳之气,噫而为风,升而为云,降而为雨,行乎地中,而为生气。"通过"气"的贯注,"风""云""雨""土"这些具有代表性的环境要素相互之间构成了一个有机的整体。可以说,整个风水学的核心就是如何营造"生气之地"。风水中的两大对立派别形势派和理气派,前者强调"地势生气",后者则强调"方位生气",但两者判定环境好坏的共同标准都是"生气"。

第二,以"形势"结合为取向的美学意象观。"四神兽"的格局从总体上规定了风水的气场,那么如何把"生气"激发出来呢?《葬书·内篇》提出了所谓"形势",也称为峦头。"势"有"地势"和"山势","地势原脉,山势原骨,委蛇东西,或为南北。"充满气感的山脉和大地形成某种"势",风水师所相中的山地即被视为具有某种"形"。《葬书·内篇》指明:"势来形止,是谓全气。""形止"极为重要,因为它把"势"所蕴含的生气集中起来止定住,在具有此种"蓄势"之地结穴即为吉地。《葬书·内篇》对此描述为："来积止聚,冲阴和阳";"形止气蓄,化生万物,为上地也"。

《葬书·杂篇》专论"形势",其首句曰:"占山之法,以势为难,而形次之。""势"较"形"难以相准,大凡"势如万马,自天而降""势如巨浪,重岭叠嶂""势如降龙,水绕云从"或"势如重屋,茂草乔木"等具有壮美气象的山势地势,皆是出王侯将相的好风水。相反,"势如惊蛇,屈曲徐斜"或"势如戈矛""势如流水"诸等颓废尖弱之象则会给与逝者相关者带来家国灭亡、兵死刑囚的祸害。至于"形如负扆""形如燕巢""形如侧垒"则位列三公九鼎,"形如覆釜""形如植冠"也能享尽荣华宝贵。昏乱无序的形,"如投算""如乱衣""如灰囊""如覆舟""如横几""如卧剑""如仰刃"等,则会导致贫贱穷困,惨事不断。

"夫千尺为势,百尺为形"(《葬书·内篇》),"势"之构成须有连绵不绝由远而近的龙脉,主"动",在形式上呈现为一条线;"形"则指近处体量相对较小只有一个单位能"结穴"的山、地,主"静",在形式上可抽象为一个点,这样两者结合就形成了一种动与静、大与小、点与线富有变化的节律美。"形"与"势"除两方都须呈吉相美态外,其结合也须一致、吻合,就像来龙从天而降,生气旺盛,止处之形如龙腹,完全能把龙脉之气藏住一般;如势龙之气奔腾而来,可是形之明堂却狭小,朝峰朝水不秀,形与势就不相适应。这两种情形就是所谓"势与形顺者,吉。势与形逆者,凶"(《葬书·内篇》)。如遇一方不善,则一损俱损,《葬书·内篇》说:"势凶形吉,百福希一。势吉形凶,祸不旋日。"又:"大则特小,小则特大。参形杂势,主客同情,所不葬也。"(《葬书·外篇》)参差不齐的形和势,来龙穴形与水口朝砂主客莫辨,外形不美,皆不可葬。

以上的"形"与"势"的判定主要靠人的"目力之巧",此外,《葬书》一部分内容已反映出有技术和术数即"工力之具"的参与,就是"占山之法"中难度排在"势"和"形"之后的"方"。"方"指方位的测定,《葬书·杂篇》"土圭测其方位,玉尺度其远迩"中的"土圭""玉尺"就是测定方位的工具。"方"以八卦命名,在方位确定的前提下,"形"和"势"得到进一步的规定,也就有了八种更为具体的"形"与"势"结合的标准的山形地貌,它们是:葬在干位,势(起伏而长)—形(阔厚而方);坤位,势(连辰而不倾)—形(广厚而长平);艮位,势(委蛇而顺)—形(高峙而峻);巽位,势(峻而秀)—形(锐而雄);震位,势(缓而起)—形(耸而峨);离位,势(驰而穷)—形(起而崇);兑位,势(天来而坡垂)—形(方广而来夷);坎位,势(曲折而长)—形(秀直而昂)。

在方位确立的前提下,风水学还认为须引入时间来进一步考量,即所谓"择吉日良辰",从而达到环境在时空两维度参与下动态的统一。《葬书·杂篇》说到"岁时之乖",指的就是违背了时辰来埋葬或动土,皆会遭受祸害。如能趋利避害"藏神合朔",在时空都处理得当的前提下,则能获得"神迎鬼避"这种极佳的环境效应。

《葬书》的"形势"之美,为后世风水学家找出了一种基本形态——变化生动、屈曲有情,认定其环境形象与生气间的关系,把自然的景象看为宇宙间生命现象的呈现,把山势的起伏看成活生生的动物,好的风水地要求有牛眠形、凤形或虎形等。按照阴阳消长的原则,山为静,故以动为美。《雪山赋》:"山本静,势求动处。"水是动态,屈曲生变化,动中生出静来。《雪山赋》:"水本动,妙在静中。"《管氏地理指蒙》指出:"以人之意逆山水之意,以人之情逆山水之情。"进一步看,"形势"之美更重要的在于"气象开阔,追求意境"。山水中明堂越开阔,环境容量越大。《地理五决》中称"官旺朝堂"为风水四美之一,特别是在山地中,"高山难得者明堂"(《葬经翼·难解二十四问》)。气象之美特别表现在礼制建筑和宫殿建筑,如根据考古复原的唐代大明宫、保留至今的故宫,以及帝王陵墓如秦始皇陵、唐乾陵和清十三陵。风水认为意境是山水情性的最高境界。"神而明之,非法可尽,况无法乎?"(《葬经翼·难解二十四问》)真正的风水术不在于外形的勘度,而在于内心的风流,即所谓"境由心生"。

此外,风水重视优美的自然环境对人产生的心理影响。如择地时,龙之形要有飞鸾舞凤的生动,砂之形要朝阳映水之明秀,水之形要生蛇出洞之曲绕,使人看上去心情舒畅。而粗顽块石、岗峦撩乱之山,湍急汹涌、倾泄反跳之水,则使人心里烦闷。风水中,吉星之象即端庄圆净,山形粗糙破碎为不吉。好的风水地从外形看应该是一把"太师椅",后面屏风高大,左右山脉成扶手状,前方还需有桌案之册,意味着出文官、出状元等,从客观上满足人们的美好心理。

第三,以"比德"论为取向的美善统一观。那么自然"形势"之美怎么就能获得人生的福祉呢? 这是中国古代文化"天人合一"独特的思维使然。古人认为作为自然的代称——天象地形的美丑与人的德性善恶、命运好坏有关,美丽愉人的自然对象就会与人心的善良、命运的顺境相互呼应,反之亦然,如孔子云"智者乐水,仁者乐山",把山水的外在品相赋予人的某种德性,两者在形式上又有某些相似之处,这种联系方法就可称为"比德"。中国风水的主要思维方式就是使用这种"比德"方法,而且不仅仅是停留在文章中的那种"比附",如屈原在《楚辞》中把香花芳草比喻忠贞贤能的人,用臭草萧艾来比喻变节者和坏人,就是属于一种修辞。风水学中认为人和对象两者之间是有真实的互动功效的,而且反应神速,《葬书·内篇》就说:"葬山之法,若呼吸中,言应速也。"命运不好的人,可以通过风水的"夺神功"之妙来"改天命",使自身处于更好的人生位置。自然中的美与人事中的善通过"比附""联络"以至"等同"的方式结合起来,从而体现了超越出人与对象关系后的美与善的一种统一方式。

后来的风水将德性之义与三纲五常之说相系。气脉、明堂、水口为三纲,龙、穴、砂、水、向为五常。风水将各山水间的要素以人伦中的君国、家庭关系加以比照,建立起一种如同君臣、主仆、上下、尊卑甚至长幼的关系。《博山篇》"龙为君道,砂为臣道""君位必乎上,臣位必乎下""无砂则龙失应,无龙则砂无主"等等,都强调了风水中龙脉与砂水形成主次、秩序的重要性。由于传统文化对血缘的重视,又有房分之说,所谓长房属水,贵左边有金水砂,主金水相生旺财丁,如有死土角,则土水相克不留财;二房属火。须明堂端正,如有斜流之水,则主财丁罄尽。三房、四房,依理类推。

这种形式安排同样表现在阳居,如在建筑群中,一定有一个主体建筑,在体量、形制上居于首位,其他建筑依地位的变化形成序列。理气之法的九星飞布,以宅主(家长)的卧室为中宫,强调其核心地位。八卦中,乾、坤、震、巽、坎、离、兑、艮分别象征父、母、长男、长女、次男、次女、幼男、幼女。西四宅乾坤兑艮表明父母与幼男、幼女一起生活,东四宅震巽坎离表明父母与长男、长女、次男、次女分居。

按照感应的观念,墓地宅基及周围环境的风水的好坏会以吉凶的方式应验到每个家庭成员身上。善有善报,恶有恶报。德厚,天必以吉地应之;恶盈,天必以凶地应之。《黄帝宅经》就指出:"地善,苗旺盛;宅吉,人兴隆。"

《葬书》论"四神兽"的格局,论"形势"的结合所产生的各种形象美态,其最终的指向皆意在能带来吉祥。如《葬书·内篇》说"土高水深,郁草茂林……为上地也"(程子释为"地之美"),则能产生"贵若千乘,富如万金"的功效。当然,如果"形势反此",则"法当破死"。那么,这种因果是怎么产生的呢?与整个文化传统关于"感应"的看法一样,《葬书·内篇》也认为是源于"气感而应,鬼福及神",犹如"铜山西崩,钟灵东应。木华于春,栗芽于室"。人事与物象之所以能相互感动,除了外在的形式相似提供可能的沟通,还在于它们当中应有"气"的贯注及融通。于是,问题的关键又回到了中国风水最重要的主题,也是《葬书》所要表达的核心思想——"乘生气说"上来。

"气"被用来说明奇妙的感应成为可能的原因,本身就是个谜,因而也同样有其神秘之处,本来"道"就有一部分不可言之"道"("非常道"——《老子》),这也就是"气"最终又可以被归入大道从而分享"道"之"非常道"的原因。气有好坏,其产生的效果除了有吉的一面(气之清者),也有凶的一面(气之浊者)。《管子·枢言》说:"有气则生,无气则死,生者以其气。"一般而言,"气"则指"生气",是生之"道"。如何判别"气"之清浊呢?完全要靠风水师个人境界的修行。单从山的外形上看,《葬书·内篇》认为"上地之山,若伏若连,其原自天"是极难决定的,要给它一些形象性的描述大概是:"若水之波,若马之驰,其来若奔,其止若尸。若怀万宝而燕息,若具万膳而洁斋,若橐之鼓,若器之贮,若龙若鸾,或腾或盘,禽伏兽蹲,若万乘之尊也。"上述"四神兽"论、"形势"论也皆是从比喻性的物形来把握,至于有没有什么可操作性的程序,那就要靠罗盘(前身为土圭)这一主要工具和一套术数的参与。谈到罗盘和术数,作为捕获风水生气的手段,其内容也同样高深难懂。当然,真正的风水不在于外形的勘度与捕获,而在于内心的风流,即所谓"境由心生"。

虽然西方人理解环境也有神秘的一面,但它的神秘是由外在对象的某种形式与人的心理的惯性触动自然引发的,而中国风水的神秘感的产生很多方面却是人为操作的结果,而且这种感受是风水与人的心理互动产生环境效应的主要表征。风水中有很多禁忌的说法,《葬书·杂篇》就说"葬直六凶",《葬书·内篇》也说"山之不可葬者五",另一重要的风水著作《宅经》也说"宅有五虚",吉祥风水当然是人们追求的结果,其能得到印证本身就具有奇异的功效,但相比之下,关于恶运忌讳的判词,更能强化人们的神秘心理。

由风水环境所引发的心理有多种指向,如审美、人伦以及实用等,但最重要的是神秘性指向。看风水的准与不准只是一种功利问题,如从风水所形成的实在的环境功效看,神秘感是促进风水环境形成中最传神之处。风水本身所形成的环境仅是小环境,通过其神性指向,其力度即能辐射到整个人文环境,对人文环境有一种整肃作用,使之有了让人谦卑的维度,从而显得更加有序。中国古代文化没有明确的神性导向,也没有能提供信仰意义的宗教,使得人性的完整表现出现空缺,风水与其他的神秘活动一定意义上填补了这一不足。由于风水关涉到每家每户从日常生活到精神关怀的方方面面,其在神性方面对人生的补偿作用就显得尤为重要。这样,风水环境就不仅仅建造了一个物理环境,也塑造了人文环境,而且又通过人文环境的警戒作用,进一步保护了自然环境。正如陈望衡所说:"没有人文精神包括美学观念作指导的环境保护并不是真正的保护,有时会造成对环境的另一种意义的破坏。"① 由此看,以

_____

① 陈望衡:《环境美学的主题》,《中南林业科技大学学报(社会科学版)》2011 年第 1 期。

《葬书》为代表的中国风水观念在一定程度上就获得了这一保护的意义。

二、游仙诗,仙境的体验

游仙诗,顾名思义,指的就是描述游历仙境的诗。游的形式,既可以是人自游,也可以是仙自游,或仙、人共游。这种诗体在汉以前就已出现,屈原《离骚》《远游》很大部分就可以归入游仙诗,后经汉之乐府、魏之三曹以及西晋的发展,到东晋蔚为大观,而最致力于创作游仙诗的诗人就是郭璞。

郭璞的游仙诗有三境:一是人间自然,这种贴近现世的景致对位的大多就是隐者的生活环境;二是较为纯粹的仙境,其构造源于想象和神话传说的融合;三是道教修炼过程中神秘心理体验形成的内境。以下就三境分别论之:

(一)自然境。作为纳入仙境的自然已不是一般人们看到的自然,它必然贯注了某种仙气,具有与神仙生活相配的氛围。如:

> 京华游侠窟,山林隐遁栖。朱门何足荣?未若托蓬莱。临源挹清波,陵冈掇丹荑。灵谿可潜盘,安事登云梯?漆园有傲吏,莱氏有逸妻。进则保龙见,退为触藩羝。高蹈风尘外,长揖谢夷齐。

整首诗的突出特点,就在于以游侠的身份进行人生抉择,把隐逸者的生活环境当成了神仙世界,最终认定隐遁山林是最理想的归宿。开头四句就分出了三种生活去处:山林、朱门和蓬莱,以蓬莱压制朱门[1]但又回避远蹈仙境的决心,做了个折中的取舍,"灵谿可潜盘,安事登云梯"一句,显然认为游仙境也没必要,不如隐居山林。"灵谿"为水名,并不是仙境中的地名,是郭璞所在的生活环境。《文选》李善注引庾仲雍《荆州记》:"大城西九里有灵谿水。"[2]郭璞在其他诗中也一直把仙境拉回到他生活

---

[1] 有学者(如赵沛霖)认为"朱门"不是一般所指的豪门,而是指朱家(鲁人,汉代最早的游侠)门人,泛指游侠。

[2] 李善注:《文选》,北京:中华书局1977年版,第306页。

的地方,如"青溪千余仞"中的"青溪",李善注引《荆州记》道:"临沮县有青溪山,山东有泉,泉侧有道士精舍。郭景纯尝作临沮县,故游仙诗嗟青溪之美。"从注中可知郭璞曾做过临沮(今湖北远安县附近)的地方官,其诗赞美的对象就是真实存在的地点。本诗对自然景色方面的描述较少,能判定有隐逸之意也是从整体诗的语境得出的。有比较明显的自然描写又可框入隐者视域的诗句是"翡翠戏兰苕,容色更相鲜。绿萝结高林,蒙笼盖一山",短短两句,通过对自然界实存的翠鸟、兰苕、绿萝、高林的刻画,连成了一幅远离喧扰人世又充满生气的画卷。之所以将此景致判定为隐逸者而写,就在于随后的"中有冥寂士,静啸抚清弦",诗句明白指出整个美景有"冥寂士"在其中弹琴,自然地整个环境氛围就归属于"冥寂士"所有。此外,"放浪林泽外"也透露出对隐士生活的向往。

郭璞游仙诗的这种现世情怀,往往表现在仙境出现前总有一个人间的指引。如:"杂县寓鲁门,风暖将为灾。"鲁国的京城刮起大风,灾难将临,作为诗的起句,以真实世界的事件作为以下"蓬莱仙山"出现的起因,最后的"燕昭无灵气,汉武非仙才"又给现实投去了重重的一笔,把中间的仙境包裹起来。前后这种对尘世的眷恋与郭璞本人的人生际遇息息相关,换言之,郭璞对仙境的展望其意愿完全是出自对坎坷现世生活的补偿。

(二)仙境。郭璞几乎没有直接写纯粹仙境的诗,[1]它们总显现出不是把现实作为背景就是作为直接情境进入诗行,因此要看出其对仙境的构造,前提是要剥离现实这层空间。如接着人间灾难突现出来的就是"蓬莱仙境",其诗句为:"神仙排云出,但见金银台。陵阳挹丹溜,容成挥玉杯。姮娥扬妙音,洪崖颔其颐。升降随长烟,飘飘戏九垓。奇龄迈五龙,千岁方婴孩。"诗中较少涉及景物,更多的是几位神仙的特写:陵阳公采石而食,容成公以玉杯喝酒,嫦娥的歌声使洪崖频频点头,宁封子随烟

---

[1] 在钟嵘看来,郭璞之作"坎凛咏怀,非列仙之趣"(《诗品》);同样地,李善也认为其诗作"文多自叙""词兼俗累"(《文选注》)。他们都认为郭璞之作不是纯正的游仙诗。

火上下起舞,这些奇异的举动本身就是一幅幅美妙的风景,共同构成了"众仙嬉戏图"。较为集中以自然物为模样置入仙境的诗句如:"璇台冠昆岭,西海滨招摇。琼林笼藻映,碧树疏英翘。丹泉漂朱沫,黑水鼓玄涛。"昆仑山的璇台是神仙出入的一个重要标志,它在招摇山下之西海,那里有琼林、碧树、丹泉、黑水,完全符合修仙者的理想之地。

(三)内境。修炼仙药所形成的内境与仙境本身很难区分开来,如有线索标明是修炼引起的仙境则可判定为是对内境的形象化表现,如"采药游名山,将以救年颓。呼吸玉滋液,妙气盈胸怀"中有"采药""呼吸"的指示,以下的"登仙抚龙驷,迅驾乘奔雷。鳞裳逐电曜,云盖随风回。手顿羲和辔,足蹈闾阖开"则可以认定为是炼气时在内心所出现的美妙图景的展开,其时空快速的跳跃方式与仙境无异。同样,"中有冥寂士,静啸抚清弦"也是一个引子,以下的"放情凌霄外,嚼蕊挹飞泉。赤松临上游,驾鸿乘紫烟。左挹浮丘袖,右拍洪崖肩"就是修炼时存想的过程,而"冥寂士"出现之前的诗句,写的是隐修者的自然环境,这样,整首诗的基本脉络就是从外境转入内境,从物境进到心境。

郭璞游仙诗之三境,虽然贯穿了很多现世内容,但总体上都在表达游历仙境的美妙体验,完全属"列仙之趣"。

三、《江赋》,"述川渎之美"

郭璞的辞赋流传至今的有 11 篇,其中以赋命名的有 10 篇,据严可均《全晋文》所载,分别是:《江赋》《南郊赋》《巫咸山赋》《登百尺楼赋》《盐池赋》《井赋》《流寓赋》《蜜蜂赋》《蚍蜉赋》《龟赋》。除了《江赋》,其余均为残篇。历代对郭璞的辞赋评价甚高,称其为"中兴之冠"。其中的《江赋》又是最负盛名的一篇,《晋书·郭璞传》云:"璞著《江赋》,其辞甚伟,为世所称。"

在郭璞之前,赋大多描写海。如东汉班彪、班固的《览海赋》,建安时期曹操、曹丕的《沧海赋》,王粲的《游海赋》,西晋潘岳的《沧海赋》等等,郭璞的《江赋》则是较早以长江为题材的赋。《文选》李善注引《晋中兴书》云:"璞以中兴,三宅江外,乃着《江赋》,述川渎之美。"

《江赋》从三大方面刻画了长江之美:

第一,水德之美。古人称水有五德,郭璞继承了这一说法,但并没有完整依照五种德性分别对应来写,也不注重五德的具体所指,而仅是从泛化的意义,把长江与人们熟悉的道德特征联系起来。赋的开头,即盛赞长江"实水德之灵长"。然后,从实际地理的角度简述了长江从发源地岷山开始(古人的看法),沿途经洛水、沫水,穿越巴郡、梁州,冲巫峡,跻江津,最后汇入东海的过程。其中最具水德的品性是它的吞吐功能,"吞"指长江具有"仁"之类的德性,兼收并蓄,能吸纳沿途大大小小的水域。从大的方面,"总括汉泗,兼包淮湘。并吞沅澧,汲引沮漳";从小的方面,"网络群流,商搉涓浍"。"吐"则指它不是一味地吸取,而是把吸纳的水又无私地分流出去,"源二分于崌崃,流九派乎浔阳","注五湖以漫漭,灌三江而漰沛",体现了"义"的德性。此外,长江"滈汗六州之域,经营炎景之外",滋润了两岸广阔的土地,给炎热的南方带去了清凉,江水所润湿的广大领域成了代表文明之所在。对"水能润物"的这一质朴品性,郭璞一直有着执着的信念,在《井赋》中他也写到水"信润下而德施",可见,当中体现了一条道理,即从最简单直观的角度入手即能挖掘到对象的美。

第二,水势之美。长江作为中国最大的水域,其流经之地出现了各种水势,它"呼吸万里,吐纳灵潮。自然往复,或夕或朝",在三峡地带,尤为壮美,作者以极富动感绚丽的文字,激赞其"绝岸万丈,壁立赪驳。虎牙嵘竖以屹崒,荆门阙竦而磐礴。圆渊九回以悬腾,溢流雷响而电激。骇浪暴洒,惊波飞薄。迅澓增浇,涌湍叠跃。砅岩鼓作,汹涌荥瀯。渹濴淘濄,溃濩浤潹。潏湟泌泬,瀹涧濶潏。漩澴荥澄,溾淄溃瀑。漫渷泬涢,龙鳞结络",引文中连用30多个带"氵"字旁的双声连绵词形象地模拟出荆门这一段江水惊涛骇浪的磅礴气势。过了三峡,江面渐宽,在"曾潭之府,灵湖之渊"处,江水与湖泊相为供应,"澄澹汪洸,潢漒疡泫。泓泫洞潒,涒邻渊潾。混瀚灏漶,流映扬焆。溟溕渺湎,汗汗沺沺",人们看到水势回旋,深广澄澈,而在水气氤氲、云烟缭绕中的湖泊,"气滃渤以雾杳,时郁律其如烟",则是水天界限模糊,略显神秘,以致"察之无象,寻之无边。……类苔浑之未凝,象太极之构天"。① 这样,经过一动一静的比照,长江流势出现了富有张力结构的美。

第三,物产之美。长江除了气象万千,又是"珍怪之所化产,傀奇之所窟宅",内藏丰富的物产。作者用赋家铺叙的笔法勾勒出长江水里游的、岸上走的、天上飞的各类物产,用今天的归类法,可分为:

1. 动物类(鱼类、羽族、珍稀物产):江豚、海狶、叔鲔、王鳣、鰊、鮋、鮻、鳐、鮑、鲢、鲸、鳖、獭、蚌、玃、鸳雏、潜鹄、虎蛟、钩蛇、蛇、鲨、蝐、王珧、海月、土肉、石华、三螉、虻江、鹦螺、蜁蜗、璅蛣、水母、紫蚖、洪蚶、琼蚌、石砝、蝛蜡、玄蛎、龙鲤、九头鸰、三足鳖、六眸龟、赪螖、文鮌、条庸、神蜈、马、水兕等。

2. 植物类(水生植物、岸边所种植物):纶、组、紫菜、绿苔、石帆、萍、櫥杞、楉桩、桃枝、篔筜、葭、蒲、兰、红、毦、茸、菱荷、水疏。

3. 矿石类(水底岩石):余粮、沙镜、金矿、丹砾、云精、烛银、琅玕、璇瑰、水碧、潜瑶。②

综上可以看出,作者对长江丰饶物产进行极力铺叙,也是对长江水德的歌颂。

此外,郭璞除用多数篇幅来表现长江的自然景观外,也关注了长江的人文景观。依照自己的爱好,郭璞列了一批神仙人物,他们是:海中来回巡游的神童,泠然而飞的仙人琴高,倚浪傲睨的河神冰夷,颦眉远眺的仙女江妃,遁形于大波的阳侯,合精气的奇相和湘娥;历史人物有:荆飞、要离、屈原、周穆王、郑交甫。最有意思的是描绘了一批生活在长江边的高人隐士,说他们"衣则羽褐,食惟蔬鲜。栫淀为涔,夹潨罗筌。箾洒连锋,屮比船。或挥轮于悬碕,或中濑而横旋。忽忘夕而宵归,咏《采菱》以叩舷。傲自足于一呕,寻风波以穷年",神仙太遥远,历史已不再,也许隐

---

① 之后,长江"㵫如地裂,黭若天开。触曲厓以萦绕,骇崩浪而相礧。鼓窟以漰渤,乃溢涌而驾隑",进入到另一个激荡水势,与之前的静态又形成一个动静结构。

② 参见陈玲《郭璞〈江赋〉析论》,《思茅师范高等专科学校学报》2009年第4期。

逸就是郭璞认为的最好的人生抉择。

第三节 葛洪

葛洪(283—363年),字稚川,自号抱扑子,句容(今属江苏)人。出身官宦世家的葛洪,由于家道没落(13岁丧父),16岁时才开始读《论语》《孝经》《易经》等儒家典籍,此后广泛阅览"诸史百家",后来从丹鼎道派的方士郑隐、南海太守鲍云学道,由于有先前深厚的儒家学理为基础,故很快窥其堂奥,最终把"儒"与"道"融为一体,成为魏晋时期金丹道教的主要代表人物。葛洪的著述颇丰,史传中说他"著述篇章,富于班马"(《晋书·葛洪传》),其代表作《抱扑子》一书就分为内外两篇(其中《内篇》20卷,《外篇》50卷),"《内篇》言神仙方药、鬼怪变化、养生延年、禳邪却祸,属道家;《外篇》言人间得失、世事臧否,属儒家"(《抱扑子·自序》)。

一、仙道境界

什么样的生活才是美的生活?葛洪有清楚的认识,他的理想就是得道成仙。神仙之学虽然早已存在,可一直得不到重视。原因是从先秦至汉代盛行的儒学不允许谈"怪异",且儒学又得到世俗政权的支持,导致神仙之学一直受到排斥和打压。久而久之,儒学的现世理想深入人心,在世俗界形成了一股实用的审美说辞,把求仙当成异端。为此,葛洪在他的"论仙"中以"问者"作为世俗界的代表,试图通过与"问者"争辩来澄清对"修仙"的偏见。

"问者"的理论根据是"有始者必有卒,有存者必有亡"此类带有公理性质的常识,并以历史上三皇五帝、周公文王这种圣人、智者皆会死的事实作为材料,来阐明世间没有神仙这回事,进而奉劝修仙者不要去干那些苦其身,约其心的事,而最好是:

> 德匡世之高策,招当年之隆私,使紫青重纡,玄牡龙私,华毂易

步趣，鼎妹代来拓，不亦美乎？

显然在"问者"看来，美好的人生就是趁早进行智力转移，去向当权者出谋献策，以换来当下就用得着的荣华富贵，到时身挂金印紫绶，出门以车代步，不用到田地干活就能得到美味佳肴，这比摸不着边的神仙生活来得实在。

针对此种情况，葛洪承认"存亡终始，诚是大体"之理，但世上的道并不是铁板一块，凡事"或然或否，变化万品"，不可用单一的眼光去看。比如："谓夏必长，而荠麦枯焉；谓冬必凋，而竹柏茂焉。谓始必终，而天地无穷焉。"①神仙之学就属于这种例外，要懂得其中的奥妙，就要拓宽视野，从更大的范围去审视问题本身，同时又要在细微处入手才能找到修仙之根本。他以人的感官审美现象作类比：

> 夫聪之所去，则震雷不能使之闻，明之所弃，则三光不能使之见，岂鞠磕之音细，而丽天之景微哉？而聋夫谓之无声焉，瞽者谓之无物焉。又况管弦之和音，山龙之绮粲，安能赏克谐之雅韵，暐晔之鳞藻哉？故聋瞽在乎形器，则不信丰隆之与玄象矣。②

反对神仙存在的人就像"聋夫"和"瞽者"，他们不信雷霆霹雳、日月星辰，更看不到和谐的雅韵和明丽的图案。这些俗人连历史有过周公、孔子的事都不信，更何况存在神仙这种事呢？在此，葛洪把认识神仙类比为审美过程，即神仙并非像世间对象那么容易被发现，人能看清对象不一定能看到美，想发现神仙就要在物之上有感受美的眼光。

人追求神仙的可能性在于"有生最灵，莫过于人"，作为最有灵性的存在，在众生之中再突现出几个仙人有何不可呢？这种变化就像"雉之为蜃，雀之为蛤，壤虫假翼，川蛙翻飞，水蚤为蛉，荇苓为蛆，田鼠为鴽，腐草为萤，鼍之为虎，蛇之为龙"③，此类比喻有点说服力，但并不准确。神

----

① 葛洪：《白话抱朴子内篇》，西安：三秦出版社 1998 年版，第 13 页。
② 同上书，第 12 页。
③ 同上书，第 14 页。

仙的存在用神秘的语言来表达是可以的,若要去证明则走错了路径。葛洪选择的办法是用古代典籍的记载作为神仙或奇迹存在的依据。在《山海经》里,有关"不死之山""不死之国""不死之民""不死之药"和登天之梯("灵山")的记载就属世人痴想的对象;刘向《列仙传》里记有仙人七十余位,著名的就有"在世八百余岁"的彭祖、自称"黄帝之师"的容成公和"历数百年而去"的陆通等;《穆天子传》《淮南子》里,有西王母和嫦娥。[①]这些书及其作者的存在本身就值得考察,用语言形式说出来的东西更是不能作为实存的根据,即使世人对这些书崇拜有加,也不能作为证明神仙存在的有效佐证。葛洪在证明神仙存在这条思路上与俗人的见解无异,皆拘泥于人世的经验事实,所以他的思想在此环节上没有太多的建树。在承认神仙世界的存在之后,葛洪才开始了他的修仙理论构造。

首先,必须确认的第一要义是"在于志,不在于富贵",志向明确很重要,它是专心的必要条件,而富贵者杂事繁多,对心志专一不利,故贫穷反而对成仙有益。其次,修仙时,须"恬愉淡泊,涤除嗜欲",去掉各种烦恼,不要发怒生恨,忘掉形骸,人就像泥塑一样安静,保持不受任何与修仙无关的环境的影响。再其次,修仙者要"爱逮蠢蠕,不害含气",布施仁义,视人如己,不可杀生。像人间帝王那样动辄生气,导致尸横遍野,绝对与修仙无缘。此外,仙法还要"止绝臭腥,休粮清肠"。那种烹肥宰壮、三餐必佳肴美味的生活,极大地消耗身体,是修仙者的大忌。

成仙依照修炼途径的不同,可分为三等:上士、中士和下士。葛洪引证古书《仙经》说:上士,"朱砂为金,服之升仙者";中士,"茹芝导引,咽气长生者";下士,"餐食草木,千岁以还者"。[②]这三等"神仙"境界不同,处

[①] 道教典籍以同样的方式又增添了很多神仙,如安期生、赤松子、张三丰、三茅真君、宁封子、尹真人、许真君、"八仙"等,且详尽描述了他们的成仙途径,他们或白日飞升,或内外丹成,或德行感天地得仙人渡脱,或死而不亡"尸解"而去,但内容都是杜撰的,同样不能作为证明神仙存在的根据。

[②] 葛洪:《白话抱朴子内篇》,第395页。

境也不同:"上士举形升虚,谓之天仙;中士游于名山,谓之地仙;下士先死后蜕,谓之尸解仙。"①《太清观天经》表述为:"上士得道,升为天官;中士得道,栖集昆仑;下士得道,长生人间。"②三个等级虽都已炼成仙药,但上士、中士功力较深,在没升上天前,他们都不会受到刀剑、人祸的伤害,而下士则境界不够,只能待在山林之中,《抱朴子·明本》说:"上士得道于三军,中士得道于都市,下士得道于山林,此皆为仙药已成,未欲升天,虽在三军,而锋刃不能伤;虽在都市,而人祸不能加;而下士未及于此,故止山林耳。"③天上神仙与人间一样,也按入门先后排尊卑,"天上多尊官大神,新仙者位卑,所奉事者非一"④。最大的神仙称为"元君","元君者,大神仙之人也,能调和阴阳,役使鬼神风雨,骖驾九龙十二白虎,天下众仙皆隶焉"⑤。

在分出神仙不同等级之外,葛洪有一段精彩文字对神仙的境界作出了总体性描述,他说:

> 夫得仙者,或升太清,或翔紫霄,或造玄洲,或栖板桐,听钧天之乐,享九芝之馔,出携松、羡于倒景之表,入宴常、阳于瑶房之中,曷为当侣孤貉而偶猿狄乎? 所谓不知而作也。夫道也者,逍遥虹霓,翱翔丹霄,鸿崖六虚,唯意所造。⑥

从文中可见,得道成仙者,身心获得了极大的自由,常人所受的空间限制对神仙已不适用,他们逍遥自在,翱翔于九霄之中,与虹霓为伴,栖居在适意之所,出入有同道相携,耳听钧天雅乐,享用灵芝佳肴,完全达到了"与道同一"的境地,这是人间所难奢望的另一种幸福。其中对"道"的解释极有特色,葛洪从成仙的角度把"道"形象化为"逍遥虹霓,翱翔丹霄,鸿崖六虚,唯意所造",这与道家、玄学以抽象之理释道的做法有了明

---

① 葛洪:《白话抱朴子内篇》,第 29 页。
② 同上书,第 77 页。
③ 同上书,第 225 页。
④ 同上书,第 55 页。
⑤ 同上书,第 77 页。
⑥ 同上书,第 231 页。

显的区别,为"道"的境域化理解又增加了一条途径。

二、名山合丹

身体不是简单的肉体和心灵的结合,它的存在比肉体和心灵更为本位,是肉体和心灵得以显现的基础。环境的生成,与身体感息息相关,不但身体本身是环境,身体所激发的效应包括幻觉,都属环境发生的类型。道教的修仙理论修炼的就是人的身体,在葛洪之前,修道者主要通过吐纳、辟谷和服草药的途径来进行,葛洪参照大量出现在秦汉时期介绍"金丹还液"的经书,并依据他的祖上和先师的经验,得出"升仙之要,在神丹"[①]的见解,由此开创了道教"金丹派"。

葛洪认为服金液、丹砂是成仙最好的途径。其基本道理是:

> 夫金丹之为物,烧之愈久,变化愈妙。黄金入火,二百炼不消,埋之,毕天不朽。服此二药,炼人身体,故能令人不老不死。此盖假求于外物以自坚固,有如脂之养火而可不灭。铜青涂脚,入水不腐,此是借铜之劲以捍其肉也。金丹入身中,沾洽荣卫,非但铜青之外傅矣。[②]

以上这段话,是葛洪金丹理论的核心。葛洪的思路极为朴素,他从五谷能养人入手,推想有一种比五谷养人强万倍的物质存在,这种神药,经过很多人的努力探究,发现就是金液、丹砂。炼金丹的原料是黄金,黄金不怕火烧,不怕土埋,经过炼造变成金丹,其质地更为玄妙,聚集了更多的天地之精气,如进入人的身体,人就可以跟黄金一样,永远不会被毁坏,也就有了一个与神仙一样不老不死之身。作为另一种成仙物质,丹砂比黄金质地差点,但也比草木好很多,丹砂是一种红色的石头,烧了以后不会变为灰烬,而是成为水银,固体化为液体,聚拢以后又能复原为丹砂,服用这么奇妙的东西同样能练就不坏之身,使人长生不老。

按照葛洪的归纳,认为比较可行的合丹主要有九种,它们是:第一种

---

① 葛洪:《白话抱朴子内篇》,第79页。
② 同上书,第65页。

叫丹华,第二种叫神丹(又叫"神符"),第三种也叫神丹,第四种叫还丹,第五种叫饵丹,第六种叫炼丹,第七种叫柔丹,第八种叫伏丹,第九种叫寒丹。服用每一种丹药都可以成仙,但引起的身体感皆不同,也就是会出现不同的身体环境及其效应。比如服第二种丹药,一百日能成仙。一般情况下,服食这种丹药十分之三匙,身体立即变得极为强壮,不但百病不侵,而且体内原有的害虫和恶鬼都会一下子消除干净。如用它涂在脚底下,则可以在水火上步行。服用第三种丹药更有趣,对人畜皆有效。就人而言,服用一百天以后,会唤起一种神奇的环境效应,远方的仙人玉女、山川鬼神都会幻化为出人的模样,纷纷簇拥而至听候差遣。第四种、第五种和第九种丹药也皆有此功效。

服仙药引起的这种美妙感受,是属于私人性的空间幻觉,完全在身体之内进行,不能得到实证,只能作为丰富人的想象力而给予积极的意义。葛洪在谈到《太清观天经》时,介绍一种称为"九光丹"的神药更为奇异。单这种仙药的制作就很神妙,它主要由五石(丹砂、雄黄、白礬、曾青、慈石)经火烧转化而成,每一种石药都会发生五种变化,相应地就形成五种颜色,总共有 25 种颜色,取各色药物各一两,贮藏在不同的器皿。其中的青色丹丸的功效最为突出,能使人死而复活。当死去的人不超过三天时,先拿十分之一匙药物和水抹在死人身上,再用十分之一匙药物放进死人嘴巴,死人立刻会生还。黑色药丸的好处则在于可以招致世间万物,用法是把药物和水涂在左手,嘴巴念叨什么,所念之物就会自来。黄色药丸的功效较多,可以预知未来、隐匿身形和延年不老。

葛洪在《抱朴子·金丹》中介绍诸多仙药的制作和用途,都有一个共同的特性,就是突破人的身体极限,不是使人逾越生死界限,就是让人有特异功能,它们出现时都能带来一种奇特的环境效应,作为学说,不管能否应验,或者可能出自说教的目的,它毕竟能给人一种美妙的向往和期待,在拓展古人的精神世界方面有重要的意义。

三、慈心于物

修仙者与自然的亲近从文字上都可以看出其态度,《说文解字》:"仙:长生仙去。从人从山。"《释名》:"老而不死曰仙。仙,迁也。迁入山也。故其制字人旁作山也。"葛洪的修仙理论有着明确的与山川亲近的主张,他的炼丹说在谈到外在环境时更是讲究对自然的选址和呵护,可看出道教有关环境选择的观念很重要。他说:"合丹当于名山之中,无人之地,结伴不过三人,先斋百日,沐浴五香,致加精洁,勿近污秽,及与俗人往来,又不令不信道者知之,毁谤神药,药不成矣。"①风景怡人、清洁安静的环境对修仙者特别有利,一般说来名山大川最符合这两个条件。秀丽的山川,能让人怡情娱性,对修仙者来说,还有一个更深层的原因在于能较快地提升其功力,因为这样的环境聚集了比一般地方更多的天地日月之精华,在当中修炼,更容易吸收练功所需的精气。虽然都是山,"古之道士,合作神药,必入名山,不止凡山之中"。原因是一般的山不住大神,多是木石精怪、千年老妖、吸血鬼魅这些邪气,对修炼者极为不利。至于"西之道士必入名山"的传统可追溯到近五千年前的黄帝时期。葛洪《抱朴子内篇》卷一八《地真》有这样的记载:

> 昔黄帝东到青丘,过风山,见紫府先生,受《三皇内文》,以劾召万神,南到圆陇阴建木,观百灵之所登,采若乾之华,饮丹峦之水;西见中黄子,受《九加之方》,过崆峒,从广成子受《自然之经》,北到洪隄,上具茨,见大隗君黄盖童子,受《神芝图》,还陟王屋,得《神丹金诀记》。到峨眉山,见天真皇人於玉堂,请问真一之道。②

引文中涉及许多古代地名,诸如青丘、风山、圆陇、崆峒、洪隄、具茨、王屋、峨眉等,展示黄帝游览多方的过程,其中名山就是一个重要的选择。在葛洪时代被公认对修仙者有利的名山是华山、泰山、霍山、恒山、嵩山、

---

① 王明:《抱朴子内篇校释》,北京:中华书局1985年版,第74页。
② 同上书,第323—324页。此段描述也见于《云笈七签》《太平御览》等书,只是文字略有不同。

少室山、长山、太白山等 27 座,这些山有正神居住,不时还可以看到成了地仙的人。山上到处长满了灵芝草,对配制仙药极为有利,还可以帮人躲避灾难。如果不便到这些山上去修炼,找到海中的大岛屿也是一种好去处。对道教来说,山岳之间还有某种精神结构意义,"大荒之内,名山五千,其间五岳作镇,十山为佐"(杜光庭《洞天福地岳渎名山记》)。其中所谓"镇"具有镇守的意思,而"佐"就是辅佐,合起来就是说选择五岳名山能给道门中人的修炼以安全感,以十山作为辅佐也同样是出自安全方面的考虑。

当然这些山还不是理想的地方,葛洪从古代圣贤听到有两座很少有人知道的山对修炼长生之术最为有利。第一座叫太元山,它极有特色,不顶天,不垂地,不下沉,不上浮;整座山高大险峻,幽远崎岖,到处是黑色灵芝和红色树木,黄金珠宝耸入云端,有一百二十个官秩,官署衙门连绵不绝,排列有序,有一条似玉般的井水从山上源源不断地流出纯美的甘泉,返老还童的道士掬起清泉饮用。另一座叫长谷山,山势幽深崔嵬,灵气缭绕,玉液滋润,山旁有金色的池塘和紫色的房屋。愚蠢的人闯入必死无疑,入道之士登上去,不但不会丧命,而且还会功力大增。从葛洪的描述看,这两座山应该是虚构的神山,它们在现实地理中找不到,而对修道者来说,它给出了一个修炼环境的范本,意思是尽量在可达的山中去寻找类似的地方来修炼,会达到事半功倍的效果。①

---

① 关于环境选择,对道教来说就是如何探索神仙可居之所,东汉时有《五岳真形图》《洞玄灵宝五岳古本真形图》等书籍,初步记述了哪些地方可以称为仙境。唐代道士司马承祯(647—735 年)著《天地官府图》,明确归纳出道教有"十大洞天""三十六小洞天"和"七十二福地"等宗教地理。唐代另一道士杜光庭(850—933 年)在前人基础上,编撰《洞天福地岳渎名山记》,在区分神话地理和宗教地理的基础上,将道教所理解的神仙所住的天上、海中、山里、江河整理成一个庞大复杂的体系。按照杜氏的设计,仙界有:(1) 岳渎众山,即天上的神山,这是天仙居住的地方;(2) 海外五岳仙岛十洲,即海外五座神山,分别为青帝、赤帝、白帝、黑帝居住,中岳为昆仑山,是天地心,另有一些仙岛名方壶、扶桑、蓬莱等,还有十洲,名玄洲、瀛洲等,均为神仙居住的场所;(3) 陆上五座神山,称"中国五岳",即东岳泰山、南岳衡山、中岳嵩山、西岳华山、北岳恒山;(4) 十大洞天,洞,通的意思,洞天,意为通天的圣地;(5)"五镇海渎",五镇为五岳外的五座神山,海渎,指四海、五渎诸神;(6)"三十六靖庐",是为信奉天师道的人专设的修道场所;(7) 陆上"三十六洞天",这"洞天"指小洞天,也是神山圣地,地位仅次"十大洞天";(8)"七十二福地",福地处于山与大地之间,"七十二"是虚数,它们也是神仙居住的好地方。

有人问葛洪,如果道行不够,又沉溺俗务无暇入名山修炼,该如何在乱世中预防不测呢? 就此葛洪给出了一种避害环境。他说应该在十二地支的末日,取来十天干中癸日的土,掺和柏叶薰草涂抹在门户,大小一尺见方,这样盗贼就不会来了;或者取市南门的土,岁中申日土以及月中寅日土,混合成人形,放在朝南的朱雀地上,也可以防盗贼。

至于远离人群,"绝迹幽隐",则是出于更加专业的技术要求。《抱朴子内篇·明本》说:"山林之中非有道也,而为道者必入山林,诚欲远彼腥膻,而即此清净也。"在炼丹时,要求凝神静气,思虑专一,如遇不信道的闲人诽谤,丹药尽毁。即使信道,如不是修习金丹之法,"便强入名山,履冒毒螫,屡被中伤,耻复求还;或为虎狼所食,或为魑魅所杀;或饿而无绝谷之方,寒而无自温之法,死于崖谷"①,危害也很大。这种出自修道者本身的自觉性而主动进入山林,比认定"道在山林"的看法具有更大的保护山林的责任感。

从更精妙的道理看,人有"魂魄",其他万物有"精气",两者相通于都具有生命力,由此看来,人有精神,天地万物也应该有精神。葛洪说:

> 山川草木,井灶洿池,犹皆有精气;人身之中,亦有魂魄;况天地为物之至大者,于理当有精神,有精神则宜赏善而罚恶,但其体大而网疏,不必机发而响应耳。②

人既然与其他存在物有相通之处,作为最有灵性者,人就必须有体恤其同类(他人及自然界的其他生物和非生物)的责任和义务:

> 欲积善立功,慈心于物,恕己及人,仁逮昆虫……手不伤生,口不劝祸,见人之得如己之得,见人之失如己之失,不自贵,不自誉,不嫉妒胜己,不佞谄阴贼,如此乃为有德,受福于天,所作必成,求仙可冀也。③

---

① 葛洪:《白话抱朴子内篇》,第 133 页。
② 王明:《抱朴子内篇校释》,第 125 页。
③ 同上书,第 125—126 页。

在此,人对这种主动性尚须有一个审慎的看法,既不能逃避其应有的尊重其他存在物的立场,又不能妄自尊大,随意破坏大自然,掌握好其中的"度"才能做到"福德有成",对修道者来说更是"求仙可冀也"。

总之,出于自身成仙的目的,修仙者对自然充满了好感和敬意,也就产生了一种对社会发展有益的环境伦理。

第四节　陶弘景

陶弘景(456—536 年),丹阳秣陵(今江苏南京)人,南朝齐、梁时期道教思想家、医学家、文学家。他改革东晋以来的炼丹理论,编写了道教的神仙谱系和仙真传道历史,整理和规范道教的教义及教仪,融儒、佛、道为一体,使早期道教在形式和内容上更加完善,在促进道教文化的上层化、学术化方面作出了重大贡献。①

一、"欲界之仙都"

陶弘景于齐永明十年(492 年)37 岁时辞官,归隐于句容茅山,自号华阳隐居,潜心炼丹习道,直至仙逝。他与茅山结下了不解之缘,以至后来发展出的赫赫有名的茅山宗,与陶弘景及其众子弟的开辟之功息息相关。

道教修炼者到了陶弘景,作为博学者,对所谓"成仙"以及到达"仙境"之说,有了较清醒的认识,他不再奢望那种远在天上子虚乌有之所在,转而把"仙境"放到了人间,而能与"仙境"接近的地方就是大自然。基于此,他把自己生活、修炼的茅山当成了理想之地,它符合两个成仙合药的条件:一是有洞天,"众洞相通,阴路所适,七涂九源,四方交达真洞

---

① 陶弘景对南北朝道教的贡献有:教理上,吸收了儒家和佛教的思想,使道、儒、佛相互融合,使道教完备了理论;在教神上,继承葛洪的思想,确立了元始天王、太上大道君、太微天帝君、后圣金阙帝君、太上老君等为最高神;在教义上,为了达到长生久视的目的,创立了形神双修说,在守一、行气、内视、辟谷、服食、导引等修炼术方面都有相应的践行过程。基于这些理论和实践的丰富积累,陶弘景正式开观授徒,并创建了茅山道。

仙馆也"①；二是福地，"兵水不能加，灾疠所不犯"。因此，他给予了茅山极美的描绘，在《答谢中书书》中说茅山②：

> 山川之美，古来共谈。高峰入云，清流见底。两岸石壁，五色交辉。青林翠竹，四时俱备。晓雾将歇，猿鸟乱鸣；夕日欲颓，沉鳞竞跃。实是欲界之仙都。自康乐以来，未复有能与其奇者。③

题中谢中书，一般指谢微（一作徵）④，字符度，陈郡阳夏（今河南省太康县）人。从信的末尾提到的"康乐"（谢灵运）看，在不确信"谢中书"具体所指的前提下，可认为陶弘景致书的对象就是谢灵运所代表的谢家有关的后人，它的要点在于有能与谢灵运联系上的谢家这层关系就行了。在此，陶弘景似乎有邀谢家后人共同欣赏之意，因按人之常理，从谢家读书人中较易找到知音，找不到心意相通之人，起码整封信也有较实在的所指。从晋以来，谢灵运已成为首开欣赏山川之美的符号，而到了陶弘景时，人们竟对茅山此类山水之美尚不重视，⑤从言物实暗含人事的思路推断，可认为陶弘景对世人冷漠茅山的态度有所贬抑。

谈及茅山的美，陶弘景在短短几十字的篇幅中，囊括了他后半生对此山所有的认知和情怀。有人认为本文写的不是茅山，而是作者游历所得，但如从字眼的实义上抠，信中的"四时"表明的就不是一时所得，而是长年沉浸其中才能知晓有长年具备"青林翠竹"这种事。陶弘景后半生与茅山结下了不解之缘，所以"四时"之说是有根据的。作为凝练之作，作者没有沿着某一景致叙写开去，而是围绕着开篇"美"字拾取茅山最能与之相配的物象来展开。以空间上下关系排列起来的景色是：直达云端

---

① 吉川忠夫：《真诰校注》，北京：中国社会科学出版社 2007 年版，第 345 页。

② 有学者认为写的不是茅山，而是浙江嵊州市崰山一带。

③《道藏》第 23 册，上海：上海书店 1988 年版，第 652 页。

④ 谢微（《南史》），或谢徵（《梁书》），必有一误，有人认为"谢徵"的说法较合理。此外，也有学者不把"谢中书"当"谢微"解，而认为他可能是"谢览""谢朓""谢朏"。

⑤ 葛洪在《抱朴子内篇》中曾历数当时可以修道合仙药的江南名山，而句容茅山并不在其列。葛洪就是句容人，他对茅山的不重视，说明直至东晋初期茅山还没被发现，这可能强烈触动陶弘景赞赏茅山的决心。

的山峰,与人相立五色交辉的石壁,清澈见底的水流;以时间为线索串联起来的景致有:一年四季永不凋谢的竹林,早晨雾将尽日出前猿鸟的啼鸣,傍晚夕阳落下时水中鱼儿的腾跃。空间的诸景以及四季皆存在的竹林可认为是茅山美景的常态,早晨空中的叫声和傍晚水里的欢快则属细貌特写。具体当下的景物描绘在对自然环境审美过程中是一个关键的环节,只有进入到这一层次,人的情感才能真正被物象触动并进而得以发酵延伸。同样是"问山川之美",顾长康谈及会稽"千岩竞秀,万壑争流"时,也仅是涉及自然的常态,并没有进入到作为对审美兴起极为重要的时间节点——当下性。常态景物只能作为真正审美的一种背景或烘托因素来看,在历史上则作为进入自然的一个步骤,相比于神化或道德化自然在认识自然方面在精神层次上有了一定的推进,但最终能判定为纯粹审美状态的阶段还是物我在当下的契合。陶弘景将时间细化到瞬间(雾将被晨光驱散,夕阳将在天边落下)与对象的动态(鸣叫和腾跃)都是"当下性"极为重要的表征,只可惜这种句子受篇幅所限没能尽情叙写开来,限制了纯粹审美的发生空间。

沉醉于茅山美景之后,陶弘景立即返回到他的现实身份,要把茅山当作仙境来看待,称之为"欲界之仙都",这也可以认为是一种仙界的降格,表明了成仙的无奈。陶弘景在《真诰》中塑造的仙乡仙境,也表现出同样的世俗情怀。书中涉及的众仙真居住之所无论是茅山、南岳、九嶷,还是华山、武当山、句曲等大多是现实存在且世人容易到达的名山,作者以之为理想的仙境,易给人产生一种亦真亦幻的效果,能增强修炼者学仙的信心。为此,《真诰》还配上很多与此类意义相通的故事,如山世远读经成仙,范幼冲服气成仙,李整、郭四朝服食成仙等,甚至还记载许多恶人通过修道也能成仙的故事,可见陶弘景为弘扬仙道,不惜动用各种心机来劝导世人去得道成仙。

同样谈到茅山,陶弘景还有一首名诗可与此文相应和。全诗如下:

　　　山中何所有,岭上多白云。只可自怡悦,不堪持寄君。(《陶隐

居集·答齐高帝诏问山中何所有》)

诗的题目为"诏问",是陶弘景回答梁武帝在诏书中请他出山问政的一首五言诗。诗中的"山岭白云"不能称为景物,但能代表修仙人的特质,它高洁素朴,似乎一无所有,可又高超自在,为世人所艳羡。它是作者的身份化身,是作者的一张名片,可以示人但不能送人。作者以之自况,委婉拒绝了梁武帝的邀请,从其谨慎处可见不是作者一时的代称,而是蕴含了作者所有的立场和态度。从环境审美的角度看,它虽没涉及环境的物象美,可如与《与谢中书书》以及其他诗文和作者的生活一并合起来看,从文本学来理解,它们提供出的茅山的自然环境美是一个文本,《诏问》也是一个文本。扩大范围看,陶弘景为寻仙访药,常漫游于各名山大川中,行至山幽水静物美之处,陶弘景便坐卧其间,不知不觉便开始吟诗作赋,写出了许多优美诗文。那些风景皆是文本,诗文也是文本,文本之间有互文的功能,相互之间可轮流成为审美的主动一极。《诏问》偏向于审美者,它凝聚了审美者所有的情感,它所代表的意义足以在更大的场域生成一个整体性的大环境审美效果。

陶弘景对山川的这种依恋,特别表现在对某一物象的专注上,甚至达到了痴迷的地步。传统士人钟情竹林和松树,陶弘景也都喜欢。茅山四季最能入他法眼的就是"青林翠竹"(常年不凋谢的松和竹),相比于竹,他更爱松,称赞:"松柏生玄岭,郁为寒林桀。繁葩盛严冰,未肯惧白雪。"[1]尤其喜欢听松涛,他曾在隐居的庭院种满松树,闻松涛声如闻仙乐。有时仅一人进深山,专去山野空谷中听阵阵松涛,时人就此称他为"仙人"。

二、紫宫灵观

陶弘景除了直接指认自然山川为仙居,在他的观念中也存在着把人

---

① 陶弘景:《真诰》,北京:中华书局 1985 年版,第 49 页。

间的建筑配搭上神仙色彩以此来制造出令人神往仙境的现象。如他编
著的《真诰》所说：

> 云阙竖空上，琼台耸郁罗。紫宫乘绿景，灵观蔼嵯峨。琅轩朱
> 房内，上德焕绛霞。
> 云台郁嵯峨，阊阖秀玉城。晨风鼓丹霞，朱烟洒金庭。绿蕊粲
> 玄峰，紫华岩下生。庆云缠丹炉，练玉飞八琼。

单从诗中的"阙""台""宫""观""城""房""庭"看，它们属人工造物，可如
在它们前面加上"云""琼""紫""灵""玉""朱""金"此类修饰性词汇，即刻
传达出一种特别神妙的出离效果。书中此类说法很多，比如"太素宫"
"北寒台""三晨宫""太霞宫""紫阙""玄馆""灵囿"等等，它们已非人间所
有。此外，对自然物的处理也使用相同手法，如上述诗中的"丹霞""朱
烟""绿蕊"等，就是给一般物的存在渲染上特别的色调，使之从常态中脱
颖而出，给人一种陌生感。从中可看出，色彩的运用很重要。在描述"太
虚"仙境时，短短的七句诗："飞轮高晨台，控辔玄垄隅。手携紫皇袂，儵
歘八风驱。玉华翼绿帷，青裙扇翠裾。冠轩焕崔嵬，珮玲带月珠。薄
入风尘中，塞鼻逃当途。臭腥洞我气，百痾令心殂。何不飚然起，萧萧
步太虚。"诗人着力用了玄、紫、玉（白）、绿、青、翠等一连串色彩鲜明的
语词来烘托"太虚"仙境，使之从诗中的其他形象中突显出来，在整体
构图中把没着意用色的部分推出视觉焦点之外，结果制造了强烈的层
次感，从而与诗中谈到高洁的"太虚"及粗俗的"风尘"形成的两个生活
层次相对照，其高扬的境界和态度昭然可见。这一切的物象布置，皆显
得格外悠远缥缈，寥廓澄虚。当然，物象的排列毕竟偏向静态，能突出显
现为仙境还在于动态的设计。诗人用了大量表达时空跨度极大的词汇
来使整个画面快速地跳跃，如："北登玄真阙，携手结高罗。香烟散八景，
玄风鼓绛波。仰超琅园津，俯眄霄陵阿。玉箫云上唱，凤鸣动九遐。乘
气浮太空，曷为蹑山河。"诗中每个句子都由动词带出不同的天上的场
景，其运行速度皆为人间所不及，自然把人们置入到超现实的状态之中，

这种状态就称之为仙境。最后能直接点明仙境的就是让神仙出现在各种环境之中。他们有的"停盖濯碧溪,采秀月支峰",有的"朝游朱火宫,夕宴夜光池",有的"下眄八阿宫,上寝希林颠",还有的"弹璈南云扇,香风鼓锦披。叩商百兽舞,六天摄神威",样样皆是人间所无,连掌控的玩物都是"虎、豹、熊、罴",非人力所能达到。除了能力超凡,神仙让人羡慕的还在于永生不死,特别是精神上无忧无虑,快乐逍遥,更是为人所倾倒。这些神性及其带出的氛围,对常人有极大的吸引力,它延长了人们生活的境域,即使是虚幻的,也给人带来一种无限的愉快。

对修仙者来说,仙境的设计最好能落实到切身所在的居所,陶弘景《茅山曲林馆铭》很好地反映了茅山道馆的模样。其文曰:

> 层岭外峙,邃宫内映。仄穴旁通,萦泉远镜。尚德依仁,祈生飒命。且天且地,若凡若圣。连甍比栋,各谓知道。参差经术。跌宕辞藻,孰如曲林? 独为劲好,掩迹韬功,守兹偕老。[①]

曲林馆随山形错落有致,近有灵洞,远有清泉,且天且地,若凡若圣,美不胜收,着实是修仙者的福地。

道馆及其周遭毕竟属固定的地点,给予修仙者的气场有限,以致很多修道者追求"仙游",即盘活整个修仙环境,将自身置于动态环境中来获得更的灵气和福荫。为此他们必须到人烟罕至的深山、幽谷、海滨、孤岛去寻找心目中的仙境。这些地方有共同的特点,它们必须是山势缥缈、洞奇岩峭、醴泉焕彩、草木丰润、云雾缭绕、环境幽深,且最好有神迹仙踪增添其人文气息。陶弘景从受学孙游岳始,就开始"仙游",他"遍名山,寻访仙药,身既轻捷,性爱山水,每经涧谷,必坐卧其间,吟咏盘桓,不能已已"[②]。除了后天的学习,天性的选择在当中起了很大的作用,他曾说:"吾见朱门广厦,虽识其华乐,而无欲往之心。望高岸,瞰大泽,知此难立止,自恒欲就之。"这种对朱门华乐的拒斥,也注定了他一生与山水

---

① 《道藏》第 23 册,第 652 页。
② 《二十四史全译·南史》,第 644 页。

相依的命运。

三、冥界建制

魏晋南北朝时期佛、道并行于世,宗教观念之间相互交错影响,佛教的地狱观念为道教所吸取,由此道教也有了它的冥界观。《真诰·阐幽微》说:

> 罗酆山在北方癸地,(此癸地未必以六合为言,当是以中国指向也,则当正对幽州辽东之北,北海之中,不知去岸几万里耳),山高二千六百里,周回三万里。其山下有洞天,在山之周回一万五千里,其上其下,并有鬼神宫。山上有六宫,洞中有六宫,辄周回千里,是为六天鬼神之宫也。……上为外洞宫,中为内宫,制度等耳(此山既非人迹所及,故山上可以得立容。不知山复有几洞门也)。[1]

酆都是在北海之中的地狱,其所在的罗酆山与世间无太大差异,"树木水泽如世间。但稻米粒几大,味如菱,其余四谷不尔。但名道为重思耳"。酆都的稻最有特色,名"重思",米粒大如石榴子。在汉代,冥界的主宰为泰山府君,汉末魏晋,道教兴起了九垒土皇与酆都北阴大帝说,于是泰山、土皇与酆都大帝都并称为冥界主神;其后酆都治鬼说特别被道教采用,酆都逐渐成为冥界代表。《真诰》称酆都有六天鬼神之宫(山上六宫为外宫,山下洞中六宫为内宫,两个六天宫名称职能皆相同,都是"六天宫"的具体表现,不是十二宫)。

酆都六天宫的名称及司职分别为:纣绝阴天宫,北酆鬼王决断罪人处;泰煞谅事宗天宫,主卒死暴亡煞鬼;明晨耐犯武城天宫,主贤人圣人之死;恬昭罪气天宫,主祸福吉凶,续命罪害;宗灵七非天宫;敢司连死屡天宫。六天宫的这些名称含义极为晦涩,但陶弘景认为应该有其意义之所在,特别可当咒语来使用,夜里睡觉前,向北念三遍,可以驱百鬼,使之

---

[1] 陶弘景:《真诰》,第189页。正文为杨、许手书,括号内为陶弘景的注释。

不敢为害。要道清每一宫的模样需有两万言,陶弘景去繁就简,用项梁城(不知为何人)的《酆宫通》来总摄,其诵曰:

> 纣绝标帝晨,谅事构重阿,炎如霄中烟,勃若景耀华。武阳带神锋,恬昭吞青阿,阊阖临丹井,云门郁嵯峨。七非通奇盖,连宛亦敷魔,六天横北道,此是鬼神家。①

从诗中可看到,鬼都与仙境在布局上区别不大,都参差错落,连绵不绝,可氛围则大相径庭,鬼都没有了仙境的那种明丽和飘逸,显得沉闷阴郁,偶尔突现的景致其背景模糊暗淡,似乎潜藏着各种未定和不测,整个鬼都着实有一种恐怖的摄人力量。

在《真诰》之前,就有对地府、黄泉的描述,如在《太平经》中先对这些死亡之所进行铺奠,然后就开始大量写到死亡,很多文字把死亡说成是世间最为恐怖的事,这反过来衬托了以《太平经》为代表的道教思想对于追求长生乃至永生行为的一种合理性。正是因为对于死亡的恐惧,才能促使人们相信长生的美好,尽力追求生命的不朽。

---

① 陶弘景:《真诰》,第 191 页。

主要参考文献

一、汉代原著类

1.《史记》,〔汉〕司马迁撰,北京:中华书局,1999

2.《汉书》,〔汉〕班固撰,北京:中华书局,1999 年

3.《后汉书》,〔南朝·宋〕范晔撰,北京:中华书局,1999

4.《前汉纪》,〔汉〕荀悦撰,光绪三余书屋本,光绪丁丑年

5.《后汉纪校注》,〔晋〕袁宏撰,周天游校注,上海:上海古籍出版社,1987

6.《吴越春秋》,〔汉〕赵晔撰,刘晓东等点校,济南:齐鲁书社,2000

7.《越绝书》,〔汉〕袁康撰,吴庆峰点校,济南:齐鲁书社,2000

8.《郑志》,〔汉〕郑玄撰,〔魏〕郑小同编,钱东垣校订,上海:商务印书馆,1939

9.《天禄阁外史》,〔汉〕黄宪撰,《丛书集成初编》本,第 2828 册,北京:中华书局,1991

10.《淮南子注》,〔汉〕刘安撰,高诱注,《诸子集成》本,上海:上海书店出版社,1986

11.《春秋繁露》,〔汉〕董仲舒撰,周桂钿等译注,济南:山东友谊出版社,2001

12.《白虎通疏证》,〔汉〕班固撰,〔清〕陈立疏证,吴则虞点校,北京:中华书局,1994

13.《桓子新论》,〔汉〕桓谭撰,《丛书集成初编》本,第 594 册,北京:中华书局,1985

14.《新语》,〔汉〕陆贾撰,文渊阁四库全书本

15.《新书译注》,〔汉〕贾谊撰,于智荣译注,哈尔滨:黑龙江人民出版社,2003

16.《盐铁论校注》,〔汉〕桓宽撰,王利器校注,北京:中华书局,1992

17.《说苑译注》,〔汉〕刘向撰,程翔译注,北京:北京大学出版社,2009

18.《新序校释》,〔汉〕刘向编著,石光瑛校释,北京:中华书局,2001

19.《〈扬子法言〉今读》,纪国泰著,成都:巴蜀书社,2010

20.《诸子集成·论衡》,〔汉〕王充撰,长沙:岳麓书社,1996

21.《潜夫论笺校正》,〔汉〕王符撰,〔清〕汪继培笺,彭铎校正,北京:中华书局,1985

22.《申鉴》,〔汉〕荀悦撰,吴道传校,上海:世界书局,1935

23.《中论》,〔汉〕徐干撰,文渊阁四库全书本

24.《扬子云集》,〔汉〕扬雄撰,文渊阁四库全书本

25.《蔡中郎集》,〔汉〕蔡邕撰,文渊阁四库全书本

26.《孔北海集》,〔汉〕孔融撰,文渊阁四库全书本

27.《风俗通义校注》,〔汉〕应劭撰,王利器校注,北京:中华书局,1981

28.《列女传译注》,〔汉〕刘向著,张涛译注,济南:山东大学出版社,1990

29.《世本八种·张澍稡集补注本》,〔汉〕宋衷注,〔清〕秦嘉谟等辑,上海:商务印书馆,1957

30.《释名疏证补》,〔汉〕刘熙撰,〔清〕王先谦疏证补,光绪二十一年

31.《说文解字注》,〔汉〕许慎撰,〔清〕段玉裁注,上海:上海古籍出版社,1981

32.《方言》,〔汉〕扬雄撰,文渊阁四库全书本

33.《韩诗外传集释》,〔汉〕韩婴撰,许维遹集释,北京:中华书局,1980

34.《急就篇》,〔汉〕史游撰,长沙:岳麓书社,1989

35.《焦氏易林注》,〔汉〕焦延寿撰,尚秉和注,尚秉义点校,北京:光明日报出版社,2005

36.《〈京氏易传〉导读》,〔汉〕京房撰,郭彧导读,济南:齐鲁书社,2002

37.《独断》,〔汉〕蔡邕撰,四部丛刊本,上海:商务印书馆,1936

38.《列仙传》,〔汉〕刘向撰,《道藏精华录》本,守一子编纂,杭州:浙江古籍出版社,1989

39.《〈周易参同契〉三十四家注释集萃》,〔汉〕魏伯阳撰,孟乃昌等辑编,北京:华夏出版社,1993

40.《三辅黄图校释》,何清谷撰,北京:中华书局,2005

41.《历代宅京记》,〔清〕顾炎武撰,北京:中华书局,1984

42.《三才图会》,〔明〕王圻撰,王思仪编集,上海:上海古籍出版社,1988

43.《四民月令校注》,石声汉校注,北京:中华书局,1965

44.《纬书集成》,安居香山、中村璋八辑,石家庄:河北人民出版社,1994

45.《氾胜之书辑释》,万国鼎著,北京:中华书局,1957

二、魏晋南北朝原著类

1.《三国志》,〔晋〕陈寿撰,〔南朝·宋〕裴松之注,北京:中华书局,1959

2.《魏书》,〔北齐〕魏收撰,北京:中华书局,1974

3.《晋书》,〔唐〕房玄龄等撰,北京:中华书局,1974

4.《宋书》,〔梁〕沈约撰,北京:中华书局,1974

5.《南史》,〔唐〕李延寿撰,北京:中华书局,1975

6.《北史》,〔唐〕李延寿撰,北京:中华书局,1974

7.《北齐书》,〔唐〕李百药撰,北京:中华书局,1972

8.《南齐书》,〔梁〕萧子显撰,北京:中华书局,1973

9.《梁书》,〔唐〕姚思廉撰,北京:中华书局,1973

10.《陈书》,〔唐〕姚思廉撰,北京:中华书局,1972

11.《周书》,〔唐〕令狐德棻等撰,北京:中华书局,1971

12.《华阳国志校补图注》,〔晋〕常璩撰,任乃强校注,上海:上海古籍出版社,1987

13.《九家旧晋书辑本》,〔清〕汤球辑,杨朝明校补,郑州:中州古籍出版社,1991

14.《洛阳伽蓝记校释》,〔北魏〕杨衒之撰,周祖谟校释,北京:中华书局,1963

15.《西京杂记》,〔晋〕葛洪著,程毅中校点,北京:中华书局,1985

16.《邺中记》,〔晋〕陆翙撰,上海:商务印书馆,1937

17.《曹植集校注》,〔魏〕曹植撰,赵幼文校注,北京:人民文学出版社,1998

18.《嵇康集校注》,〔魏〕嵇康撰,戴明扬校注,北京:人民文学出版社,1962

19.《建安七子集》,〔魏〕王粲等撰,俞绍初辑校,北京:中华书局,1989

20.《阮籍集校注》,〔魏〕阮籍著,陈伯君校注,北京:中华书局,1987

21.《王弼集校释》,〔魏〕王弼著,楼宇烈校释,北京:中华书局,1980

22.《陶渊明集校笺》,〔晋〕陶渊明著,龚斌校笺,上海:上海古籍出版社,1996

23.《陶渊明集》,〔晋〕陶渊明著,太原:山西古籍出版社,2006

24.《陆机集》,〔晋〕陆机著,金涛声点校,北京:中华书局,1982

25.《陆云集》,〔晋〕陆云著,黄葵点校,北京:中华书局,1988

26.《鲍参军诗注》,〔南朝·宋〕鲍照撰,叶菊生校订,北京:人民文学出版社,1957

27.《谢宣城集校注》,〔齐〕谢朓撰,曹融南校注,上海:上海古籍出版社,1991

28.《何水部集》,〔梁〕何逊撰,文渊阁四库全书本

29.《江文通集汇注》,〔梁〕江淹著,〔明〕胡之骥注,北京:中华书局,1984

30.《徐孝穆集笺注》,〔陈〕徐陵撰,吴兆宜笺注,文渊阁四库全书本

31.《庾子山集注》,〔北周〕庾信撰,〔清〕倪璠注,北京:中华书局,1980

32.《历代笔记小说集成》第一册《汉魏六朝小说》,石家庄:河北教育出版社,1994

33.《汉魏六朝百三家集题辞注》,〔明〕张溥撰,殷孟伦注,北京:人民文学出版社,1960

34.《先秦汉魏晋南北朝诗》,逯钦立辑校,北京:中华书局,1983

35.《全上古三代秦汉三国六朝文》,〔清〕严可均校辑,北京:中华书局,1958

36.《玉台新咏笺注》,〔陈〕徐陵编,〔清〕吴兆宜注,〔清〕程琰删补,穆克宏点校,北京:中华书局,1985

37.《昭明文选》,〔梁〕萧统编,〔唐〕李善注,清胡克家刻本,北京:中华书局,1977

38.《英雄记抄》,〔三国·魏〕王粲撰,《丛书集成初编》本,第3356册,北京:中华书局,1991

39.《人物志》,〔魏〕刘邵撰,梁满仓译注,北京:中华书局,2009

40.《列异传等五种》,〔魏〕曹丕等著,郑学弢校注,北京:文化艺术出版社,1988

41.《莲社高贤传》,〔晋〕无名氏撰,《丛书集成初编》本,第3350册,北京:中华书局,1991

42.《高士传》,〔晋〕皇甫谧撰,上海:商务印书馆,1937

43.《拾遗记》,〔晋〕王嘉撰,〔梁〕萧绮录,齐治平校注,北京:中华书局,1981

44.《搜神记》,〔晋〕干宝撰,汪绍楹校注,北京:中华书局,1979

45.《搜神后记》,〔晋〕陶潜撰,汪绍楹校注,北京:中华书局,1981

46.《裴启语林》,〔晋〕裴启撰,周楞伽辑注,北京:文化艺术出版社,1988

47.《古今注》,〔晋〕崔豹撰,上海:商务印书馆,1956

48.《郭子》,〔晋〕郭澄之撰,《古小说钩沉》本,《鲁迅全集》,第八卷,人民文学出版社,1973

49.《群辅录》,〔晋〕陶潜著,《丛书集成初编》本,第3356册,北京:中华书局,1991

50.《博物志校证》,〔晋〕张华撰,范宁较证,北京:中华书局,1980

51.《续博物志》,〔晋〕李石撰,《丛书集成初编》本,第1343册,北京:中华书局,1985

52.《世说新语》,王利器断句、校订,影印日本影宋本,北京:文学古籍刊行社,1956

53.《异苑 谈薮》,〔南朝·宋〕刘敬叔撰、〔北齐〕阳松玠撰,范宁等校辑,北京:中华书局,1996

54.《幽明录》,〔南朝·宋〕刘义庆撰,郑晚晴辑注,北京:文化艺术出版社,1988

55.《金楼子》,〔梁〕梁元帝撰,《丛书集成初编》本,第594册,北京:中华书局,1985

56.《汉魏六朝笔记小说大观》,王根林等校点,上海:上海古籍出版社,1999

57.《述异记》,〔南朝〕任昉撰,北京:中华书局,1985

58.《殷芸小说》,〔梁〕殷芸编纂,周楞枷辑注,上海:上海古籍出版社,1984

59.《艺经》,〔三国·魏〕邯郸淳著,〔清〕马国翰辑,《玉函山房辑佚书·子部艺术编》,扬州:广陵古籍刊印社,1990

60.《古画品录　续画品》,〔南齐〕谢赫撰,〔陈〕姚最撰,王伯敏标点注译,北京:人民美术出版社,1950

61.《书品》,〔梁〕庾肩吾撰,〔明〕王子逸校,明万历版

62.《文心雕龙注释》,〔梁〕刘勰撰,周振甫注释,北京:人民文学出版社,1981

63.《诗品全译》,〔梁〕钟嵘撰,徐达译注,贵阳:贵州人民出版社,1992

64.《广雅疏证》,〔魏〕张揖撰,清王念孙疏证,北京:中华书局,1983

65.《尔雅注疏》,〔晋〕郭璞注,〔宋〕邢昺疏,北京:北京大学出版社,2000

66.《南华真经注疏》,〔晋〕郭象著,〔唐〕成玄英疏,北京:中华书局,1998

67.《抱朴子内篇校释》(增订本),王明校释,北京:中华书局,1985

68.《抱朴子外篇全译》,〔晋〕葛洪撰,庞月光译注,贵阳:贵州人民出版社,1997

69.《神仙传》,〔晋〕葛洪撰,胡守为校释,北京:中华书局,2010

70.《神仙传校释》,胡守为校释,北京:中华书局,2010

71.《真诰》,〔梁〕陶宏景撰,上海:商务印书馆,1939

72.《高僧传》,〔梁〕释慧皎撰,汤用彤校注,北京:中华书局,1992

73.《观世音应验记三种》,〔南朝·宋〕傅亮等撰,孙昌武校点,北京:中华书局,1994

74.《弘明集》,〔梁〕释僧祐撰,《四部备要》本

75.《水经注全译》,〔魏〕郦道元撰,陈桥驿等译注,贵阳:贵州人民出版社2008

76.《齐民要术校释》,〔后魏〕贾思勰撰,缪启愉校释,缪桂龙参校,北京:农业出版社,1982

77.《颜氏家训集解》,〔北齐〕颜之推撰,王利器集解,上海:上海古籍出版社,1980

78.《刘子校释》,〔北齐〕刘昼撰,傅亚杰校释,北京:中华书局,1998

三、今人研究类

1.《秦汉时期生态环境研究》,王子今著,北京:北京大学出版社,2007

2.《道教美学思想史研究》,潘显一等著,北京:商务印书馆,2010

3.《淮南子的自然哲学思想》,王巧慧著,北京:科学出版社,2009

4.《汉代思想史》,金春峰著,北京:中国社会科学出版社,2006

5.《汉代服饰参考资料》,张末元编著,北京:人民美术出版社,1960

6.《六朝考古》,罗宗真著,南京:南京大学出版社,1994

7.《六朝园林》,吴功正著,南京:南京出版社,1992

8.《六朝烟水》,陈书良著,北京:现代出版社,1992

9.《六朝思想史》,孙述圻著,南京:南京出版社,1992

10.《六朝美学史》,吴功正著,南京:江苏美术出版社,1994

11.《南京六朝墓葬的发现与研究》,李蔚然著,成都:四川大学出版社,1998

12.《魏晋南北朝礼制研究》,陈戍国著,长沙:湖南教育出版社,1995

13.《魏晋隋唐乡村社会研究》,齐涛著,济南:山东人民出版社,1994

14.《中国古典美学史》(上卷),陈望衡著,武汉:武汉大学出版社,2007

15.《中国美学史》(第二卷),李泽厚、刘纲纪主编,北京:中国社会科学出版社,1987

16.《六朝美学》,袁济喜著,北京:北京大学出版社,1989

17.《中国壁画全集》(《敦煌》九《五代·北宋》),沈阳:辽宁美术出版社,1990

18.《南京的六朝石刻》,梁白泉主编,南京:南京出版社,1998

19.《秦都城研究》,徐卫民著,陕西人民教育出版社,2000

20.《汉长安城》,刘庆柱、李毓芳著,北京:文物出版社,2003

21.《走访汉代画像石》,杨爱国著,三秦出版社,2006

22.《汉代绘画选集》,常任侠编,北京:朝花美术出版社,19561